SEU HORÓSCOPO CHINÊS

NEIL SOMERVILLE

SEU HORÓSCOPO CHINÊS

PARA TODOS OS ANOS

Tradução
Valéria Inez Prest

1ª edição

Rio de Janeiro | 2024

TÍTULO ORIGINAL
Your Chinese Horoscope for Each and Every Year

TRADUÇÃO
Valéria Inez Prest

DESIGN DE CAPA
Caio Maia

CIP-BRASIL. CATALOGAÇÃO NA PUBLICAÇÃO
SINDICATO NACIONAL DOS EDITORES DE LIVROS, RJ

S677s Somerville, Neil, 1953-
Seu horóscopo chinês para todos os anos / Neil Somerville ; tradução Valéria Inez Prest. - 1. ed. - Rio de Janeiro : BestSeller, 2024.

Tradução de: Your chinese horoscope for each and every year
ISBN 978-85-465-0093-2

1. Astrologia chinesa. 2. Horóscopos. I. Prest, Valéria Inez. II. Título.

CDD: 133.59251
24-95044 CDU: 133.526(510)

Meri Gleice Rodrigues de Souza - Bibliotecária - CRB-7/6439

Texto revisado segundo o novo Acordo Ortográfico da Língua Portuguesa.

Publicado originalmente em língua inglesa pela HarperCollins Publishers Ltd. sob o título
YOUR CHINESE HOROSCOPE FOR EACH AND EVERY YEAR

Ilustrações de capa:
Autoria desconhecida/rawpixel (rato, búfalo, coelho, dragão, serpente, cabra, galo, cão e javali)
Charles Dessalines D' Orbigny/rawpixel (macaco)
Jean Bernard/rawpixel (cavalo)
Pearson Scott Foresman/rawpixel (tigre)

Impresso no Brasil

ISBN 978-85-465-0093-2

Seja um leitor preferencial Record.
Cadastre-se no site www.record.com.br e receba informações
sobre nossos lançamentos e nossas promoções.

Atendimento e venda direta ao leitor:
sac@record.com.br

Para Ros, Richard e Emily

Enquanto marchamos ao longo da vida,
carregamos nossos sonhos, ambições e esperanças.

Às vezes, o destino e as circunstâncias estão a nosso favor,
mas às vezes temos que lutar e encarar o desespero,
e, mesmo assim, é preciso marchar.

Porque são aqueles que continuam na luta
e que mantêm vivas as esperanças
que têm maior chance de conquistar o que desejam.

Marche com determinação,
porque, de alguma maneira, seu esforço será recompensado.

Neil Somerville

SUMÁRIO

AGRADECIMENTOS

O trabalho de um escritor é ao mesmo tempo maravilhoso e estranho, e eu gostaria de prestar um agradecimento especial à minha família — Ros, Richard e Emily — por todo o apoio e por tolerar as montanhas de papel que produzo e a trilha de anotações que deixo por onde passo. E agradeço também aos meus pais, Peggy e Don, por tudo o que fizeram.

Sou grato, ainda, a Carolyn Thorne, minha editora na HarperCollins US, pelo estímulo e apoio, assim como a Lizzie Henry por todo o trabalho ao longo dos anos. Uma menção especial a Barbara Booker pela consideração e fé, e a Barbara Smith, que gentilmente me concedeu sua opinião em diversas ocasiões.

Sou igualmente grato às muitas pessoas que me ajudaram no estudo dos horóscopos chineses, incluindo aquelas que inicialmente despertaram meu interesse pela sabedoria oriental. E reconheço também o trabalho de outros escritores que abordam os horóscopos chineses, pois todos eles contribuíram para o tema e compartilharam seus insights. Em particular a Derek Walters, Theodora Lau e Suzanne White, cujas obras eu recomendo, e a outros expoentes, obrigado.

E a você, que agora está lendo estas palavras, obrigado por seu tempo e interesse. Independentemente de onde e quando você esteja fazendo essa leitura, espero que de algum modo este livro venha a ajudá-lo e incentivá-lo, assim como alertá-lo do seu potencial e do que existe de especial dentro de você.

INTRODUÇÃO

Seja por indicarem presságios, seja por destacarem pontos fortes e fracos, os horóscopos chineses oferecem uma sabedoria atemporal da qual todos nós podemos nos beneficiar. Embora suas origens remontem a pelo menos 2637 a.C., quando o imperador Huang Ti introduziu o calendário chinês, foi apenas recentemente que o tema ganhou destaque no Ocidente. O resultado é que agora muitas pessoas estão familiarizadas com os signos representados por animais e aguardam ansiosamente o que cada ano chinês lhes reserva.

Para quem não conhece os horóscopos chineses, o ano chinês se baseia no ano lunar, que começa no fim de janeiro ou no início de fevereiro. Cada um dos anos chineses é identificado com o nome de um animal, e existe uma lenda que sugere uma explicação para isso. De acordo com essa lenda, em um ano-novo chinês, Buda convidou todos os animais do reino para uma festa. Apenas 12 compareceram: o Rato, o Búfalo, o Tigre, o Coelho, o Dragão, a Serpente, o Cavalo, a Cabra, o Macaco, o Galo, o Cão e o Javali. Em um gesto de gratidão, Buda atribuiu aos anos o nome de cada um desses animais e disse que as pessoas nascidas em cada ano específico teriam algo da personalidade do animal correspondente.

Outra lenda apresenta uma explicação para a ordem dos anos. Segundo essa lenda, os animais tiveram que atravessar um rio correndo e a ordem em que terminaram a corrida é a ordem dos anos. O Rato, que é muito oportunista e estava determinado a vencer, astuciosamente subiu nas costas do Búfalo e, assim que este último chegou às margens do rio, ele saltou e disparou na frente, vencendo a corrida. É dito que isso explica por que o Rato inicia o ciclo dos anos e o Búfalo é o próximo, seguido pelos outros dez animais. O Javali, conhecido por ser um ótimo finalizador, chegou adequadamente em último lugar.

Para descobrir em que ano representado por um animal você nasceu, procure por seu ano de nascimento na tabela de anos na página 15. Por exemplo, se você é de 1988, nasceu no ano do Dragão — e sob o signo da sorte. No entanto, se seu aniversário é em janeiro ou fevereiro, verifique cuidadosamente a data para saber em que ano sua data de nascimento realmente cai.

Depois de identificar seu signo, você poderá pesquisar os traços do animal no capítulo correspondente. Embora haja muitas variações, que poderão ser estudadas detalhadamente considerando-se os elementos e os ascendentes (descritos nos apêndices), é extraordinário observar como os horóscopos chineses conseguem indicar nossa verdadeira natureza. Seja mostrando a lealdade e o senso de dever vistos em muitas pessoas nascidas sob o signo do Cão, seja revelando a versatilidade, a rapidez de raciocínio e as habilidades de memória daqueles nascidos no ano do Macaco, os horóscopos chineses podem ser reveladores. Além dos traços principais descritos em cada capítulo, há dicas especiais para ajudar cada signo a atingir o seu melhor e citações inspiradoras de pessoas nativas daquele signo.

O tema dos relacionamentos também é fascinante, e todo capítulo contém um guia sobre como cada signo se relaciona com os demais. Alguns signos são considerados compatíveis, enquanto outros são o seu total oposto, mas, repito, há exceções. Por exemplo, embora um provérbio chinês determine que "O Búfalo e o Cavalo não podem compartilhar o mesmo estábulo", tenho certeza de que existem pessoas desses dois signos que se amam muito e vivem felizes juntas.

A parte mais importante deste livro, porém, é dedicada aos horóscopos, que se baseiam nas tendências e influências de cada ano chinês. Eles dão uma indicação dos anos mais auspiciosos e dos mais problemáticos. Uma pessoa prevenida vale por duas, e os horóscopos chineses podem nos ajudar a fazer o melhor com o que está por vir. Esse é um de seus principais méritos (e, acredito, também do *I Ching*). Eles falam conosco como se estivessem falando com um amigo, mas *nós mesmos* é que somos os mestres do nosso destino e que devemos determinar a melhor maneira de conduzir nossa vida.

Há um provérbio chinês que nos lembra que "Todo momento é precioso", e o que fazemos com nossa vida é precioso também.

Enquanto você viaja através dos anos, eu lhe desejo boa sorte em tudo.

OS ANOS CHINESES

Cavalo	11 de fevereiro de 1918 a 31 de janeiro de 1919
Cabra	1º de fevereiro de 1919 a 19 de fevereiro de 1920
Macaco	20 de fevereiro de 1920 a 7 de fevereiro de 1921
Galo	8 de fevereiro de 1921 a 27 de janeiro de 1922
Cão	28 de janeiro de 1922 a 15 de fevereiro de 1923
Javali	16 de fevereiro de 1923 a 4 de fevereiro de 1924
Rato	5 de fevereiro de 1924 a 23 de janeiro de 1925
Búfalo	24 de janeiro de 1925 a 12 de fevereiro de 1926
Tigre	13 de fevereiro de 1926 a 1º de fevereiro de 1927
Coelho	2 de fevereiro de 1927 a 22 de janeiro de 1928
Dragão	23 de janeiro de 1928 a 9 de fevereiro de 1929
Serpente	10 de fevereiro de 1929 a 29 de janeiro de 1930
Cavalo	30 de janeiro de 1930 a 16 de fevereiro de 1931
Cabra	17 de fevereiro de 1931 a 5 de fevereiro de 1932
Macaco	6 de fevereiro de 1932 a 25 de janeiro de 1933
Galo	26 de janeiro de 1933 a 13 de fevereiro de 1934
Cão	14 de fevereiro de 1934 a 3 de fevereiro de 1935
Javali	4 de fevereiro de 1935 a 23 de janeiro de 1936
Rato	24 de janeiro de 1936 a 10 de fevereiro de 1937
Búfalo	11 de fevereiro de 1937 a 30 de janeiro de 1938
Tigre	31 de janeiro de 1938 a 18 de fevereiro de 1939
Coelho	19 de fevereiro de 1939 a 7 de fevereiro de 1940
Dragão	8 de fevereiro de 1940 a 26 de janeiro de 1941
Serpente	27 de janeiro de 1941 a 14 de fevereiro de 1942
Cavalo	15 de fevereiro de 1942 a 4 de fevereiro de 1943
Cabra	5 de fevereiro de 1943 a 24 de janeiro de 1944
Macaco	25 de janeiro de 1944 a 12 de fevereiro de 1945
Galo	13 de fevereiro de 1945 a 1º de fevereiro de 1946
Cão	2 de fevereiro de 1946 a 21 de janeiro de 1947
Javali	22 de janeiro de 1947 a 9 de fevereiro de 1948
Rato	10 de fevereiro de 1948 a 28 de janeiro de 1949
Búfalo	29 de janeiro de 1949 a 16 de fevereiro de 1950
Tigre	17 de fevereiro de 1950 a 5 de fevereiro de 1951
Coelho	6 de fevereiro de 1951 a 26 de janeiro de 1952
Dragão	27 de janeiro de 1952 a 13 de fevereiro de 1953
Serpente	14 de fevereiro de 1953 a 2 de fevereiro de 1954
Cavalo	3 de fevereiro de 1954 a 23 de janeiro de 1955
Cabra	24 de janeiro de 1955 a 11 de fevereiro de 1956
Macaco	12 de fevereiro de 1956 a 30 de janeiro de 1957

Galo	31 de janeiro de 1957 a 17 de fevereiro de 1958
Cão	18 de fevereiro de 1958 a 7 de fevereiro de 1959
Javali	8 de fevereiro de 1959 a 27 de janeiro de 1960
Rato	28 de janeiro de 1960 a 14 de fevereiro de 1961
Búfalo	15 de fevereiro de 1961 a 4 de fevereiro de 1962
Tigre	5 de fevereiro de 1962 a 24 de janeiro de 1963
Coelho	25 de janeiro de 1963 a 12 de fevereiro de 1964
Dragão	13 de fevereiro de 1964 a 1º de fevereiro de 1965
Serpente	2 de fevereiro de 1965 a 20 de janeiro de 1966
Cavalo	21 de janeiro de 1966 a 8 de fevereiro de 1967
Cabra	9 de fevereiro de 1967 a 29 de janeiro de 1968
Macaco	30 de janeiro de 1968 a 16 de fevereiro de 1969
Galo	17 de fevereiro de 1969 a 5 de fevereiro de 1970
Cão	6 de fevereiro de 1970 a 26 de janeiro de 1971
Javali	27 de janeiro de 1971 a 14 de fevereiro de 1972
Rato	15 de fevereiro de 1972 a 2 de fevereiro de 1973
Búfalo	3 de fevereiro de 1973 a 22 de janeiro de 1974
Tigre	23 de janeiro de 1974 a 10 de fevereiro de 1975
Coelho	11 de fevereiro de 1975 a 30 de janeiro de 1976
Dragão	31 de janeiro de 1976 a 17 de fevereiro de 1977
Serpente	18 de fevereiro de 1977 a 6 de fevereiro de 1978
Cavalo	7 de fevereiro de 1978 a 27 de janeiro de 1979
Cabra	28 de janeiro de 1979 a 15 de fevereiro de 1980
Macaco	16 de fevereiro de 1980 a 4 de fevereiro de 1981
Galo	5 de fevereiro de 1981 a 24 de janeiro de 1982
Cão	25 de janeiro de 1982 a 12 de fevereiro de 1983
Javali	13 de fevereiro de 1983 a 1º de fevereiro de 1984
Rato	2 de fevereiro de 1984 a 19 de fevereiro de 1985
Búfalo	20 de fevereiro de 1985 a 8 de fevereiro de 1986
Tigre	9 de fevereiro de 1986 a 28 de janeiro de 1987
Coelho	29 de janeiro de 1987 a 16 de fevereiro de 1988
Dragão	17 de fevereiro de 1988 a 5 de fevereiro de 1989
Serpente	6 de fevereiro de 1989 a 26 de janeiro de 1990
Cavalo	27 de janeiro de 1990 a 14 de fevereiro de 1991
Cabra	15 de fevereiro de 1991 a 3 de fevereiro de 1992
Macaco	4 de fevereiro de 1992 a 22 de janeiro de 1993
Galo	23 de janeiro de 1993 a 9 de fevereiro de 1994
Cão	10 de fevereiro de 1994 a 30 de janeiro de 1995
Javali	31 de janeiro de 1995 a 18 de fevereiro de 1996
Rato	19 de fevereiro de 1996 a 6 de fevereiro de 1997
Búfalo	7 de fevereiro de 1997 a 27 de janeiro de 1998
Tigre	28 de janeiro de 1998 a 15 de fevereiro de 1999

Coelho	16 de fevereiro de 1999 a 4 de fevereiro de 2000
Dragão	5 de fevereiro de 2000 a 23 de janeiro de 2001
Serpente	24 de janeiro de 2001 a 11 de fevereiro de 2002
Cavalo	12 de fevereiro de 2002 a 31 de janeiro de 2003
Cabra	1º de fevereiro de 2003 a 21 de janeiro de 2004
Macaco	22 de janeiro de 2004 a 8 de fevereiro de 2005
Galo	9 de fevereiro de 2005 a 28 de janeiro de 2006
Cão	29 de janeiro de 2006 a 17 de fevereiro de 2007
Javali	18 de fevereiro de 2007 a 6 de fevereiro de 2008
Rato	7 de fevereiro de 2008 a 25 de janeiro de 2009
Búfalo	26 de janeiro de 2009 a 13 de fevereiro de 2010
Tigre	14 de fevereiro de 2010 a 2 de fevereiro de 2011
Coelho	3 de fevereiro de 2011 a 22 de janeiro de 2012
Dragão	23 de janeiro de 2012 a 9 de fevereiro de 2013
Serpente	10 de fevereiro de 2013 a 30 de janeiro de 2014
Cavalo	31 de janeiro de 2014 a 18 de fevereiro de 2015
Cabra	19 de fevereiro de 2015 a 7 de fevereiro de 2016
Macaco	8 de fevereiro de 2016 a 27 de janeiro de 2017
Galo	28 de janeiro de 2017 a 15 de fevereiro de 2018
Cão	16 de fevereiro de 2018 a 4 de fevereiro de 2019
Javali	5 de fevereiro de 2019 a 24 de janeiro de 2020
Rato	25 de janeiro de 2020 a 11 de fevereiro de 2021
Búfalo	12 de fevereiro de 2021 a 31 de janeiro de 2022
Tigre	1º de fevereiro 2022 a 21 de janeiro de 2023
Coelho	22 de janeiro de 2023 a 9 de fevereiro de 2024
Dragão	10 de fevereiro de 2024 a 28 de janeiro de 2025
Serpente	29 de janeiro de 2025 a 16 de fevereiro de 2026
Cavalo	17 de fevereiro de 2026 a 5 de fevereiro de 2027
Cabra	6 de fevereiro de 2027 a 25 de janeiro de 2028
Macaco	26 de janeiro de 2028 a 12 de fevereiro de 2029
Galo	13 de fevereiro de 2029 a 1º de fevereiro de 2030
Cão	2 de fevereiro de 2030 a 22 de janeiro de 2031
Javali	23 de janeiro de 2031 a 10 de fevereiro de 2032
Rato	11 de fevereiro de 2032 a 30 de janeiro de 2033
Búfalo	31 de janeiro de 2033 a 18 de fevereiro de 2034
Tigre	19 de fevereiro de 2034 a 7 de fevereiro de 2035
Coelho	8 de fevereiro de 2035 a 27 de janeiro de 2036
Dragão	28 de janeiro de 2036 a 14 de fevereiro de 2037
Serpente	15 de fevereiro de 2037 a 3 de fevereiro de 2038
Cavalo	4 de fevereiro de 2038 a 23 de janeiro de 2039
Cabra	24 de janeiro de 2039 a 11 de fevereiro de 2040
Macaco	12 de fevereiro de 2040 a 31 de janeiro de 2041

Nota: Os nomes dos signos no zodíaco chinês diferem em alguns casos, embora as características dos signos sejam as mesmas. Em alguns livros, o Búfalo é tratado como Touro ou Boi, o Coelho como Lebre ou Gato, a Cabra como Ovelha ou Carneiro e o Javali como Porco.

O RATO

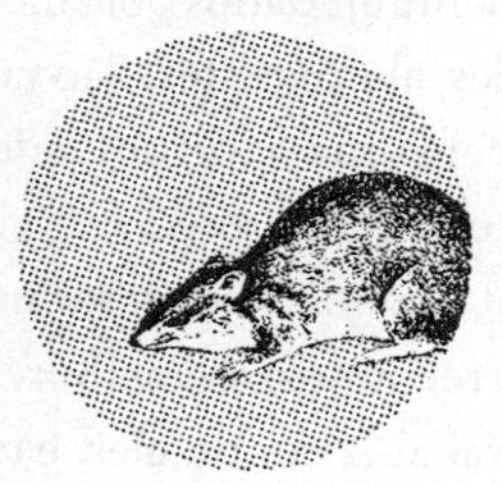

24 de janeiro de 1936 a 10 de fevereiro de 1937 *Rato do Fogo*
10 de fevereiro de 1948 a 28 de janeiro de 1949 *Rato da Terra*
28 de janeiro de 1960 a 14 de fevereiro de 1961 *Rato do Metal*
15 de fevereiro de 1972 a 2 de fevereiro de 1973 *Rato da Água*
2 de fevereiro de 1984 a 19 de fevereiro de 1985 *Rato da Madeira*
19 de fevereiro de 1996 a 6 de fevereiro de 1997 *Rato do Fogo*
7 de fevereiro de 2008 a 25 de janeiro de 2009 *Rato da Terra*
25 de janeiro de 2020 a 11 de fevereiro de 2021 *Rato do Metal*
11 de fevereiro de 2032 a 30 de janeiro de 2033 *Rato da Água*

A PERSONALIDADE DO RATO

Segundo a lenda, quando Buda convidou os animais do reino para uma festa, o Rato foi o primeiro a aparecer. E os Ratos certamente gostam de estar em primeiro plano. Ativos, sociáveis e nascidos sob o signo do charme, eles são companhias populares.

São rápidos também em agarrar oportunidades. Estejam onde estiverem, gostam de aproveitar a situação ao máximo. Nas conversas, envolvem-se com as pessoas, descobrem informações e, invariavelmente, as impressionam. Como membros de um grupo, de um clube ou até mesmo no local de trabalho, gostam de interagir e fazer sua parte. Também têm facilidade com as palavras, incluindo habilidades de persuasão. Sua natureza observadora lhes permite avaliar as situações, e vale a pena consultá-los para uma opinião honesta e imparcial. Além disso, são excelentes críticos.

Ainda assim, mesmo parecendo extrovertidos, os Ratos podem ser reservados. Embora não sejam avessos a tomar conhecimento dos planos e segredos das outras pessoas, eles mantêm os seus para si mesmos. E, ainda que ofereçam conselhos, raramente os pedem. Seria proveitoso para eles se compartilhassem seus sentimentos verdadeiros (e suas preocupações) com mais frequência.

Diz-se que, quanto mais gente conhecemos, mais oportunidades surgem em nosso caminho. E isso é certamente verdadeiro para os Ratos. Seu estilo de vida ativo os põe em contato com muitas pessoas e eles são capazes de obter um bom apoio. Além disso, são geralmente ajudados por sua versatilidade. Seus interesses são diversos, e suas habilidades, abrangentes. São também atentos, perspicazes e ambiciosos, e, quando percebem uma oportunidade, são rápidos em persegui-la. Pouco lhes escapa. No entanto, como se envolvem com muitas coisas — os Ratos nunca gostam de ficar de fora —, podem se tornar inquietos e abandonar as atividades se considerarem que há recompensas melhores em outro lugar. Essa falta de persistência algumas vezes trabalha contra eles, e os Ratos nem sempre colhem todas as recompensas por seus esforços. Às vezes, um pouco mais de persistência e disciplina pode ajudar.

Isso se aplica também às questões financeiras. Os Ratos dão valor ao dinheiro e gostam de proteger e preservar seus bens. Todavia, tendo se esforçado tanto para economizar, eles podem depois sucumbir a gastanças desmedidas. Acharão os descontos e as promoções irresistíveis! E também poderão ser bastante generosos com entes queridos.

Embora o lar de muitos Ratos seja organizado, é provável que armários e locais de armazenamento fiquem abarrotados de itens guardados ao longo dos anos. Os Ratos podem ser acumuladores notórios e raramente jogam algo fora por considerarem que aquilo talvez seja útil no futuro.

Com sua natureza versátil e sociável, os Ratos podem desfrutar de sucesso em muitas carreiras profissionais. Por serem observadores e se interessarem pelo que acontece ao redor, costumam ser comunicadores habilidosos e se saem muito bem como escritores, comentaristas e professores. Eles também se distinguem em profissões que exigem habilidades de persuasão, incluindo a política e o direito. A atividade bancária, a contabilidade ou uma área científica estão entre as que atraem sua mente aguçada e analítica. Ambiciosos, talentosos e capazes, os Ratos têm aptidões que podem levá-los longe.

Outra de suas habilidades é a solução de problemas, e, se for necessário encontrar a saída para uma situação complicada, eles certamente terão uma ideia. Os Ratos são mestres da autopreservação.

Eles gostam de ficar ocupados e, quando não estão trabalhando, mantêm-se utilmente ativos em busca de seus próprios interesses e/ou desfrutando da companhia de outras pessoas — habitualmente, as duas coisas. Entusiastas da socialização, eles gostam de festas, exposições e outros tipos de entretenimento, além de se interessarem por eventos locais.

Os Ratos também são românticos e gostam muito da emoção, da paixão e da excitação do amor. Calorosos, afetivos e atenciosos, têm muito a oferecer e dão grande valor ao amor e à afeição de um companheiro. A vida familiar é muito importante para eles, que, frequentemente, têm uma família grande. No papel de pais, seus interesses diversos e sua imaginação fértil inspiram e encorajam um grande número de mentes jovens, e muitas vezes eles têm grande amor por seus próprios pais e o desejo de imitá-los.

Para as mulheres Rato, a família e a casa são a principal prioridade. Afetivas, organizadas e interessadas nas outras pessoas, elas observam de perto tudo o que está acontecendo e sempre há bastante agitação ao seu redor. São também incrivelmente versáteis e usam seus talentos de maneiras diferentes. Apresentam-se bem e escolhem roupas elegantes e modernas. No trabalho, são ambiciosas, mas sempre tentam se certificar de que seus compromissos não causem impacto adverso naqueles que são importantes para elas. Mais uma vez, a família e a casa são sua prioridade.

Por seu entusiasmo, charme, energia e sagacidade, os Ratos são irrefreáveis. Tudo o que querem é ir em frente e agir, e preenchem seus dias de várias maneiras. Inegavelmente, podem ser inquietos e impulsivos, e às vezes empregam energia em muitas coisas diferentes, mas eles são, sobretudo, talentosos e dinâmicos. E, por serem tão companheiros, é bom estar com eles.

Principais dicas para os Ratos

- Você pode gostar de tirar o máximo de sua situação e ser muito afeito a detectar oportunidades, mas não fique se preocupando o tempo todo com a possibilidade de algo ruim acontecer nem se perguntando se há perspectivas melhores em outro lugar. Com persistência e capacidade de resistir, sempre conseguirá alcançar resultados mais recompensadores.
- Você tem uma mente criativa e inventiva e uma forte natureza intuitiva. Às vezes, no entanto, subestima suas capacidades e não promove suas ideias e seus talentos especiais tanto quanto deveria. Em alguns casos, isso pode ser causado pelo medo de falhar. Fique atento e acredite em si mesmo!
- Embora seja muito extrovertido, você pode ser um indivíduo reservado e cauteloso. Tem prazer em dar conselhos, mas raramente pede por eles ou compartilha o que está em sua mente. Se você se abrisse mais, conseguiria se beneficiar da assistência e do apoio que outras pessoas podem dar. Em alguns casos, ajuda extra pode fazer uma diferença marcante.

- Administração do tempo! Você tende a dirigir sua energia para muitas coisas diferentes; algumas vezes, priorizar e aumentar o foco é algo que pode torná-lo mais eficiente. Além disso, uma estratégia de longo prazo poderá auxiliá-lo a direcionar sua energia para caminhos específicos e muitas vezes o fará alcançar substancialmente mais.

OS RELACIONAMENTOS COM OS DEMAIS SIGNOS

Com outro Rato

Dois Ratos se entendem, têm valores semelhantes e se dão bem.

No trabalho, sua iniciativa e seu empreendedorismo podem ser recompensadores, embora ambos precisem ter foco e resistir a empregar energia em muitas coisas diferentes.

No amor, casais do signo do Rato são carinhosos, dedicados e desfrutam de vários interesses compartilhados. A vida familiar tem importância especial. Uma boa combinação.

Com o Búfalo

Embora esses dois signos tenham personalidades muito diferentes, eles se complementam bem e suas relações são mutuamente benéficas.

No trabalho, o Rato nutre grande respeito pelo consciencioso e metódico Búfalo. Os dois signos conseguem estabelecer confiança rapidamente e, inspirando-se nos pontos fortes um do outro, desfrutam de um excelente relacionamento profissional.

No amor, um se beneficia do outro, com o Rato valorizando a força de caráter e a confiabilidade do Búfalo. Uma vez que ambos se esforçam para ter uma vida familiar estabelecida e estável, eles geralmente formam uma combinação excelente.

Com o Tigre

Dinâmicos, sociáveis e empreendedores, Ratos e Tigres se gostam, se respeitam e desfrutam de boas relações.

No trabalho, quando esses dois unem forças e têm um objetivo em comum, sua energia combinada e seu espírito inventivo os tornam uma equipe formidável.

No amor, pode haver paixão e muita atração entre eles, com o Rato valorizando a postura confiante e exuberante do Tigre. No entanto, ambos são francos e será preciso lidar com suas atitudes diferentes em relação ao dinheiro (algumas vezes, o Tigre vai gastar mais do que o Rato gostaria!). Ainda assim, com boa vontade e compreensão, essa pode ser uma combinação que vale a pena.

Com o Coelho

Embora os dois signos sejam sociáveis e gostem de conversar, sua química nem sempre contribui para que as relações entre eles sejam fáceis.

No trabalho, o Rato pode reconhecer a sagacidade do Coelho e sua atenção aos detalhes, mas para terem sucesso eles precisam construir confiança e entrosamento, o que ambos talvez não considerem fácil.

No amor, esses dois podem ser apaixonados e sensuais, porém o apreço do Rato por um estilo de vida ativo e, às vezes, seu jeito direto, sem rodeios, não vão se ajustar confortavelmente ao Coelho. Embora ambos sejam amantes do lar, será necessário realizar ajustes, caso o relacionamento dure.

Com o Dragão

Para o Rato, o Dragão é uma companhia estimulante, e esses dois signos se gostam e se respeitam.

No trabalho, o Rato valoriza a postura empreendedora e entusiástica do Dragão, e, como ambos são signos que trabalham com afinco, podem desfrutar de grande sucesso.

No amor, os interesses que compartilham, suas perspectivas e a dedicação mútua contribuem para uma excelente combinação. O Rato valorizará particularmente o jeito determinado e confiante do Dragão, e juntos eles poderão ser muito felizes.

Com a Serpente

O Rato e a Serpente nem sempre se entendem, especialmente porque ambos podem, quando o humor assim determina, ser reservados e circunspectos; no entanto, haverá ternura e boa vontade entre eles.

No trabalho, os dois são ambiciosos e seus pontos fortes diferentes serão, muitas vezes, complementares. O Rato terá grande consideração pelas habilidades de planejamento da Serpente.

No amor, pode haver uma poderosa química sexual entre eles, com o Rato sendo frequentemente cativado pelo charme tranquilo e sedutor da Serpente. Uma vez que ambos apreciam os confortos materiais e amam o lar, seu relacionamento pode ser forte e mutuamente benéfico.

Com o Cavalo

Ainda que sejam extrovertidos e sociáveis, o Rato e o Cavalo são também diretos e obstinados na defesa de suas opiniões; assim, cedo ou tarde, diferenças de pontos de vista virão à tona!

No trabalho, cada um estará ansioso por assumir a liderança, e, como o Rato tem receio da natureza obstinada e impulsiva do Cavalo, a relação pode ficar difícil.

No amor, eles podem ser atraídos pelo jeito animado um do outro e, como são muito sociáveis, se divertir bastante. No entanto, é possível que a vontade forte e a natureza franca de ambos causem dificuldade, assim como suas diferentes posturas em relação ao dinheiro. Uma combinação desafiadora.

Com a Cabra

Esses dois signos apreciam as coisas boas da vida, mas suas naturezas e atitudes distintas darão origem a problemas.

No trabalho, o Rato pode sentir que faltam à Cabra iniciativa e ambição, e os presságios não são bons.

No amor, ambos são sociáveis e amantes da diversão, porém o Rato, com o tempo, vai se desesperar com o caráter caprichoso da Cabra e sua tendência a gastar, enquanto a sensível Cabra se sentirá desconfortável com a franqueza do Rato. Uma combinação difícil.

Com o Macaco

Há afinidade e respeito mútuo entre esses dois signos vivazes, e eles se dão bem.

No trabalho, são determinados e empreendedores, e cada um deles é capaz de tirar o que há de melhor no outro. Ao perseguirem metas específicas, podem desfrutar de grande sucesso.

No amor, eles são compatíveis. Compartilhando muitos interesses e desfrutando de um estilo de vida ativo, vivem a vida com plenitude, e o Rato se tranquilizará por ter um parceiro tão positivo, empreendedor e compreensivo. Uma combinação excelente.

Com o Galo

Esses dois signos são certamente animados, ativos e extrovertidos, mas como ambos são também francos, a relação pode ser complicada.

No trabalho, o Rato gosta de aproveitar o momento, enquanto o Galo prefere planejar e prosseguir com cautela. Por terem abordagens gerais tão diferentes e seus caráteres serem tão resolutos e francos, esses dois não trabalham bem juntos.

No amor, eles valorizam a vida familiar, assim como apreciam muitos interesses; no entanto, cada um deles gosta de seguir o próprio caminho e por isso estarão sujeitos a conflitos. Uma combinação desafiadora.

Com o Cão

Embora suas personalidades e perspectivas sejam muito diferentes, há estima e respeito mútuo entre esses dois, principalmente no nível pessoal.

No trabalho, contudo, a ligação pode ser menos intensa. Arrojado, o Rato gosta de aproveitar as oportunidades ao máximo e pode considerar inibidora a abordagem mais disciplinada do Cão.

No amor, um admira as qualidades e os pontos fortes do outro, e o Rato valoriza especialmente a lealdade e a natureza confiável do Cão. Sendo os dois signos românticos e apaixonados e tendo amor por seu lar, eles podem formar uma combinação boa e duradoura.

Com o Javali

Pelo charme do Rato e a genialidade do Javali, esses dois signos gostam da companhia um do outro e têm muito em comum. As relações entre eles são boas.

No trabalho, seu empreendedorismo compartilhado e seu empenho podem funcionar bem, com o Rato valorizando a perspicácia comercial do Javali. Juntos, eles podem formar uma equipe eficiente e bem-sucedida.

No amor, pode haver um ótimo elo entre os dois. Ambos são muito voltados para a família e trabalharão duro para desfrutar de um bom estilo de vida. O Rato, particularmente, valorizará ter um parceiro tão amoroso, de boa índole e capaz de lhe prestar grande apoio. Uma combinação de sucesso.

HORÓSCOPOS PARA CADA UM DOS ANOS CHINESES

Previsões para o Rato no ano do Rato

Esse ano não apenas marca o início de um novo ciclo dos anos representados por animais, como também é especial para os Ratos. Quem melhor do que eles próprios para entender os caminhos e o funcionamento desse ano?

Esse será um período para fazer e executar planos. "Não existe outro momento como o presente", nos lembra o ditado, e para os Ratos que vêm acalentando determinadas esperanças ou planos, *agora* é a hora. Sua energia e astúcia os ajudarão a se sair bem.

No trabalho, o ano do Rato pode trazer possibilidades excelentes, mas os Ratos precisam se informar atentamente sobre as vagas. Muitos deles descobrirão que posições de maior responsabilidade ficarão disponíveis em seu local de trabalho atual, e a profundidade de seu conhecimento os tornará fortes candidatos a ocupá-las. Como resultado, poderão realizar importantes progressos nesse ano e levar sua carreira a novos patamares.

Se no momento estiverem insatisfeitos ou em busca de uma posição, eles descobrirão que esse é um bom ano para explorar possibilidades e considerar outros caminhos em que possam empregar seus pontos fortes. Os Ratos são astuciosos e, em seu próprio ano, suas variadas capacidades podem levar a resultados valiosos.

Os anos do Rato estimulam também o desenvolvimento pessoal, e, seja em relação ao trabalho, seja em relação a seus interesses pessoais, os próprios Ratos deverão ampliar seu conhecimento. Esse será um ano excelente para iniciar projetos, estabelecer desafios e desenvolver habilidades. No entanto, ainda que os aspectos sejam encorajadores, os Ratos precisarão ser disciplinados. Embora comecem as atividades com entusiasmo, às vezes a empolgação se esvanece quando surgem novas tentações. Ratos, fiquem atentos a isso e tenham em mente os benefícios que o esforço *concentrado* pode proporcionar. E aquilo que você empreender em seu próprio ano sempre poderá deixar um legado de grande projeção.

Os sucessos do ano também poderão ajudar financeiramente, e a renda de muitos Ratos deverá aumentar. Além disso, poderá haver um elemento de boa sorte, com alguns Ratos se beneficiando da receita de recursos adicionais ou de aquisições realizadas com perspicácia e no momento certo. Os Ratos têm faro para bons negócios. No entanto, ainda que esse seja um ano favorável na área financeira, será útil que eles considerem o longo prazo, o que pode incluir uma reserva de recursos para necessidades futuras, ou a abertura de uma conta de poupança ou a contratação de um plano de previdência privada. Com uma boa administração, a situação de muitos Ratos poderá melhorar nesse ano.

Os Ratos são sociáveis por natureza e, mais uma vez, vão desfrutar nesse ano de boas relações com muitos daqueles que os cercam. Na vida familiar, estarão ansiosos por executar melhorias domésticas, assim como por prestar apoio e aconselhamento a entes queridos. Sua capacidade de manter diversas coisas sob controle ao mesmo tempo sempre impressiona as pessoas, mas esse é o talento dos Ratos! Além disso, para qualquer Rato que esteja pensando em se mudar, esse será um ano para explorar as possibilidades. Assim que as ideias forem colocadas em prática, os avanços poderão rapidamente ajudar no processo, e é possível que uma feliz descoberta ao acaso se prove uma amiga útil ao longo do ano. Com um bom apoio e todos os membros da família fazendo sua parte, muitos planos e projetos poderão prosperar no decorrer do ano do Rato.

Na área social, os Ratos também darão valor aos amigos próximos, assim como a diversas oportunidades de sair. Estarão sempre em sua forma mais radiante e talvez queiram ampliar sua rede de contatos sociais.

Para os Ratos que não estiverem comprometidos e para aqueles que tiverem passado recentemente por uma decepção pessoal, seu próprio ano poderá marcar o começo de um novo romance ou, em alguns casos, de um romance capaz de transformar sua vida. Alguns poderão ouvir o badalar dos sinos da igreja. Esses poderão ser momentos pessoalmente especiais para os Ratos, e o ano será rico em possibilidades.

Com determinação, energia e empreendedorismo, os Ratos poderão realizar muito em seu próprio ano e é possível que suas conquistas tenham desdobramentos de longo prazo.

DICAS PARA O ANO

Aproveite a iniciativa e coloque seus planos em ação. Esse é um ano para agir. Ainda assim, mantenha-se disciplinado e use bem seu tempo. Desistir, dar menos do que o seu melhor ou distrair-se pode minar seus esforços. E mais: reserve tempo para seus interesses e para desfrutar com outras pessoas. As relações pessoais poderão tornar esse ano ainda mais especial.

Previsões para o Rato no ano do Búfalo

Por natureza, os Ratos são trabalhadores árduos e devem se sair bem no ano do Búfalo. Os ganhos obtidos no ano anterior poderão agora ser aprimorados, e os progressos, realizados.

No trabalho, muitos Ratos verão o crescimento de sua área de responsabilidade, bem como empregadores ansiosos por usar e desenvolver seus pontos fortes. Esses poderão ser momentos encorajadores, com muitos Ratos avançando na carreira. No entanto, embora possa ocorrer um progresso significativo, as pressões irão aumentar, e alguns Ratos ficarão atemorizados com as exigências que lhes serão colocadas. Em situações como essas, será o caso de trabalhar com afinco, concentrando-se no que precisa ser feito e aprendendo sobre os diferentes aspectos de qualquer nova função. O Búfalo, que rege o ano, pode ser um chefe bastante rígido; no entanto, ao enfrentarem o desafio, muitos Ratos provarão suas habilidades em outra área de atuação.

Para os Ratos que estiverem ansiosos por sair de onde estão ou para aqueles à procura de emprego, o ano do Búfalo poderá trazer possibilidades interessantes. Considerando as diferentes maneiras como podem usar seus pontos fortes e mantendo-se atentos à abertura de vagas, muitos Ratos vão garantir uma posição que poderão usar para se projetar no futuro. Esforço e dedicação serão necessários, mas o que muitos Ratos assumirem agora ampliará suas habilidades e os beneficiará no futuro.

A renda de um grande número de Ratos aumentará nesse ano, porém todos os Ratos deverão ser disciplinados em seus gastos. Embora o dinheiro possa fluir para suas contas, ele também poderá sair delas com facilidade. Papelada financeira e documentos legais precisarão ser verificados e preenchidos com cuidado. Lapsos poderão causar problemas. Ratos, tomem nota disso.

Diante de seu estilo de vida agitado e sempre exigente, é importante que nesse ano os Ratos também pensem um pouco no próprio bem-estar — o que inclui a alimentação e uma rotina de exercícios — e que reservem tempo para o repouso e o lazer. Do contrário, alguns deles poderão se sentir cansados e sem a animação usual. No ano do Búfalo, um pouco de "tempo para mim" poderá fazer uma verdadeira diferença.

Eles também devem destinar tempo para interesses pessoais. Projetos em que estiveram trabalhando e ideias que vinham desenvolvendo poderão alcançar certo sucesso nesse ano, e determinadas habilidades e talentos serão estimulados. O ano do Búfalo favorece a concentração, a dedicação e o uso dos pontos fortes em seu proveito. Uma vantagem adicional (e muitas vezes inesperada) de perseguir seus interesses será o elemento social que alguns deles apresentam. Muitos Ratos vão ampliar sua rede de contatos nesse ano.

Os Ratos também irão valorizar o apoio daqueles que os cercam. Poderá haver conquistas notáveis na família para registrar, e muitos Ratos ficarão orgulhosos das realizações de alguém próximo. Ao longo do ano, eles se verão estimulando outras pessoas e dando conselhos, assim como garantindo que as atividades no lar corram bem. Suas habilidades e atenção serão imensamente apreciadas, e sua vida familiar será movimentada e fonte de considerável prazer. Férias cuidadosamente planejadas também poderão ser muito bem desfrutadas.

Além disso, os Ratos irão valorizar a variedade de ocasiões sociais que o ano do Búfalo trará, assim como a oportunidade de encontrar os amigos. Algumas dessas ocasiões poderão ser especialmente úteis quando os Ratos estiverem enfrentando pressões ou tendo que tomar decisões. Os Ratos fazem muito pelas pessoas e, nesse ano movimentado, devem deixar que os outros retribuam. Eles vão ampliar seu círculo social e, com seu charme e sua natureza agradável, impressionarão muita gente. Para os que não estão comprometidos, as previsões românticas são boas, e alguém que conhecerem nesse ano poderá, rapidamente, tornar-se muito especial.

No geral, o ano do Búfalo será agitado e exigente, mas também construtivo e gratificante. No seu decorrer, é importante que os Ratos cuidem de seu próprio bem-estar e se deem a chance de desfrutar as recompensas pelas quais trabalharam tão duro e que, igualmente, aproveitem a companhia daqueles que são especiais em sua vida.

DICAS PARA O ANO

Aproveite ao máximo suas habilidades e oportunidades. Com propósito e esforço, você realizará muito. Além disso, mantenha um estilo de vida equilibrado e valorize aqueles que o cercam. O apoio dessas pessoas poderá ajudar de muitas maneiras.

Previsões para o Rato no ano do Tigre

Os Ratos gostam de segurança e de se sentir no controle da situação, por isso o ritmo e as mudanças no ano do Tigre poderão deixá-los pouco à vontade. Esse pode ser um ano que exigirá muito e, para se saírem bem, os Ratos precisarão se manter alertas e ágeis. No entanto, eles são, acima de tudo, engenhosos e muitas vezes conseguirão virar as situações a seu favor e terminar o ano com diversas conquistas.

No trabalho, a mudança estará por toda parte, e — seja por meio de reestruturações, da introdução de novos sistemas ou da chegada de novos funcionários e/ou de um novo gerente — ela terá impacto no cargo de muitos Ratos. E eles não acolherão de bom grado a incerteza e o estresse. Contudo, ainda que partes do ano possam ser difíceis, com novas tarefas e papéis a desempenhar, os Ratos terão muitas vezes a chance de se beneficiar dos novos avanços. Apesar de seus receios, esse não é um ano para serem intransigentes.

Do mesmo modo, os Ratos que decidirem buscar cargos em outras organizações ou que estejam procurando emprego não devem ser muito restritivos em relação ao que estão preparados para considerar. Mantendo-se abertos a possibilidades e buscando aconselhamento, poderão ser avisados de algo que, embora diferente, seja perfeitamente adequado a eles. Esse é um ano para ser receptivo a mudanças e se adaptar a elas. No entanto, com os avanços acontecendo tão rapidamente, a velocidade será indispensável, e os Ratos não deverão se atrasar nem prevaricar se quiserem obter benefícios. Ainda assim, embora o ano do Tigre possa exigir muito, os Ratos são engenhosos e, como já provaram muitas vezes, capazes de levar a melhor em todos os tipos de condições, e é o que farão novamente nesse ano.

Eles, porém, precisarão exercitar o cuidado nas questões de dinheiro. Ao assumirem um novo compromisso ou realizarem uma compra grande, deverão verificar os termos e as implicações. E, caso tenham receio em relação a um assunto financeiro, é aconselhável cautela. A pressa, o risco ou um erro de julgamento poderão prejudicá-los. Os gastos, igualmente, precisarão ser observados. Ratos, tomem nota disso e sejam disciplinados.

As viagens, contudo, poderão figurar na agenda, e, quando possível os Ratos deverão poupar para férias, assim como aceitar quaisquer convites para viajar. Uma mudança de cenário e a chance de explorar novos lugares poderão lhes fazer muito bem.

Os Ratos terão numerosos compromissos, mas também é importante que reservem tempo para seus próprios interesses e lazer. Novas ideias e atividades costumam surgir nos anos do Tigre; portanto, se algo os atrair, os Ratos deverão se informar mais a respeito. Ao aceitarem o espírito desse momento, eles poderão ampliar seus interesses e expandir seu conhecimento.

Os Ratos devem garantir também que sua vida social não seja prejudicada. Os anos do Tigre proporcionam momentos animados e, algumas vezes, surpreendentes. Os Ratos que estiverem solitários ou não comprometidos poderão fazer amigos importantes, embora, quando se tratar de romance, seja melhor prosseguir gradualmente do que se precipitar em um compromisso. Assim, o relacionamento se desenvolverá de modo importante e significativo.

O ano do Tigre trará momentos especiais, mas é possível que alguns Ratos sejam chamados a ajudar um ente querido ou um amigo próximo que esteja em situação difícil. Embora isso possa ser preocupante, seu apoio e sua capacidade de se solidarizar poderão fazer grande diferença. Os Ratos têm uma maravilhosa habilidade de interagir com as pessoas e não devem subestimar o bem que são capazes de fazer.

No círculo familiar, muitas coisas deverão acontecer e haverá necessidade de boa comunicação e cooperação entre todos no lar do Rato. Nesse aspecto, a atenção e a natureza inclusiva do Rato podem ser de considerável valor. Compartilhar atividades e preocupações vai ajudar, assim como estender projetos práticos ao longo do ano em vez de realizá-los às pressas ou concentrá-los em um curto período. O ano do Tigre requer certa flexibilidade.

No geral, o ano do Tigre será dinâmico e desafiador, e os Ratos poderão sentir-se desconfortáveis com alguns dos avanços que acontecerão tão rapidamente. Mas há chances a agarrar, lições a aprender, oportunidades a desenvolver e viagens e atividades a desfrutar. Determinados e astuciosos, os Ratos têm a capacidade de virar muitas coisas a seu favor.

DICAS PARA O ANO

Comprometa-se, adapte-se e aproveite ao máximo as situações que estiverem se desenrolando. Seja cauteloso com assuntos financeiros, mas, se puder, aproveite oportunidades de viagem e agarre qualquer chance de ampliar habilidades e interesses pessoais.

Previsões para o Rato no ano do Coelho

Esse poderá ser um ano razoável para os Ratos, mas há um "porém". Os Ratos gostam de se envolver em muitas atividades, e é possível que no ano do Coelho eles se sintam limitados. A condução desse ano se dará em um ritmo mais estável e ao longo de linhas estruturadas, e os Ratos terão que se adaptar a isso. Não será o momento de perturbar o que está em equilíbrio nem de seguir em frente sem medir as consequências.

No entanto, ainda que, com seu ritmo mais lento, o ano do Coelho não seja compatível com o estilo do Rato, há muito a ganhar com ele. Em particular, poderá ser um momento excelente para os Ratos avaliarem seu estilo de vida e empreenderem um avanço pessoal. Especialmente para aqueles que levam uma vida agitada e sob pressão, esse será um bom ano para lutar por um estilo de vida mais equilibrado. Os Ratos não devem sentir que têm que estar ocupados o tempo inteiro. De vez em quando, eles merecem um descanso. E o ano do Coelho encoraja isso.

Os anos do Coelho favorecem também o aprendizado e o crescimento pessoal, e os Ratos deverão pensar em maneiras de ampliar seus interesses, assim como experimentar novas atividades de lazer que os atraiam, incluindo qualquer uma que contribua para manter a forma física. Os Ratos que gostam de atividades criativas poderão ver suas ideias se desenvolvendo de formas particularmente estimulantes.

No trabalho, em vez de olharem muito à frente, os Ratos deverão concentrar-se em suas obrigações atuais e fazer o melhor onde estiverem. Trabalhando em estreita colaboração com os colegas, estabelecendo uma rede de contatos e tirando proveito de sua experiência, eles poderão aprimorar consideravelmente sua reputação. Poderão, ainda, beneficiar-se de oportunidades de treinamento. Os que estiverem procurando emprego descobrirão que enfatizar sua disposição para aprender pode ser importante. No que diz respeito ao trabalho, os Ratos poderão impressionar nesse ano, mas será preciso demonstrar seus pontos fortes. O progresso talvez não seja imediato nem necessariamente substancial, porém o ano do Coelho recompensa o empenho e irá preparar os Ratos para futuras oportunidades.

No quesito dinheiro, esse é um ano para se ter cautela. Às vezes, os níveis dos gastos poderão aumentar, e as despesas, ser maiores do que o previsto. Ao longo do ano, os Ratos deverão controlar suas despesas e conferir os termos de quaisquer novos contratos e compromissos que firmarem. Financeiramente, é a hora de se manterem atentos e criteriosos.

No nível pessoal, no entanto, o ano do Coelho poderá trazer momentos inesquecíveis. É possível que haja comemorações reservadas para muitos lares de Ratos à medida que a família for crescendo, seja por nascimento, seja por casamento. Como sempre, os Ratos estarão ansiosos por apoiar seus entes queridos e sentirão orgulho de suas conquistas. Muitos deles farão um esforço deliberado nesse ano para passarem mais tempo com as pessoas próximas. E sua vida familiar vai se beneficiar da melhora desse equilíbrio no estilo de vida.

Os Ratos vão apreciar também as oportunidades sociais do ano e, com sua natureza agradável, aumentarão sua rede de amigos e contatos. Como sabemos, quanto mais pessoas conhecemos, mais nos beneficiamos, e isso será uma grande verdade para os Ratos. Nesse ano, algumas das pessoas que eles conhecerão poderão não apenas lhes oferecer amizade, como também ajudá-los em atividades atuais e futuras. Contudo, embora possa haver bons momentos, os Ratos precisam ficar atentos às necessidades alheias e, caso se vejam em uma situação potencialmente difícil ou preocupante, será necessário que tenham cuidado com as palavras. Um comentário fora de hora ou uma crítica poderão ser desastrosos. Às vezes, apesar de sua tendência à franqueza (os Ratos gostam de dizer o que pensam), eles verão que ter um pouco mais de tato será bastante útil.

De modo geral, os Ratos precisarão se manter atentos, ligar-se às pessoas e refletir cuidadosamente sobre suas ações e reações. Esse não será um ano para se precipitar nem para ter uma mentalidade muito independente, mas para aproveitar ao máximo as oportunidades atuais e ganhar experiência. No nível pessoal, todos os Ratos se beneficiarão de um estilo de vida mais equilibrado e poderá haver ocasiões inesquecíveis (de celebração) para aproveitar também.

DICAS PARA O ANO

Seja paciente. Em vez de tentar se apressar, aproveite o momento. Dedique tempo aos seus interesses, desenvolva suas habilidades e valorize as pessoas que o cercam. Será um ano para apreciar o que você tem e lutar por um estilo de vida mais equilibrado.

Previsões para o Rato no ano do Dragão

Os anos do Dragão têm energia e certa vibração, o que agrada os Ratos. Eles têm tudo para se dar bem nesse ano e serão ajudados pela boa sorte ao longo do caminho. De fato, uma vez que decidam sobre uma linha de ação, uma feliz descoberta ao acaso muitas vezes irá ocorrer e auxiliá-los. Para qualquer Rato que esteja se recuperando de uma decepção ou sentindo que tem definhado ultimamente (o ano do Coelho anterior não terá sido o mais fácil), esse será o momento de apagar o passado e concentrar-se no presente. Páginas importantes poderão ser viradas e, para alguns desses Ratos, é possível que o ano do Dragão marque o início de uma nova e emocionante fase.

Os Ratos dão grande importância aos relacionamentos e poderão se beneficiar do apoio e do incentivo de muitas pessoas nesse ano. Quando estiverem fazendo planos ou tomando decisões, muitas vezes poderão obter uma assistência significativa se conversarem com aqueles em quem confiam. Saber que contam com esse apoio pode ser um fator estimulante para impulsionar certos empreendimentos. No entanto, embora os Ratos possam ser favorecidos com apoio e boa vontade, eles precisam se certificar de que outras pessoas não tirem vantagem de sua natureza dócil nem que lhes façam exigências excessivas. Isso será um risco nesse ano. Se sentirem que estão pedindo demais deles, os Ratos devem se manter firmes e resistir às imposições.

Eles, porém, apreciarão as muitas oportunidades sociais do período. Os anos do Dragão podem ser animados e proporcionar muita ação. Qualquer Rato que esteja solitário ou tenha passado por uma adversidade recente descobrirá que novos amigos e atividades ajudarão a animar suas perspectivas. As previsões românticas são excelentes, e a flecha do Cupido estará apontada na direção de muitos Ratos que iniciarem o ano descomprometidos.

A vida familiar poderá ser atarefada e agitada, sobretudo porque muitos Ratos começarão entusiasmadamente projetos de reforma, assim como ajudarão entes queridos em realizações ambiciosas. Todavia, com tantos acontecimentos, eles precisarão estabelecer uma boa ligação com os outros. Fazer suposições ou realizar as atividades apressadamente poderá gerar momentos complicados. Ratos, fiquem atentos e reservem tempo para seus projetos em vez de seguirem adiante de maneira precipitada.

O ano do Dragão pode trazer também boas oportunidades de viagem. Férias e folgas, incluindo algumas organizadas sem muita antecedência e/ou com um elemento de espontaneidade, poderão estar entre os destaques do ano.

As perspectivas de trabalho também são animadoras, e os Ratos estarão frequentemente em uma boa posição para se beneficiar de vagas e oportunidades de promoção. Sua experiência e reputação lhes serão extremamente úteis e suas perspectivas poderão ser favorecidas pelo apoio que receberem de colegas mais antigos e de outros contatos influentes. Esse é um ano em que suas capacidades poderão atingir um nível ainda mais alto.

Nesse ano auspicioso, os Ratos que desejarem mudanças ou estiverem procurando emprego deverão explorar ativamente as possibilidades. A iniciativa, o empreendedorismo e a determinação — todas qualidades típicas da constituição do Rato — farão diferença. Com tais aspectos, aqueles que assumirem novas responsabilidades no início do ano do Dragão poderão vê-las dar origem a outras oportunidades no final do ano.

O progresso alcançado no trabalho também os ajudará financeiramente. No entanto, embora muitos Ratos venham a comemorar um aumento nos ganhos, em vez de gastarem livremente (ou exagerar!), eles deverão reservar recursos para compras e planos específicos. Esse será um ano para uma boa administração financeira.

No geral, os anos do Dragão proporcionam um grande potencial para os Ratos, e, se eles aproveitarem as oportunidades, poderão fazer um progresso muito merecido. E, o que é muito prazeroso, um pouco da sorte do Dragão poderá ser transmitida para eles também.

DICAS PARA O ANO

Esse será um ano para agir com determinação e aproveitar ao máximo seus pontos fortes. Além disso, desfrute do bom relacionamento com aqueles que estão à sua volta e valorize seu apoio. Com resolução e autoconfiança, você poderá fazer com que esse seja um período altamente bem-sucedido.

Previsões para o Rato no ano da Serpente

Esse é um ano para paciência e cautela. Os Ratos precisam compreender que as Serpentes não gostam de pressa e preferem proceder de maneira comedida. No ano da Serpente, será necessário que os Ratos moderem sua natureza ardorosa e deixem que as situações se desenrolem em seu próprio tempo. Embora isso possa ser frustrante, eles ainda poderão aprender muito com esse ano, e suas perspectivas melhorarão gradualmente com o passar do tempo. Na verdade, alguns de seus esforços na primeira parte do ano da Serpente poderão se concretizar nos meses finais.

No trabalho, em vez de considerarem esse ano como um período em que poderão fazer um progresso substancial, os Ratos deverão se concentrar em se estabelecer na sua área de atividade atual. Aprendendo mais sobre o setor em que atuam e se familiarizando com os desenvolvimentos em curso, poderão favorecer tanto sua situação presente quanto suas perspectivas futuras. De fato, o que eles fizerem "nos bastidores" nesse ano, seja adquirindo conhecimento extra, demonstrando iniciativa ou estabelecendo contatos, poderá beneficiá-los posteriormente.

Muitos Ratos permanecerão na organização atual nesse ano. Para aqueles que sentirem que suas perspectivas poderão ser melhores se forem para outro lugar e para aqueles que estiverem procurando emprego, é possível que os avanços sejam lentos. Esses poderão ser momentos de frustração. No entanto, os Ratos são, acima de tudo, tenazes, e com persistência e autoconfiança, muitos terão sucesso em garantir um cargo que significará uma mudança (e uma oportunidade) considerável. Os anos da Serpente estimulam os Ratos a expandir suas capacidades, e um importante legado do ano poderá ser o conhecimento e as habilidades que eles vão adquirir.

Os Ratos precisarão, no entanto, ser criteriosos nos assuntos financeiros e cautelosos em relação ao risco e à pressa. Tomar decisões apressadas ou fazer compras por impulso poderá causar arrependimento. Além disso, deverão exercitar o controle cuidadoso das finanças. Poderá ser fácil realizar gastos excessivos nesse ano. Papelada e formulários financeiros deverão ser preenchidos com atenção, e os termos de qualquer contrato, verificados. Esse é um período para vigilância e controle.

De maneira mais encorajadora, os interesses pessoais podem ser satisfatórios e as atividades recreativas podem ser uma saída valiosa nesse ano muitas vezes exigente. Para Ratos criativos, especialmente aqueles que gostam de escrever, os anos da Serpente podem ser inspiradores, e alguns Ratos ficarão entusiasmados com projetos iniciados agora.

Ao longo do ano, os Ratos também se sentirão gratos pelo apoio e aconselhamento fornecidos por entes queridos. No entanto, para se beneficiar, eles precisarão se manifestar em vez de guardar seus pensamentos e suas ansiedades para si mesmos. Além disso, deverão consultar outras pessoas sobre quaisquer projetos e compras para o lar que tenham em mente. Esse será um ano para combinar talentos e compartilhar ideias. Embora algumas decisões e planos possam demorar mais do que o previsto, as melhorias resultantes serão muito apreciadas, assim como serão certas ocasiões em família, incluindo a comemoração de sucessos individuais.

Quando possível, os Ratos também deverão tirar férias ao longo do ano, pois irão se beneficiar do descanso e da mudança de cenário. Poderá haver oportunidades de viagem nas semanas finais do ano da Serpente.

Os Ratos vão, igualmente, aproveitar as oportunidades sociais do ano, em particular qualquer evento especial a que compareçam. Precisarão, porém, ficar atentos ao que se passa ao seu redor. Alguém poderá decepcioná-los ou talvez eles se vejam preocupados com boato ou fofoca. Para quem não estiver em um relacionamento, o caminho para o verdadeiro amor também poderá ser turbulento.

A paciência e as habilidades pessoais de muitos Ratos serão testadas no decorrer do ano. Os Ratos são competentes e podem evitar ou superar com sucesso muitas dificuldades, mas esse será o momento de ficar alerta e atento às pessoas.

Esse poderá não ser o ano mais fácil para os Ratos, mas frequentemente são os desafios que fazem com que habilidades possam ser adquiridas e pontos fortes, destacados — e assim será para eles nesse ano. Com paciência, os Ratos poderão não apenas ver os resultados de seus esforços, como também obter importantes novos insights em relação às suas capacidades. No geral, será um período construtivo, embora às vezes os resultados possam demorar a chegar.

DICAS PARA O ANO

Mantenha-se atento e criterioso. Questione qualquer coisa que não esteja clara e estabeleça uma boa ligação com as pessoas ao seu redor. Além disso, aproveite ao máximo qualquer oportunidade de ampliar seu conhecimento e desfrute de seus interesses pessoais. Você poderá tornar esse ano útil e instrutivo.

Previsões para o Rato no ano do Cavalo

Os Ratos têm energia e dinamismo notáveis. Eles gostam de estar na linha de frente e envolvidos nos acontecimentos. Infelizmente, nesse ano seus melhores esforços poderão não alcançar os resultados desejados. Os anos do Cavalo podem ser complicados, e os Ratos precisarão permanecer atentos e prevenidos. No entanto, esse é um dos princípios dos horóscopos chineses. Como são precavidos, os Ratos terão condições de evitar os aspectos mais negativos do ano e terminá-lo com ganhos que poderão ampliar no futuro.

Uma área que exigirá cuidado especial é a financeira. No decorrer do ano, os Ratos precisarão monitorar seus gastos — do contrário, as despesas serão maiores do que o permitido e, mais tarde, eles terão que economizar. Quando realizarem compras vultosas, os Ratos deverão verificar se os requisitos estão sendo atendidos e se eles têm pleno conhecimento dos termos envolvidos. Quanto mais cuidado tiverem, melhores serão suas escolhas. Deverão ser cautelosos também se forem emprestar dinheiro e ao lidarem com documentos financeiros. Esse não é um ano para ser negligente nem confiar na sorte. Ratos, tomem nota disso e fiquem atentos.

O trabalho também poderá exigir muito, especialmente porque alguns Ratos talvez sintam que não estão recebendo o devido reconhecimento ou tenham dúvidas sobre determinados avanços. No entanto, embora algumas situações sejam frustrantes, eles poderão agir em benefício próprio no longo prazo. Enquanto isso, será conveniente para os Ratos manterem a discrição e se concentrarem no que precisam fazer. No decorrer do ano, é provável que tenham a chance de ampliar sua experiência e provar suas habilidades em uma função diferente, talvez por meio de treinamento, assumindo tarefas adicionais ou candidatando-se a uma vaga que surja repentinamente.

Isso também se aplica aos Ratos que estiverem em busca de emprego. Mantendo-se alerta a vagas e permanecendo determinados, é possível que consigam um cargo com potencial futuro. Em relação ao trabalho, talvez os resultados sejam mais modestos ou restritos nesse ano, mas o que for realizado agora poderá ter grande valor em uma fase posterior, quando surgirem oportunidades mais substanciais.

Uma característica-chave do ano do Cavalo será o modo como os Ratos ampliarão seu conhecimento profissional. Isso também se aplicará a seus interesses. Apesar das pressões do ano, eles deverão reservar tempo para as atividades recreativas e procurar ampliar suas habilidades. Algumas atividades poderão se revelar muito agradáveis nesse ano e ser uma boa maneira de expressar seus talentos e ideias. Além disso, para aqueles que não têm praticado exercícios regularmente, será útil dar um pouco de atenção ao seu próprio bem-estar.

Embora os Ratos apresentem ótimas habilidades de interação com as pessoas e tenham nascido sob o signo do charme, no ano do Cavalo eles precisarão agir com cautela em suas relações pessoais. Tanto em situações de trabalho quanto em ocasiões sociais, deverão ficar atentos à sensibilidade dos outros e a quaisquer sentimentos ocultos potencialmente embaraçosos. Ser muito franco, direto ou grosseiro poderá, ainda, causar problemas e, possivelmente, aborrecimento. Contudo, estando avisados disso, muitos Ratos conseguirão evitar com sucesso algumas das arapucas do período. E, mesmo que os aspectos sejam complicados, o ano do Cavalo também poderá proporcionar uma boa mistura de oportunidades sociais e ocasiões animadas para serem aproveitadas.

Os Ratos que estiverem em um relacionamento ou que começarem um romance nesse ano precisarão manter-se conscientes dos sentimentos dos outros. Desatenção e preocupação poderão causar problemas. Assim como em tantas outras áreas nesse ano, ter mais consciência e cuidado extra poderá fazer uma importante diferença.

Com a agitação do ano, os Ratos irão apreciar sobretudo a vida em família e as atividades que poderão compartilhar com seus entes queridos. Eles darão valor ao apoio que receberão durante os momentos de estresse, e por volta do fim do ano poderão surgir algumas notícias familiares agradáveis.

No geral, o ano do Cavalo será de muitas exigências e, às vezes, exasperante. Os Ratos gostam de dar andamento às coisas, mas nem sempre as condições permitirão isso. No entanto, os Ratos são sobreviventes e, agarrando as chances de ampliar seu conhecimento e experiência, poderão investir em si mesmos *e* em seu futuro. Desenvolver interesses e desfrutar de tempo com os entes queridos também poderá ser de grande valor, principalmente diante das pressões do ano.

DICAS PARA O ANO

Seja cauteloso. Reflita sobre as situações, tenha tato e evite a pressa e o risco. Além disso, aproveite qualquer chance de aprimorar suas habilidades. O conhecimento adquirido agora poderá ser bem empregado nesse ano *e* ser um investimento em seu futuro.

Previsões para o Rato no ano da Cabra

Uma bem-vinda mudança para melhor nas previsões. E também sorte! Depois de terem trabalhado duro por resultados recentes e passado por momentos frustrantes, os Ratos descobrirão que o ano da Cabra trará uma agradável mudança. Para que se beneficiem inteiramente, porém, os Ratos deverão começar suas atividades com vigor renovado e ir atrás de seus objetivos com autoconfiança. Suas ações poderão dar frutos agora e, no nível pessoal, haverá bons momentos para aproveitar.

Uma característica-chave dos anos da Cabra é o incentivo à criatividade e à experimentação do novo. E para os Ratos, que são tão hábeis em procurar oportunidades, essas poderão ser ocasiões interessantes e bem-sucedidas. Especialmente no trabalho, é possível que as habilidades e a experiência que acumularam deem resultados agora. Para os Ratos que estiverem em uma carreira específica, os cargos para os quais vêm se preparando poderão estar disponíveis nesse período, e muitos Ratos estarão avançando e encontrando um alto nível de satisfação ao longo do ano.

Os Ratos que estiverem frustrados em seus cargos atuais ou à procura de emprego deverão buscar vagas ativamente, assim como pensar em outras maneiras de usar suas habilidades. Algumas vagas interessantes poderão ser encontradas nesse ano. Esse não será o momento para se retrair ou ficar parado, e muitos Ratos usarão sua iniciativa e energia para revigorar sua carreira e suas perspectivas.

Para aqueles cujo trabalho envolve comunicação ou tem um elemento de autoexpressão, esse poderá ser um ano particularmente bem-sucedido, e esses

Ratos deverão aproveitar ao máximo suas ideias e oportunidades. Os anos da Cabra favorecem a inovação e o desenvolvimento profissional.

Os Ratos que gostam de atividades criativas também deverão procurar desenvolver suas habilidades e, possivelmente, promover o que fazem. Esse poderá ser um período emocionante e estimulante. É possível que as atividades e os projetos iniciados agora se revelem satisfatórios e, muitas vezes, ofereçam benefícios adicionais, incluindo um estilo de vida mais equilibrado. Os anos da Cabra são encorajadores e inspiradores, e os Ratos poderão se beneficiar deles.

Em termos financeiros, o progresso alcançado no trabalho poderá trazer ganhos extras, e alguns Ratos também encontrarão maneiras de suplementar a renda por meio de seus interesses e ideias. No entanto, embora qualquer aumento seja bem-vindo, com o estilo de vida ativo e os planos ambiciosos dos Ratos, os gastos serão altos, e eles deverão manter um controle cuidadoso do orçamento e, idealmente, fazer uma reserva antecipada para despesas maiores.

Os Ratos acolherão as crescentes oportunidades sociais do ano, e se estiverem disponíveis ou tiverem tido uma decepção recente, verão que o ano da Cabra anuncia um momento mais radiante. O acaso também poderá desempenhar um papel importante nisso, e um encontro fortuito poderá levar a uma amizade potencialmente significativa ou, para os que estiverem disponíveis, ser capaz de transformar suas vidas.

Os Ratos também devem aproveitar ao máximo o que estiver acontecendo em sua localidade. Como os anos da Cabra favorecem a cultura, poderá haver uma boa mistura de eventos e ocasiões especiais. Os Ratos gostam de estar envolvidos e haverá oportunidades em abundância.

Eles também valorizarão a vida em família. O ano da Cabra favorece a união e a resolução de quaisquer dificuldades ou preocupações, e isso será particularmente apreciado pelos Ratos que nos últimos tempos tiverem enfrentado tensões em alguns relacionamentos (que certamente não se beneficiaram do cansaço e da preocupação). Com uma boa comunicação, compreensão e um estilo de vida mais equilibrado, sua vida familiar poderá melhorar bastante nesse ano. Compartilhando ideias e projetos, é possível que os Ratos vejam planos emocionantes tomarem forma e aproveitem muitas ocasiões especiais com os entes queridos. Além disso, poderá haver um grande número de conquistas pessoais para registrar. Na vida familiar, esse é um ano que favorecerá a união e o esforço cooperativo.

Como estarão frequentemente realizando muitas coisas nesse ano, também será proveitoso para os Ratos que considerem seu próprio bem-estar. Um pouco de atenção com a alimentação e o nível de exercícios poderá ajudá-los a dar o seu melhor.

Engenhosos e ávidos por aproveitar ao máximo as oportunidades, os Ratos poderão se sair bem nesse ano. Seja por meio de melhores perspectivas profissionais, de um novo cargo, interesses pessoais gratificantes ou bons relacionamentos com as pessoas, eles terão muito a seu favor e poderão realizar muitas coisas.

DICAS PARA O ANO

Faça bom uso das suas ideias e qualidades criativas. Além disso, esteja disposto a se aventurar. Será possível fazer um bom progresso nesse ano. Compartilhar tempo com os outros também poderá proporcionar prazer e mais apoio.

Previsões para o Rato no ano do Macaco

Com vagas para buscar e uma grande quantidade de ideias, os Ratos se sentirão inspirados e motivados nesse ano animador. Esse será um momento excelente para os que estiverem nutrindo objetivos particulares ou desejarem dar início a novos projetos. Vai ser possível realizar muitas coisas.

No trabalho, o ano do Macaco pode ser de grande atividade. Muitos locais de trabalho implementarão mudanças, bem como sendo afetados por reorganizações internas e revisões. Como resultado, surgirão oportunidades, e os Ratos estarão frequentemente bem posicionados para se beneficiar delas. Ao pressentirem uma vaga, deverão ser rápidos em mostrar interesse. Iniciativa e velocidade serão importantes para muitas situações nesse ano, e grande parte delas será conduzida em um ritmo acelerado.

Os Ratos que estiverem insatisfeitos no trabalho ou à procura de uma posição não devem ter grandes restrições quanto ao emprego que pensam em conseguir. Ao ampliarem sua busca, muitos conseguirão um cargo que não apenas será adequado às suas habilidades, mas também lhes oferecerá potencial para o futuro. Em termos profissionais, os anos do Macaco são motivadores, e os versáteis Ratos podem se sair bem.

As viagens também poderão se destacar ao longo do ano, sejam elas relacionadas ao trabalho, ligadas a interesses pessoais ou simplesmente de lazer. É possível que haja algumas pausas breves — muitas vezes organizadas às pressas —, e sua espontaneidade as tornará mais atrativas. Os anos do Macaco têm a capacidade de surpreender.

Esse é também um período excelente para o desenvolvimento pessoal e profissional. Se os Ratos sentirem que outra habilidade ou qualificação poderá beneficiá-los, deverão verificar o que pode ser providenciado. O que fizerem agora poderá ser um investimento tanto em si mesmos quanto no futuro. Aqueles que estiverem estudando ou iniciando cursos verão que o empenho é capaz de gerar resultados impressionantes. O ano do Macaco é animador para os Ratos.

Isso se aplicará também a seus interesses pessoais. No decorrer do ano, eles deverão reservar tempo para desenvolver suas ideias e habilidades, pois muito poderá ser obtido delas.

Muitos Ratos desfrutarão de um aumento da renda ao longo do ano, porém será preciso vigiar os gastos; projetos ou compras grandes, sobretudo para a casa, deverão ser cuidadosamente considerados e orçados. Esse é um momento para uma boa administração financeira.

Na vida social, os Ratos vão se deleitar com as consideráveis oportunidades trazidas pelo ano do Macaco e festejarão a oportunidade de ampliar sua rede de amigos e contatos. Ao longo do caminho, alguns amigos e conhecidos irão desaparecer à medida que as circunstâncias forem mudando, mas novos interesses e situações colocarão os Ratos em contato com outras pessoas, e seu charme e sua natureza jovial os tornarão companhias populares.

Os assuntos do coração poderão ser especiais, e romances existentes muitas vezes se tornarão mais significativos, enquanto alguns dos Ratos que começaram o ano disponíveis encontrarão um novo par romântico.

Esse pode ser, igualmente, um período ativo na vida doméstica, com alguns Ratos inspirados e ansiosos por realizar melhorias na casa. No entanto, é possível que os projetos se tornem bem mais amplos e demorados do que o previsto. Ratos, estejam atentos e, idealmente, lidem com as incumbências por etapas enquanto recorrem à ajuda e às especialidades de outras pessoas. Em meio a toda essa atividade, porém, haverá destaques pessoais, êxitos familiares e viagens para aproveitar.

Os anos do Macaco proporcionam perspectivas consideráveis para os Ratos e, se eles aproveitarem as oportunidades e procurarem melhorar sua posição, poderão fazer desse um momento construtivo.

DICAS PARA O ANO

Os anos do Macaco favorecem a ação e a iniciativa. Haverá progresso a fazer, interesses a buscar e relacionamentos e viagens a desfrutar. Aproveite o momento nesse ano movimentado e especial.

Previsões para o Rato no ano do Galo

Os Ratos gostam de ter um estilo de vida agitado, e o ano do Galo não os decepcionará! Muitas coisas vão acontecer durante esses 12 meses, mas, ainda que muito possa ser conquistado, haverá momentos complicados também. Os Ratos não podem se dar ao luxo de se descuidar ou baixar a guarda nos anos do Galo.

No nível pessoal, esse poderá ser um momento especialmente movimentado, e ao longo do ano os Ratos precisarão permanecer atentos àqueles que os cercam e mostrar um pouco de flexibilidade. Com apoio, no entanto, muito poderá ser realizado, e a sinergia será um fator importante.

Na vida social, em particular, haverá um aumento da atividade. Os Ratos terão uma boa variedade de ocasiões para aproveitar, e sua natureza pessoal os ajudará a construir novas amizades e estabelecer conexões potencialmente importantes.

Para quem estiver disponível, haverá boas possibilidades românticas, e, se for concedido tempo para que os relacionamentos se desenvolvam, eles poderão florescer verdadeiramente. Mesmo para os Ratos que descobrirem que determinado romance não dará certo, haverá valiosas lições a aprender e a chance de seguir em frente. Muitas coisas acontecem por um motivo nos anos do Galo e, frequentemente, o que ocorrer será em benefício final do Rato.

Esse também será um ano movimentado na vida familiar, exigindo cooperação. Será preciso conversar sobre decisões relacionadas ao trabalho e à vida doméstica e oferecer ajuda em momentos de estresse. Como sempre, porém, os Ratos terão grande prazer em prestar assistência aos entes queridos. Alguns ambiciosos projetos práticos também terão prosseguimento nos lares de muitos Ratos. Como, algumas vezes, esses projetos envolverão mais tempo e recursos do que o inicialmente previsto, os benefícios finais frequentemente irão agradar tanto os Ratos quanto seus entes queridos.

Os Ratos, no entanto, precisarão seguir os procedimentos corretos se forem assumir algo arriscado, assim como pensar um pouco em seu bem-estar geral ao longo do ano, inclusive em sua alimentação e no nível de exercícios físicos.

Do mesmo modo, ainda que estejam muito ocupados, deverão reservar um tempo para si mesmos. Desenvolver seus interesses poderá abrir possibilidades atrativas, e os Ratos criativos, especialmente, se sentirão inspirados nesse período animador.

Viajar também poderá ser atrativo. Não apenas os Ratos vão precisar de uma pausa nesse ano ativo, como um destino cuidadosamente escolhido poderá proporcionar momentos inesquecíveis.

No trabalho, o ano do Galo poderá ser de numerosas exigências. É provável que algumas semanas sejam frenéticas à medida que surgirem novas pressões, metas forem revisadas e houver falta de funcionários ou outros problemas. Muitos Ratos poderão sentir-se desafiados pelo que lhes será solicitado, mas o que acontecer lhes dará a chance tanto de usar quanto de ampliar suas habilidades, e muitos irão aprimorar sua reputação. Como consequência, eles frequentemente estarão bem posicionados quando as oportunidades aparecerem. Após muito esforço, um bom avanço será possível.

Do mesmo modo, para os Ratos que estiverem em busca de emprego ou ansiosos por avançar em relação ao que realizam no momento, poderá haver acontecimentos surpreendentes. Em alguns casos, esses Ratos assumirão algo muito diferente do que vinham fazendo anteriormente e vão se deleitar com um novo começo. Os anos do Galo são desafiadores, mas sempre trazem oportunidades.

Nas questões financeiras, porém, será preciso atenção. Os Ratos devem ser meticulosos quando lidarem com documentos ou aceitarem um novo compromisso e buscar aconselhamento profissional se estiverem inseguros. Esse não será um ano para correr risco. Além disso, considerando alguns dos caros planos e empreendimentos do período, os Ratos deverão manter um controle cauteloso de seu orçamento.

No geral, os Ratos muitas vezes ficarão espantados com a quantidade de coisas que conseguirão realizar nesses movimentados e acelerados 12 meses. No entanto, precisarão manter-se atentos aos avanços e responder adequadamente a eles. Além disso, ao longo do ano, farão bem em ouvir seus sentimentos e sua voz interior. Quando confrontados com as dificuldades, saberão de coração o que fazer, e não deverão ir contra seus instintos. Embora esse seja um ano de muitas exigências, ele também poderá ser recompensador. Os relacionamentos com outras pessoas poderão ser de grande valor e, com apoio e esforço conjunto, muito poderá ser realizado.

DICAS PARA O ANO

Lembre-se de que as coisas acontecem por um motivo. Portanto, aproveite ao máximo as oportunidades para ampliar suas habilidades e experiência. Com empenho, o que você conquistar agora poderá abrir outras possibilidades. Além disso, tendo em vista toda a agitação do período, busque um estilo de vida equilibrado e reserve tempo para aqueles que são especiais para você.

Previsões para o Rato no ano do Cão

Um ano razoável que também vai requerer certo cuidado. Embora os Ratos possam fazer um bom progresso, eles precisarão estar cientes de áreas potencialmente problemáticas e atentos a elas, sobretudo em seus relacionamentos com os outros. Felizmente, sua natureza astuta lhes servirá bem.

No trabalho, o ano do Cão será de grande atividade, e muitos Ratos serão capazes de lucrar com sua considerável experiência. À medida que os avanços forem ocorrendo e as cargas de trabalho se tornarem maiores, muitos Ratos terão a chance de assumir responsabilidades adicionais e fazer um avanço animador. Eles poderão ajudar a melhorar sua posição trabalhando em estreita colaboração com os colegas e tornando-se mais conhecidos. Aqueles que trabalham em ambientes criativos, em particular, poderão se ver aplaudidos por seu trabalho. Com empenho e seu típico entusiasmo, eles poderão aproveitar esse momento promissor e produtivo.

Ratos à procura de emprego ou ansiosos por assumir algo diferente deverão não apenas explorar possibilidades, mas também conversar com contatos e orientadores vocacionais. Mantendo-se alerta e registrando todas as sugestões oferecidas, muitos conseguirão garantir uma vaga importante, que proporcionará a chance de progresso adicional em um futuro próximo. Perseverança e alguma paciência poderão ser necessárias, mas os anos do Cão invariavelmente dão resultados.

Outro aspecto importante do período é o modo como ele estimula o desenvolvimento pessoal. Esse será o momento de os Ratos ampliarem suas habilidades e capacidades e expandirem seus interesses pessoais. Alguns poderão optar por matricular-se em cursos, enquanto outros se desenvolverão de outras maneiras, porém é possível que os esforços feitos agora sejam não apenas pessoalmente satisfatórios, mas também valiosos no longo prazo.

O progresso realizado no trabalho deverá contribuir para a renda, e alguns Ratos também poderão descobrir maneiras de usar uma habilidade ou um interesse de modo lucrativo ao longo do ano. O talento empreendedor de alguns deles poderá ser realmente compensador. No entanto, embora esse seja um ano de melhora financeira, talvez também seja de gastos altos, especialmente porque muitos Ratos darão prosseguimento a planos caros e a compras para a casa, além de assumirem novos compromissos financeiros. Como resultado, precisarão vigiar as despesas, assim como verificar os termos de qualquer novo contrato. Uma decisão arriscada, descuidada ou apressada poderá causar arrependimento. Ratos, tomem nota disso e sejam cautelosos.

Outra área em que o cuidado será exigido é a do relacionamento com as pessoas. Com um estilo de vida agitado e, frequentemente, com muitas exigências no trabalho, os Ratos poderão se sentir sob pressão ou preocupados com determinados assuntos. Nesses momentos, eles precisarão compartilhar o que estiver em sua mente. Se reprimirem seus sentimentos, dificuldades poderão surgir. Além disso, no decorrer do ano, deverão garantir que, no que for possível, não se perca o tempo de qualidade com os outros. Compartilhar atividades, interesses e projetos para o lar poderá aliviar as tensões e proporcionar momentos mais agradáveis.

Da mesma maneira, o contato regular com amigos e o tempo reservado para atividades recreativas poderão fazer muito bem aos Ratos nesse ano.

Para aqueles que estiverem envolvidos em um romance, o cuidado e a atenção, mais uma vez, serão muito necessários para que o relacionamento se fortaleça. Do modo como os aspectos se apresentam, esse não será o momento para os Ratos tomarem os sentimentos dos outros como certos nem para se mostrarem muito reticentes ou reservados.

No geral, contudo, eles poderão se sair bem nesse ano e ampliar suas conquistas, especialmente no trabalho. Será um bom período para desenvolver conhecimento e habilidades e projetar seu perfil. No entanto, os anos do Cão podem exigir muito, e os Ratos precisarão garantir que sua vida agitada seja também equilibrada. Conceder tempo e atenção aos outros será muito importante.

DICAS PARA O ANO

Consulte as pessoas e ouça o que elas têm a dizer. Quanto melhor sua comunicação, melhor você se sairá. Além disso, com tanta coisa acontecendo, mantenha-se organizado e concentre-se nas prioridades.

Previsões para o Rato no ano do Javali

O ano do Javali proporcionará previsões interessantes para os Ratos, e no seu transcorrer haverá a culminação bem-sucedida de muitos planos, projetos e atividades. Mas será também um ano para ser trilhado cuidadosamente, e os Ratos enfrentarão muitas exigências em relação ao tempo, assim como momentos de ansiedade.

No trabalho, sua engenhosidade será valiosa e eles deverão ter o objetivo de cooperar, particularmente se ocorrerem situações que requisitem novas ideias ou uma contribuição criativa. Esse é um ano para ser proativo, e muitas das ideias formuladas pelos Ratos no período serão apreciadas e irão melhorar sua reputação. Esse será um momento em que suas comprovadas habilidades poderão dar frutos, e, quando cargos de maior responsabilidade estiverem vagos, eles deverão ser rápidos em se informar melhor a respeito, pois haverá potencial para realizar um importante avanço.

Para os Ratos que estiverem insatisfeitos ou à procura de emprego, esse poderá ser um ano ideal para reavaliar sua situação e refletir sobre o que realmente desejam fazer. Em alguns casos, valerá a pena considerar a realização de cursos de treinamento ou atualização. Importantes oportunidades poderão ser identificadas, e, embora parte do que esses Ratos venham a aceitar possa requerer grande empenho em termos de aprendizado, eles sempre terão a chance de se estabelecer em uma nova função.

O progresso no trabalho poderá resultar em um aumento da renda, porém os assuntos financeiros vão precisar de cuidado e atenção. Em particular, os Ratos deverão ter cautela com decisões apressadas ou em assumir algo potencialmente arriscado. Ao tomarem parte em qualquer acordo importante, deverão verificar os termos e as obrigações e procurar esclarecimentos caso tenham alguma preocupação. Também deverão ter cuidado com seus bens, pois uma perda poderá ser perturbadora. Ratos, tomem nota disso e mantenham-se cautelosos e atentos.

Mais positivamente, as viagens serão tentadoras, e alguns planos estimulantes poderão tomar forma. Além dos possíveis benefícios proporcionados por umas férias, os Ratos deverão se conceder a oportunidade de relaxar e descontrair de tempos em tempos. Nesse ano atarefado, eles vão precisar de uma pausa ocasional. Além disso, caso se sintam cansados ou apáticos ou se tiverem algum problema de saúde específico, irão se beneficiar ao procurarem aconselhamento médico. Um estilo de vida equilibrado e um pouco de cuidado pessoal serão especialmente recomendados.

Se tiverem ocorrido tensões em um relacionamento ou em uma amizade nos últimos tempos, esse também será um ano excelente para abordar as preocupações e sanar qualquer desavença ou discórdia. A natureza sociável do Rato ajudará nisso. E, para os Ratos que estiverem disponíveis e que talvez tenham sofrido alguma mágoa pessoal, esse será o momento de apagar o passado e considerar esse ano um novo começo. Os anos do Javali recompensam a autoconfiança, e muitos Ratos ativos e que agem com seriedade se beneficiarão de seus atos no decorrer do período. Novas e importantes amizades poderão se formar nesse ano, e as previsões românticas são potencialmente significativas.

Na vida familiar, igualmente, os anos do Javali favorecem o compartilhamento de atividades, e, ao recorrerem à ajuda dos entes queridos, os Ratos muitas vezes ficarão satisfeitos com os planos domésticos que estiverem executando, além de verem a conclusão de projetos de longo prazo. O que for alcançado nesse período será especialmente gratificante. No entanto, com toda a atividade que estará acontecendo, um pouco de descontração e algum tempo de boa qualidade deverão ser considerados, assim como, se possível, umas férias. Os anos do Javali contribuem para o aconchego familiar. Além disso, os Ratos precisarão ter cuidado para não deixar que seu entusiasmo fuja ao controle, e para não se comprometerem em excesso nem ceder a muitos pedidos. Será necessário um pouco de disciplina.

No geral, os anos do Javali podem ser significativos para os Ratos. Eles recompensam o empenho, assim como estimulam a oportunidade e o crescimento. Os Ratos terão muito que fazer e aproveitar, mas em razão de seu envolvimento em variadas atividades, precisarão tomar conta de si mesmos e reservar tempo para saborear as recompensas por seus esforços.

DICAS PARA O ANO

Desenvolva seus pontos fortes e aproveite ao máximo as oportunidades. O legado dos anos do Javali é, com frequência, significativo. Além disso, desfrute de tempo com outras pessoas e, da mesma maneira, reserve tempo para si mesmo. Com seu estilo de vida movimentado, você precisará usar eficientemente seu tempo e suas energias.

PENSAMENTOS E PALAVRAS DE RATOS

Quero ser tudo o que sou capaz de me tornar.
KATHERINE MANSFIELD

Trate com carinho suas visões, seus ideais, a música que lhe toca o coração.
Se você se mantiver fiel a isso, seu mundo finalmente se edificará.
JAMES ALLEN

A vida é uma grande tela, e você deveria jogar nela toda a tinta que conseguir.
DANNY KAYE

Nossas dúvidas são traiçoeiras, e nos fazem perder, por medo de tentar,
o bem que muitas vezes Poderíamos ganhar.
WILLIAM SHAKESPEARE

Um empreendimento, quando devidamente iniciado, não deve ser abandonado
até que tudo o que deve ser conquistado seja conquistado.
WILLIAM SHAKESPEARE

O entusiasmo ardente, apoiado pelo bom senso e pela persistência,
é a qualidade que mais frequentemente contribui para o sucesso.
DALE CARNEGIE

Acredite que você terá êxito, e você terá.
DALE CARNEGIE

Todo indivíduo tem um lugar para ocupar no mundo e é importante
em algum aspecto, quer ele escolha ser, quer não.
NATHANIEL HAWTHORNE

Não há ganho sem dor.
ADLAI STEVENSON

Por meio de uma longa meditação, desenvolvi a convicção de que um
ser humano com um propósito estabelecido irá realizá-lo, e que nada consegue
resistir a uma vontade que arrisca até a existência para ser satisfeita.
BENJAMIN DISRAELI

O segredo do sucesso na vida é estar preparado para a
oportunidade quando ela se apresenta.
BENJAMIN DISRAELI

O BÚFALO

11 de fevereiro de 1937 a 30 de janeiro de 1938	*Búfalo do Fogo*
29 de janeiro de 1949 a 16 de fevereiro de 1950	*Búfalo da Terra*
15 de fevereiro de 1961 a 4 de fevereiro de 1962	*Búfalo do Metal*
3 de fevereiro de 1973 a 22 de janeiro de 1974	*Búfalo da Água*
20 de fevereiro de 1985 a 8 de fevereiro de 1986	*Búfalo da Madeira*
7 de fevereiro de 1997 a 27 de janeiro de 1998	*Búfalo do Fogo*
26 de janeiro de 2009 a 13 de fevereiro de 2010	*Búfalo da Terra*
12 de fevereiro de 2021 a 31 de janeiro de 2022	*Búfalo do Metal*
31 de janeiro de 2033 a 18 de fevereiro de 2034	*Búfalo da Água*

A PERSONALIDADE DO BÚFALO

Por milhares de anos, a humanidade tem valorizado a força dos Búfalos. Confiáveis e trabalhadores dedicados, com os quais se pode contar, eles têm elevadas qualidades, que também são encontradas nos nascidos sob o signo do Búfalo.

Fiéis ao que dizem, os Búfalos são figuras formidáveis. Jamais desanimam, e quando se comprometem com algo, gostam de ir até o fim. Eles também são do tipo sério e prático e, afeitos à tradição, atêm-se ao que já foi testado e consagrado. Novos métodos, modismos e mudanças constantes não são para eles. Em vez disso, são práticos, metódicos e meticulosos. Seu objetivo é fazer as coisas bem. No entanto, por serem obstinados, podem também ser teimosos, e mudar o pensamento de um Búfalo uma vez que ele tenha se decidido não é tarefa fácil.

Os Búfalos são também muito ponderados e refletem cuidadosamente a respeito de suas palavras e ações. Na verdade, quando acompanhados, tendem a ser reservados e não se abrem com facilidade. Eles têm um círculo pequeno, mas confiável, de amigos, e essas amizades são bastante antigas, algumas iniciadas ainda da infância. Do mesmo modo, nos assuntos românticos, os Búfalos gostam de ter certeza antes de se comprometer, e seus romances costumam ser longos. Também nessa área, eles assumem seriamente as responsabilidades e são muito leais e protetores com as pessoas que lhes são caras. Na vida familiar, porém, gostam de tomar a maioria das decisões e se esforçam para administrar um lar eficiente e organizado. Se alguém folga com eles ou os aborrece, eles deixam isso bem claro. Quando enraivecidos (o que é raro), podem exibir uma reação amedrontadora.

Os Búfalos gostam de avançar de modo constante e seguro em muitas áreas da vida. Quando escolhem uma carreira, tendem a mantê-la, tornando-se cada vez mais competentes e eficientes com o passar dos anos. Embora não se mostrem ambiciosos nem materialistas, eles gostam de se estabelecer em determinada área de trabalho e sentem orgulho do que fazem. Em muitos ambientes de trabalho, sua natureza conservadora, conhecimento e ética profissional são extremamente valorizados pelos colegas, e um grande número de Búfalos assume um papel gerencial mais tarde na vida. Eles podem ser bons líderes e, com seus altos padrões, também costumam ser chefes muito rígidos. Podem encontrar realização em áreas especializadas, em que o domínio dos detalhes seja importante. Engenharia, design, educação e direito podem ser atrativos, e, com sua habilidade manual, eles também podem se tornar técnicos, cirurgiões e dentistas qualificados. Os Búfalos costumam ter afinidade com o ar livre, por isso a agricultura e a horticultura podem lhes interessar. A música também está entre seus dons e paixões — alguns Búfalos desfrutam de carreiras de destaque como músicos ou compositores.

Nos assuntos financeiros, os Búfalos são cautelosos e administram bem sua situação. Gostam de avaliar cuidadosamente as compras que fazem. Não tendem a passar dos limites e são bons provedores, garantindo que suas próprias necessidades e as de seus entes queridos sejam bem atendidas. Quando poupam ou investem, preferem opções mais tradicionais, incluindo aquelas que oferecem retorno definido, e não especulações. No entanto, se as situações se voltarem contra eles (em termos financeiros ou de outra natureza), os Búfalos podem sentir isso profundamente. Eles são maus perdedores e consideram o fracasso uma afronta pessoal. Mas, com o tempo, certamente irão se sair bem. Determinados, perseverantes e objetivos, os Búfalos são executores e sobreviventes.

Eles também fazem muito o tipo que não se molda às vontades dos outros e não tendem a apresentar uma natureza exuberante ou espalhafatosa. Por serem realistas e despretensiosos, muitas pessoas os têm em alta consideração. Com os Búfalos, as pessoas sabem até onde podem ir. A mulher Búfalo tende a ser mais extrovertida do que o homem Búfalo; assim como ele, porém, ela não se deixa influenciar, sabe de quem — e do que — gosta e se dedica às suas atividades de maneira eficiente e organizada. Ela é dona de um temperamento prático e também pode nutrir um profundo interesse pelas artes e ter talento para determinadas atividades. Tanto a mulher quanto o homem desse signo valorizam a vida familiar e consideram seu lar um santuário para si mesmos e para seus entes queridos, além de um refúgio contra o louco mundo externo. Como pais, os Búfalos são atenciosos e incentivadores, bem como mestres inspiradores, mas são também rígidos com a disciplina.

O estilo comedido e paciente dos Búfalos revela que eles algumas vezes se refreiam e podem parecer distantes e indiferentes. Certamente, não baixam a guarda com facilidade e levam tempo para se sentir à vontade na companhia de outras pessoas. No entanto, são leais, sinceros e confiáveis, e são essas qualidades, assim como seu compromisso com o trabalho árduo, que fazem com que eles frequentemente tenham êxito na vida. Napoleão Bonaparte, um Búfalo, declarou certa vez que "a vitória pertence ao mais perseverante", e os Búfalos, seguramente, são perseverantes. Devagar, com constância e paciência, eles são capazes de grandes feitos — e fazem isso do seu próprio jeito e, quase sempre, como querem.

Principais dicas para os Búfalos

- Você é um indivíduo discreto e gosta de manter seus pensamentos e sentimentos para si mesmo. Não se envolve prontamente em conversas fiadas. Contudo, sua natureza reservada pode, às vezes, negar aos outros a chance de ver a profundidade e a ternura de sua verdadeira personalidade. Tente se abrir mais, pois você poderá ganhar muito interagindo em um nível mais profundo com aqueles que o cercam, estabelecendo redes de contatos e permitindo que outras pessoas o conheçam. Procure se tornar mais visível para que possa ser mais apreciado.
- Você leva suas responsabilidades a sério e trabalha exaustivamente. Mas é importante que dê a si mesmo a chance de aproveitar os frutos de seus esforços. Desfrutar de tempo de qualidade com os entes queridos e passar um tempo relaxando e desenvolvendo atividades prazerosas pode lhe fazer muito bem, assim como ajudá-lo a ficar em sua melhor condição.
- Você pode apreciar a tradição e ter pontos de vista e interesses estabelecidos, mas, em vez de desconfiar da mudança, considere as vantagens que ela pode trazer. Aprender e explorar novas áreas e adaptar-se a elas pode abrir um mundo inteiramente novo. Aventure-se de vez em quando!
- Você não gosta de fracassar, então se dedica às suas atividades com cuidado e cautela. Isso pode significar que nem sempre você aproveitará ao máximo as chances de explorar inteiramente seus talentos e suas ideias. Tenha fé em si mesmo e seja ousado. Oliver Wendell Holmes, um Búfalo, escreveu:

"Muitas pessoas morrem com a própria música ainda dentro delas." Você tem tanto a dar que precisa assegurar-se de usar integralmente seus dons e talentos. Como resultado, a vida poderá ser ainda mais gratificante (e potencialmente bem-sucedida).

OS RELACIONAMENTOS COM OS DEMAIS SIGNOS

Com o Rato

Os Búfalos gostam da natureza calorosa e sociável dos Ratos, e o relacionamento entre eles costuma ser bom.

No trabalho, cada um deles reconhecerá e valorizará os pontos fortes do outro, e juntos formarão uma equipe eficaz. O Búfalo apreciará especialmente a iniciativa e a veia criativa do Rato.

No amor, esses dois são muito compatíveis. Ambos dão importância à vida familiar, e o Búfalo vê o Rato como alguém capaz de apoiar e incentivar. Ele valorizará o colorido que traz para suas vidas. É uma combinação harmoniosa e frequentemente bem-sucedida.

Com outro Búfalo

Pode haver respeito e compreensão entre esses dois, mas ambos não se deixam influenciar e gostam de agir à sua maneira. As relações poderão ser problemáticas de vez em quando.

Na vida profissional, ambos são cautelosos, apreciam a tradição e trabalham arduamente. Se conseguirem se unir por um objetivo em comum, sua tenacidade e determinação poderão gerar bons resultados.

No amor, dois Búfalos vão procurar por segurança e estabilidade, mas, como ambos são obstinados e francos, diferenças de opinião podem se revelar complicadas. Além disso, há o risco de que eles se aferrem às suas posições. Com cuidado, no entanto, esses dois podem se unir e fazer com que o relacionamento dê certo.

Com o Tigre

O Búfalo, que valoriza a estabilidade e a manutenção da normalidade das coisas, se sentirá pouco à vontade com o irrefreável Tigre, e as relações entre os dois serão difíceis.

No trabalho, o cauteloso Búfalo pode considerar o colega Tigre imprudente e impulsivo. Mais cedo ou mais tarde seus estilos irão colidir.

No amor, suas naturezas muito distintas poderão ser intrigantes para ambos no início, mas, como eles vivem a vida em ritmos diferentes e têm uma série de pontos de vista diversos (inclusive sobre como gerir o orçamento doméstico), haverá problemas a resolver. Uma combinação desafiadora.

Com o Coelho

Por compartilharem muitos interesses e um apreço pelas coisas mais calmas na vida, esses dois signos se relacionam bem.

No trabalho, podem combinar seus pontos fortes e atingir bons resultados, e o Búfalo valorizará a abordagem cuidadosa do Coelho e sua grande sensatez nos negócios.

No amor, ambos anseiam por uma existência estável e dão grande importância à vida familiar. O Búfalo apreciará ter um parceiro tão atencioso e afetuoso, e juntos eles poderão desfrutar de muita felicidade. Uma combinação ideal.

Com o Dragão

Ambos reconhecem os pontos fortes um do outro, e em algumas situações isso pode funcionar em benefício dos dois, mas em outras ocasiões é possível que dê origem a problemas.

No trabalho, são ambiciosos e diligentes e, quando se unirem por um objetivo em comum, poderão empregar seus diferentes pontos fortes com bons resultados, com o Búfalo valorizando o entusiasmo e o espírito empreendedor do Dragão.

No amor, o Búfalo pode, igualmente, desfrutar da ternura e da vivacidade do Dragão; porém, como ambos são obstinados e o Búfalo prefere uma vida sossegada, enquanto o Dragão valoriza uma vida mais animada, haverá diferenças a conciliar. Uma combinação complicada.

Com a Serpente

Tranquilos, reservados e atenciosos, esses dois se sentem confortáveis na companhia um do outro, e suas relações são boas.

No trabalho, haverá confiança e respeito mútuos, e o Búfalo valorizará a determinação paciente e a abordagem atenciosa da Serpente.

No amor, eles poderão desfrutar de muito contentamento juntos, com ambos admirando e encorajando um ao outro. Os dois têm gosto refinado e compartilharão muitos interesses. O Búfalo apreciará o temperamento gentil e o jeito cortês e afetuoso da Serpente. Uma boa combinação.

Com o Cavalo

Como ambos são obstinados e resolutos, mais cedo ou mais tarde eles entrarão em conflito. E provavelmente será mais cedo.

No trabalho, os dois são esforçados e respeitados, mas o Búfalo tende a ter uma abordagem mais firme e cautelosa do que o Cavalo. Esses dois vão preferir ater-se aos seus próprios métodos e maneiras.

No amor, o Búfalo e o Cavalo vivem a vida em velocidades diferentes — o Búfalo prefere o ritmo lento e constante, enquanto o Cavalo tende a se apressar — e nenhum dos dois estará disposto a ceder. Uma combinação difícil.

Com a Cabra

O prático e zeloso Búfalo acha difícil se relacionar com a imaginativa e despreocupada Cabra. As relações entre eles frequentemente serão ruins.

No trabalho, a abordagem e o estilo do Búfalo e da Cabra são tão diferentes que haverá falta de concordância entre eles.

No amor, o Búfalo, que é tão cuidadoso e disciplinado, em pouco tempo poderá se desesperar com o jeito mais calmo e relaxado, do tipo "viva o momento", da Cabra. Uma combinação desafiadora.

Com o Macaco

Suas personalidades são diferentes, mas há respeito e concordância entre esses dois, e as relações serão muitas vezes mutuamente benéficas.

No trabalho, ambos têm iniciativa e ambição, e o Búfalo reconhecerá o espírito astucioso e empreendedor do Macaco. Com frequência, eles poderão combinar seus diferentes pontos fortes e obter bons resultados.

No amor, um parceiro positivo e otimista como o Macaco pode ser bom para o Búfalo, e esses dois se complementam bem. Juntos, poderão desfrutar de grande contentamento e ganhar muito com o relacionamento.

Com o Galo

O Búfalo tem grande admiração pelo disciplinado e eficiente Galo. Eles têm interesses semelhantes e suas relações serão boas.

No trabalho, ambos são metódicos, conscienciosos e planejadores perspicazes, e o Búfalo terá em alta consideração as habilidades e o empenho do Galo. Juntos, formam uma combinação eficaz.

No amor, seus valores e suas perspectivas se harmonizam bem, assim como seus interesses compartilhados, incluindo o apreço por espaços ao ar livre. Poderá haver grande amor e compreensão entre esses dois.

Com o Cão

Ambos são dedicados e confiáveis, porém podem ser francos e teimosos. Suas relações às vezes poderão ser complicadas.

No trabalho, o Búfalo gosta de avançar com as coisas e poderá se sentir impedido pelas deliberações do Cão e por sua tendência a se preocupar e ser idealista. Não é uma combinação eficaz.

No amor, eles compartilham uma qualidade principal: a lealdade. Além disso, o Búfalo valorizará a natureza afetuosa e bem-intencionada do Cão, mas ambos têm personalidades marcantes, e será necessário muito esforço para que seu relacionamento resista.

Com o Javali

O Búfalo gosta do íntegro e genial Javali e o admira, e as relações entre eles serão boas.

No trabalho, ambos são escrupulosos em suas condutas e juntos atuam bem e com afinco. O Búfalo nutre grande respeito pelo tino comercial e pelo espírito empreendedor do Javali.

No amor, ambos valorizam uma vida familiar calma e harmoniosa e, com interesses em comum (incluindo o apreço por espaços ao ar livre), poderão desfrutar de muita felicidade juntos. O Búfalo também poderá se beneficiar do jeito mais extrovertido do Javali.

HORÓSCOPOS PARA CADA UM DOS ANOS CHINESES

Previsões para o Búfalo no ano do Rato

Uma das características-chave dos Búfalos é gostar de proceder de maneira comedida, e é exatamente isso o que muitos farão nesse ano. Os anos do Rato são estimulantes para os Búfalos, e eles serão capazes de fazer um bom avanço.

No trabalho, muitos serão recompensados por seu empenho nesse ano e, especialmente no caso daqueles que já estão com o atual empregador há algum tempo, sua experiência e o conhecimento que têm da organização poderão torná-los excelentes candidatos a responsabilidades maiores. Para os Búfalos que estiverem seguindo uma carreira em particular, esse será um período em que poderão progredir para novos níveis e expandir seu conhecimento e sua experiência ao longo do processo. Os Búfalos gostam de avançar de modo lento e constante, e no ano do Rato seu potencial será reconhecido e estimulado.

Para os que estiverem buscando ampliar sua experiência transferindo-se para outra organização e para os que estiverem procurando emprego, será exigido um esforço obstinado. Como a abertura de vagas às vezes será limitada, conseguir um cargo adequado demandará tempo e tenacidade. Será preciso trabalhar pelo progresso nesse ano, mas, quando ele chegar, proporcionará a muitos Búfalos uma boa plataforma para que se desenvolvam no futuro.

O que for conquistado agora poderá, muitas vezes, ter valor no longo prazo, e os Búfalos deverão aproveitar quaisquer cursos de treinamento relacionados ao trabalho. Do mesmo modo, se tiverem interesses pessoais em que desejem progredir, esse será um ano ideal para isso. Os Búfalos que estiverem envolvidos com a área educacional também terão seu empenho recompensado e verão seus resultados (e suas qualificações) ajudando suas perspectivas. Na verdade, é possível que o ano do Rato deixe um legado valioso que poderá ser aprimorado no futuro, especialmente no próximo ano do Búfalo.

O progresso feito agora deverá proporcionar um aumento da renda, e alguns Búfalos serão capazes de complementar seus ganhos fazendo uso lucrativo de um interesse, de uma habilidade ou de uma ideia. No entanto, para aproveitarem ao máximo qualquer melhora financeira, eles deverão gerenciar bem seu orçamento. Se conseguirem reduzir empréstimos e/ou poupar, beneficiarão sua situação de modo geral.

Como muitos Búfalos irão trabalhar exaustivamente nesse ano, será importante que não deixem o lazer de lado e que se permitam ter tempo para descansar e relaxar. Eles não podem esperar exigir tanto de si mesmos sem uma pausa. Muitos encontrarão interesses que tenham um elemento social ou que proporcionem a prática de algum exercício, o que lhes fará muito bem. Além disso, tendo em vista seu estilo de vida movimentado, eles deverão tirar férias durante o ano. Mais uma vez, o descanso e a mudança na rotina poderão beneficiá-los significativamente.

Embora os anos do Rato costumem ser positivos, é aconselhável ter mais atenção nas relações com os outros. Os Búfalos são resolutos, mas, para evitar possíveis discordâncias nesse ano, eles precisarão ter muita consideração com os pontos de vista das outras pessoas e, em alguns casos, ser mais flexíveis. Manter a intransigência poderá gerar problemas e minar o entendimento. Búfalos, *tomem nota* disso.

Ao longo do ano, todos os Búfalos deverão, no entanto, aproveitar ao máximo os convites sociais que receberem, assim como ir a eventos especiais e a outras ocasiões que os atraiam. Sair pode adicionar equilíbrio ao seu estilo de vida, além de lhes proporcionar a chance de relaxar, descontrair e conhecer pessoas que poderão se tornar contatos úteis.

Os Búfalos que encontrarem o amor ou que estiverem nas fases iniciais de um relacionamento deverão deixar que o romance se desenvolva de maneira natural em vez de assumir compromissos antes de estarem prontos. Desse modo, terão mais certeza de seus sentimentos. Além disso, ir devagar em vez de se apressar combina com a psique do Búfalo.

Na vida doméstica, esse promete ser um ano ativo, com muitos Búfalos sentindo-se especialmente orgulhosos das conquistas de um ente querido ou alcançando um marco pessoal. Nos lares de muitos Búfalos poderá haver uma boa razão para uma comemoração familiar. Os Búfalos também estarão ansiosos por iniciar alguns projetos práticos relativos a casa. Contudo, deverão ser realistas sobre o que será exequível em qualquer momento. Projetos de curto prazo que possam ser divididos e realizados em estágios serão mais fáceis e mais satisfatórios do que empreendimentos superambiciosos. Para ajudar, os Búfalos deverão consultar as pessoas ao seu redor, ficar atentos aos seus pontos de vista e envolvê-las nos planos. Isso permitirá não apenas que mais coisas aconteçam, mas também que sejam apreciadas.

No geral, o empenho e os esforços dos Búfalos serão recompensados nesse ano. Eles poderão fazer progresso e adquirir experiência. Os relacionamentos vão precisar de cuidado, atenção e uma boa comunicação. No entanto, se os Búfalos se esforçarem, eles poderão ganhar muito com o ano do Rato e terminá-lo com um conhecimento para se projetar e com oportunidades para desenvolver.

DICAS PARA O ANO

Seja receptivo às possibilidades que se abrirem nesse ano. Talvez você precise ser flexível, mas as habilidades que forem adquiridas ajudarão não apenas em sua situação atual, mas também no longo prazo. Valorize os relacionamentos com as pessoas e esteja especialmente atento a seus pontos de vista e sentimentos. Cuidado e atenção extras poderão melhorar esse bom ano.

Previsões para o Búfalo no ano do Búfalo

Os Búfalos têm tudo para progredir em seu próprio ano e desfrutar de um crescimento estável e de avanços pessoais prazerosos. Ainda assim, o período não estará livre de obstáculos e atrasos. Às vezes, os resultados poderão levar tempo para se concretizar, e esse será um momento mais para a acumulação gradual do que para um avanço espetacular.

No entanto, um fator importante será a chance que os Búfalos terão de considerar sua situação geral, pensar à frente e introduzir algumas mudanças. Se houver algum aspecto de sua vida com o qual não estejam satisfeitos, agora é o momento de agir. Os Búfalos gostam de assumir responsabilidades, e esse é um ano para assumirem responsabilidade por sua posição atual *e* sua futura direção.

As decisões tomadas agora poderão ter efeitos de longo prazo. Os Búfalos poderão ser seus próprios arquitetos nesse ano, projetando sua vida e considerando o que *eles* querem que aconteça.

Uma área particularmente positiva diz respeito às relações pessoais, e para muitos Búfalos haverá celebrações reservadas. Os assuntos românticos estarão sob aspectos favoráveis, e alguns Búfalos que começarem o ano disponíveis conhecerão alguém que está destinado a se tornar muito especial. Para quem estiver sozinho e talvez se sentindo desanimado, esse será um período para tentar se comunicar, envolver-se no que estiver acontecendo ao redor e conhecer pessoas. O esforço positivo poderá gerar uma mudança nas previsões pessoais. Para os Búfalos que estiverem envolvidos em um romance, casamento e/ou estabelecendo um relacionamento de longo prazo com alguém, haverá possibilidades nesse ano. Alguns Búfalos poderão começar uma família ou ver sua família crescer. Na vida doméstica, esses poderão ser momentos excelentes e, muitas vezes, especiais.

Interesses compartilhados e ocasiões em família também poderão trazer momentos inesquecíveis. É possível que haja notícias pessoais e familiares para comemorar, assim como a realização de alguns planos muito aguardados. Como sempre, os Búfalos vão orientar determinados membros da família em relação a decisões-chave, e seu sábio conselho e sua natureza criteriosa serão muito valorizados.

Com as viagens sob um aspecto favorável, eles deverão se beneficiar de qualquer chance de viajar com seus entes queridos. Férias e passeios a determinadas atrações poderão ser muito apreciados.

Na vida social, o ano do Búfalo poderá trazer um aumento da atividade, e os próprios Búfalos apreciarão passar tempo com amigos e conhecer pessoas. Dada a natureza do período, alguns novos contatos poderão ser especialmente úteis em relação a certos empreendimentos. De fato, ao longo do ano haverá muita gente torcendo pelos Búfalos e os incentivando.

No trabalho, muitos Búfalos ficarão contentes em se concentrar na função que já desempenham e usar suas habilidades atuais. Em relação ao trabalho, porém, os anos do Búfalo nem sempre são simples, e determinadas obrigações e objetivos poderão ser problemáticos. Com apoio e habilidade, no entanto, os Búfalos ainda poderão realizar bons negócios, e alguns terão a oportunidade de passar a desempenhar uma função mais especializada. Um progresso estável poderá ser feito nesse ano.

Os Búfalos que estiverem insatisfeitos com sua situação atual ou procurando emprego deverão pensar cuidadosamente no modo como veem seu desenvolvimento. Obtendo orientação e seguindo-a, muitos terão sucesso em se estabelecer em uma nova função. Isso pode exigir tempo, mas os anos do Búfalo recompensam o empenho.

O progresso no trabalho ajudará financeiramente, e muitos Búfalos serão capazes de levar adiante planos e compras nos quais vêm pensando há muito tempo, incluindo viagens.

Interesses pessoais também poderão proporcionar satisfação, e os Búfalos que receberem de bom grado novos desafios deverão reservar tempo para buscar algo diferente. Esse será um ótimo ano para colocar ideias em prática, realizar mudanças e desfrutar de novos interesses. Além disso, os Búfalos merecem algum divertimento e um pouco de tempo para si mesmos.

No geral, o ano do Búfalo apresenta um potencial considerável para os Búfalos. No nível pessoal, poderá haver comemorações, momentos especiais e um novo amor para desfrutar. Novas atividades poderão adicionar interesse ao momento presente, enquanto no trabalho haverá oportunidades para os Búfalos demonstrarem suas habilidades e avançarem, ainda que gradualmente. Um ano movimentado e recompensador e, no nível pessoal, muitas vezes especial também.

DICAS PARA O ANO

É possível que haja muitas mudanças nesse ano e você poderá continuar firme no banco do motorista; no entanto, precisará escolher o caminho e seguir em frente. Isso vai exigir esforço, mas também proporcionará benefícios substanciais. E haverá apoio, boa vontade e bons momentos pessoais ao longo do percurso.

Previsões para o Búfalo no ano do Tigre

Haverá muitos momentos durante o ano do Tigre em que os Búfalos olharão com desconfiança para os acontecimentos e ficarão desesperados com o ritmo em que eles estarão acontecendo. Os anos do Tigre passam rápido e não têm a estabilidade que os Búfalos apreciam. Contudo, ainda que esse não seja um ano fácil para eles, os Búfalos são pessoas de fibra e, com cuidado, ainda poderão se beneficiar.

Da maneira como os aspectos se apresentam, no entanto, os Búfalos deverão agir cautelosamente e, quando as situações exigirem, manter a discrição. Embora costumem ser francos, em situações instáveis os Búfalos deverão considerar suas repostas com prudência. "Uma palavra dita não pode ser retirada", como diz o provérbio chinês, e os Búfalos farão bem se mantiverem isso em mente nesse ano.

Além disso, ainda que tenham dúvidas sobre determinados acontecimentos, às vezes seus temores iniciais poderão ser inapropriados, e a paciência será, muitas vezes, a melhor abordagem.

Uma característica dos anos do Tigre é dar origem a ideias e iniciativas, e isso é particularmente evidente no ambiente de trabalho. Com frequência, novos sistemas e maneiras de trabalhar são introduzidos, e os Búfalos, que apreciam a tradição, podem se sentir desconfortáveis em relação às mudanças e aos inevitáveis problemas iniciais que elas trazem. Para piorar a situação, novos colegas e/ou a atitude pouco prestativa de alguns deles poderão ser motivo de preocupação; porém, em meio aos desafios, poderão ocorrer importantes ganhos. Às vezes, haverá treinamento disponível, o que não apenas ampliará as habilidades dos Búfalos, como também será útil em seu progresso subsequente. Além disso, com a carga de trabalho aumentando e mudanças sendo feitas na equipe, vagas poderão surgir. Os anos do Tigre podem ser exigentes — e exasperantes —, mas, estando preparados para se adaptar, aprender e aproveitar ao máximo as situações, os Búfalos poderão progredir.

Como o ano do Tigre é um período de mudança, alguns Búfalos buscarão um cargo em outra organização, enquanto outros decidirão dar um rumo completamente novo à carreira. Para esses Búfalos, assim como para aqueles que estiverem procurando emprego, conseguir um novo cargo exigirá grande esforço, mas com persistência e iniciativa, eles terão sucesso. Muitos Búfalos respeitáveis conseguirão triunfar nesse ano, apesar das condições quase sempre difíceis.

Nos assuntos financeiros também será preciso ter cuidado. Além de um aumento dos custos de acomodação (e transporte), poderá haver quebras de equipamentos, que vão precisar de reparo ou substituição. Com a probabilidade de tantos gastos, os Búfalos terão que administrar sua situação com cautela, assim como fazer um planejamento antecipado das despesas que estão por vir e das compras mais substanciais.

Uma área mais positiva será a dos interesses pessoais. Com toda a agitação do ano, os Búfalos frequentemente ficarão felizes em dedicar tempo às próprias atividades. Às vezes, novos equipamentos ou ideias os tornarão capazes de ampliar o que fazem. Além disso, se quiserem introduzir um novo elemento em seu estilo de vida, os Búfalos deverão pensar em abraçar atividades diferentes. Eles poderão ficar ocupados, mas interesses recreativos proporcionam um benefício real. Para os mais criativos, os anos do Tigre podem ser momentos estimulantes e inspiradores.

Os Búfalos vão apreciar sua vida familiar nesse ano — na verdade, alguns deles irão considerar seu lar um refúgio contra as pressões externas. Todos vão gostar de compartilhar interesses com os entes queridos, assim como vão apreciar decidir sobre compras e planos-chave, incluindo viagens. Esse será um período favorável à contribuição e ao esforço coletivos.

Além disso, diante das pressões e mudanças que os Búfalos enfrentarão nesse ano, será importante que compartilhem suas preocupações, para que as pessoas possam entender melhor e ajudar. Se estiverem cansados ou tensos, deverão ter o cuidado de não descarregar a irritação nos outros. Também nesse caso, a franqueza e a disposição de consultar as pessoas poderão ser de especial valor.

Será bom, igualmente, que os Búfalos mantenham o discernimento em situações sociais nesse ano. Um comentário inapropriado ou um deslize poderão causar problemas. A vida talvez não seja sempre direta e objetiva nos anos do Tigre; no entanto, apesar dos aspectos variáveis, haverá situações sociais que os Búfalos conseguirão aproveitar intensamente, e a chance de relaxar lhes fará bem.

No geral, é possível que os Búfalos não recebam de bom grado a inconstância dos anos do Tigre. Ainda assim, aproveitando ao máximo as situações, os Búfalos poderão descobrir novos pontos fortes e, às vezes, novos interesses também, assim como extrair prazer de sua vida familiar e de atividades compartilhadas.

DICAS PARA O ANO

Seja flexível. Desse modo, você conseguirá ganhar mais com o que surgir nesse ano. Além disso, dedique tempo aos seus próprios interesses e à sua vida familiar. Eles poderão ser valiosos nesse ano frequentemente acelerado e de muita pressão.

Previsões para o Búfalo no ano do Coelho

Um ano muito melhor para os Búfalos. Com foco, eles conseguirão realizar um grande avanço no trabalho, enquanto no nível pessoal haverá bons momentos a desfrutar. Embora os aspectos sejam de apoio, os Búfalos não devem esperar resultados imediatos — os anos do Coelho recompensam o esforço paciente —, mas o ritmo estável do período combinará bem com o temperamento do Búfalo.

Qualquer Búfalo que comece o ano insatisfeito deverá se concentrar no presente em vez de se sentir prejudicado pelo que já aconteceu. Com disposição para seguir em frente, eles poderão dar passos importantes e voltar a recuperar maior controle da sua situação.

Para aqueles que estiverem com um estilo de vida desequilibrado, esse será um excelente ano para corrigir os problemas. Se os interesses pessoais precisaram ficar de lado em razão de outras pressões, os Búfalos deverão reservar tempo para eles nesse ano. Como a ênfase estará no aprendizado e na cultura, os Búfalos poderão se beneficiar do estudo e da pesquisa, bem como aproveitar as ocasiões sociais, pelas quais os anos do Coelho são tão famosos.

Ter atenção com o próprio bem-estar também poderá ser benéfico. Alguns Búfalos vão pensar um pouco em sua aparência e decidir reformular o guarda-roupa. Ao longo do ano, poderão ser tomadas decisões úteis que também terão uma influência positiva em outros aspectos da vida.

As relações pessoais se encontrarão particularmente sob um bom aspecto, e para os Búfalos que estiverem envolvidos em um romance ou que encontrarem um par romântico nesse ano, esse poderá ser um momento estimulante. Além disso, interesses pessoais colocarão os Búfalos em contato com muitas pessoas, e esse será um período excelente para que tomem parte em atividades e ganhem mais visibilidade.

Como estarão inspirados, eles também se ocuparão da casa, muitas vezes redecorando, arrumando determinadas áreas e realizando outras melhorias. Como membros da família também ajudarão, muito poderá ser empreendido. Esse poderá ser um ano satisfatório na vida familiar. No entanto, no seu decorrer, é possível que outra pessoa necessite de ajuda com um problema. Nesse caso, o apoio e o conselho ponderado do Búfalo poderão ser de grande valia.

No trabalho, os Búfalos gostam de se especializar e acumular experiência em determinadas áreas. Ao longo do ano do Coelho, muitos serão capazes de avançar na carreira e assumir responsabilidades maiores. Contudo, embora esse progresso seja agradável, ele também criará novas exigências para os Búfalos em questão, e haverá ajustes a fazer, desafios a enfrentar e novos procedimentos a aprender. Nos anos do Coelho, as habilidades de muitos Búfalos serão testadas.

Para os que estiverem insatisfeitos com seu cargo atual ou em busca de emprego, poderá haver avanços estimulantes reservados para eles. Informando-se e considerando outros caminhos em que seja possível empregar seus pontos fortes, os Búfalos poderão receber a chance pela qual vêm esperando. Para que progridam, será necessário que mostrem alguma flexibilidade, mas o que eles alcançarem agora será, em muitos casos, para seu benefício no longo prazo. Além disso, todos os Búfalos deverão aproveitar ao máximo qualquer treinamento que esteja disponível. Os anos do Coelho estimulam o autodesenvolvimento, e isso ajudará a fazer desse ano um momento tanto de maior sucesso quanto de satisfação pessoal.

Nos assuntos financeiros, os Búfalos deverão administrar sua situação com cuidado, idealmente fazendo orçamentos para compromissos e mantendo-se cautelosos caso estejam envolvidos em qualquer acordo informal, incluindo empréstimos a alguém. Se não tomarem cuidado, problemas e equívocos poderão surgir. Búfalos, tomem nota disso e mantenham-se alerta.

No geral, o ano do Coelho pode ser construtivo e prazeroso para os Búfalos. Ele estimula o progresso e o desenvolvimento das habilidades, assim como proporciona a chance de realização de algumas mudanças benéficas no estilo de vida.

DICAS PARA O ANO

Adapte-se. Dispondo-se a considerar outras possibilidades, é possível que você alcance muito. Além disso, reserve tempo para seus interesses e pense em fazer mudanças positivas em seu estilo de vida. Prestar atenção em si mesmo poderá ter um efeito edificante e ajudar de todas as maneiras.

Previsões para o Búfalo no ano do Dragão

Os anos do Dragão são arrojados e dinâmicos, e os Búfalos muitas vezes se sentem desconfortáveis com seu ritmo impetuoso. Esse não será necessariamente um momento fácil, mas, apesar das frustrações, os Búfalos conseguirão obter uma tranquila satisfação com suas conquistas.

No trabalho, haverá desafios e decepções. É provável que novas evoluções causem impacto e talvez deixem os Búfalos com a sensação de que não estão recebendo o devido crédito. Alguns deles poderão considerar difíceis os novos objetivos ou métodos de trabalho, e é possível que as situações não sejam facilitadas pelas normas internas. No entanto, a filosofia dos Búfalos é ter firmeza e paciência, pois com o tempo as situações *vão* se resolver. Os Búfalos ganharão experiência nesse processo e, com frequência, novos insights sobre suas próprias capacidades. Parte do ano poderá ser iluminadora e sugerir possíveis opções (e caminhos profissionais) para o futuro.

Muitos Búfalos permanecerão com seus empregadores atuais; no entanto, para aqueles que estiverem em busca de mudança ou à procura de emprego, o ano do Dragão poderá abrir possibilidades interessantes. Embora sua busca não venha a ser fácil, é possível que os Búfalos recebam a oferta de um cargo em que desenvolverão suas habilidades de novas maneiras. O acaso poderá muito bem desempenhar um papel nisso, e a velocidade dos acontecimentos talvez pegue os Búfalos de surpresa.

Eles precisarão, porém, manter a papelada em ordem, pois poderão se ver preocupados com a burocracia ao longo do ano. A perda de uma apólice de seguro ou de um documento poderá causar problemas, e os formulários financeiros deverão ser preenchidos com cuidado.

Os Búfalos também deverão manter a disciplina nos assuntos financeiros. Eles talvez enfrentem custos com reparos nesse ano ou gastem mais do que o previsto com algumas atividades. Esse será um momento muito propício à disciplina e ao controle.

No entanto, ainda que o ano do Dragão tenha seus aspectos complicados, os Búfalos poderão ser beneficiados por seus bons e leais amigos. Se em algum momento eles estiverem inseguros ou enrolados em um problema, conversar a respeito do assunto com alguém de sua confiança poderá ser útil de diversas e importantes maneiras. Nesse ano, muitos Búfalos descobrirão que um problema compartilhado é consideravelmente mais fácil de resolver.

Como os anos do Dragão são invariavelmente ativos, os Búfalos também deverão aproveitar os convites sociais que receberem, assim como comparecer a eventos que os atraiam. O contato com as pessoas pode ser bom para eles, assim como fazer novas amizades e participar do que o ano do Dragão oferecer.

A vida familiar será muito ativa e haverá necessidade de cooperação e flexibilidade à medida que os planos mudarem. Os Búfalos, porém, são bons organizadores e seus talentos serão apreciados. Contudo, quando sob pressão ou aborrecidos, eles deverão exercitar a paciência e prestar atenção no que está sendo dito. Em meio à atividade, no entanto, haverá sucessos individuais e ocasiões que serão especialmente apreciadas pelos Búfalos e seus entes queridos, sobretudo dado o esforço envolvido.

Considerando as exigências do ano, os Búfalos deverão também levar um pouco em conta seu próprio bem-estar, além de se permitirem uma pausa de toda essa atividade. Reservar tempo para desfrutar de interesses pessoais poderá ser um benefício especial. Em alguns casos, novos equipamentos ou o estímulo de outras pessoas poderão incentivá-los a fazer mais ou a tentar algo diferente. É importante que eles abracem o espírito do ano e se abram às possibilidades.

Se possível, também deverão tirar férias durante o ano. Muitos Búfalos irão apreciar os novos lugares que visitarem.

O provérbio chinês "A corrida é ganha devagar e sempre" com frequência é adequado aos Búfalos, e é muito verdadeiro no ano do Dragão. O progresso não será fácil e haverá situações exasperantes, mas, com tenacidade e dedicação, os Búfalos poderão enriquecer sua experiência e obter importantes insights sobre si mesmos, e o que eles aprenderem agora poderá ser usado para que progridam no ano seguinte — o da Serpente. No ano do Dragão, o apoio das outras pessoas será de um valor especial e os Búfalos serão ajudados mantendo-se acessíveis e também participando do que estiver acontecendo ao seu redor. Esse será um momento para eles se adaptarem, aprenderem e, no processo, prepararem-se para as oportunidades que os esperam. Um ano desafiador, mas revelador.

DICAS PARA O ANO

Caminhe com cuidado. Os momentos talvez não sejam fáceis, mas poderão ser instrutivos. Observe os acontecimentos de perto e valorize suas relações com as pessoas. Seu apoio poderá ajudar e as atividades compartilhadas poderão ser benéficas. Além disso, diante de grandes pressões ou de situações preocupantes, aja com cuidado. Ter acessos de raiva ou falar sem pensar poderá ser motivo de arrependimento.

Previsões para o Búfalo no ano da Serpente

Profundamente reflexivos, calmos e metódicos, os Búfalos têm muito em comum com as Serpentes e poderão se sair bem em seu ano. Em vez de sentirem fustigados pelos eventos, eles poderão agora agir à sua maneira e com muito mais a seu favor. De modo animador, os Búfalos serão capazes de basear-se em sua experiência recente e ver sua paciência e firmeza compensar. O sucesso de que muitos desfrutarão nesse ano da Serpente será bem merecido.

No trabalho, a ênfase será no progresso, e os Búfalos estarão bem preparados para se beneficiar das oportunidades. Búfalos são tranquilamente ambiciosos e tendem a saber por si mesmos qual é a hora certa de avançar. Essa será a hora. Da mesma maneira, muitos Búfalos se manterão atentos a vagas, e uma grande quantidade deles assumirá uma função mais importante e mais especializada com o empregador atual. Os Búfalos gostam de se concentrar na área de sua escolha na vida profissional, e é isso que muitos farão com sucesso nesse ano.

Aqueles que estiverem se sentindo insatisfeitos no cargo atual ou procurando emprego logo descobrirão que sua determinação dará resultados. Se mostrarem iniciativa quando estiverem se candidatando a um cargo, seu esforço extra muitas vezes fará a diferença. Esse será um ano em que os Búfalos poderão fazer com que seus pontos fortes contem.

No entanto, embora haja indicação de um bom progresso, novos cargos muitas vezes envolverão um grande empenho em termos de aprendizado. Com os anos da Serpente favorecendo o avanço, os Búfalos que sentirem que uma habilidade ou qualificação extra podem ajudar suas perspectivas farão bem se reservarem tempo para adquiri-las. O que muitos aprenderem nesse ano poderá ser um investimento em si mesmos e em seu futuro.

Os interesses pessoais poderão, igualmente, proporcionar grande prazer, com os Búfalos, mais uma vez, sentindo-se inspirados por novas ideias ou projetos. As atividades criativas estarão sob um aspecto particularmente favorável.

As perspectivas financeiras também são boas. Muitos Búfalos desfrutarão de um aumento da renda e alguns deles encontrarão, ainda, maneiras de complementar seus ganhos por meio de interesse pessoal. Essa mudança positiva vai persuadir os Búfalos a atualizar equipamentos e gastar dinheiro com a casa. Além disso, se conseguirem abrir uma conta de poupança ou contratar uma apólice de seguros ou reservar capital para algo que desejam, isso será útil. Com uma boa administração dos recursos, poderão fazer com que esse ano seja financeiramente recompensador.

Embora os Búfalos tendam a ser indivíduos reservados, eles poderão se beneficiar das oportunidades sociais do ano. Algumas das pessoas que vierem a conhecer por meio do trabalho ou dos interesses pessoais farão parte de seu círculo social de confiança com o tempo. Para os que estiverem disponíveis, as perspectivas românticas também poderão tornar o ano especial, e é possível que alguém que venham a conhecer em circunstâncias fortuitas se torne significativo. Nesse aspecto, o ano da Serpente também favorece os Búfalos, embora, para se beneficiar, eles precisem estar ativos e se comunicar, e não se isolar (tendência comum a alguns deles). Búfalos, registrem isso e envolvam-se com o que estiver acontecendo ao seu redor. Dessa maneira, vocês poderão fazer com que as recompensas e os prazeres do ano sejam ainda maiores.

Na vida familiar haverá momentos agitados à frente, e os Búfalos, mais uma vez, precisarão estar acessíveis. Conversando sobre seus pensamentos e suas ideias, eles verão muito mais acontecer. Mudanças e melhorias importantes (sobretudo relacionadas a equipamentos) ocorrerão nos lares de muitos Búfalos nesse ano. Além disso, sucessos pessoais e notícias familiares poderão ser motivo de celebração.

Os Búfalos também deverão tentar tirar férias ou aproveitar breves pausas com os entes queridos ao longo do ano. Se isso for considerado logo no início, alguns planos emocionantes — incluindo passeios a destinos atrativos — poderão tomar forma. Esse será um excelente ano para se juntar aos outros e desfrutar de atividades compartilhadas.

No geral, o ano da Serpente será bom para os Búfalos, mas eles precisarão ter o cuidado de não mergulhar tanto em suas próprias atividades a ponto de prejudicarem outros aspectos de sua vida. Ao longo do ano, deverão tentar manter um estilo de vida equilibrado e aproveitar o tempo em companhia de outras pessoas, assim como apreciar os prazeres pelos quais trabalham tanto. Eles terão muito a seu favor nesse ano, no entanto, e suas qualidades pessoais os ajudarão a tornar esse um momento muitas vezes especial.

DICAS PARA O ANO

Siga suas ideias e faça com que seus pontos fortes e suas qualidades contem. Uma vez que a ação seja realizada, os resultados poderão se seguir rapidamente. Além disso, aproveite suas relações com os outros e aprecie as oportunidades e os bons momentos que esse ano oferece.

Previsões para o Búfalo no ano do Cavalo

Com sua ênfase no compromisso e no trabalho árduo, o ano do Cavalo será um período em que os Búfalos poderão se sair bem. Haverá boas oportunidades e resultados agradáveis. No entanto, também existirão momentos em que os Búfalos ficarão desconcertados com sua inconstância e os "ventos da mudança". Ao longo do ano, eles precisarão manter o discernimento e reagir bem (e com inteligência) aos acontecimentos.

As perspectivas profissionais são boas, e muitos Búfalos conseguirão empregar com eficiência suas habilidades e se concentrar nas áreas de sua preferência. Para muitos, esse poderá ser um momento gratificante. Alguns Búfalos assumirão projetos e funções que há tempos vêm trabalhando para alcançar. No entanto, embora os Búfalos gostem de ser absorvidos pelo que fazem, eles não devem trabalhar isoladamente. Mantendo-se visíveis, estabelecendo redes de contatos e se envolvendo no que estiver ocorrendo ao seu redor, eles poderão contribuir ainda mais, além de favorecerem sua posição e suas perspectivas. Do mesmo modo, quando problemas e pressões surgirem, suas habilidades e sua firmeza frequentemente irão impressionar. Esforçando-se, os Búfalos terão tudo para se sair bem nesse ano.

Para os que considerarem que suas perspectivas poderão ser melhores em outra organização ou estiverem procurando emprego, é possível que o ano do Cavalo também traga possibilidades animadoras. A fim de se beneficiarem, porém, esses Búfalos precisarão ficar atentos e agir rápido quando as oportunidades surgirem. "Deus ajuda quem cedo madruga", e a velocidade e a iniciativa farão diferença nesse ano acelerado.

Progressos feitos no trabalho aumentarão a renda de muitos Búfalos ao longo do ano. Contudo, ainda que isso seja recebido de bom grado, os Búfalos vão precisar administrar os gastos com cautela, assim como verificar termos e condições caso assumam qualquer novo compromisso. Esse não será um ano para negligência nem para correr riscos desnecessários.

Os Búfalos também deverão dar alguma atenção ao seu próprio bem-estar. Eles são naturalmente trabalhadores árduos, mas será necessário que se concedam pausas eventuais. Se não tomarem cuidado, o cansaço e a tensão poderão cobrar seu preço e deixá-los desprovidos de sua energia habitual ou suscetíveis a doenças de menor gravidade. Para ajudar a combater isso, eles deverão assegurar que sua alimentação seja saudável e nutritiva e, em vez de exigirem muito de si mesmos continuamente, deverão reservar tempo para relaxar e praticar atividades que apreciam. Se forem sedentários, exercícios apropriados também poderão ajudar. Um estilo de vida bem equilibrado deverá fazer a diferença.

Ainda que os Búfalos tendam a ser seletivos em sua socialização, eles deverão aceitar quaisquer convites que venham a receber, assim como comparecer aos eventos que os atraiam, em vez de se isolarem ou serem muito independentes. Os eventos sociais farão bem aos Búfalos nesse ano, e o contato regular com amigos poderá ser útil. Além disso, se estiverem incomodados com um assunto em particular ou caso se encontrem em um dilema incomum, será bom que conversem com as pessoas em quem confiam. Isso pode trazer clareza para certos problemas. A vida social também poderá ajudar no equilíbrio do seu estilo de vida, o que será importante nesse ano agitado.

No que diz respeito aos assuntos românticos, porém, é aconselhável que tenham cuidado extra. Com tempo e atenção, muitos romances poderão florescer; mas, se não houver compromisso, o relacionamento poderá fracassar. Os Búfalos precisarão agir com cuidado e ter consideração com as pessoas.

Na vida familiar — com agendas cheias e provavelmente muitos compromissos —, haverá necessidade de uma boa comunicação entre todos os envolvidos. É aconselhável ter flexibilidade, especialmente quando envolver empreendimentos práticos. O ideal é que eles sejam programados para tempos menos agitados. No entanto, com membros da família fazendo um esforço conjunto e animando uns aos outros, poderá haver momentos agradáveis, além da celebração de êxitos notáveis e eventos importantes. Reservar tempo para os interesses compartilhados e para possíveis férias poderá ser bom para todos. Esse é um período que encoraja a união e o enfoque coletivo.

No geral, o ano do Cavalo será agitado e movimentado para os Búfalos, e possivelmente bem recompensador para eles. No trabalho, sua experiência e compromisso resultarão em um avanço impressionante para muitos. No entanto, os Búfalos precisarão ficar visíveis e se envolver, em vez de se manterem isolados e independentes. Será necessário, ainda, que equilibrem os compromissos e reservem tempo para si mesmos e para as pessoas próximas. Com cuidado, no entanto, esse também poderá ser um ano gratificante e agradável.

DICAS PARA O ANO

Mantenha-se alerta e reaja de maneira rápida e positiva aos acontecimentos. Haverá boas oportunidades a aproveitar. Além disso, tome cuidado com sua tendência de ser independente. Interaja bem com as pessoas e lhes dê tempo. Atenção extra nessa área poderá tornar esse ano ainda mais recompensador.

Previsões para o Búfalo no ano da Cabra

Um ano misto. O disciplinado Búfalo sempre ficará desconfortável com a inconstância e a mudança que caracterizam os anos da Cabra. Esse será o momento para os Búfalos terem expectativas moderadas. No entanto, ainda que o progresso possa não ser fácil, o ano lhes dará a chance de fazer um balanço de sua situação, decidir sobre as direções futuras e passar um tempo com as pessoas próximas.

A vida familiar poderá trazer um contentamento especial, com a natureza prática do Búfalo frequentemente vindo à tona. Ao longo do ano, muitas ideias sobre melhorias na casa se apresentarão, e os Búfalos vão lidar prazerosamente com elas. Quando um projeto for concluído, quase sempre outro surgirá, e os Búfalos terão grande satisfação com o que fizerem e com os benefícios que se seguirão. Como os anos da Cabra favorecem a expressão artística, muitos Búfalos também terão prazer em renovar a decoração e enfeitar a casa.

Além das melhorias práticas, os Búfalos farão muito para apoiar membros da família, sobretudo porque alguns deles estarão enfrentando situações de estresse ou lutando com mudanças. As pessoas próximas dos Búfalos terão uma boa razão para valorizar sua natureza vigorosa e suas opiniões honestas ao longo do ano. Isso também poderá ficar registrado em algumas ocasiões familiares inesquecíveis, incluindo: interesses compartilhados, viagens e comemoração de êxitos pessoais. Além disso, muitos Búfalos serão estimulados a passar mais tempo com as pessoas próximas, e essa poderá ser uma característica benéfica do ano da Cabra.

Na vida social, os Búfalos deverão aproveitar os muitos eventos e atividades que tendem a ocorrer nos anos da Cabra, inclusive em sua localidade. Além disso, ao se encontrarem regularmente com os amigos, eles apreciarão não apenas o apoio e a camaradagem, mas também os meios pelos quais alguns deles poderão ajudar e aconselhar.

Para alguns Búfalos disponíveis, um encontro casual também terá o potencial de se tornar significativo. Os anos da Cabra favorecem os assuntos românticos, e, de fato, as relações com as pessoas.

Eles também incentivam a exploração e a promoção dos talentos. Os Búfalos deverão dedicar um tempo aos interesses pessoais nesse ano, e, caso uma nova atividade os atraia, descobrir mais sobre ela. Com frequência, ficarão entusiasmados com o que o período lhes trará.

No entanto, embora o ano da Cabra venha a apresentar muitos aspectos prazerosos, ele também trará pressões. Em muitos locais de trabalho, os Búfalos sentirão suas atribuições afetadas pela mudança. Novos procedimentos e o peso de burocracia adicional poderão dificultar o progresso. Ainda que isso seja frustrante, para muitos Búfalos a melhor política será concentrar-se em sua própria função e adequar-se ao que for necessário. As situações *irão* se estabilizar, mas será preciso paciência e um pouco de autocontrole. E, quando o progresso vier, ele será bem merecido.

Para os Búfalos que estiverem à procura de emprego, esse também poderá ser um momento desafiador, às vezes com a abertura de poucas vagas. Ainda assim, com tenacidade e ampliando o escopo de sua busca, muitos conseguirão assegurar um cargo em um tipo diferente de trabalho e ter a chance de provar sua capacidade em outra área de atuação. A flexibilidade, aliada à disposição de se adaptar e aprender, será essencial nesse ano.

Nos assuntos financeiros, mais uma vez esse será um período para ter cuidado e rígido controle do orçamento. Risco, pressa e especulação deverão ser evitados e, especialmente, ao serem consideradas novas compras ou a substituição de equipamentos, será preciso reservar tempo para avaliar termos e opções e o que melhor atende às necessidades.

No geral, os anos da Cabra podem ser instáveis; é possível que os Búfalos considerem as mudanças frustrantes, e o progresso, difícil, sobretudo no trabalho. Todavia, enfrentando os desafios do ano e se adaptando ao que for necessário, eles poderão aprender com as experiências, e o que realizarem agora muitas vezes vai ser importante no longo prazo. Será preciso cuidado nos assuntos financeiros; contudo, de um modo mais positivo, o tempo dedicado ao desenvolvimento de interesses pessoais ou a atividades práticas poderá ser satisfatório, e os relacionamentos com os outros, bem como as perspectivas românticas, estarão sob um aspecto favorável. Nem sempre será um ano fácil, mas trará alguns importantes benefícios pessoais misturados.

DICAS PARA O ANO

Divirta-se na companhia de outras pessoas e procure aproveitar mais seus interesses pessoais. As duas áreas poderão lhe proporcionar grande prazer nesse ano, além de ajudarem no equilíbrio do seu estilo de vida. Embora alguns avanços possam preocupá-lo, particularmente no trabalho, aproveite os acontecimentos ao máximo. A experiência adquirida agora poderá ser desenvolvida com sucesso no futuro.

Previsões para o Búfalo no ano do Macaco

Momentos interessantes à frente. Os anos do Macaco proporcionam um considerável campo de possibilidades, e apesar de os Búfalos nem sempre apreciarem a velocidade dos acontecimentos, haverá algumas boas oportunidades.

Um dos pontos fortes dos Búfalos é sua disposição para aprender e se desenvolver. Como eles sabem, para alcançar suas ambições e obter o melhor de si mesmos é necessário que assimilem conhecimento e usem sua experiência para se projetar. E esse é um objetivo que eles perseguem continuamente. No ano do Macaco, os Búfalos terão grandes chances de se desenvolver dessa maneira. Esse poderá ser um momento construtivo.

No trabalho, é possível que o ano do Macaco traga avanços inesperados. Colegas poderão sair repentinamente da empresa, dando aos Búfalos a chance de assumir novas responsabilidades e/ou obter uma promoção. Em alguns casos, também, os empregadores estarão dispostos a utilizar as habilidades dos Búfalos de outras maneiras e lhes oferecerão treinamento e um cargo diferente. Aproveitando ao máximo as oportunidades, os Búfalos poderão não apenas avançar na carreira como também aprimorar sua capacitação.

Para os Búfalos que estiverem insatisfeitos com sua função ou procurando emprego, vagas interessantes também poderão surgir. No entanto, quando forem se candidatar, o esforço adicional e a demonstração de iniciativa durante a entrevista poderão fazer uma diferença importante. Nos anos do Macaco, os Búfalos realmente precisam colocar-se em evidência, enfatizando não apenas suas habilidades, mas também sua disposição de se adaptar e aprender. Fazer esse esforço especial valerá muito a pena.

Os interesses pessoais também estarão sob um bom aspecto, e muitos Búfalos vão se mostrar ansiosos por ampliar o que fazem, testar novas ideias e enriquecer seu conhecimento. Caso se sintam entusiasmados por uma nova atividade, deverão informar-se mais a respeito dela. Interesses pessoais e atividades recreativas poderão proporcionar grande satisfação nesse ano, sendo um bom meio de expressar habilidades, além de contribuírem para equilibrar o estilo de vida.

O progresso alcançado no trabalho deverá ajudar financeiramente, e muitos Búfalos decidirão dar andamento a planos que vêm sendo considerados há algum tempo, incluindo a atualização de equipamentos. Examinando as opções e aquilo que mais atende às suas necessidades, eles conseguirão realizar algumas aquisições úteis. Além disso, fazer um orçamento com antecedência, incluindo a definição de recursos para possíveis férias, poderá fazer com que mais coisas aconteçam. Com disciplina e uma boa administração financeira, é possível que os Búfalos se saiam muito bem nesse período.

O ano do Macaco também poderá fornecer boas oportunidades sociais. Os Búfalos verão que seu trabalho e seus interesses os colocarão em contato com muitas pessoas, e embora gostem de agir com toda a calma quando se trata de estabelecer amizades e outras conexões, eles vão desfrutar de um bom entendimento com algumas das pessoas que conhecerem nesse ano. No que se refere aos assuntos românticos, tanto os romances existentes quanto os que vierem a acontecer poderão, muitas vezes, se desenvolver bem. Ainda que alguns Búfalos tendam a ser discretos e reservados, todos eles deverão procurar aproveitar ao máximo as oportunidades sociais que o ano do Macaco oferecer. Haverá muitos bons momentos para desfrutar.

Na vida familiar, esse promete ser um ano ativo, com alguns Búfalos se desesperando com tudo o que será necessário fazer. Algumas semanas, em particular, poderão ser frenéticas, uma vez que decisões importantes deverão ser tomadas e outros assuntos, incluindo questões de manutenção doméstica, exigirão rápida atenção. Por serem conscienciosos, os Búfalos ficarão ansiosos por assegurar que as decisões certas sejam tomadas e, às vezes, poderão se sentir sob pressão. No entanto, os Búfalos são abençoados com bom senso, o que os ajudará a ter êxito quando lidarem com os momentos mais complicados que o ano do Macaco poderá trazer. Ao longo desse período, porém, é importante que os membros da família cooperem e compartilhem seus pensamentos.

Embora algumas semanas venham a ser de estresse, o ano do Macaco também proporcionará prazeres em família. Haverá uma espontaneidade em relação a eles, e algumas ocasiões-surpresa, incluindo viagens, serão altamente apreciadas e capazes de beneficiar a todos.

Os anos do Macaco têm uma energia considerável e muitas coisas acontecerão rapidamente. Embora isso nem sempre combine com o estilo do Búfalo, o período poderá trazer excelentes oportunidades. É possível que surjam vagas e ideias sobre as quais valha a pena se informar. Haverá amplas oportunidades para os Búfalos enriquecerem seu conhecimento e suas habilidades, e, fazendo isso, eles estarão investindo em si mesmos e em seu futuro. Se bem aproveitados, esses momentos poderão ser significativos. É possível que o ano do Macaco proporcione também boas oportunidades sociais, porém os Búfalos precisarão participar delas! Sua vida familiar será movimentada, mas também trará muitas coisas agradáveis. Um ano ativo e rico em possibilidades.

DICAS PARA O ANO

Aproveite ao máximo as oportunidades e melhore sua capacitação. Isso poderá ser útil agora *e* poderá ampliar suas opções mais tarde. Os anos do Macaco podem injetar elementos novos e benéficos em seu estilo de vida e em suas perspectivas.

Previsões para o Búfalo no ano do Galo

Os anos do Galo favorecem a estrutura e a organização, e isso combina muito com os Búfalos. Esse será o momento de fazerem planos e de colocá-los em prática. Acontecimentos animadores também irão ajudá-los no decorrer do período. Decidir sobre alguns objetivos para o ano dará aos Búfalos algo pelo qual trabalhar, assim como lhes permitirá fazer um uso mais eficaz de suas habilidades e oportunidades. Para os Búfalos perseverantes e determinados, esses poderão ser momentos significativos *e* recompensadores.

Os Búfalos que iniciarem o ano descontentes com sua situação atual ou insatisfeitos com o progresso recente deverão concentrar a atenção no presente e não no que já passou. Esse é um ano que oferecerá mudanças positivas.

Todos os Búfalos serão ajudados nesse período por seu jeito firme. Uma vez que tenham feito planos, darão o melhor de si para vê-los realizados. E seus planos poderão ser diversificados. Especificamente para os Búfalos que estiverem pensando em migrar para outra área, esse será o momento de obter informações e explorar possibilidades. Como muitos deles descobrirão, uma vez dado o primeiro passo, importantes engrenagens entrarão em movimento. No entanto, para os que se mudarem ou estiverem envolvidos em qualquer transação com propriedades, será importante que obtenham orientação profissional e verifiquem os termos e as obrigações de qualquer acordo que firmarem. Embora esse venha a ser um período animador, os Búfalos precisarão se manter atentos em relação a assuntos financeiros e a propriedades. Essa necessidade de cuidado também se aplicará em caso de empréstimo a alguém e da participação em um acordo informal. Financeiramente, os Búfalos precisarão ficar em guarda, pois haverá o risco de alguns deles serem prejudicados ou serem vítimas de um golpe. Búfalos, tomem nota disso.

À parte esse aviso, porém, os Búfalos terão muito a seu favor nesse ano, e suas ações darão resultados.

No trabalho, muitos terão refletido sobre sua situação recentemente, e para aqueles que estiverem se sentindo entediados ou insatisfeitos com o que fazem, esse será o momento de buscar a mudança. Se obtiverem orientação e agirem, esses Búfalos poderão garantir uma nova e importante função que não apenas se ajuste melhor às suas habilidades e às circunstâncias, mas também apresente potencial de crescimento futuro. Isso também se aplicará a quem estiver procurando emprego. Ao ampliarem o leque de cargos considerados, eles poderão descobrir oportunidades e assumir novos desafios.

Para os muitos Búfalos que estiverem seguindo uma carreira específica, esse também será um ano que estimulará o progresso. Ambiciosos e determinados, os Búfalos poderão se sair bem. A experiência recente ajudará em suas perspectivas, e muitos poderão galgar um novo nível na carreira. No entanto, ainda que os Búfalos consigam avançar, eles precisarão exercitar a cautela no trato com colegas. A atitude de outra pessoa poderá preocupá-los, mas eles não deverão deixar que isso os prejudique nesse ano que, do contrário, poderá ser promissor. Haverá importante trabalho a fazer e muito a conquistar.

Os aspectos positivos se estenderão também aos interesses pessoais, e muitos Búfalos serão inspirados a tentar algo diferente ou a adquirir uma nova habilidade. Alguns poderão considerar a realização de mudanças no estilo de vida, incluindo pensar um pouco na alimentação e reservar mais tempo para atividades recreativas. Também nessa área, tomar decisões e colocá-las em prática poderá proporcionar benefícios significativos. O ano do Galo é um momento para reavaliar e agir.

Os interesses pessoais também poderão ter um bom elemento social, e muitos Búfalos que estiverem se sentindo solitários e quiserem conhecer pessoas talvez pensem em participar de um coletivo local. Os Búfalos deverão aproveitar ao máximo os eventos sociais que o ano vai oferecer. Se ficarem ativos e participarem, poderão aproveitar alguns ótimos momentos. É possível que os romances também se desenvolvam bem nesse período.

Na vida doméstica haverá muita atividade, especialmente porque alguns Búfalos irão se mudar e passar um tempo organizando a nova casa. Muitos estarão inspirados, com ideias e melhorias para implementar. No entanto, com empreendimentos ambiciosos, os prazos de execução precisarão ser elásticos, e determinados projetos se revelarão mais caros e mais perturbadores do que o previsto.

Apesar da agitação na vida doméstica e das mudanças consideráveis que muitos Búfalos verão, o ano do Galo certamente terá seus pontos altos, pois haverá êxitos individuais, aproveitamento de tempo de qualidade e realização de atividades compartilhadas. Tudo isso poderá ser uma parte especial do ano.

No geral, os anos do Galo proporcionam um potencial significativo aos Búfalos. São momentos para traçar planos e realizá-los. Uma feliz descoberta ao acaso poderá ser uma aliada útil, pois, assim que as ações se concretizarem, é possível que fatores benéficos muitas vezes entrem no jogo. Esse será um período para os Búfalos ampliarem seus pontos fortes e seu cargo. No decorrer do ano, eles precisarão ser meticulosos, sobretudo nos assuntos financeiros, e proceder com cuidado se as situações os preocuparem. No geral, porém, com dedicação e habilidade, poderão aproveitar esse momento favorável.

DICAS PARA O ANO

Coloque os planos em ação. Procure desenvolver a carreira, os interesses pessoais e a si mesmo. Com determinação, você conseguirá realizar muitas coisas. Além disso, divirta-se passando um tempo com aqueles que são especiais para você e trabalhem juntos em planos e celebrem os êxitos. Se estiver disponível, procure conhecer pessoas. A ação positiva poderá trazer recompensas nesse ano.

Previsões para o Búfalo no ano do Cão

Os Búfalos têm grande obstinação e, por meio da força de vontade e de absoluta determinação, poderão tirar muito proveito do ano do Cão. Não será um período fácil, com obstáculos a superar e uma série de outros acontecimentos, mas os Búfalos não são de deixar que as coisas os atrapalhem. E não deixarão.

Como é do entendimento dos Búfalos, os problemas existem para serem resolvidos e, em alguns casos, os problemas que surgirem no ano do Cão poderão não ser tão difíceis quanto se imaginava a princípio. A natureza pragmática dos Búfalos poderá se revelar uma importante qualidade nesse período.

Esse será especialmente o caso em seu trabalho. Muitos Búfalos vão enfrentar não apenas uma carga de trabalho maior, mas também irritações causadas por atrasos e burocracia. Ao longo do ano, as exigências serão consideráveis, e os Búfalos, do seu jeito habitualmente inimitável, irão empenhar-se a fundo e concentrar-se nas tarefas a serem feitas. Suas conquistas, às vezes em condições difíceis, poderão lhes proporcionar um reconhecimento merecido. Além disso, o que conseguirem fazer nos bastidores, seja estabelecendo redes de contatos, seja beneficiando-se de oportunidades de treinamento ou aprendendo mais sobre sua área de atuação, será útil. No entanto, com as pressões do ano, precisarão manter-se prudentes, criteriosos e também cuidadosos para não arruinarem sua reputação com palavras irrefletidas. Os anos do Cão requerem um manejo hábil.

Os Búfalos que estiverem em busca de emprego ou de uma mudança terão que batalhar duramente pela oportunidade que desejam, mas os Búfalos são tenazes e, com autoconfiança e disposição para se adaptar, eles conseguirão garantir uma plataforma que lhes permitirá progredir no futuro.

Contudo, ao longo do ano, será necessário que tenham cautela nos assuntos financeiros e, ainda, que verifiquem os termos de qualquer acordo que venham a firmar. Atenção extra também será recomendada quando se tratar de declarações fiscais ou outros documentos financeiros importantes — do contrário, correrão o risco de serem envolvidos na lentidão de procedimentos burocráticos e perderem tempo nesse processo. Búfalos, tomem nota disso e mantenham-se vigilantes e meticulosos. Além disso, qualquer Búfalo que esteja realizando negociações relativas a terra ou propriedades precisará buscar orientação e agir com cuidado.

Em um quadro mais positivo, as viagens estarão sob um aspecto favorável, e os Búfalos deverão aproveitar quaisquer chances de passear. Para alguns deles, isso poderá incluir visitas a familiares e amigos que vivam longe e a oportunidade de ir a lugares que os atraem há muito tempo. Uma pausa da rotina poderá fazer muito bem aos Búfalos nesse ano.

Sua vida pessoal também poderá ser especialmente gratificante, e aqueles que estiverem em um relacionamento ou se apaixonarem nesse período provavelmente ficarão noivos, se casarão ou irão morar com o companheiro. Os assuntos românticos poderão proporcionar muita felicidade aos Búfalos nesse ano.

Além disso, ao buscarem seus interesses e aproveitarem atividades locais e outros eventos, os Búfalos terão muito prazer com as oportunidades sociais que essas ocasiões lhes proporcionarão. Ainda que alguns aspectos do ano do Cão possam ser desafiadores, esse período poderá dar aos Búfalos a chance de passar um tempo com as pessoas que são especiais para eles e de realizar atividades que apreciam.

Sua vida familiar também será ativa, com empreendimentos compartilhados e, para um grande número de Búfalos, férias muito apreciadas com entes queridos.

No entanto, poderão surgir assuntos preocupantes, talvez envolvendo atitudes ou ações de alguém ou decisões que necessitem de cuidadosa deliberação. Nesses momentos, os Búfalos deverão discutir detalhadamente essas questões com aqueles ao seu redor e prestar atenção em suas opiniões. Desse modo, frequentemente, os problemas poderão ser abordados, e o diálogo e a comunicação terão valor para todos.

No geral, os anos do Cão podem trazer seus desafios e irritações. É possível que os Búfalos enfrentem exigências e pressões crescentes, especialmente no trabalho, porém eles nunca recuam diante de desafios, e com compromisso e foco conseguirão alcançar resultados satisfatórios e aprender muito no processo. Os assuntos financeiros vão exigir grande atenção, mas o ano do Cão também trará seus prazeres, com viagens e interesses pessoais sob aspectos favoráveis e uma miríade de atividades a ser compartilhada com outras pessoas. Um ano misto, mas os Búfalos, com todas as suas formidáveis qualidades, ainda poderão obter muito dele.

DICAS PARA O ANO

Fique atento e avalie com cuidado as situações. Com foco e bom senso, seus esforços prevalecerão e as habilidades e a experiência que você adquirir serão consideravelmente benéficas. Além disso, conceda tempo aos seus entes queridos e lembre-se de que diálogo e comunicação são importantes, sobretudo quando é preciso tomar decisões ou quando você está sob pressão. Além disso, aproveite todas as chances de conhecer pessoas. Novas amizades e relações, e talvez um romance, poderão tornar esse ano significativo e especial.

Previsões para o Búfalo no ano do Javali

O ano do Javali será de interessantes possibilidades para os Búfalos. Como os Javalis, os Búfalos são trabalhadores esforçados e conseguirão tirar grande proveito das oportunidades que se abrirem agora. No entanto, muitas vezes de valor ainda maior serão os benefícios pessoais que poderão ser obtidos. Os anos do Javali estimulam os Búfalos a prestarem atenção em seu próprio bem-estar e aproveitarem um estilo de vida mais equilibrado, assim como a apreciarem as recompensas pelas quais eles trabalham com tanto afinco. Especialmente para os Búfalos que começarem o ano desanimados, esse poderá ser um momento melhor, em que mudanças sutis, porém importantes, ocorrerão.

Haverá benefícios particulares nos relacionamentos dos Búfalos com as pessoas. Embora costumem ser indivíduos reservados, durante o ano muitos deles perderão um pouco da timidez e aproveitarão as oportunidades para sair, como festas, reuniões e eventos especiais. As agendas sociais de muitos Búfalos estarão mais cheias do que há algum tempo. Esse será um período para se envolver e participar, sobretudo no caso dos Búfalos que estiverem disponíveis ou que tenham lutado com uma dificuldade pessoal recente. Para alguns deles, valerá a pena pensar em aderir a um interesse especial ou participar de um grupo social. É possível que novos amigos e conhecidos entrem em sua vida, e os Búfalos que estiverem envolvidos em um romance ou conhecerem alguém novo ao longo do ano talvez vejam seu relacionamento se tornar mais significativo com o passar dos meses.

A vida familiar também poderá proporcionar muita alegria aos Búfalos. Se reservarem tempo para os interesses compartilhados e ajudarem as pessoas que os cercam, muitas coisas correrão bem. O sucesso desfrutado por membros da família poderá ser especialmente gratificante.

Embora as viagens possam não figurar com proeminência nesse ano, férias ou quaisquer pausas breves que os Búfalos possam desfrutar com os entes queridos farão muito bem a todos e criarão ocasiões prazerosas.

No entanto, embora muitas coisas venham a correr bem, haverá, assim como em qualquer ano, problemas a enfrentar. Muitas vezes, eles serão decorrentes da estresse. Qualquer que seja a situação, o diálogo e o empenho ajudarão. Ao longo do período, se os Búfalos lidarem bem com as dificuldades, elas poderão ser neutralizadas com eficiência e rapidez.

Os Búfalos também deverão reservar tempo para seus interesses pessoais. Se eles os tiverem deixado de lado, precisarão corrigir isso no ano do Javali. Os Búfalos merecem um tempo para si mesmos, e deverão se conceder a chance de relaxar e de descontrair.

Além disso, se não estiverem praticando exercícios regularmente nem se alimentando de maneira equilibrada, precisarão solucionar isso. Os anos do Javali podem ser benéficos em termos pessoais para os Búfalos, e uma melhora na qualidade e no equilíbrio de seu estilo de vida favorecerá muitos deles.

Em relação ao trabalho, esse também poderá ser um período construtivo, com muitos Búfalos avançando em sua posição. Com uma mudança no quadro de pessoal, é possível que surjam oportunidades de promoção, e os Búfalos talvez estejam em boas condições de se beneficiar. Aqueles que estiverem se sentindo insatisfeitos ou entediados deverão manter-se atentos a vagas e ir em busca de qualquer uma que lhes interesse. Esse não será o momento de ficar parado nem de permitir que situações insatisfatórias persistam. Os anos do Javali favorecem os que trabalham arduamente e podem abrir portas importantes para os Búfalos. Do mesmo modo, os Búfalos que estiverem à procura de emprego poderão ser recompensados por sua tenacidade conquistando um cargo com potencial para o futuro. Além disso, os Búfalos que estiverem estudando para se qualificar ou realizando um treinamento descobrirão que seu empenho poderá produzir resultados importantes. Os anos do Javali são motivadores para os Búfalos e capazes de permitir que eles diversifiquem suas capacidades.

Nos assuntos financeiros, os Búfalos poderão se dar bem. No entanto, considerando seus planos para a casa, compras tentadoras e mais chances de sair, as despesas serão consideráveis. Ao longo do ano, eles precisarão ficar atentos à sua situação financeira e, idealmente, orçar seus planos. Muito poderá ser realizado — e desfrutado — nesse período, mas será necessário controlar os gastos.

No geral, o ano do Javali poderá ser bom para os Búfalos e, de muitas maneiras, edificante. Eles poderão extrair muito prazer desse ano. Em termos de interesses pessoais e atividades recreativas, as perspectivas são especialmente favoráveis, e haverá boas ocasiões sociais a serem desfrutadas também. Esse será um período para os Búfalos se envolverem com as pessoas e melhorarem seu estilo de vida. O ano do Javali também incentiva o crescimento, e haverá chances de progredir. No geral, um ano construtivo, satisfatório e agradável.

DICAS PARA O ANO

Aproveite ao máximo o que surgir para você. Com propósito e boa vontade, será possível realizar conquistas e aproveitar bons momentos. Além disso, desfrute de seus interesses pessoais e de seus relacionamentos especiais. Ambos poderão ser importantes e significativos nesse ano ativo e recompensador.

PENSAMENTOS E PALAVRAS DE BÚFALOS

O que é mais importante neste mundo não é tanto onde estamos,
e sim em que direção estamos indo.
OLIVER WENDELL HOLMES

A mais verdadeira sabedoria é a determinação resoluta.
NAPOLEÃO BONAPARTE

Aquilo que você deseja com ardor e constância, você sempre consegue.
NAPOLEÃO BONAPARTE

Ideais são como estrelas; você não conseguirá tocá-las com as mãos.
Mas, assim como aquele que navega no deserto das águas, você as
escolhe como guias, e seguindo-as, chegará ao seu destino.
CARL SCHURZ

Agirei como se o que faço fizesse diferença.
WILLIAM JAMES

Estou falando a sério... Não farei rodeios, não me desculparei,
não recuarei um único centímetro, e serei ouvido.
WILLIAM LLOYD GARRISON

Não conheço ninguém que tenha chegado ao topo sem trabalhar com afinco.
Essa é a receita. Nem sempre isso o levará ao topo,
mas deverá levá-lo até bem perto.
MARGARET THATCHER

Só se chega ao último degrau da escada subindo cada um deles com firmeza,
e de repente todos os tipos de poderes, todos os tipos de habilidades que você
nunca imaginou que lhe pertencessem se tornam uma possibilidade,
e você pensa: "Bem, eu também vou tentar."
MARGARET THATCHER

Viva suas crenças e você poderá mudar o mundo.
HENRY DAVID THOREAU

Aprendi que quem avança na direção de seus sonhos e se empenha em viver a
vida que imaginou para si encontra um sucesso inesperado no dia a dia.
HENRY DAVID THOREAU

Os homens foram feitos para o sucesso, e não para o fracasso.
HENRY DAVID THOREAU

O TIGRE

31 de janeiro de 1938 a 18 de fevereiro de 1939	*Tigre da Terra*
17 de fevereiro de 1950 a 5 de fevereiro de 1951	*Tigre do Metal*
5 de fevereiro de 1962 a 24 de janeiro de 1963	*Tigre da Água*
23 de janeiro de 1974 a 10 de fevereiro de 1975	*Tigre da Madeira*
9 de fevereiro de 1986 a 28 de janeiro de 1987	*Tigre do Fogo*
28 de janeiro de 1998 a 15 de fevereiro de 1999	*Tigre da Terra*
14 de fevereiro de 2010 a 2 de fevereiro de 2011	*Tigre do Metal*
1º de fevereiro de 2022 a 21 de janeiro de 2023	*Tigre da Água*
19 de fevereiro de 2034 a 7 de fevereiro de 2035	*Tigre da Madeira*

A PERSONALIDADE DO TIGRE

Com suas listras e seu jeito furtivo, os Tigres são criaturas impressionantes. São notados e impõem respeito. E as pessoas nascidas sob o signo do Tigre têm também uma presença expressiva e podem deixar sua marca de muitas maneiras.

Os Tigres nascem sob o signo da coragem. São aventureiros e têm uma natureza incisiva e entusiasmada. Não apenas são capazes de sugerir muitas ideias — são criativos e inventivos — como são também inovadores. Se algo novo surge ou uma oportunidade atrativa se apresenta, é certo que eles os perseguirão. No entanto, sua busca pela novidade pode gerar momentos de imprudência. Os Tigres nem sempre refletem sobre as consequências de suas ações. Eles são pessoas que se arriscam e, às vezes, sua pressa não leva aos resultados mais favoráveis. Na vida, eles passarão por golpes e reveses, mas aprendem depressa e seu espírito insaciável os conduzirá eternamente.

Com seu ardor, sua crença em si mesmos e suas ideias, os Tigres são líderes naturais. Eles são entusiasmados, impetuosos e guiados pela ação, embora, curiosamente, às vezes fiquem hesitantes, talvez perplexos, com as escolhas à sua frente. São dignos de respeito no trato com as pessoas e imbuídos de espírito público. Muitos já defenderam causas, lutaram contra injustiças ou ajudaram outras pessoas em momentos de necessidade. Os Tigres são nobres. Têm um traço de rebeldia e tomarão posição contra a autoridade, caso a situação justifique isso.

Com sua natureza curiosa, os Tigres têm uma quantidade extraordinária de interesses e se envolvem em uma miríade de atividades. Raramente ficam parados e é comum levarem um estilo de vida movimentado e gratificante. No entanto, por terem sede do novo e ansiarem por experimentar uma grande quantidade de coisas, há momentos em que deixam de ter compromisso e pulam de uma coisa para outra. Os Tigres podem ser inquietos e, se fossem mais persistentes, seus níveis de sucesso poderiam ser maiores. Além disso, como gostam de ser autoconfiantes, nem sempre procuram ou ouvem conselhos de outras pessoas, e às vezes isso os prejudica. Há momentos em que os Tigres aprendem da maneira mais difícil.

Por serem aventureiros, anseiam por viajar e ver novos lugares. Eles também têm um dom maravilhoso para se relacionar com as pessoas. São companhias animadoras, estimulantes e costumam ter um amplo círculo social. São também muito abertos e francos no trato com os outros. Não gostam de falsidade e hipocrisia e falam o que pensam. Não há fingimento com os Tigres — eles são autênticos, honestos e sociáveis.

Com seu espírito independente, eles frequentemente saem de casa bem jovens, e muitos se estabelecem rápido e criam seu próprio lar. Como parceiros em um relacionamento, podem ser cuidadosos, protetores e generosos. Se forem pais, seu entusiasmo e amplos interesses farão muito para estimular o desenvolvimento dos filhos. Os Tigres costumam ser ótimos professores.

De muitas maneiras, os Tigres gostam de impressionar. Eles não apenas têm uma personalidade vibrante e amigável como também cuidam da aparência. Seja usando roupas elegantes da moda, seja adotando um estilo mais extravagante, chamativos, eles sabem o que lhes cai bem. Esse é um talento dos Tigres de ambos os sexos, embora a mulher Tigre talvez tenha uma percepção social melhor do que o homem desse signo. Ela é observadora e perspicaz e tem o feliz dom de se dar bem com a maioria das pessoas. Tem empatia, é atenciosa e, quando se trata de entreter, revela-se uma maravilhosa anfitriã. Ela se importa, e é isso o que faz a diferença.

Particularmente no início da sua vida profissional, os Tigres são capazes de mudar de emprego com muita frequência, uma vez que estão sempre tentando aprimorar sua condição. E, por causa de sua perspicácia, integridade e disposição para assumir responsabilidades, eles conseguem se sair bem. Quando seu trabalho estimula a criatividade e promove (em vez de reprimir) suas habilidades, muitos deles ascendem a cargos de autoridade. Eles apreciam desafios e perseguirão entusiasticamente objetivos ou metas. Por suas habilidades de comunicação, podem se tornar advogados, ativistas ou políticos eficientes, bem como professores inspiradores. O trabalho humanitário também pode ser atrativo para os Tigres, assim como carreiras nas artes, na mídia e no comércio, e tudo isso lhes fornece espaço para a contribuição criativa. Com sua energia e seu espírito competitivo, eles também podem considerar as carreiras esportivas tentadoras. Os Tigres têm muitas habilidades e um potencial considerável.

Suas habilidades para obter recursos são também expressivas, mas é aconselhável que mantenham disciplina nos assuntos financeiros. Os Tigres gostam de viver para o momento e podem gastar livremente. São também generosos, e seu dinheiro pode entrar e sair com total facilidade. Seria vantajoso para eles se reservassem recursos para exigências específicas e poupassem para o futuro. Além disso, se tomarem parte em qualquer iniciativa arriscada, precisarão ter cuidado e atenção com as implicações envolvidas. Acreditar na sorte pode proporcionar algumas lições salutares e às vezes dolorosas.

No entanto, os Tigres são certamente especiais, bem como generosos, inventivos e corajosos. Alguns de seus empreendimentos poderão terminar em desastre e alguns de seus sonhos nunca se concretizarão, mas eles alcançarão sucesso em um número extraordinário de coisas e terão uma vida que será gratificante de muitas maneiras.

O poeta John Masefield, nascido sob o signo do Tigre, escreveu:

> A maioria das estradas leva os homens para casa,
> A minha estrada me leva adiante.

Isso é muito verdadeiro em relação aos Tigres — eles estão sempre ansiosos por se aventurar nas próximas possibilidades.

Principais dicas para os Tigres

- Você tem grande entusiasmo, mas às vezes é levado pela empolgação do momento e se compromete com empreendimentos sem pensar bem em tudo o que está envolvido. Às vezes, ter menos pressa e mais planejamento pode gerar resultados melhores, e com frequência menos estresse também.
- Você pode ter um traço de rebeldia e considerar determinadas regras e restrições desnecessárias. No entanto, opor-se à autoridade (incluindo empregadores) não lhe proporcionará benefícios necessariamente. Seria bom se refletisse sobre as implicações de suas palavras e ações em vez de ser excessivamente impetuoso.

- Você tem um grande número de interesses; no entanto, dispersa sua energia de maneira muito ampla. Caso se concentrasse mais em áreas específicas, seu nível de *expertise* seria mais elevado, e seus resultados, frequentemente, mais substanciais. Moderar sua natureza às vezes inquieta poderá beneficiá-lo.
- Sua inventividade é um verdadeiro ponto forte. Você é um pensador original e deve acreditar em si mesmo. Aproveite ao máximo seus talentos especiais, pois eles podem levá-lo longe.

OS RELACIONAMENTOS COM OS DEMAIS SIGNOS

Com o Rato

Ativos, animados e com muitos interesses em comum, esses dois se dão bem.

No trabalho, sua criatividade, energia e habilidades os tornam uma equipe formidável e potencialmente muito bem-sucedida.

No amor, o Tigre irá se encantar com o charme e as maneiras sociáveis do Rato, além de valorizar suas habilidades como administrador da casa. Será preciso lidar com as atitudes diferentes que os dois têm em relação ao dinheiro, pois o Tigre nem sempre corresponderá aos padrões econômicos do Rato. No entanto, com boa vontade e aceitação, essa poderá ser uma combinação razoavelmente boa.

Com o Búfalo

O jeito cauteloso e comedido do Búfalo não se ajusta confortavelmente ao Tigre. As relações entre eles tendem a não ser boas.

No trabalho, o Tigre é um pioneiro, assumindo riscos e derrubando barreiras, enquanto o Búfalo é um tradicionalista. Inevitavelmente, suas abordagens diferentes causarão dificuldades.

No amor, o Tigre reconhecerá as muitas qualidades do Búfalo, em especial sua natureza sincera e confiável, mas esses dois vivem a vida em ritmos diferentes e, como ambos são resolutos, será impossível impedir as tensões. Uma combinação desafiadora.

Com outro Tigre

Com toda a sua energia de Tigres, ideias e desejo de agir, qual deles prevalecerá? Como ambos são obstinados e impetuosos, as relações entre dois Tigres podem ser complicadas.

No trabalho, podem ser empreendedores e entusiasmados, mas cada um deles vai querer a liderança — e o crédito. São muito competitivos para trabalharem bem juntos.

No amor, os Tigres são apaixonados e animados e têm muito a oferecer. Mas também têm uma grande quantidade de energia que os deixa inquietos, e gostam de agir à sua maneira. Dois Tigres são muito vibrantes e resolutos para viverem em harmonia. Uma combinação difícil.

Com o Coelho

Suas personalidades são bem diferentes, mas esses dois signos se gostam e se respeitam, e as relações entre eles são frequentemente benéficas para ambos.

No trabalho, o Tigre valorizará a abordagem ordeira e metódica do Coelho e irá se beneficiar dela, e as habilidades muito diferentes desses dois poderão torná-los uma equipe eficaz.

No amor, o Tigre será bastante atraído pelos modos gentis e amigáveis do Coelho e também haverá uma forte atração física. Esses dois são bons um para o outro e ambos se beneficiarão mutuamente de seus pontos fortes. Uma combinação recompensadora.

Com o Dragão

Esses dois signos animados e extrovertidos se respeitam e, embora às vezes suas naturezas obstinadas possam entrar em conflito, as relações entre eles são geralmente positivas.

No trabalho, como ambos são profissionais engenhosos e empreendedores que gostam de correr riscos, eles geram grande dinamismo. Tudo é possível para eles, especialmente quando a sorte está ao seu lado.

No amor, haverá esperanças, planos e muito a compartilhar. A vida será vivida plenamente, com o Tigre considerando o Dragão um companheiro leal e amoroso. Ambos têm força de vontade e valorizam certa liberdade de ação, mas, desde que consigam estabelecer um bom entendimento e concordem em dividir responsabilidades, eles poderão se tornar uma combinação emocionante.

Com a Serpente

O Tigre é aberto e franco e considera a reservada e às vezes desconcertante Serpente difícil entender ou de se relacionar.

No trabalho, suas abordagens são muito diversas, e o Tigre se sentirá inibido pela tendência da Serpente de ser cautelosa e reservada. Com pouca confiança e compreensão, eles vão preferir trabalhar em caminhos separados.

No amor, o Tigre pode se encantar pelo charme discreto e sedutor da Serpente, mas eles vivem a vida em ritmos diversos, e a perspectiva do Tigre sempre estará em conflito com a da Serpente. Uma combinação difícil.

Com o Cavalo

O Tigre admira o animado e vigoroso Cavalo, e as relações entre eles serão boas.

No trabalho, ambos são ambiciosos, trabalhadores esforçados e empreendedores, e o Tigre extrairá força de seu formidável e decidido colega Cavalo. Uma combinação eficaz.

No amor, a paixão e muitos interesses compartilhados (incluindo viagens) unirão esses dois. O Tigre valorizará especialmente a capacidade de julgamento do Cavalo. Eles combinam bem e podem formar um par animado e bem-sucedido.

Com a Cabra

Esses dois se gostam e se entendem e, como ambos são fáceis de lidar, as relações entre eles são boas.

No trabalho, ambos são criativos, e cada um deles será uma influência motivadora para o outro. Para terem sucesso, porém, eles precisarão ser disciplinados, sobretudo com as finanças, e direcionar bem seus esforços.

No amor, esses dois podem encontrar grande felicidade, uma vez que são apaixonados, gostam de coisas boas e divertidas e compartilham muitos interesses. O Tigre valorizará particularmente a natureza cuidadosa e solidária da Cabra e suas habilidades de administrar a casa. Como os dois signos são gastadores, precisarão gerir bem as finanças. No geral, porém, uma boa combinação.

Com o Macaco

Ambos são animados e vão compartilhar muitos interesses, mas ainda pode haver certa prudência entre eles.

No trabalho, são provavelmente os mais empreendedores e inventivos signos que existem; todavia, o Tigre poderá ter receios quanto à abordagem e à astúcia do Macaco. Com essa falta de confiança, é provável que o compartilhamento de seu potencial não se materialize.

No amor, é possível que o Tigre se encante com a natureza animada e otimista do Macaco. No entanto, como ambos têm uma imensa quantidade de energia que os deixa inquietos e gostam de agir à sua maneira, eles irão se desentender com frequência. Uma combinação desafiadora.

Com o Galo

Esses dois podem ser extrovertidos e muito sociáveis, porém são também francos, diretos e decididos. As relações podem ser complicadas.

No trabalho, ambos têm ótimas habilidades, mas são competitivos e vão querer assumir a liderança. Para que concretizem seu potencial, deverá haver uma clara divisão de responsabilidade.

No amor, ambos desfrutam de um estilo de vida ativo; contudo, suas naturezas impetuosas e diretas invariavelmente entrarão em conflito. Além disso, para o Tigre, o estilo de vida estruturado do Galo poderá ser inibidor. Uma combinação difícil.

Com o Cão

O Tigre e o Cão apreciam as qualidades um do outro, e as relações entre eles serão boas.

No trabalho, podem combinar seus talentos com eficiência, e o Tigre respeitará a abordagem equilibrada e vigorosa do Cão.

No amor, seu relacionamento será mutuamente benéfico, com o Tigre valorizando o amor, a lealdade, o apoio e as opiniões frequentemente bem fundamentadas do Cão. Esses dois podem ser bons um para o outro e encontrar muita felicidade juntos.

Com o Javali

Com seu entusiasmo, interesses compartilhados e apreço pela boa vida, Tigres e Javalis gostam da companhia um do outro.

No trabalho, ambos são empreendedores, e o Tigre apreciará a perspicácia do Javali para os negócios e sua maneira esforçada de trabalhar. Direcionando seus esforços e mantendo a disciplina, esses dois podem realizar muitas coisas.

No amor, esses signos fortemente apaixonados e sensuais podem encontrar muita felicidade juntos. Podem ser muito próximos, mantendo grande confiança e compreensão, com o Tigre valorizando a consideração e o sábio aconselhamento do Javali. Uma combinação esplêndida.

HORÓSCOPOS PARA CADA UM DOS ANOS CHINESES

PREVISÕES PARA O TIGRE NO ANO DO RATO

Os Tigres gostam de se envolver em muitas atividades, mas no ano do Rato eles deverão adotar uma abordagem mais comedida. Ser impulsivo ou apressado poderá causar problemas e decepção. Se conseguirem manter isso em mente e exercitarem mais a paciência, é possível que o ano seja mais suave e, no fim das contas, mais recompensador para eles.

No trabalho, os Tigres deverão se concentrar nas áreas em que têm mais experiência e procurar ampliar suas habilidades atuais. Treinamento adicional ou a chance de ampliar suas atribuições poderão beneficiá-los bastante. Além disso, se mergulharem na vida do seu local de trabalho e aproveitarem todas as oportunidades de estabelecer uma rede de contatos, eles poderão fazer muito para favorecer suas perspectivas futuras. No entanto, precisarão se manter focados e evitar mudanças de rumo ou desvios para assuntos menos úteis ou desconhecidos. Esse será um período para o esforço concentrado e para que usem as habilidades em seu benefício.

Do mesmo modo, os Tigres que decidirem deixar a empresa onde trabalham ou que estejam procurando emprego deverão considerar áreas nas quais tenham experiência e que também ofereçam a chance de ampliar suas capacidades. Nesse ano, o sucesso virá do esforço constante e dedicado nas áreas que os Tigres conhecerem melhor.

As finanças também exigirão uma abordagem firme. Os Tigres deverão ficar atentos à sua natureza às vezes impulsiva e manter o controle quando estiverem fazendo compras. Haverá muitas tentações, mas decisões apressadas poderão ser motivo de arrependimento depois e, sem disciplina, é possível que os níveis dos gastos subam significativamente. Além disso, caso se sintam tentados a especular ou a firmar qualquer acordo, os Tigres deverão verificar os fatos e as implicações e buscar boa orientação. A vigilância é recomendável nesse ano.

Um ponto forte específico dos Tigres é sua habilidade de desfrutar de boas relações com muitas pessoas, e sua natureza sociável mais uma vez lhes será proveitosa nesse ano. Diante de alguns aborrecimentos trazidos pelo período, os Tigres valorizarão o fato de serem capazes de recorrer a outras pessoas em busca de conselhos e deverão se favorecer do apoio e do conhecimento disponíveis para eles. Caso se preocupem com qualquer assunto, não deverão sentir-se sozinhos.

Além disso, os anos do Rato trarão boas oportunidades sociais, e os Tigres se divertirão saindo e ampliando sua rede social. Determinados interesses os colocarão em contato com outros entusiastas, e algumas boas conexões e amizades poderão ser feitas. Os Tigres que estiverem se sentindo solitários pensarão que talvez valha a pena participar de grupos locais. Os anos do Rato estimulam o desenvolvimento de interesses pessoais e o envolvimento com outras pessoas. Além disso, tendo seu futuro em mente, os Tigres farão bem se considerarem a realização de cursos e outros meios pelos quais possam desenvolver suas habilidades e seu conhecimento. O que alguns começarem nesse ano poderá, mais tarde, proporcionar recompensas (muitas vezes substanciais).

Os Tigres verão também muita atividade em sua vida familiar nesse ano, e haverá necessidade de uma boa comunicação entre os membros da família. Contudo, em meio a toda essa atividade, também ocorrerão ocasiões prazerosas. Seja comemorando uma conquista ou um marco pessoal, seja desfrutando de férias (os anos do Rato podem oferecer boas possibilidades de viagem) ou compartilhando tempo de qualidade, haverá muito para todos apreciarem. Além disso, estimulando a franqueza, os Tigres poderão ser ajudados, aconselhados e ainda mais beneficiados pelo bom entendimento que compartilham com as pessoas que os cercam.

Os Tigres têm talento para apresentar ideias, e esse ano não haverá escassez de projetos aos quais eles gostariam de dar andamento. No entanto, será preciso planejá-los e orçá-los cuidadosamente, e os Tigres deverão ter a cautela de não se comprometerem com muitos empreendimentos ao mesmo tempo. Os anos do Rato exigem cuidado, foco e disciplina.

Os Tigres gostam de seguir em frente com seus projetos, mas, apesar de suas nobres intenções, é possível que os resultados demorem a se concretizar nesse período. Esse será o momento de prosseguir de modo constante e de ampliar sua posição e seu conhecimento. A pressa e os riscos poderão ser prejudiciais e, sobretudo nos assuntos financeiros, é recomendável ter cautela. No entanto, recorrendo ao apoio e à boa vontade das pessoas, os Tigres conseguirão ajuda para suas atividades, tanto as atuais quanto as futuras. Possivelmente, esse não será o mais fácil dos anos, mas poderá ser construtivo, especialmente porque permitirá que os Tigres adquiram maiores conhecimentos e habilidades.

DICAS PARA O ANO

Aja com cuidado. Pense bem em suas decisões e concentre-se nas prioridades. Além disso, aproveite todas as chances de aumentar seu conhecimento. Comunique-se bem com as pessoas e registre seus pontos de vista e conselhos.

Previsões para o Tigre no ano do Búfalo

Os anos do Búfalo favorecem a tradição, e o Tigre, que lida com situações e problemas adotando medidas práticas, poderá se sentir frustrado com o tempo que as coisas parecerão levar e também com a escassez de oportunidades. No entanto, embora esse possa ser um período desafiador, haverá uma boa razão para os Tigres se animarem. O próximo ano será o seu próprio ano, e o que eles sabem poderá preparar o caminho para melhores tempos à frente.

Além disso, embora o vagaroso funcionamento do ano do Búfalo nem sempre se ajuste à sua personalidade, os Tigres terão meios de se opor aos aspectos mais complicados. Em particular, deverão controlar seu traço de rebeldia — do contrário, haverá o risco de que isso prejudique sua posição, bem como reduza o nível de apoio de que eles desfrutam. Em qualquer situação tensa ou embaraçosa, eles deverão tomar cuidado com as palavras e ser ponderados em sua reação.

No trabalho, os Tigres, como sempre, ficarão ansiosos por dar andamento aos projetos e obter resultados. Contudo, como muitos descobrirão rapidamente, as rodas giram devagar nos anos do Búfalo, e eles poderão sentir-se frustrados com atrasos, burocracia e pequenas irritações. O progresso não será rápido; porém, concentrando-se em suas tarefas e fazendo o melhor que puderem em situações muitas vezes difíceis, os Tigres terão a chance não apenas de provar suas capacidades, como também de obter um valioso insight de sua área de atuação. Além disso, se cursos de treinamento ou tarefas extras ficarem disponíveis, ainda que seja apenas para cobrir a ausência de um colega, eles deverão se aproveitar inteiramente dessas atividades. Ao desenvolverem seu conhecimento e suas habilidades, os Tigres se encontrarão em uma situação melhor para se beneficiar quando novas oportunidades surgirem.

Para os Tigres que estiverem procurando emprego ou uma mudança em sua situação, esse poderá ser um momento significativo. Embora não venha a ser fácil obter um cargo, se eles ampliarem o escopo do que estão procurando, serão capazes de alcançar uma posição que poderá ampliar sua experiência, assim como oferecer possibilidades futuras. As coisas tendem a acontecer por um motivo nos anos do Búfalo, e os avanços (e lições) agora poderão preparar o caminho para um progresso mais rápido no próprio ano do Tigre.

Nos assuntos financeiros, os Tigres novamente precisarão ser cautelosos, observando as despesas e fazendo reservas antecipadas para gastos maiores. Esse será um ano para disciplina e boa gestão. Além disso, os Tigres deverão ser cuidadosos quando lidarem com papelada financeira. Descuidos e atrasos poderão prejudicá-los, além de serem difíceis de corrigir.

Diante das pressões que poderão enfrentar durante os anos do Búfalo, os Tigres deverão dar um pouco de atenção ao seu próprio estilo de vida e bem-estar, incluindo a alimentação e o nível de exercícios físicos e, se necessário, procurar orientação sobre como melhorá-los. Reservar tempo para seus interesses e atividades recreativas também poderá ser benéfico. Quaisquer habilidades relacionadas a um interesse pessoal ou conhecimento adicional adquiridos agora poderão dar aos Tigres a chance de realizar mais no futuro.

Com seus vastos interesses e suas maneiras envolventes, os Tigres gostam de companhia, e nesse aspecto o ano do Búfalo poderá proporcionar momentos especiais. Muitos Tigres verão seu círculo de conhecidos aumentar e apreciarão a chance de conhecer novas pessoas e comparecer a ocasiões sociais interessantes. Eles poderão estabelecer boas conexões e amizades nesse ano.

Os Tigres que já estiverem envolvidos em um romance ou que começarem um romance nesse ano também descobrirão que todo tempo e atenção extra que conseguirem dar ao relacionamento poderá fortalecê-lo. No entanto, da maneira como os aspectos se apresentam, eles precisarão ser cautelosos com deslizes e, caso surja uma diferença de opinião, deverão ser prudentes com as palavras. Desentendimentos ou um ataque de raiva poderão estragar as relações. Tigres, tomem nota disso.

Na vida familiar, compartilhar atividades e passar um tempo juntos poderá fazer a diferença. Embora os Tigres (e outros) possam ter que fazer malabarismos com tantos compromissos, projetos bem planejados e interesses mútuos frequentemente serão agradáveis. No entanto, em vez de concentrarem tudo em um momento específico, eles deverão estender os projetos ao longo do ano e programar um tempo generoso para concluí-los. Os anos do Búfalo não favorecem a pressa. A casa dos Tigres poderá ser um precioso santuário para eles nesse período, mas sua vida familiar exigirá uma boa organização e disposição para se adequar ao que as situações requerem.

No geral, no ano do Búfalo haverá momentos complicados, mas os Tigres poderão, com paciência e cuidado, fazer muito para minimizar seus aspectos mais problemáticos. Esse será um ano para tato, paciência e para os Tigres refrearem suas tendências às vezes rebeldes. Contudo, ainda que parte do ano possa ser frustrante, ao aprimorarem suas habilidades, aproveitarem ao máximo as situações e passarem tempo com aqueles que os cercam, os Tigres poderão ver seus esforços recompensados. Ainda que não venha a ser fácil, esse ano poderá, todavia, estabelecer as bases para melhores tempos à frente.

DICAS PARA O ANO

Aja com cuidado, pensando bem sobre suas ações e reações. Além disso, aproveite todas as chances de aprimorar suas habilidades e envolva outras pessoas em seus planos e atividades. Esse talvez seja um ano desafiador, mas suas lições (e ganhos potenciais) poderão ser múltiplos.

Previsões para o Tigre no ano do Tigre

Muitos Tigres vão se sentir animados em relação ao seu próprio ano e estarão ansiosos por dar início aos seus planos com entusiasmo. E, especialmente para aqueles que se sentiram refreados nos últimos anos, esse será o momento de se concentrar no *agora* e não no que já passou. No entanto, embora os Tigres venham a ter grandes esperanças em seu ano, para que obtenham o melhor dele será necessário que permaneçam disciplinados e concentrados nos objetivos-chave. Com foco, planejamento e esforço, esse poderá ser um momento especial.

No trabalho, tendo em vista suas incumbências recentes e as habilidades que adquiriram, muitos Tigres estarão em cargos excelentes quando as oportunidades surgirem. E elas surgirão. Esse será um ano de progresso. Agradavelmente, muitos Tigres terão uma chance maior de usar seus pontos fortes de maneira efetiva. Suas ideias e sua capacidade de pensar a respeito dos problemas ou de apresentar novas abordagens poderão se revelar de grande valia. Contribuindo e se envolvendo, eles poderão ter muito sucesso e melhorar tremendamente sua reputação.

Para aqueles que começarem o ano descontentes com o cargo atual ou que estejam à procura de emprego, é possível que o ano também proporcione avanços importantes. Mantendo-se atentos ao surgimento de vagas e sendo rápidos em se candidatar, esses Tigres conseguirão se beneficiar de algumas boas oportunidades. A iniciativa terá grande peso nesse ano, e o esforço extra muitas vezes fará a diferença. Com perseverança, dedicação e autoconfiança, muito poderá ser conquistado. Tigres, tomem nota disso.

O progresso no trabalho também poderá ajudar financeiramente, e alguns Tigres desfrutarão de boa sorte extra, talvez por meio de uma ideia lucrativa, um presente ou um golpe de sorte. Os anos do Tigre têm suas surpresas e recompensas. Além disso, algumas compras atrativas e oportunas poderão ser realizadas. No entanto, embora os Tigres possam se sair bem nos assuntos financeiros, eles deverão usar qualquer mudança positiva para melhorar sua situação geral. Seja diminuindo empréstimos, aumentando a poupança ou fazendo reservas para o futuro, uma boa gestão poderá beneficiá-los tanto nesse ano quanto nos anos que estarão por vir.

Além disso, como esse será o seu próprio ano, eles deverão olhar para frente, levando em conta que suas esperanças e aspirações futuras não apenas lhes darão algo pelo qual lutar, mas também os tornarão mais conscientes do que eles precisarão fazer agora. O ano do Tigre pode ser um importante trampolim para o que se encontra à frente e é um momento excelente para avaliar, planejar e agir. Dizem que uma longa jornada começa com um único passo. Esse será o momento de dar os primeiros passos.

Com sua natureza curiosa, os Tigres têm interesses abrangentes e, novamente, poderão desenvolvê-los e desfrutá-los nesse ano. Algumas vezes, novos contatos ou equipamentos abrirão outras possibilidades. E, se uma nova atividade os atrair, eles deverão investigá-la. Em seu próprio ano, os benefícios poderão resultar de muitas de suas atividades.

É possível que o ano do Tigre traga também excelentes oportunidades sociais, e os Tigres terão muito do que participar. Aqueles que desejarem fazer novos amigos ou que tenham passado por uma dificuldade pessoal recente poderão ver seu próprio ano inaugurar um novo capítulo, com alguns dos Tigres encontrando um par romântico e também criando um novo círculo social. Os anos do Tigre podem iluminar a situação de muitos.

Na vida familiar, igualmente, os Tigres estarão ansiosos por avançar com os planos e, seja fazendo compras ou melhorias na casa ou se mudando, eles poderão ver muitas coisas acontecendo se avaliarem e orçarem cuidadosamente suas opções. No entanto, ainda que estejam ansiosos por fazer as coisas, precisarão ter cautela para não agir com tanta pressa. Reservando tempo extra e planejando, serão capazes de tomar decisões mais adequadas.

Além dos planos e das atividades que fomentarão nesse ano, os Tigres poderão esperar por momentos especiais, sobretudo no que se refere a notícias pessoais e êxitos familiares. Na vida familiar, os anos do Tigre são movimentados e gratificantes.

De muitas maneiras, esse será um ano importante para os Tigres. Vai ser o momento de avançar e se beneficiar das oportunidades. Os Tigres também serão favorecidos pela boa vontade e pelo apoio dos outros, e seu próprio ano dará origem a muitas ocasiões especiais, bem como lhes permitirá expandir seu círculo social. Eles terão muito a seu favor nesse ano e deverão se concentrar em seus objetivos. Com determinação, conseguirão desfrutar de muitas conquistas significativas.

DICAS PARA O ANO

Tome a iniciativa. As oportunidades poderão se abrir para você nesse ano. Além disso, olhe para a frente e reflita sobre seus objetivos futuros. O que for iniciado agora poderá criar raízes e, com o tempo, tornar-se significativo. O seu próprio ano será especial para você.

Previsões para o Tigre no ano do Coelho

Nesse ano construtivo, os Tigres poderão realizar bons ganhos e ampliar conquistas recentes. No entanto, ainda que os aspectos sejam encorajadores, eles precisarão controlar o lado mais inquieto de sua natureza. O ano do Coelho favorece a consistência e a ação dentro de limites estabelecidos, e os Tigres, que tendem a se apressar e a correr riscos, encontrarão obstáculos no caminho. Os anos do Coelho beneficiam abordagens ponderadas e mais comedidas.

No trabalho, os Tigres terão muitas vezes a chance de aproveitar melhor sua expertise. Isso poderá ocorrer caso assumam uma função mais especializada, recebam novos objetivos ou sejam designados para outro cargo em seu local de trabalho. Muitos conseguirão galgar níveis mais elevados na carreira nesse ano e verão sua dedicação prévia e suas comprovadas habilidades reconhecidas e recompensadas.

Alguns Tigres, porém, vão pensar na possibilidade de se aperfeiçoar em outro lugar. Esses Tigres, assim como os que estiverem procurando emprego, deverão ficar atentos à abertura de vagas, mas também conversar com especialistas e contatos e considerar outras maneiras de usar suas habilidades. Com aconselhamento e um pouco de reflexão sobre o modo como gostariam de desenvolver sua carreira, é possível que encontrem boas vagas. Em relação ao trabalho, esses poderão ser momentos importantes e de sucesso, porém vão exigir uma abordagem disciplinada. Tigres que tiverem a tendência de se apressar ou de "queimar etapas", tomem cuidado. Erros e lapsos serão frequentemente percebidos, sobretudo porque os Coelhos, que regem esse ano, são ávidos por detalhes e por fazer tudo certo. Além disso, os Tigres não deverão atuar de maneira isolada nesse período. Será trabalhando em estreita colaboração com os colegas que eles conseguirão demonstrar suas qualidades e seu potencial.

Os Tigres poderão se sair bem financeiramente, e muitos deles irão se beneficiar de um aumento da renda ao longo do ano ou receberão recursos de outra fonte. Para aproveitarem ao máximo qualquer mudança positiva, eles precisarão planejar as compras-chave e evitar sucumbir a muitos impulsos de compra. Mais uma vez, uma abordagem disciplinada e cautelosa poderá fazer grande diferença.

Os interesses pessoais estarão sob um aspecto favorável, e os Tigres deverão reservar tempo para as atividades que apreciam em vez de esperarem estar em movimento o tempo todo. As atividades que lhes permitirem sair ao ar livre poderão ser particularmente atrativas, assim como serão o desenvolvimento de novas ideias e o envolvimento em atividades criativas. Os Tigres estarão inspirados nesse ano. Em alguns casos, é possível que a instrução adicional ou o estudo pessoal descortinem novas possibilidades.

Sua vida pessoal também poderá lhes proporcionar um prazer considerável nesse ano. Romances existentes, especialmente os iniciados no ano do Tigre anterior, muitas vezes poderão se tornar mais significativos, enquanto os Tigres que estiverem disponíveis terão excelentes oportunidades de conhecer outras pessoas. Esse deverá ser um período especial para os assuntos do coração.

Os anos do Coelho favorecem também a atividade social, e os Tigres vão gostar de se envolver em um grande número de eventos. Os Tigres são uma companhia popular, e as agendas sociais de muitos deles estarão mais cheias do que o habitual.

Os Tigres também vão gostar de compartilhar seus pensamentos e atividades com familiares nesse período. Na vida doméstica, o ano do Coelho pode ser satisfatório e construtivo. Ajustes (incluindo a rotina) talvez precisem ser feitos à medida que as oportunidades forem surgindo, mas a boa comunicação o ajudará. Compartilhar pensamentos também beneficiará todas as pessoas quando for preciso tomar decisões relativas a compras vultosas e enfrentar problemas (todos os anos têm a sua parte). Quanto mais coisas puderem receber atenção coletiva nesse ano, melhor. Além disso, se os Tigres forem capazes de iniciar uma nova atividade — talvez relacionada a manter-se em forma ou a outro interesse — com pessoas do seu lar, isso será benéfico e divertido para todos. Os anos do Coelho favorecem a aproximação.

Eles também incentivam os Tigres a aproveitar o máximo de si mesmos. Os Tigres terão oportunidades para se desenvolver e novas possibilidades para buscar. No entanto, para que se beneficiem plenamente, será necessário que se mantenham disciplinados, focados e preparados para se esforçar. Agir apressadamente ou ficar pulando de uma atividade para outra não são maneiras de proceder nos anos do Coelho. Os Tigres precisarão moderar sua natureza às vezes excessivamente ardorosa. No entanto, se fizerem bom uso do tempo, conseguirão tornar esse ano pessoalmente satisfatório. Eles também serão muito solicitados e poderão se beneficiar da socialização e de atividades compartilhadas com aqueles que os rodeiam. Será um período gratificante e construtivo.

DICAS PARA O ANO

Esforce-se para ter um estilo de vida bem equilibrado. Desfrute e desenvolva seus interesses e reserve tempo para si mesmo e para as pessoas especiais de sua vida. Não haverá necessidade de se apressar nem de se dedicar excessivamente nesse ano. Em vez disso, saboreie as recompensas e oportunidades desse momento estimulante.

Previsões para o Tigre no ano do Dragão

Os anos do Dragão têm energia e proporcionam momentos interessantes para os Tigres. Como eles nunca ficam de braços cruzados, estarão ansiosos por levar adiante seus planos e poderão fazer um bom progresso. Ainda assim, pode haver muita inconstância nos anos do Dragão, e os Tigres precisarão manter-se vigilantes e precaver-se de ações impulsivas.

As perspectivas no trabalho serão especialmente promissoras. Quando os obstáculos se apresentarem e for necessário encontrar soluções, os sempre criativos Tigres se mostrarão à altura do desafio. Sua engenhosidade e habilidade para pensar de modo não convencional serão muito úteis nesse ano, proporcionando sucesso e ajudando em projetos futuros. No entanto, atenção: embora os Tigres possam vir a desfrutar de sucesso, eles não deverão ficar excessivamente confiantes. Se agirem apressadamente ou se inclinarem a assumir riscos, é possível que interpretem mal as situações e cometam erros. Os anos do Dragão podem montar armadilhas para os incautos, e os Tigres precisarão permanecer preparados para aceitar os desafios e fazer o melhor que puderem.

Haverá, porém, oportunidades para que muitos Tigres melhorem sua posição no decorrer do ano, e aqueles que estiverem procurando emprego ou ansiosos por avançar na carreira por outros caminhos poderão encontrar a vaga que estiverem buscando. Sua iniciativa e determinação poderão gerar resultados nesse ano, mas eles precisarão se comprometer e dar o melhor de si. Particularmente, quando se candidatarem a vagas, o esforço extra poderá aumentar suas chances.

Como os Tigres estarão frequentemente se sentindo inspirados, esse será também um bom período para dar seguimento às suas ideias e explorar novas possibilidades. Se desejarem obter ou ampliar determinadas habilidades, os Tigres deverão aproveitar ao máximo o que estiver disponível. Atividades criativas poderão ser particularmente atrativas e se desenvolver de maneira estimulante.

Nos assuntos financeiros, será necessário ter cautela. Embora a renda possa aumentar, é possível que riscos ou decisões apressadas causem arrependimento. Caso se sintam tentados a conceder empréstimos, os Tigres estarão sujeitos a problemas. Eles deverão verificar os termos de qualquer novo acordo que venham a firmar e cuidar muito bem de suas posses, pois uma perda poderá causar perturbações. Esse será um ano para manter maior vigilância.

Outra área de preocupação poderá envolver um parente ou um amigo próximo. Caso surjam dificuldades, os Tigres muitas vezes poderão prestar uma assistência importante, seja ouvindo, seja oferecendo conselhos. No entanto, se não se sentirem competentes em determinados assuntos, não deverão hesitar em recorrer a aconselhamento profissional.

De todo modo, ainda que o ano do Dragão venha a ter elementos desafiadores, é possível que os Tigres desfrutem de alguns bons momentos. Para os que estiverem disponíveis, o romance poderá acenar, e alguns Tigres encontrarão seu futuro parceiro de modo imprevisto, mas afortunado. Os romances existentes poderão, em muitos casos, se fortalecer, e alguns Tigres irão se estabelecer e começar uma família.

Todos os Tigres vão apreciar as oportunidades sociais do ano e haverá uma boa mistura de ocasiões para aproveitar. Todavia, como a comunicação e o diálogo serão muito importantes nesse ano, os Tigres precisarão permanecer cientes dos pontos de vista das outras pessoas, assim como dar atenção a qualquer conselho que venham a receber. Algo que um amigo poderá dizer talvez seja não só significativo, mas também profético.

Do mesmo modo, na vida familiar será importante que haja boa comunicação e cooperação entre todos os interessados — do contrário, a vida poderá ser conduzida em um turbilhão de atividades, e haverá o risco de que surjam tensões. Para evitar isso, os Tigres deverão reservar um tempo de qualidade para compartilhar com seus entes queridos e sugerir atividades que todos apreciem. Dar um pouco mais de tempo e atenção poderá fazer uma grande diferença nesse período.

Como de costume, os Tigres estarão ocupados com inúmeras atividades nesse ano e deverão seguir os procedimentos corretos. Caso se envolvam em empreendimentos perigosos, os descuidos poderão prejudicá-los. Esse será o momento de se manter vigilante e criterioso.

No final do ano, os Tigres poderão estar impressionados com tudo o que aconteceu e com a grande quantidade de feitos. Será o momento de desenvolver ideias, habilidades e interesses. Mas, ao longo de todo o ano, os Tigres precisarão dirigir seus esforços com sabedoria e cuidado. Muitas coisas poderão ir bem para eles; no entanto, esse também será um ano para que fiquem atentos e alerta.

DICAS PARA O ANO

Dedique-se às suas atividades de modo positivo, porém evite pressa, risco ou, na sequência do sucesso, a displicência gerada pela autossatisfação. Além disso, comunique-se bem com as pessoas ao seu redor e valorize o tempo compartilhado com aqueles que são especiais para você. O cuidado extra e a boa comunicação serão muito importantes nesse ano ativo e animado.

Previsões para o Tigre no ano da Serpente

Um ano razoável à frente. Embora alguns Tigres possam sair-se bem — alguns, até muito bem —, talvez eles descubram que será melhor moderar sua abordagem. Os anos da Serpente favorecem a estabilidade. Se os Tigres se adaptarem ao ritmo do período, conseguirão torná-lo um momento construtivo e satisfatório.

No trabalho, esse poderá ser um ano excelente para consolidar ganhos recentes. Concentrando-se em suas obrigações e mergulhando em seu local de trabalho atual, muitos Tigres desfrutarão de um bom nível de satisfação. Além disso, à medida que as situações forem mudando, haverá oportunidade para que usem mais seus pontos fortes. Os Tigres poderão fazer muito a seu favor nesse ano promovendo ideias, assumindo tarefas adicionais ou se beneficiando de treinamentos.

Além disso, aqueles que estiverem em busca de uma carreira específica poderão considerar útil estabelecer mais redes de contatos, bem como acompanhar os avanços em sua área de atuação. Expondo-se mais, eles estarão investindo em si mesmos e em seu futuro.

Muitos Tigres permanecerão com seu empregador atual ao longo do ano e progredirão no cargo, mas no caso daqueles que estiverem desejando uma mudança ou procurando emprego, é possível que o ano da Serpente traga importantes avanços. Ao ampliarem o escopo de sua busca, vários deles poderão ter a chance de usar suas habilidades de novas maneiras. Embora isso possa envolver uma readequação, o ano da Serpente poderá fazer muito para destacar seu potencial.

Os Tigres também poderão obter muita satisfação de seus interesses pessoais; porém, em vez de dispersar sua atenção tão amplamente, deverão definir alguns projetos e metas para o ano. Se mantiverem o foco, é possível que seus interesses e suas atividades recreativas os beneficiem bastante e sejam ainda mais agradáveis. Os Tigres que levam vidas especialmente ocupadas deverão se dar a oportunidade de deixar a correria de lado de vez em quando. Os anos da Serpente são momentos para apreciar as recompensas por esforços anteriores e restaurar o equilíbrio de estilos de vida agitados.

As viagens poderão ser atrativas e, se possível, os Tigres deverão tirar férias ao longo do ano. Com sua natureza aventureira, poderão divertir-se visitando lugares emocionantes.

Nos assuntos financeiros, porém, eles precisarão ser disciplinados. O dinheiro pode entrar e sair com facilidade nos anos da Serpente. Além disso, a papelada financeira vai exigir estreita atenção. Os assuntos burocráticos podem, algumas vezes, ser problemáticos e quaisquer Tigres envolvidos em transações legais poderão enfrentar demora. Será necessário buscar boa orientação.

Com sua natureza prática e extrovertida, os Tigres apreciarão as oportunidades sociais do ano, mas também nesse aspecto é possível que haja problemas. Um desentendimento, um choque de personalidade ou uma manifestação de ciúme poderão ocorrer, e os Tigres deverão ter cautela para não se colocarem em uma posição constrangedora ou complicada. Embora costumem ser especialistas nas relações com as pessoas, eles perceberão que os anos da Serpente exigem cuidado, tato e prudência. Tigres, tomem nota disso. Esse poderá ser um período agradável, porém não será um ano para lapsos ou riscos.

Na vida familiar, os Tigres terão muitas ideias e projetos para perseguir, e se concederem tempo para que tais planos tomem forma, ficarão muito satisfeitos com os resultados. Mais uma vez, os melhores resultados virão por meio do planejamento e da ação comedida. Além disso, os custos (e a interrupção) de algumas atividades poderão ser muito maiores do que o previsto. Os anos da Serpente podem ser caros. Tigres, estejam avisados e façam uma reserva substancial para isso.

Os Tigres também prestarão importante apoio aos entes queridos ao longo do ano, e seus conselhos e incentivos serão altamente apreciados. Como as viagens provavelmente despertarão interesse, o tempo fora de casa também poderá ser valorizado e beneficiar a todos.

Os Tigres gostam de executar muitas coisas em um ritmo acelerado, mas os anos da Serpente os estimulam a pausar, a fazer um balanço e construir de maneira constante. Esse não será um período nem para pressa nem para ambição exagerada, e sim para proceder com calma e encontrar mais satisfação nos acontecimentos. A experiência e as habilidades adquiridas agora poderão, muitas vezes, ter importante valor no longo prazo. Os Tigres precisarão estar cientes e atentos em suas relações com os outros, mas no geral ficarão satisfeitos com o modo como seus planos e ideias se desenvolverão. E o ritmo mais moderado do ano também lhes permitirá apreciar isso muito mais.

DICAS PARA O ANO

Concentre-se no presente em vez de tentar se apressar. Cultive seus pontos fortes, reserve tempo para seus interesses e valorize aqueles que o rodeiam e as recompensas que seus esforços lhe trazem.

Previsões para o Tigre no ano do Cavalo

Os Tigres são rápidos em aderir a novos avanços e vão considerar o ano do Cavalo rico em possibilidades. Como observou Virgílio, "A sorte favorece os audazes" e, nos anos do Cavalo, a sorte favorece os audazes e empreendedores Tigres. Serão momentos favoráveis para eles, que vão ser capazes de aproveitar ao máximo as situações que surgirem. Para qualquer Tigre que esteja infeliz com sua situação atual, esse será o momento de mudá-la. Com determinação, esforço e disposição, muitos poderão ver suas perspectivas melhorar substancialmente.

No entanto, embora os aspectos sejam encorajadores, para que obtenham resultados os Tigres precisão trabalhar intensamente e ser persistentes. Os anos do Cavalo exigem dedicação. Aqueles que deixarem as chances escapar ou não tiverem comprometimento poderão ficar de fora.

No trabalho, os Tigres terão a chance de aproveitar melhor as habilidades e especialidades que adquiriram recentemente. Como resultado, quando houver mudanças no quadro de funcionários e as oportunidades surgirem, muitos estarão em excelente posição para se beneficiar. Além disso, nos anos do Cavalo costuma haver muita atividade no ambiente de trabalho, e por estarem envolvidos nos acontecimentos, os Tigres não apenas aumentarão sua influência, como também terão mais chances de revelar pontos fortes específicos. A natureza ativa do ano do Cavalo combina com sua psique e, entusiasmados e apoiados, eles poderão fazer progressos importantes.

Para os Tigres que sentirem que suas perspectivas são limitadas no atual ambiente de trabalho e quiserem ampliar suas chances, bem como para aqueles que estiverem à procura de emprego, o ano do Cavalo poderá, mais uma vez, trazer boas possibilidades. Mantendo-se atentos, informando-se e sendo persistentes, esses Tigres conseguirão garantir um cargo que lhes ofereça uma plataforma para progredir. Os anos do Cavalo exigem esforço, mas dão aos Tigres a chance de se saírem bem.

O progresso realizado no trabalho poderá ajudar na renda, e alguns Tigres também serão agraciados com um bônus ou presente. Esses poderão ser momentos melhores em termos financeiros; no entanto, para que se beneficiem integralmente, os Tigres terão que administrar as despesas e fazer um orçamento para suas necessidades e planos.

Outra característica positiva do período será o modo como os Tigres poderão desenvolver suas ideias. Seja em uma função profissional ou em seus interesses pessoais, sempre que tiverem em mente uma ideia que sintam que haja potencial, os Tigres deverão desenvolvê-la. Os anos do Cavalo são inspiradores, e os Tigres podem se beneficiar do que fizerem durante o período. Com isso em mente, os Tigres que tiverem habilidade para atividades criativas deverão, se relevante, promover seus talentos. No entanto, embora esse seja um ano encorajador, os Tigres precisarão perseverar e não deixar que contratempos ou decepções enfraqueçam sua determinação. Não será o momento de ficar desanimado nem de desistir facilmente, sobretudo considerando os ganhos potenciais a serem obtidos.

Nos anos do Cavalo também pode haver considerável atividade social, e os Tigres apreciarão os eventos a que comparecerem e a chance de conhecer novas pessoas. Seus interesses, particularmente, poderão ter um bom elemento social.

Para os Tigres disponíveis, os assuntos românticos estarão sob aspectos esplêndidos. Novas relações poderão se tornar especiais, enquanto romances que já existem poderão ficar mais significativos. É possível que esses sejam momentos agitados, emocionantes e, muitas vezes, de paixão. Os Tigres que iniciarem o ano descontentes descobrirão que a ação positiva frequentemente consegue iluminar sua visão. Os anos do Cavalo trazem grandes possibilidades.

Os Tigres também podem esperar por acontecimentos agradáveis na vida familiar. Haverá bons motivos para uma comemoração, e tirar férias e/ou visitar atrações especiais será igualmente apreciado.

Com os Tigres tão entusiasmados nesse período, as mudanças no lar também poderão estar na agenda, mas será necessário considerá-las com cuidado e reservar bastante tempo para sua realização, sobretudo se envolverem tarefas práticas. O ano do Cavalo já será ativo o bastante sem que se acrescente mais estresse ou que se iniciem muitos projetos ao mesmo tempo. Tigres, tomem nota disso.

No geral, o ano do Cavalo poderá ser bom para os Tigres. Será de compromisso e trabalho duro, mas a iniciativa, as ideias e as qualidades que os Tigres costumam mostrar poderão ajudá-los a tonar esse período tanto criativo quanto satisfatório. É possível que um progresso importante seja feito, pois esse será um ano que favorece o envolvimento e o avanço. As relações com as pessoas poderão proporcionar grande felicidade aos Tigres, e muitas vezes serão incentivados pelo apoio e pela boa vontade de que desfrutam. Eles terão muito a seu favor nesse ano.

DICAS PARA O ANO

Seja determinado e persistente. As recompensas poderão ser substanciais nesse ano, mas será preciso lutar por elas. No entanto, ainda que esse seja um ano de esforço, será também muito animado e trará oportunidades. Aproveite o que ele lhe oferecer.

Previsões para o Tigre no ano da Cabra

Um ano interessante pela frente, embora os Tigres tenham que manter-se perspicazes em relação a ele. Como rapidamente descobrirão, no ano da Cabra até mesmo os melhores planos nem sempre correm da maneira pretendida.

No entanto, embora os Tigres precisem mostrar um pouco de flexibilidade, em alguns aspectos esse período será adequado a eles. Os Tigres gostam de estar à altura dos desafios, particularmente quando ideias são necessárias ou quando é preciso buscar soluções, e também apreciam os resultados satisfatórios proporcionados por seus esforços.

Isso será especialmente verdadeiro nas questões de trabalho. Ao longo do ano, os Tigres serão capazes de fazer um bom uso de suas habilidades e de sua criatividade, e muitos deles desempenharão um papel cada vez mais importante no ambiente profissional. Sua experiência e contribuição, incluindo a habilidade de pensar de maneira não convencional, poderão provar-se de grande valia e resultar em uma função mais importante ou em uma promoção. Com tantos acontecimentos, porém, eles precisarão se manter focados e concentrados nas prioridades. Esse não será o momento para mudar de direção nem para desviar para assuntos menos proveitosos — o que sempre será um risco nesse ano ativo.

Além disso, os Tigres deverão prestar muita atenção nas relações com os colegas e estar cientes da política interna da empresa. O ano exige que caminhem com consciência.

Para os Tigres que estiverem em busca de mudança ou de emprego, o ano da Cabra trará boas possibilidades. Muitos deles serão capazes de conquistar um cargo que oferecerá não apenas a mudança, como também um bem-vindo desafio. Os primeiros dias poderão revelar-se assustadores, mas muitos Tigres irão rapidamente provar seu valor e apreciarão a chance de usar suas habilidades de novas maneiras. Os anos da Cabra podem proporcionar alguns avanços inesperados, e ao aproveitá-los ao máximo os Tigres poderão realmente se beneficiar.

Com sua natureza curiosa, os Tigres têm interesses diversificados e, se algo os intrigar nesse ano, deverão informar-se a respeito e ver o que acontece. Aqueles que, em especial, têm um estilo de vida agitado deverão assegurar-se de reservar tempo para atividades recreativas e, caso não estejam se exercitando regularmente, orientar-se sobre atividades que possam ser adequadas.

As viagens também serão atrativas. Os Tigres, se possível, deverão tirar férias nesse ano, pois apreciarão a chance de visitar algumas atrações especiais. Além disso, eles poderão interessar-se por uma grande variedade de eventos e desfrutar das oportunidades e, às vezes, dos convites inesperados que o ano da Cabra oferecerá.

Com tantas atividades no período, no entanto, os gastos serão altos, e os Tigres precisarão administrar cuidadosamente seus recursos. Muitas coisas poderão acontecer rapidamente, e eles deverão estar cientes do custo de alguns empreendimentos — e fazer reservas para isso. Sem disciplina, será necessário um pouco de economia depois. Além disso, eles deverão manter seus pertences em segurança. Uma perda poderia ser incômoda.

Na vida familiar, esse poderá ser um ano cheio e, portanto, será necessária uma boa comunicação entre todos os envolvidos, além de tempo compartilhado. Se não for assim, a vida doméstica às vezes poderá ser conduzida com precipitação, e as pressões e o cansaço darão lugar a momentos de tensão. Os Tigres (e as outras pessoas) precisarão estar cientes desse aspecto e buscar um estilo de vida bem equilibrado. Além disso, planos e situações poderão estar sujeitos a mudanças no ano da Cabra, o que exigirá flexibilidade.

Na vida social, esse poderá ser um período favorável de modo geral; porém, com tantas coisas acontecendo, os Tigres precisarão registrar com atenção os pontos de vista dos amigos e as providências que estiverem sendo tomadas. Ficar preocupado, distraído ou sobrecarregado poderá gerar momentos difíceis. Nesse ano, em vez de administrar tantas coisas em um ritmo tão veloz, os Tigres deverão desacelerar um pouco e simplesmente desfrutar de tempo na companhia de outras pessoas.

Em geral, os anos da Cabra oferecem boas possibilidades; contudo, os Tigres precisam preparar-se para aceitar os desafios e fazer o melhor ao seu alcance, pois as situações poderão mudar rapidamente. Mantendo-se flexíveis e atentos e agindo com inteligência, porém, eles conseguirão beneficiar-se dos avanços do ano. No trabalho, é possível que suas ideias e engenhosidade impressionem as pessoas, embora precisem permanecer concentrados e dirigir seus esforços com sabedoria. Tentar exagerar ou espalhar sua energia muito amplamente poderá reduzir sua eficácia. Os interesses pessoais poderão proporcionar grande prazer, mas como o ano quase sempre será movimentado, os Tigres terão que prestar muita atenção em suas relações com os outros e compartilhar tempo de qualidade com a família e os amigos. Esse poderá ser um ano satisfatório, mas que exigirá atenção em relação aos outros e um bom gerenciamento do tempo.

DICAS PARA O ANO

Os planos não devem ser definitivos nesse ano. Mantenha a mente aberta e aproveite ao máximo as situações que surgirem. Com flexibilidade, você verá mais coisas acontecerem. Além disso, desenvolva ideias e interesses pessoais, pois você poderá desfrutar de bons resultados.

Previsões para o Tigre no ano do Macaco

O ano do Macaco tem energia e será um momento de considerável atividade, mas no seu decorrer os Tigres necessitarão exercitar a cautela. Em vez de agirem de maneira descuidada, deverão consolidar sua posição e aproveitar ao máximo as situações *como elas se apresentarem*. Pressa e ações mal calculadas poderão causar dificuldades, e os Tigres precisarão ficar atentos à sua natureza às vezes excessivamente ardorosa.

No trabalho, em vez de olharem muito à frente, os Tigres deverão concentrar-se nas tarefas que têm nas mãos e, se forem relativamente novos no cargo, familiarizarem-se com os diversos aspectos de sua função. Todos os Tigres deverão procurar trabalhar em estreita colaboração com os colegas nesse ano em lugar de atuarem de modo muito independente. Dessa maneira, não apenas mais projetos poderão ser realizados, como também os Tigres poderão se ver em uma posição melhor para se beneficiarem das oportunidades. É possível que nesse período haja boas possibilidades de crescimento na profissão, o que poderá ocorrer por meio de treinamento, da ampliação de suas responsabilidades ou da participação em novas iniciativas.

No entanto, ainda que seja possível progredir de modo constante, os Tigres precisarão manter-se atentos e concentrados. Às vezes, a política interna da empresa ou a atitude de colegas poderão preocupá-los. Se isso ocorrer, os Tigres deverão fazer o melhor que puderem para neutralizar a situação e não deixar que ela os distraia de suas tarefas. Algumas partes do ano exigirão que os Tigres caminhem com cuidado, mas sua natureza diligente e perceptiva será valiosa em situações complicadas.

Para os que estiverem em busca de mudança ou procurando emprego, os anos do Macaco podem ser desafiadores. Um esforço extra, no entanto, poderá produzir resultados, e o compromisso e a disposição de aprender poderão gerar outras possibilidades. Os anos do Macaco são para se construir firmemente, aprender e, em muitos casos, preparar-se para o progresso futuro.

Embora os anos do Macaco exijam muito dos Tigres de diversas maneiras, eles também oferecem oportunidades e, no que diz respeito a seus interesses pessoais, os Tigres poderão muito bem apreciar o modo como suas atividades se desenvolverão. Em alguns casos, novos projetos poderão ser particularmente inspiradores; em outros, novos equipamentos oferecerão a chance de se realizar mais. Os Tigres têm uma natureza perspicaz e curiosa e, a despeito de outros compromissos, dedicar tempo aos seus próprios projetos poderá lhes fazer muito bem.

Além disso, as viagens poderão ser atrativas e, assim como aquelas que tenham planejado, as que surgirem de última hora ou de maneira inesperada (mas bem-vinda) também poderão beneficiá-los.

As perspectivas financeiras estarão razoavelmente favoráveis e, se controlarem o orçamento com cuidado, os Tigres ficarão satisfeitos com a maneira como muitos de seus planos e compras irão se processar. Se avaliarem as opções com calma, poderão tomar algumas boas decisões e, no que diz respeito a itens domésticos, sua percepção para estilo e adequação será muito útil. Os Tigres têm talento para saber o que cai bem!

No entanto, no que se refere a correspondências importantes, especialmente qualquer uma relacionada às finanças, os Tigres precisarão tratar do assunto com cuidado e prontamente. Atrasos e erros poderão causar problemas. Com tantos acontecimentos nesse ano, atenção extra *fará* diferença.

A vida familiar será movimentada para muitos Tigres, mas também será marcada por comemorações notáveis, incluindo algumas conquistas pessoais e marcos familiares. Quaisquer ideias que os Tigres levem adiante, seja em relação a viagens, visitas ou melhoras na casa, poderão gerar mais acontecimentos à frente. No entanto, como as agendas estarão cheias, será importante a cooperação de todos os envolvidos. Qualquer apoio extra que os Tigres possam dar será de grande valia.

Embora frequentemente ocupados, eles receberão de bom grado as oportunidades sociais que surgirem em seu caminho nesse período, especialmente aquelas relacionadas a seus interesses pessoais. É possível que convites-surpresa sejam uma característica do ano, e os Tigres poderão desfrutar também de ocasiões que parecerão surgir ao acaso. Contudo, do mesmo modo, poderá haver obstáculos. Em alguns casos, é possível que mudanças nas circunstâncias provoquem o distanciamento de algumas amizades ou que um desentendimento com alguém cause angústia. Os anos do Macaco podem ter seus aspectos desafiadores. Tigres, caminhem com cuidado e mantenham-se alerta a áreas de possível dificuldade.

Os Tigres enfrentarão pressões nesse período e precisarão ficar atentos aos outros e cientes das situações preponderantes. No entanto, embora o ano do Macaco possa ter uma influência moderadora sobre o entusiástico Tigre, ele também tem seu valor. Os interesses pessoais poderão desenvolver-se bem e as viagens serão apreciadas. No trabalho, é possível que habilidades adquiridas preparem o caminho para oportunidades futuras. Nas relações interpessoais, os Tigres precisam permanecer atentos e alerta a tensões subjacentes, porém, com cuidado, eles conseguirão se sair razoavelmente bem e, muitas vezes, refutar os aspectos mais complicados desse rápido e agitado ano.

DICAS PARA O ANO

Aproveite ao máximo as situações como elas se apresentarem. Comunique-se, envolva-se e construa apoio. Não será o momento de seguir sozinho nem de se ater a um único propósito. Passe tempo com seus entes queridos e procure desenvolver seus interesses e habilidades. O esforço que você fizer agora poderá produzir importantes frutos no futuro.

Previsões para o Tigre no ano do Galo

Os Tigres poderão fazer um bom progresso nesse ano, mas precisão conduzir bem seu tempo e sua energia. Será o momento para um esforço combinado, uma vez que os anos do Galo favorecem a estrutura e o bom planejamento. Para os Tigres que considerarem que têm estado ao sabor da correnteza nos últimos tempos, esse será um período excelente para reavaliação; porém, para que se beneficiem inteiramente, eles precisarão decidir seu rumo *e agir*.

No trabalho, as perspectivas serão encorajadoras, e a experiência e o conhecimento dos assuntos internos que muitos Tigres têm poderão conduzi-los a uma função superior. Para aqueles que estiverem ocupando o mesmo cargo há algum tempo, é possível que uma promoção e/ou um novo cargo estejam à vista, trazendo com eles um novo estímulo. Particularmente, os Tigres que atuam em ambiente criativo poderão impressionar nesse ano e verificar avanços potencialmente emocionantes. Todos os Tigres poderão fazer com que seus talentos contem no ano do Galo e, ao longo desse período, deverão aumentar sua rede de relacionamentos e tornar a si mesmos e seu trabalho mais conhecidos. Determinados, inspirados e entusiasmados, eles poderão fazer com que esse momento seja recompensador.

As perspectivas também são boas para os Tigres que sintam necessidade de mudança ou que estejam procurando emprego. Esses Tigres deverão pesquisar ativamente as vagas e informar-se. Orientações obtidas com agências de emprego, organizações profissionais e contatos poderão ser úteis. É possível que ações executadas agora conduzam ao que será importante e a acontecimentos oportunos.

Esse também poderá ser um ano financeiramente melhor. Muitos Tigres irão beneficiar-se de um bem-vindo aumento na renda, mas, para que o aproveitem ao máximo, eles deverão permanecer disciplinados — do contrário, qualquer valor extra poderá rapidamente ser gasto ou absorvido pelas despesas diárias. Os Tigres também precisarão proteger-se das compras por impulso, pois as aquisições feitas às pressas poderão ser motivo de arrependimento. Idealmente, grandes compras deverão ser consideradas com todo o cuidado. Esse será um ano que exigirá (e recompensará) o bom controle do orçamento.

As viagens poderão estar na agenda de muitos Tigres, e também nessa área o planejamento será recompensado. Alguns Tigres talvez apreciem particularmente a realização de visitas a parentes e amigos que vivam em locais distantes.

É possível que os Tigres também obtenham muito prazer com seus interesses pessoais, especialmente do modo como ideias e novos conhecimentos poderão ser usados com eficiência. Aqueles que estiverem buscando novos desafios descobrirão que o ano do Galo poderá proporcionar interessantes possibilidades.

Tendo em vista a natureza ativa do período, os Tigres também poderão esperar por uma mudança para melhor em sua vida social. Seja encontrando amigos ou frequentando ocasiões ou eventos especiais (e poderá haver muitos deles no ano do Galo), os Tigres serão bastante solicitados. É possível que muitos deles estabeleçam importantes conexões, tanto na esfera profissional quanto na social. Os Tigres poderão impressionar nesse ano.

A vida familiar promete ser atarefada, e tendo em vista a variação nas rotinas e nos compromissos, será preciso certa flexibilidade. Algumas semanas poderão ser especialmente exigentes, e os membros da família talvez precisem prestar sua colaboração. Manter uma boa comunicação e compartilhar pensamentos será de grande valia.

Mas em meio ao alto nível de atividade, muito poderá ser realizado. Se for possível conversar sobre as ideias e esperanças, talvez alguns planos existentes tomem forma. Os anos do Galo favorecem a estrutura e irão recompensar a boa organização.

De modo geral, esse poderá ser um ano gratificante para os Tigres. Se eles dirigirem seus esforços e desenvolverem suas habilidades, conseguirão fazer um avanço importante. Poderão ser ajudados pelo apoio e pela boa vontade de que desfrutam; no entanto, para que se beneficiem inteiramente, deverão ser francos sobre suas ideias e procurar aconselhamento. Esse não é um período para ser muito independente. No geral, porém, as perspectivas são boas, e o ano do Galo vai estimular e recompensar os muitos talentos do Tigre.

DICAS PARA O ANO

Planeje com antecedência e trabalhe por seus objetivos. A ação determinada poderá trazer bons resultados. Além disso, comunique-se bem com as pessoas que o cercam e, profissionalmente, promova sua imagem. Comprometimento e esforço poderão dar resultados nesse ano.

Previsões para o Tigre no ano do Cão

Haverá uma série de acontecimentos no ano do Cão, e os Tigres precisarão ajustar seu ritmo pessoal a isso. Prestar muita atenção em uma área da vida poderá causar problemas em outra. No entanto, embora os Tigres venham a fazer malabarismos com tantas atividades, esse será um momento construtivo, com muito a ganhar e aproveitar.

No trabalho, muitos Tigres enfrentarão uma carga laboral maior e, às vezes, objetivos desafiadores. Contudo, apesar das pressões haverá também oportunidades, e alguns Tigres serão selecionados para tarefas mais especializadas ou novas iniciativas. Os empregadores estarão frequentemente ansiosos por fazer maior uso de seus pontos fortes, e sua contribuição e será reconhecida e valorizada. Para os ambiciosos, esses poderão ser momentos significativos, com um passo à frente sempre desencadeando outros.

Ao longo do ano, todos os Tigres deverão beneficiar-se de qualquer treinamento que venha a ser oferecido. Manter suas habilidades atualizadas poderá ajudá-los tanto no presente quanto no futuro próximo.

Tigres que desejarem uma mudança ou que estiverem procurando emprego poderão descobrir algumas possibilidades importantes. Quando as oportunidades surgirem, no entanto, eles deverão agir com rapidez. As mudanças poderão não ficar disponíveis por muito tempo e, especialmente quando se candidatarem, indicar o interesse no início do processo poderá ser vantajoso para eles. E, ainda que qualquer nova função traga suas pressões, esses Tigres muitas vezes irão deleitar-se com a chance de desenvolver suas habilidades de novas maneiras. Os anos do Cão exigem dedicação, mas incentivam o crescimento e o desenvolvimento da carreira.

Alguns Tigres poderão até mesmo ser tentados a começar seus próprios negócios nesse período. Será necessário muito trabalho duro, mas com boa orientação e consideração cuidadosa, é possível que eles coloquem importantes planos em ação.

Diante das consideráveis pressões que muitos Tigres enfrentarão nesse ano, será bom também que destinem tempo para recreação e, se não estiverem fazendo exercícios físicos regularmente nem adotando uma alimentação balanceada, deverão procurar corrigir essa falha. Da mesma maneira, deverão reservar tempo para seus interesses, sobretudo aqueles que lhes permita relaxar e descontrair. Nos anos do Cão, os Tigres precisam dar uma pausa em toda a atividade. Tigres, registrem isso cuidadosamente.

As viagens estarão favorecidas nesse ano, e os Tigres deverão procurar tirar férias, se possível. Uma pausa poderá não apenas lhes fazer muito bem pessoalmente, como eles também talvez tenham a chance de ver pontos turísticos impressionantes.

É possível que os Tigres se saiam bem financeiramente nesse ano, mas deverão procurar fazer um orçamento antecipado em vez de agir de improviso. Com disciplina e pensamento cuidadoso, poderão realizar algumas aquisições proveitosas e desfrutar de bons momentos, inclusive de viagens.

Sua vida familiar também poderá lhes proporcionar considerável prazer, e eles ficarão gratos pelo apoio e incentivo de entes queridos. Além disso, seu próprio sucesso ou o de alguém próximo poderá ser motivo de comemorações. O ano do Cão terá seus momentos inesquecíveis. No entanto, os Tigres lidarão com muitos compromissos e precisarão certificar-se de que isso não interfira tanto em sua vida familiar nem que os deixem muito preocupados. Eles precisarão manter um estilo de vida bem equilibrado e reservar tempo para compartilhar com as pessoas. Além disso, tal como ocorre em qualquer ano, problemas vão surgir de tempos em tempos. Quando isso acontecer, os Tigres deverão lidar com eles e procurar neutralizar qualquer situação complicada. Conversar, ouvir e, às vezes, adotar uma abordagem mais flexível ajudará. De modo geral, porém, a vida familiar nesse período será movimentada e gratificante.

O ano do Cão poderá trazer também grandes possibilidades sociais. Para os Tigres que desejarem uma vida social mais satisfatória, é possível que esse ano promova uma grande transformação; para os que estiverem disponíveis, esse talvez seja um momento romanticamente significativo e inesquecível. No entanto, apesar de as perspectivas sociais serem boas, os Tigres precisarão, mais uma vez, ficar atentos às pessoas e lhes dedicar tempo. Se não derem o devido valor às amizades ou forem negligentes em manter contato, isso poderá resultar em dificuldades e decepções. Para os Tigres, os anos do Cão costumam ser um belo jogo de malabarismo, e a desatenção poderá causar transtornos. Tigres, anotem isso e mantenham-se cientes e atentos.

Na verdade, esta é a mensagem-chave para os Tigres nesse ano. Será um momento construtivo e satisfatório; porém, com tanto a fazer, os Tigres precisarão manter-se disciplinados e gerenciar bem seus compromissos e seu estilo de vida. Nesse sentido, os anos do Cão podem ser exigentes, mas também recompensadores, proporcionando oportunidades profissionais e alguns avanços pessoais agradáveis. Os Tigres deverão apreciar o que estiver sendo oferecido e desfrutar das recompensas pelas quais trabalharam tão arduamente.

DICAS PARA O ANO

Valorize seus relacionamentos e passe tempo com aqueles que são importantes para você. Atividades compartilhadas (incluindo viagens) poderão proporcionar um prazer especial. Além disso, aja rapidamente quando identificar uma oportunidade. E procure manter um estilo de vida equilibrado.

Previsões para o Tigre no ano do Javali

Entusiasmados e perspicazes, os Tigres têm um espírito louvável e, graças à sua versatilidade, frequentemente conseguem se sair bem. No entanto, quando sua empolgação inicial arrefece, eles tendem a voltar sua atenção para outra coisa. Nos anos do Javali, precisam refrear seu espírito inquieto e concentrar-se nas prioridades.

No trabalho, os Tigres obterão os melhores resultados atendo-se a áreas que empreguem sua *expertise*. Especialmente se estiverem em uma carreira específica ou se desejarem se tornar mais estáveis onde estão, eles poderão fazer o melhor por sua reputação aproveitando ao máximo a situação em que se encontrarem e concentrando-se em suas tarefas. Além disso, deverão contribuir ativamente em seu local de trabalho. Em especial, se conseguirem ver a solução para um problema ou tiverem uma ideia útil, deverão ser cooperativos. Suas habilidades e colaboração poderão ser intensamente valorizadas e, sobretudo para os que trabalham em um ambiente criativo, esses poderão ser momentos inspiradores.

No entanto, os anos do Javali exigem comprometimento, e os Tigres não deverão relaxar em seus esforços após o sucesso inicial. Caso se tornem muito condescendentes, deixem os padrões cair ou abusem da sorte ou da boa vontade dos outros, é possível que haja problemas. Eles precisarão manter o foco e dar o melhor de si. Tigres, estejam atentos. Esses poderão ser momentos recompensadores, mas não sejam negligentes.

Os Tigres que sentirem que suas perspectivas poderão ser melhores em outro lugar ou que estejam à procura de emprego deverão buscar ativamente as oportunidades e agir com rapidez quando necessário. Nesse período, as perspectivas muitas vezes serão melhores nos tipos de trabalho com os quais eles estejam mais familiarizados. Iniciativa e esforço poderão abrir portas importantes, mas, novamente, esses Tigres precisarão permanecer determinados *e* persistentes.

Nos assuntos financeiros, os Tigres deverão ter cautela. Na primeira parte do ano do Javali, é possível que muitas vezes eles estejam com uma disposição de ânimo expansiva e generosa, e os gastos poderão facilmente ultrapassar o orçamento. Assim, talvez seja necessário economizar na parte final do ano, e determinados planos terão que ser reduzidos. Tigres, tomem nota disso. Financeiramente, esse será um período para disciplina. Também será o momento de ser prudente com o risco e a especulação. Se tentados, os Tigres deverão verificar cuidadosamente os fatos e tomar ciência das implicações. Esse será um momento para se manterem vigilantes e criteriosos.

De maneira mais positiva, o ano do Javali poderá dar origem a boas oportunidades de viagem, incluindo algumas que serão organizadas muito rapidamente em razão de uma oferta especial ou de um convite inesperado. Ao longo do ano, os Tigres irão se divertir vendo pontos turísticos muitas vezes impressionantes.

Os anos do Javali também podem trazer ocasiões sociais animadas, e para socialites e amantes de festas, esses poderão ser momentos agitados e emocionantes, ainda que caros. Todos os Tigres poderão ver seu círculo social aumentar e é possível que novos conhecidos se revelem de grande ajuda tanto em termos pessoais quanto profissionais. Os Tigres que tiverem se descuidado da vida social em razão de outros compromissos ou que desejarem fazer novos amigos poderão descobrir que filiar-se a um grupo social ou de interesse comum nas proximidades poderá trazer o companheirismo que eles buscam.

A vida familiar também poderá proporcionar muito prazer, embora exista uma importante advertência. Algumas vezes, quando as pressões forem grandes ou quando os Tigres ou outros membros da família estiverem cansados, a paciência poderá diminuir e os ânimos poderão se exaltar. É importante que os Tigres reconheçam esses momentos e estejam preparados para falar sobre as pressões ou questões em sua mente. Desse modo, outras pessoas poderão entender melhor e ajudar. Os anos do Javali favorecem a abertura e a boa comunicação. No entanto, assim como ocorre em qualquer ano, embora possa haver pressões, haverá muito a apreciar. Atividades compartilhadas e compras para a casa poderão ser especialmente prazerosas, assim como poderão ser algumas das ocasiões mais espontâneas do período. Os anos do Javali certamente têm seus momentos divertidos.

No geral, os Tigres poderão se orgulhar nesse ano, mas precisarão permanecer disciplinados. Será um momento para persistência e determinação e para aproveitar as experiências ao máximo. É possível que haja um bom progresso — contudo, se os Tigres relaxarem em seus esforços e se distraírem, poderão surgir decepções. Eles deverão observar os gastos e desconfiar de riscos. Os anos do Javali, no entanto, proporcionam momentos animados para que os Tigres se divirtam e aproveitem.

DICAS PARA O ANO

Concentre-se nos seus afazeres. Além disso, seja meticuloso. A distração ou o risco poderão prejudicar seus esforços. Você poderá alcançar bons resultados nesse ano, mas será um momento para a cautela e o esforço concentrado.

PENSAMENTOS E PALAVRAS DE TIGRES

Você não pode sonhar um caráter para si mesmo; você deve moldar e forjar um.

James A. Froude

Nada grandioso jamais será alcançado sem homens grandiosos,
e os homens só são grandiosos se assim forem considerados.

Charles de Gaulle

Todo homem de ação tem uma forte dose de egoísmo, orgulho, firmeza e astúcia.

Charles de Gaulle

Tenho certeza de que você tem um tema: o tema da vida.
Você pode embelezá-lo ou profaná-lo, mas é o seu tema, e,
desde que o siga, você terá harmonia e paz mental.

Agatha Christie

A mera sensação de viver é alegria suficiente.

Emily Dickinson

Como não sei quando o amanhecer virá, abro todas as portas.

Emily Dickinson

O objetivo da vida é o autodesenvolvimento;
é a perfeita compreensão da nossa natureza.

Oscar Wilde

O sucesso é uma ciência. Se você tiver as condições, obterá os resultados.

Oscar Wilde

A verdadeira perfeição não está no que o homem tem, mas no que ele é.

Oscar Wilde

Não há limite máximo para o que os indivíduos são capazes de fazer
com a mente. Não existe limite de idade que os impeça de começar. Não existe
obstáculo que não possa ser superado se eles persistirem e acreditarem.

H. G. Wells

A vida é tremendamente mais divertida se você diz "sim" em vez de "não".

Sir Richard Branson

O COELHO

19 de fevereiro de 1939 a 7 de fevereiro de1940	*Coelho da Terra*
6 de fevereiro de 1951 a 26 de janeiro de 1952	*Coelho do Metal*
25 de janeiro de 1963 a 12 de fevereiro de 1964	*Coelho da Água*
11 de fevereiro de 1975 a 30 de janeiro de 1976	*Coelho da Madeira*
29 de janeiro de 1987 a 16 de fevereiro de 1988	*Coelho do Fogo*
16 de fevereiro de 1999 a 4 de fevereiro de 2000	*Coelho da Terra*
3 de fevereiro de 2011 a 22 de janeiro de 2012	*Coelho do Metal*
22 de janeiro de 2023 a 9 de fevereiro de 2024	*Coelho da Água*
8 de fevereiro de 2035 a 27 de janeiro de 2036	*Coelho da Madeira*

A PERSONALIDADE DO COELHO

Seja correndo por planaltos ondulados ou desfrutando de campinas exuberantes, os Coelhos exibem um ar de serenidade. São criaturas pacíficas e gostam de estar com as pessoas e de fazer parte do que estiver acontecendo. E isso é verdadeiro para os nascidos sob o signo do Coelho também.

Os Coelhos são sociáveis e lutam por um estilo de vida seguro e estável. De natureza calma e agradável, relacionam-se bem com as pessoas. Têm estilo, são refinados e se expressam com desenvoltura. Costumam ser oradores articulados e eficazes. São também perceptivos e peritos em interpretar pessoas e situações. E, caso sintam que há discórdia ou dificuldade à vista, farão o possível para neutralizar a situação ou se retirar. Os Coelhos têm profunda aversão a desavenças e sempre tentarão evitá-las, até mesmo ao ponto de ignorar o que estiver acontecendo em um esforço para manter a paz. Como podem ser desconfiados e cautelosos, talvez deem a impressão de que são frios e distantes, mas isso, na verdade, é seu mecanismo de defesa. Seu objetivo eterno é permanecer longe de problemas.

Por serem leitores ávidos, os Coelhos se mantêm informados. Também tendem a saber quais são suas habilidades e a desenvolver *expertise* nas áreas de sua preferência. Gostam de se especializar e se estabelecer naquilo que fazem e no lugar onde estão. Gostam de se sentir seguros. E, ainda que não tenham o instinto competitivo de alguns signos e sejam avessos a riscos e mudanças, suas habilidades, seu bom senso e suas maneiras elegantes garantem que muitos deles avancem significativamente na profissão escolhida. Com sua habilidade para dominar os detalhes, cargos nas áreas de finanças, direito e varejo podem ser atrativos. Eles também se revelam diplomatas e negociadores eficazes. O senso de estilo e as habilidades criativas dos Coelhos podem conduzir alguns deles à indústria da moda, ao design ou às artes. Com uma fé habitualmente forte, é possível que alguns também sejam atraídos pela religião ou por uma profissão de aconselhamento em que ajudem pessoas. Independentemente do que façam, suas maneiras cuidadosas e conscienciosas, assim como sua confiabilidade e simpatia, são apreciadas tanto por colegas quanto por seus empregadores.

Os Coelhos são igualmente hábeis com questões financeiras e almejam um bom padrão de vida. Em suas transações financeiras, atuam com cautela, refletindo sobre compras de maior porte e deixando muito pouco para o acaso. Não se sentem confortáveis com o risco nem dispostos à especulação. E por serem tão atentos, tendem a se sair bem. Sabem o que querem e escolhem bem, sobretudo no que se refere a estilo e beleza. Com seu apreço pelo valor e sua sensibilidade estética, muitos são fãs de antiguidades e objetos de arte.

Os Coelhos também gostam de viver bem e não economizam consigo mesmos nem com seus entes queridos. Quando saem e socializam, muitas vezes têm um orçamento generoso, embora não o ultrapassem. Os Coelhos gostam de ficar de olho em sua situação — mas também apreciam as boas coisas da vida.

Eles também não negam a própria natureza quando se trata de sua casa. Certificam-se de que seja bem equipada e confortável e vão em busca de qualidade e estilo. Sua casa será de bom gosto, bem organizada e limpa.

Os Coelhos costumam ter famílias grandes e são parceiros e pais amorosos e solidários. No entanto, acima de tudo para eles está seu desejo por uma existência sossegada e estável, e nem sempre se sentem confortáveis com os traumas que a vida familiar pode trazer. Os Coelhos gostam de manter tudo em equilíbrio.

Do mesmo modo, apreciam companhia, conversas e encontros. Por serem bem informados e interessados no que acontece ao seu redor, fazem amigos com facilidade. Também têm o feliz dom de se lembrar de detalhes e nomes, e suas recordações rápidas encantam e impressionam muita gente. No entanto, ainda que se divirtam com os bons momentos que a socialização e as companhias podem proporcionar, eles tendem a se manter afastados se pressentirem problemas. Os

Coelhos sempre fazem o melhor possível para evitar qualquer coisa que possa pôr em perigo os caminhos que estabeleceram.

Tanto a mulher quanto o homem Coelho têm estilo e se apresentam bem. E ambos usam seus pontos fortes para se beneficiar, mostrando-se atentos, perceptivos e talentosos, cada um à sua maneira. A mulher, em particular, orgulha-se de ser eficiente e aprecia estar no comando de sua situação e seu território. Ela tem um gosto impecável, veste-se com estilo e é uma oradora envolvente e muitas vezes espirituosa. Embora também se ocupe muito ao longo do dia, sempre encontra tempo para fazer o que deseja, incluindo relaxar, descontrair e desfrutar de tempo de qualidade com as pessoas especiais de sua vida.

Os Coelhos nascem sob o signo da virtude e da prudência. Atentos e cuidadosos, têm um bom julgamento, são perceptivos e se relacionam bem com as pessoas, e por isso desfrutam de um bom apoio em troca. Embora sua aversão ao risco, à mudança e ao desconhecido possa significar que às vezes eles se retraem, sua capacidade e boa natureza lhes conferem respeito e frequentemente um estilo de vida agradável e satisfatório.

Os Coelhos são, em grande medida, seus próprios mestres.

Principais dicas para os Coelhos

- Você valoriza a segurança e não se sente confortável com a mudança. Entretanto, para aproveitar ao máximo o seu potencial, é necessário avançar e abraçar novos desafios. Do contrário, há o risco de cair na rotina e alcançar menos do que poderia. Anote isto: acredite em si mesmo e prepare-se para se aventurar.
- Quando as incertezas causarem ansiedade ou quando você se preocupar com as escolhas que terá que fazer, ouça sua voz interior e guie-se por seus instintos. Você é altamente intuitivo, talvez até médium, e seus sentimentos mais íntimos são indicadores úteis. Confie mais em si mesmo, pois você é seu melhor amigo.
- Você não gosta de situações tensas e desagradáveis, mas às vezes elas precisam ser enfrentadas. Caso se envolvesse mais em situações desse tipo, você aprenderia mais, se fortaleceria e teria mais chances de virá-las a seu favor. Tenha coragem e seja proativo!
- Em vista das pressões da vida moderna, é importante que você se dê a chance de relaxar e desfrutar do tempo do jeito que você gosta. Isso irá ajudá-lo não apenas a equilibrar seu estilo de vida como também a ter tempo para recuperar o controle sobre seus pensamentos, a entrar em harmonia consigo

mesmo e a deleitar-se com atividades que lhe dão prazer. Interesses pessoais e atividades recreativas podem ser quase como um tônico para você. Não importa quão ocupado esteja, reserve tempo para si mesmo.

OS RELACIONAMENTOS COM OS DEMAIS SIGNOS

Com o Rato

Esses dois signos são sociáveis e têm grandes habilidades pessoais, mas o Coelho poderá se sentir pouco à vontade com a energia e o modo agitado do Rato. O Coelho prefere tranquilidade e as relações entre eles poderão ser frias.

No trabalho, porém, suas habilidades profissionais podem se harmonizar, e o Coelho reconhecerá a engenhosidade e a capacidade que o Rato tem de perceber oportunidades. Como ambos são sagazes nos negócios, é possível que ignorem diferenças pessoais e formem uma equipe eficaz.

No amor, ambos são comprometidos com a família e o lar, mas o Coelho anseia por uma vida pacífica e vai considerar problemáticas a vitalidade e a franqueza do Rato. Uma combinação complicada.

Com o Búfalo

Esses dois valorizam a estabilidade e as coisas mais sossegadas da vida e confiarão um no outro.

No trabalho, ambos terão grande consideração um pelo outro, e o Coelho valorizará a tenacidade, a ética profissional e os princípios do Búfalo. Nenhum dos dois é de assumir riscos, e juntos poderão desfrutar de bons níveis de sucesso.

No amor, um será bom para o outro. O Coelho sentirá grande conforto por ter um parceiro tão confiável e protetor. Uma combinação ideal.

Com o Tigre

Embora haja muitas diferenças de personalidade entre esses dois, também há respeito. O Coelho admira a sinceridade, a vivacidade e o jeito entusiasmado do Tigre, e as relações entre eles frequentemente são boas.

No trabalho, seu relacionamento pode ser mutuamente benéfico, com o Coelho se beneficiando do entusiasmo, das ideias e do empreendedorismo do Tigre. Combinando seus pontos fortes, ambos podem se sair bem.

No amor, o Coelho se encantará com a animação e a confiança do Tigre, e com interesses compartilhados, incluindo a socialização, esses dois terão muito para aproveitar juntos. Uma boa combinação.

Com outro Coelho

Com perspectivas e valores semelhantes, dois Coelhos se sentirão seguros e confortáveis na companhia um do outro.

No trabalho, os Coelhos têm um bom julgamento e dedicam-se às suas atividades com cuidado e habilidade. Eles não se dispõem ao risco, e seus esforços combinados são capazes de produzir resultados sólidos.

No amor, dois Coelhos vão lutar por uma vida familiar estável, próxima e harmoniosa e podem encontrar muito contentamento juntos.

Com o Dragão

O Coelho e o Dragão têm alta consideração um pelo outro e respeito mútuo por suas qualidades.

No trabalho, seus diferentes pontos fortes se harmonizam bem, e o Coelho se beneficiará do entusiasmo e da iniciativa do Dragão. Uma dupla boa e produtiva.

No amor, esses dois são apaixonados, sensuais e atenciosos, e poderão encontrar grande felicidade. Embora haja diferenças a conciliar em seus estilos de vida, com o Coelho preferindo um ritmo mais estável do que o Dragão, essa poderá ser uma combinação forte.

Com a Serpente

Atenciosos, calmos e compartilhando o gosto pelas boas coisas da vida, o Coelho e a Serpente podem desfrutar de um bom entrosamento.

No trabalho, ambos têm ótimas habilidades profissionais, mas deliberam muito! Para compreender seu potencial, eles precisam ser mais voltados para a ação.

No amor, essa pode ser uma combinação de sucesso, graças aos gostos, aos interesses e às perspectivas de vida que compartilham. Ambos valorizam a estabilidade e a paz, e o Coelho se encantará por ter um parceiro tão atencioso e inteligente. (As Serpentes nascem sob o signo da sabedoria!)

Com o Cavalo

Embora esses dois possam se encantar com seu amor mútuo pelas conversas, o Coelho ficará atento à energia agitada do Cavalo, e as relações entre eles muitas vezes serão circunspectas.

No trabalho, o Coelho não se sentirá confortável com o estilo apressado do Cavalo. Suas visões díspares criarão dificuldades e eles não trabalharão bem juntos.

No amor, o Coelho busca um estilo de vida sossegado e estável, e isso nem sempre será possível com o atarefado, ativo e animado Cavalo. Uma combinação desafiadora.

Com a Cabra

Com sua natureza pacífica e sua preferência pelas coisas boas da vida, esses dois se gostam e confiam um no outro, e as relações entre eles serão ótimas.

No trabalho, eles vão incentivar um ao outro e fortalecer mutuamente seus pontos fortes. Se o trabalho for criativo de alguma maneira, há chances de grande sucesso.

No amor, ambos buscam uma vida tranquila, estável e harmoniosa, e juntos desfrutarão de muita felicidade. O Coelho apreciará a natureza sincera e afetuosa da Cabra, assim como seus muitos interesses compartilhados. Uma combinação feliz.

Com o Macaco

Pode haver diferenças de personalidade entre esses dois, mas eles se gostam e se respeitam, e no nível pessoal as relações podem ser boas.

No trabalho, porém, é possível que surjam problemas. O Coelho não se sentirá confortável com os métodos do Macaco nem com a possibilidade de assumir riscos. As relações podem ser desafiadoras.

Esses dois se saem muito melhor no amor, com o Coelho apreciando a natureza terna, extrovertida e habitualmente otimista do Macaco. Com muitos interesses compartilhados, eles podem ter um relacionamento próximo e significativo.

Com o Galo

O Galo nasce sob o signo da franqueza, e o Coelho não se sentirá confortável com seu jeito sincero, direto e prático. As relações serão ruins.

No trabalho, ambos atuam com afinco, mas o Coelho desconfiará do modo organizado e às vezes excessivamente meticuloso do Galo. Seus temperamentos e abordagens gerais são muito diferentes.

No amor, o Coelho pode admirar o jeito confiante do Galo, mas como um é introvertido e o outro, extrovertido, como um prefere a paz e o sossego enquanto o outro valoriza a atividade e a agitação, essa combinação deve revelar-se desafiadora.

Com o Cão

O Coelho se relaciona bem com o leal e confiante Cão, e os dois signos vão se dar bem.

No trabalho, a união de suas habilidades e a percepção para bons negócios podem torná-los uma combinação poderosa; no entanto, se ocorrerem problemas, a ansiedade do Cão e a aversão do Coelho ao estresse poderão causar problemas.

No amor, esses dois amam o lar e buscam uma vida segura e estável. O Coelho ficará encantando com a lealdade e a confiabilidade do Cão, e eles poderão formar uma combinação feliz.

Com o Javali

O Coelho gosta do genial e também despreocupado e tolerante Javali, e as relações entre eles são boas.

No trabalho, ambos podem unir seus pontos fortes e desfrutar de considerável sucesso. Há um bom nível de confiança entre eles, e o Coelho será estimulado tendo um colega tão digno e vigoroso.

No amor, haverá paixão e entendimento, e eles serão bons um para o outro. O Coelho valorizará o jeito solidário e bondoso do Javali, e essa combinação pode ser forte e harmoniosa.

HORÓSCOPOS PARA CADA UM DOS ANOS CHINESES

Previsões para o Coelho no ano do Rato

Os Coelhos são muito perceptivos e atentos, e durante o ano do Rato haverá momentos em que se sentirão desconfortáveis com a velocidade dos acontecimentos e a incerteza causada por isso. O ritmo veloz dos anos do Rato não combina com o temperamento dos Coelhos.

Durante o ano, eles deverão agir com cautela e, idealmente, prestar atenção em seus instintos. Com frequência, os Coelhos sentirão o que será o melhor a fazer. Em muitos casos, optarão por manter a discrição ou conter-se até que as situações estejam mais propícias. Entretanto, embora o ano do Rato tenha elementos complicados, ainda haverá ganhos para os Coelhos.

No trabalho, as exigências do ano poderão ser consideráveis. Além de sua carga de trabalho habitual, é possível que os Coelhos enfrentem mudanças. Pode ser que isso envolva a introdução de novas práticas de trabalho e mudanças de objetivos e/ou de pessoal — em qualquer um dos casos, haverá pressões e problemas enquanto as transições estiverem ocorrendo. Por serem conscienciosos, os Coelhos sempre se preocupam com os acontecimentos e as dificuldades que eles conseguem antever. No entanto, apesar de seus temores, esse ainda poderá ser um momento de oportunidade, e, se os Coelhos tiverem a chance de assumir tarefas extras, substituir alguém ou realizar um treinamento adicional, deverão aproveitá-la. É possível que os desafios do ano destaquem seus pontos fortes, que, por sua vez, poderão melhorar suas perspectivas.

Aqueles que estiverem procurando emprego descobrirão que os cargos que ocuparem agora também poderão lhes dar a chance de desenvolver suas habilidades. O que realizarem nesse ano poderá proporcionar uma boa plataforma que poderá ser usada para que eles progridam.

Nas questões financeiras, porém, será exigido cuidado. Os anos do Rato não são para assumir risco, e caso os Coelhos firmem novos acordos ou compromissos, será importante que verifiquem detalhes e estejam familiarizados com as implicações. Eles também deverão lidar cautelosamente com a papelada e manter em segurança documentos, apólices e garantias. Um documento perdido ou fora do lugar poderá causar inconvenientes e gerar custos. Coelhos, tomem nota disso e fiquem vigilantes.

Considerando as pressões que provavelmente enfrentarão durante o período, os Coelhos também deverão cuidar muito bem de si mesmos. Exercícios físicos regulares e uma alimentação balanceada ajudarão. Reservar tempo para seus próprios interesses também será benéfico. O "tempo para si" poderá fazer um bem considerável para os Coelhos nesse ano.

Eles também irão valorizar as oportunidades sociais que surgirem, incluindo a chance de conversar com amigos. Seus interesses poderão, igualmente, ter um bom elemento social. No entanto, ainda que muitas ocasiões venham a correr bem, os Coelhos precisarão ficar atentos. Rumores, travessuras ou a atitude de outra pessoa — tudo isso poderá ser motivo de preocupação nesse ano. Se, em algum momento, os Coelhos tiverem dúvidas sobre um assunto específico, deverão verificá-lo por sua própria conta. Os anos do Rato têm seus aborrecimentos, ainda que alguns possam ser insignificantes.

Os Coelhos tendem a considerar seu lar um santuário e um meio de escapar das pressões cotidianas, e durante o ano do Rato sua vida familiar poderá ser especialmente significativa. Além de receberem de bom grado o apoio daqueles que os cercam, eles frequentemente descobrirão que, ao compartilharem suas preocupações, a ansiedade pode ser amenizada. Nesse ano às vezes exigente, a ajuda de outras pessoas significará muito.

Os Coelhos apreciarão também a grande variedade de atividades e interesses de que poderão desfrutar com seus entes queridos nesse ano. Seja empenhando-se em projetos, promovendo interesses em comum ou passando tempo juntos, eles poderão ver muita coisa acontecer. Os anos do Rato às vezes são de muito estresse, mas os Coelhos descobrirão que sua vida familiar poderá ser especial e gratificante.

No geral, os anos do Rato, com seu ritmo impetuoso, nem sempre são os mais fáceis para os Coelhos. Eles precisarão exercitar a cautela e se precaver de riscos e distrações. No entanto, ainda que algumas situações venham a desafiá-los, haverá oportunidades para que ganhem o que poderá ser uma valiosa experiência e para provar sua capacidade de outras maneiras. Esses poderão ser momentos instrutivos. Os assuntos exigem cuidado, e a vigilância será um importante fator nesse ano. No entanto, o que é ainda mais estimulante: os interesses pessoais e a vida familiar poderão ser fonte de considerável prazer.

DICAS PARA O ANO

Seja meticuloso e vigilante. Situações que vão se revelar poderão lhe oferecer bons meios de adquirir novas habilidades e ampliar sua experiência. Além disso, reserve tempo para a recreação e para aqueles que são especiais para você. Tanto um quanto outro poderão lhe fazer bem e ser importantes para um estilo de vida equilibrado.

Previsões para o Coelho no ano do Búfalo

O ano do Búfalo pode ser exigente, com o progresso às vezes ocorrendo lentamente e com a necessidade de se trabalhar por resultados. Será um momento para esforço, determinação e paciência. No entanto, mantendo-se persistentes e fazendo o seu melhor, os Coelhos ainda poderão terminar esse período com ganhos proveitosos e créditos a seu favor.

No trabalho, eles continuarão a executar as tarefas à sua maneira habitualmente consciencioso. No entanto, embora venham a desfrutar de certo sucesso, é possível que enfrentem frustrações. Elas poderão envolver burocracia, novos regulamentos ou mudança de procedimentos, e assim os Coelhos talvez se vejam impedidos por obstáculos e com uma carga de trabalho crescente que intensificará a pressão.

Entretanto, embora os anos do Búfalo possam ser exigentes, os Coelhos com frequência terão a chance de mostrar seu valor de outras maneiras e, no processo, adquirir novos insights sobre suas capacidades e ampliar seu conhecimento profissional. Apesar de sua natureza exigente, os anos do Búfalo podem ser esclarecedores e de extenso valor.

Muitos Búfalos permanecerão onde estiverem nesse ano, mas, para aqueles que decidirem sair do cargo atual ou estiverem procurando emprego, o ano do Búfalo poderá ser desafiador. Seja porque haverá falta de vagas, seja porque respostas positivas irão demorar, os Coelhos precisarão ser pacientes e persistentes. Contudo, ainda que os avanços se deem lentamente, eles acontecerão, e muitos Coelhos conseguirão (por fim) um cargo. O que alguns Coelhos assumirem agora poderá marcar uma mudança naquilo que fazem e abrir outras opções para o futuro. Muito do que for iniciado nesse momento poderá beneficiá-los a longo prazo.

Como resultado de seus esforços, muitos desfrutarão de um aumento na renda no decorrer do ano, e alguns talvez encontrem maneiras de complementá-la por meio de interesses ou habilidades que possam usar de maneira lucrativa. Os Coelhos empreendedores poderão se sair bem nesse ano. Como sua situação estará frequentemente melhorando, muitos se sentirão tentados a seguir em frente com ideias e compras para a casa, assim como a gastar com seus interesses. No entanto, quando considerarem equipamentos e grandes despesas, os Coelhos deverão dedicar tempo para descobrir o que é mais adequado às suas necessidades e ao seu orçamento. Assim como ocorrerá com muitas outras coisas nesse ano, será o caso de agir de maneira estável e cuidadosa.

O ano do Búfalo proporcionará oportunidades de viagens. Algumas delas estarão relacionadas ao trabalho, mas os Coelhos também deverão tentar tirar férias. Considerando as pressões do período, uma mudança de cenário poderá fazer-lhes bem, e férias cuidadosamente planejadas poderão figurar entre os destaques do ano.

Eles deverão, ainda, reservar tempo para recreação. Os Coelhos precisam de tempo para relaxar e desfrutar de suas atividades favoritas. Em alguns casos, novas ideias ou novos equipamentos poderão fazer com que eles desenvolvam seus interesses ou os levem em uma nova direção.

Além disso, com as exigências do ano, os Coelhos deverão cuidar de si mesmos. Se estiverem preocupados com algum problema, ansiosos por fazer alterações no estilo de vida (incluindo exercitarem-se mais) ou sentindo falta de energia, poderão achar que vale a pena buscar orientação médica.

Eles irão apreciar as oportunidades sociais do ano e se divertir indo a uma variada mistura de eventos. Além disso, interesses pessoais muitas vezes os colocarão em contato com outras pessoas, e boas conexões e amizades poderão se estabelecer. É possível que algumas novas conexões sejam especialmente de grande ajuda em relação a atividades e dilemas atuais.

A vida familiar também proporcionará momentos especiais, com entes queridos prestando apoio e ajuda em situações de estresse. E ainda que os Coelhos não queiram incomodar os outros, se eles forem francos isso não apenas dará às pessoas uma chance melhor de ajudar, como o processo de falar muitas vezes fará com que os próprios Coelhos tenham a oportunidade de definir em sua mente o melhor caminho para seguir adiante. A boa comunicação poderá fazer grande diferença nesse período.

Como sempre, os Coelhos vão gostar de executar projetos práticos em seus lares e apreciarão os benefícios (e confortos adicionais) que algumas compras trarão. Compartilhar interesses e passar tempo com outras pessoas são atividades que também poderão ser particularmente estimadas, assim como viajar e desfrutar de comodidades e atrações locais. Mais uma vez, as ideias, a contribuição e a consideração dos Coelhos poderão acrescentar muito à sua vida familiar.

No geral, porém, o ano do Búfalo pedirá muito deles. Será preciso trabalhar por resultados, e o progresso nem sempre será fácil ou simples. Com esforço e paciência, entretanto, será *possível* fazer avanços, adquirir importantes habilidades e, para alguns, descobrir novas e relevantes aptidões. Devagar e de modo constante, os Coelhos irão se aperfeiçoar e avançar. Interesses pessoais e viagens estarão sob um aspecto favorável, e os Coelhos também vão se beneficiar do apoio e do aconselhamento de amigos e entes queridos. Um ano exigente, mas de valor no longo prazo.

DICAS PARA O ANO

"A corrida é ganha devagar e sempre." Use esse ano para aperfeiçoar seu conhecimento e suas habilidades. As corridas serão vencidas depois, muitas vezes como resultado do que estiver sendo feito agora. Além disso, recorra ao apoio e afeto daqueles que o rodeiam. A contribuição dessas pessoas pode ser importante, assim como, frequentemente, tranquilizadora.

Previsões para o Coelho no ano do Tigre

Tempos interessantes e proveitosos à frente. Depois de vivenciarem uma série de anos exigentes, os Coelhos poderão agora começar a colher as recompensas de esforços anteriores. Suas previsões estarão em ascensão. E, agradavelmente, esse padrão está definido para continuar com o auspicioso ano do próprio Coelho, que será o próximo.

Para aqueles que estiverem se sentindo desanimados pelo progresso recente ou que tenham sofrido com a falta de oportunidade, é possível que o ano do Tigre traga mudanças. Os anos do Tigre podem impulsionar as esperanças e esse não será o momento de se retrair em razão do que aconteceu antes, mas de se concentrar no presente e procurar seguir adiante.

No trabalho, os anos do Tigre são acelerados e de muita ação. E, ainda que os Coelhos possam algumas vezes se preocupar com o ritmo das mudanças, eles poderão frequentemente se beneficiar das oportunidades que surgirem. Com mudanças no quadro de pessoal, surgirão chances de promoção, e os Coelhos muitas vezes estarão bem qualificados para se candidatar. Se estiverem em uma organização de grande porte, eles podem se sentir tentados por oportunidades em outro lugar. O ano do Tigre incentivará muitos Coelhos a progredir na carreira de um jeito ou de outro. No entanto, será preciso agarrar rapidamente as oportunidades. Esse não será um ano para atrasos nem rodeios.

Embora muitos Coelhos venham a progredir com seu empregador atual, para aqueles que estiverem ansiosos para ir para outra empresa, sentindo-se insatisfeitos com o trabalho atual ou em busca de emprego, esse poderá ser um momento importante. Procurando se informar e considerando outras possibilidades, é possível que esses Coelhos sejam avisados de uma oportunidade diferente, porém ideal. Mais uma vez, para se beneficiar, eles precisarão agir antes que a chance escape. No entanto, tal é a natureza do ano do Tigre que, mesmo que uma proposta não resulte em seu favor, outra poderá surgir brevemente. Os anos do Tigre proporcionam escopo e oportunidade.

Todos os Coelhos deverão aproveitar qualquer treinamento que lhes seja oferecido ou, se desejarem desenvolver sua carreira em uma direção específica, dedicar tempo ao estudo e à pesquisa. Além disso, se uma qualificação adicional puder ajudar em suas perspectivas, esse será um bom momento para adquiri-la. Habilidades e qualificações desenvolvidas agora poderão ser vantajosas para o presente e o futuro.

Os Coelhos são normalmente cuidadosos ao tratar de assuntos financeiros, e ao longo do ano não deverão relaxar sua abordagem disciplinada. Às vezes, em meio a tanta atividade, eles poderão ser tentados a se apressar ou a não se manter tão atentos como de costume. No ano do Tigre, isso pode causar problemas. Ao lidarem com finanças ou qualquer coisa que tenha implicações importantes, os Coelhos precisarão ser meticulosos, verificar detalhes e, se necessário, buscar orientação.

Embora venham a se envolver em muitas atividades nesse ano, eles deverão reservar tempo para seus interesses pessoais. Se quiserem desenvolver um interesse de determinada maneira, começar algo novo ou atingir uma meta pessoal, esse será um bom período para agir. Os anos do Tigre são para a ação.

Eles também proporcionam um aumento da atividade social. Não apenas interesses existentes ou novos poderão colocar os Coelhos em contato com outras pessoas, mas mudanças no trabalho poderão conduzir a uma ampliação de seu círculo social. Entretanto, ainda que de modo geral esse seja um momento positivo para os assuntos sociais, durante o ano os Coelhos talvez fiquem preocupados com um amigo próximo. Nesse caso, é possível que seu apoio e sua solidariedade sejam recursos importantes, e os Coelhos poderão não apenas demonstrar o verdadeiro valor da amizade como também ganhar a gratidão permanente de uma pessoa. Os Coelhos são, de fato, especiais para muita gente.

Haverá uma atividade considerável em sua vida familiar, com muito para fazer, organizar e pensar a respeito. Nesse caso, sua habilidade organizacional ajudará. No entanto, ainda que possam estar dispostos, eles precisarão ter cuidado para não assumir muitas coisas sozinhos e deverão pedir mais assistência quando estiverem ocupados. Além disso, se estiverem se sentindo incomodados com algo, deverão ser francos e buscar orientação em vez de se preocuparem sozinhos. E, embora esse seja um período agitado, ainda haverá muito o que apreciar na vida familiar. Os anos do Tigre contêm uma boa mistura de momentos especiais e significativos.

No geral, ainda que os Coelhos às vezes possam desejar que as pressões e o ritmo do ano do Tigre sejam menos intensos, eles poderão ganhar muito com esse momento. Aproveitando ao máximo as oportunidades e desenvolvendo suas habilidades, conseguirão fazer um importante avanço e encontrar uma satisfação maior em muito daquilo que fizerem. Esse poderá ser um ano satisfatório e também é possível que lance importantes sementes para o próprio ano do Coelho, que virá a seguir.

DICAS PARA O ANO

Observe os acontecimentos de perto e aja quando as oportunidades surgirem. Além disso, procure ampliar seu conhecimento e suas habilidades. Eles são um investimento em você mesmo e em seu futuro. Esse será um ano construtivo para você. Use-o bem.

Previsões para o Coelho no ano do Coelho

Os Coelhos são altamente intuitivos e conseguem avaliar bem as situações. E eles não apenas se sentirão animados com o fato de que esse será o seu próprio ano, como também encontrarão muita coisa a seu favor. Serão realmente ótimas as possibilidades desse ano, e os Coelhos deverão tomar a iniciativa e ir atrás daquilo que queiram.

No nível pessoal, eles serão muito solicitados. Na vida doméstica, poderá haver acontecimentos prazerosos e ocasiões familiares especiais para celebrar. Os Coelhos com parentes vivendo em áreas distantes poderão ter a chance de encontrá-los e desfrutar de uma reunião. Além disso, muitos verão sua família aumentar nesse ano com nascimentos e/ou casamentos. Como são voltados para a família, os Coelhos vão se orgulhar de muitos acontecimentos ao longo desse período, e algumas ocasiões irão não apenas surpreendê-los, como também deleitá-los.

Com o que promete ser um ano muito movimentado no ambiente doméstico, haverá necessidade de boa comunicação entre todas as pessoas no lar do Coelho, e providências precisarão ser planejadas com antecedência. Ao conferir um pouco de estrutura ao período, os Coelhos descobrirão que mais coisas poderão acontecer, e é possível que seus talentos organizacionais exerçam uma função-chave. Além disso, eles ficarão satisfeitos com algumas melhorias que realizarão em casa, e seus toques hábeis e seu bom julgamento poderão promover aprimoramentos valiosos.

Na vida social, os Coelhos também serão solicitados e desfrutarão da chance de se encontrar com as pessoas. No processo, algumas novas e valiosas amizades e conexões poderão ser feitas, e nesse ano a flecha do Cupido será lançada na direção de muitos Coelhos disponíveis. Os assuntos românticos estarão sob um aspecto favorável e poderão proporcionar muita felicidade.

Outra área gratificante será a dos interesses pessoais. Os Coelhos estarão inspirados, e seja vendo como suas ideias se desenvolvem, seja se envolvendo em atividades satisfatórias ou se lançando em novos desafios, eles poderão desfrutar daquilo que fizerem nesse período encorajador. Os Coelhos que começarem o ano descontentes ou insatisfeitos poderão encontrar em um novo interesse justamente o tônico de que precisam.

No trabalho, esse também poderá ser um momento de sucesso. Com a experiência que muitos Coelhos têm, suas boas relações com os colegas e ótima reputação, eles com frequência estarão posicionados de maneira excelente quando surgirem oportunidades de promoção. Além disso, alguns Coelhos poderão estar ansiosos por conduzir seu trabalho em uma nova direção e perseguir novos desafios; mantendo-se atentos às vagas e explorando as possibilidades, eles poderão descobrir excelentes oportunidades.

Para os que estiverem procurando emprego, o ano do Coelho, mais uma vez, oferecerá oportunidades. Esses Coelhos não deverão ser muitos restritivos em relação ao que estiverem preparados para considerar. Coelhos podem se sair muito bem em seus próprios anos, mas precisam se projetar e usar e desenvolver seus pontos fortes.

As perspectivas financeiras também serão favoráveis e, além de um aumento na renda, alguns Coelhos poderão beneficiar-se de um presente ou lucro obtido com um interesse pessoal. Para aproveitar isso ao máximo, eles poderão considerar útil analisar sua situação geral e, se aplicável, reduzir empréstimos, assim como reservar recursos para necessidades futuras. Os Coelhos costumam ser competentes em assuntos financeiros e, com uma boa administração, muitos poderão fortalecer sua posição geral nesse ano, bem como se sentir satisfeitos com as decisões e compras que fizerem, incluindo as que forem para si mesmos e para a casa.

No geral, os anos do Coelho podem ser muito especiais para os próprios Coelhos; contudo, existe um grande "porém". Para aproveitar ao máximo o seu ano, eles precisam agir. Os Coelhos poderão prosperar profissional e pessoalmente, mas deverão agarrar as oportunidades. Com comprometimento, habilidade e apoio de outras pessoas, entretanto, conseguirão fazer desse ano um momento de sucesso.

DICAS PARA O ANO

Aproveite o que o ano vai descortinar para você, mas também aja com propósito e esteja determinado a fazer as coisas acontecerem. Esse não é um período para ser desperdiçado, sobretudo quando há tanto para se ganhar.

Previsões para o Coelho no ano do Dragão

Um ano de ritmo acelerado no qual os Coelhos lutarão com uma mistura de pressões e exigências. Muito será pedido deles, mas, ainda que haja momentos desconfortáveis, com cuidado e seu jeito habilidoso habitual eles ainda conseguirão fazer um progresso útil.

No trabalho, muitos Coelhos vivenciarão momentos de mudança. Os anos do Dragão favorecem a inovação e novas abordagens, e os Coelhos às vezes ficarão preocupados com as propostas a serem consideradas. As situações nem sempre serão favorecidas por mudanças no quadro de pessoal, e algumas semanas serão tensas e inquietantes. Entretanto, apesar das mudanças, os Coelhos deverão permanecer focados e concentrados nas tarefas que têm nas mãos. Sua experiência e abordagem segura poderão ser especialmente apreciadas. Os Coelhos são confiáveis, e muitos deles provarão isso nesse ano movimentado.

Também será bom que acompanhem os avanços no setor em que atuam. Em alguns casos, poderá haver vagas ou tendências em desenvolvimento que lhes interessem. Se eles as seguirem, poderão fazer um avanço útil. Além disso, todos os Coelhos deverão aproveitar qualquer treinamento disponível e qualquer chance de ampliar sua área de responsabilidade. O que realizarem nesse ano poderá ter extensas implicações. Os anos do Dragão nem sempre são fáceis, mas podem deixar um valioso legado.

Para os Coelhos que decidirem sair de onde estão (e mudanças iminentes poderão ser um fator) ou que estiverem procurando emprego, o ano do Dragão talvez seja complicado. Não apenas a competição será furiosa no mercado de trabalho, mas também as vagas em suas áreas preferidas poderão estar limitadas. No entanto, os Coelhos são engenhosos e, ao se aconselharem e considerarem as possibilidades, muitos poderão alcançar sucesso em sua busca. Embora os cargos que alguns venham a assumir possam envolver muitas readequações, o que eles conseguirem realizar nesse ano os beneficiará no futuro.

Os anos do Dragão favorecem uma abordagem disciplinada, e isso se estende aos assuntos financeiros. Quando realizarem grandes transações, os Coelhos deverão verificar os termos e as obrigações e, se tentados por qualquer tipo de especulação, deverão manter-se cientes dos riscos. Esse não será um ano para relaxar nem para aceitar informações pelo que elas aparentam ser. No que se refere às finanças, será um momento para cautela e atenção.

No entanto, ainda que os anos do Dragão apresentem aspectos desafiadores, eles também têm seus elementos agradáveis. Durante o ano, os Coelhos desfrutarão particularmente de oportunidades de sair, descontrair e passar tempo com os amigos. Também poderão ser apresentados a novas pessoas, frequentemente por meio de quem eles já conhecem, e seu círculo social irá se ampliar. Os Coelhos que estiverem disponíveis ou se sentindo infelizes por mudanças de circunstâncias descobrirão que, aproveitando as oportunidades que surgirem ao longo ano, e talvez dando início a um novo interesse, será possível conhecer pessoas que pensam como eles e que rapidamente poderão tornar-se amigas. As perspectivas românticas também serão encorajadoras, pois tanto os romances que já existirem quanto os novos serão capazes de proporcionar muita felicidade.

Os Coelhos também desfrutarão de muito contentamento em sua vida familiar nesse período, sobretudo porque muitos deles consideram sua casa um refúgio das pressões externas. No lar, eles dedicarão seu tempo aos entes queridos, começarão novos e agradáveis projetos e desfrutarão de interesses compartilhados. É possível, igualmente, que realizem melhorias, incluindo o acréscimo de itens que proporcionem conforto e também a renovação da decoração de determinados cômodos. Sua criatividade e seu gosto refinado estarão em grande evidência, e sua vida doméstica poderá lhes proporcionar muito prazer.

Interesses pessoais também poderão trazer benefícios consideráveis, especialmente porque oferecerão aos Coelhos uma pausa de outras pressões. No decorrer do ano, todos os Coelhos deverão conceder regularmente um tempo para si mesmos.

O ano do Dragão poderá ter seus aspectos desafiadores, e os Coelhos não se sentirão confortáveis com a velocidade dos acontecimentos nem com as pressões causadas pelas mudanças, sobretudo em relação ao trabalho. Entretanto, concentrando-se em seus objetivos e aperfeiçoando seu conhecimento, eles poderão avançar, assim como contribuir para suas perspectivas de longo prazo. Contudo, sua grande fonte de prazer nesse ano será a vida familiar e social. E, para os disponíveis, o romance também poderá proporcionar muita felicidade.

DICAS PARA O ANO

Fique atento. Observe os acontecimentos de perto e agarre qualquer chance de ampliar suas habilidades. Em meio a toda essa atividade, haverá uma valiosa experiência a ser adquirida. Além disso, valorize seus relacionamentos e reserve tempo para seus interesses. Essas duas coisas poderão ser muito importantes nesse ano movimentado.

Previsões para o Coelho no ano da Serpente

Os Coelhos vão se sair bem no ano da Serpente e poderão esperar por bons momentos e resultados bem-sucedidos. Além disso, os Coelhos apreciam o estilo dos anos da Serpente. Em vez de terem que se apressar, eles terão tempo para refletir sobre o que estiver acontecendo e saborear o momento. E, além de ser um ano agradável, será também construtivo.

No trabalho, os Coelhos vão considerar esse um período rico em possibilidades. Para os que estiverem estabelecidos em um lugar, sua experiência e posição poderão atrair a oferta de maiores responsabilidades e a chance de se envolver em novas iniciativas. É possível que os esforços realizados em anos recentes compensem muito bem agora. Os Coelhos também se sentirão mais no controle de seu destino nesse período e capazes de conduzir a carreira na direção que *eles* desejarem.

A maioria dos Coelhos fará um bom progresso com seu empregador atual, mas para aqueles que sentirem que esse é o momento certo para um novo desafio ou para os que estiverem procurando emprego, interessantes oportunidades os aguardam. Mantendo-se atentos às vagas, muitos garantirão um cargo que ofereça tanto a mudança quanto a chance de desenvolver seus pontos fortes. Em relação ao trabalho, os Coelhos conseguem se sair bem nos anos da Serpente e se sentem mais motivados e realizados.

O progresso feito no trabalho também poderá ajudar nas finanças. No entanto, no ano da Serpente poderá haver muitos gastos, com os Coelhos sendo frequentemente tentados a realizar compras caras e a viajar. O ideal é que façam orçamentos antecipados e também que ponderem com prudência a respeito de compras de maior vulto. Isso poderá resultar em ótimas escolhas. Os Coelhos têm tino para a qualidade e para bons negócios.

Algo para o qual eles deverão tentar fazer uma reserva são as férias, uma vez que o ano da Serpente favorece as viagens. Viajar e conhecer novos lugares poderá proporcionar grande prazer aos Coelhos, assim como pausas breves e oportunidades de visitar pessoas.

Os anos da Serpente também favorecem o desenvolvimento pessoal, e os Coelhos deverão destinar tempo para seus interesses, bem como aproveitar qualquer oportunidade de ampliar seu conhecimento. Eles têm um espírito naturalmente curioso. Além disso, em lugar da correria, os Coelhos vão apreciar os momentos mais calmos e estáveis do período e a chance de reservar tempo para a leitura e outras atividades relaxantes. Os anos da Serpente combinam com a psique do Coelho.

Eles também são excelentes para mudanças no estilo de vida, e se os Coelhos tiverem deixado alguns interesses de lado nos últimos tempos ou sentirem que precisam fazer exercícios físicos regulares, esse será o momento de lidar com tais questões. Os anos da Serpente são ótimos para se fazer uma avaliação e introduzir mudanças positivas.

Haverá, ainda, momentos de convívio social, embora alguma questão possa ser motivo de preocupação. Ela poderá envolver uma observação infeliz feita por alguém, uma fofoca ou uma situação complicada. Os Coelhos deverão manter os assuntos em perspectiva, proceder com cuidado e, se apropriado, procurar orientação. A dificuldade poderá passar rapidamente ou ser resolvida, mas os Coelhos, em certas ocasiões, precisarão permanecer atentos e prudentes.

Esse será um período muito movimentado na vida familiar, sobretudo porque entes queridos terão que tomar decisões e será necessário lidar com outras mudanças. Nesse caso, o sábio aconselhamento dos Coelhos e suas habilidades organizacionais serão, mais uma vez, muito apreciados. Quaisquer assuntos preocupantes deverão ser discutidos, uma vez que a franqueza e a boa comunicação serão partes importantes da família nesse ano.

Embora em certos momentos possa haver pressões na vida doméstica, os anos da Serpente também proporcionam muitos prazeres, e férias com a família e conquistas pessoais ou familiares poderão estar entre os destaques. Os anos da

Serpente incentivam os Coelhos a passar tempo com as pessoas que são especiais para eles e a desfrutar de um estilo de vida mais equilibrado.

De modo geral, esses poderão ser meses construtivos e recompensadores. Durante o ano, os Coelhos terão boas oportunidades de usar e desenvolver seus pontos fortes. As viagens poderão ser prazerosas e muitos relacionamentos irão bem, embora um problema específico ou uma fofoca possam ser preocupantes. No entanto, com cuidado, é possível que esse seja um momento favorável, com os Coelhos se beneficiando de suas muitas ações ao longo do ano.

> **DICAS PARA O ANO**
>
> Esse será um ano de importantes possibilidades. Procure avançar. Além disso, considere meios que lhe permitam ter um estilo de vida mais equilibrado e aproveite as viagens, seus interesses e o tempo que passar com seus entes queridos.

Previsões para o Coelho no ano do Cavalo

Os Coelhos podem esperar um turbilhão de atividades nesse ano. As pressões serão consideráveis, mas bons momentos também estarão reservados. Os Coelhos contarão com o apoio e a boa vontade das pessoas que os cercam, e isso poderá ser um fator de incentivo diante do que se desenrolará durante o período.

No trabalho, esse poderá ser um momento especialmente ativo, com os Coelhos enfrentando uma carga de trabalho mais pesada e tendo que alcançar alguns objetivos desafiadores. Ainda que às vezes eles venham a se desesperar com as pressões e desejem mais tempo para cumprir determinadas tarefas (Coelhos não gostam de limitações de tempo), concentrando-se no que precisa ser feito eles conseguirão conquistar alguns resultados impressionantes. Sua presteza e boas habilidades de comunicação poderão revelar-se recursos reais, e é possível que habilidades recém-adquiridas também favoreçam sua situação. Em vista do ritmo dos acontecimentos nesse ano, as oportunidades poderão chegar de uma hora para outra, e se determinados cargos ou projetos especializados os atraírem, os Coelhos não deverão perder tempo para se candidatar. A velocidade será essencial nesse ano.

Embora muitos Coelhos venham a permanecer com seu empregador atual, para aqueles que sentirem ser possível melhorar suas perspectivas em outro lugar ou estiverem em busca de emprego, o ano do Cavalo também poderá trazer avanços importantes. Procurando informar-se e mostrando iniciativa ao se apresentarem como candidatos e durante a entrevista, muitos conquistarão um cargo com potencial para crescimento futuro.

Além disso, ao longo do ano, os Coelhos verão que suas conexões serão de grande auxílio. Alguns de seus contatos influentes poderão oferecer-lhes conselhos proveitosos ou ajudá-los de outra maneira. Como se costuma dizer, quanto mais gente uma pessoa conhece, maior a probabilidade de que ela seja beneficiada por oportunidades — e esse será o caso de muitos Coelhos no ano do Cavalo. Além disso, os Coelhos deverão procurar se projetar. Estabelecendo uma rede de contatos e se envolvendo, eles poderão melhorar muito suas perspectivas.

O progresso no trabalho poderá ajudar financeiramente, mas será necessário ficar atento aos gastos nesse ano. Embora costumem ser cuidadosos, os Coelhos muitas vezes têm um estilo de vida agitado e deverão ser cautelosos com a realização de compras não planejadas. Elas poderão se acumular e as despesas podem acabar sendo maiores do que o previsto. Coelhos, tomem nota disso e mantenham-se disciplinados.

A natureza ativa do ano se estenderá à vida familiar. O ano do Cavalo favorece a união, e os Coelhos serão incentivados pelo apoio e aconselhamento daqueles que os cercam. Haverá bons momentos a desfrutar, assim como planos domésticos para levar à frente. No entanto, apesar do sucesso em muitas empreitadas, as atividades deverão ser realizadas ao longo do ano, e não concentradas em um período específico. Além disso, comemorações ou viagens poderão proporcionar uma pausa em um estilo de vida agitado e ser especialmente apreciadas. Como sempre, os Coelhos serão fundamentais em muito do que vai acontecer.

O ano do Cavalo é também um momento excelente para se conhecer pessoas. Seja por meio do trabalho ou por amigos em comum ou ainda por interesses pessoais, os Coelhos conhecerão muitas pessoas nesse ano, algumas das quais poderão tornar-se de grande ajuda e potencialmente importantes. Além disso, haverá diversas ocasiões para diversão. Qualquer Coelho que esteja se sentindo solitário verá sua situação se iluminar, tomará parte em atividades e aproveitará instalações locais.

O romance também desempenhará um papel relevante nesse ano, embora para alguns (mas certamente não para todos) possa haver momentos desafiadores a superar.

Diante da agitação do ano, os Coelhos deverão certificar-se de que seus interesses pessoais e suas atividades recreativas não fiquem de lado, pois podem se assemelhar a um tônico para eles. Atividades ao ar livre e outros entretenimentos terão, frequentemente, um apelo considerável nesse ano.

No geral, o ano do Cavalo trará suas exigências, e embora os Coelhos possam não receber bem suas pressões, haverá boas oportunidades para eles buscarem. Aproveitando ao máximo os acontecimentos e trabalhando arduamente, eles poderão melhorar sua situação atual, bem como contribuir para suas perspectivas futuras. Seus relacionamentos estarão sob um aspecto favorável, e seja fazendo novos amigos, estabelecendo conexões no trabalho ou compartilhando planos com seus entes queridos, eles poderão desfrutar de bons momentos nesse ano agitado. É possível que seja um período tenso, porém também poderá ser recompensador.

DICAS PARA O ANO

Aproveite o momento. Aja rápido quando as oportunidades surgirem em seu caminho e procure usar seus pontos fortes para avançar. Você poderá fazer um bom progresso nesse ano ativo. Além disso, aproveite ao máximo as oportunidades de conhecer pessoas. O apoio poderá fazer com que muitas coisas aconteçam para você.

Previsões para o Coelho no ano da Cabra

Quando as situações são propícias e os Coelhos sentem que é a hora certa, eles partem em busca de seus objetivos com toda a força. E assim será nesse ano. Coelhos que se sentiram fustigados pelos eventos no ano anterior apreciarão esse momento mais estável, e todos os Coelhos serão mais capazes de implementar seus planos à sua própria maneira. Os anos da Cabra combinam com a psique do Coelho.

Um dos pontos fortes dos Coelhos é sua habilidade de se dar bem com muitas pessoas, e ao longo do ano eles deverão valorizar seus contatos e conexões. Especialmente se falarem sobre suas esperanças, eles poderão não apenas se beneficiar de conselhos úteis, como também descobrir que algumas de suas ideias podem ser colocadas em prática. A sinergia poderá ser um fator importante nesse ano.

Profissionalmente, esse poderá ser um ano recompensador e de sucesso. Para os Coelhos relativamente novos no cargo, será o momento de se firmar e aprender sobre os diversos aspectos do trabalho. Com dedicação e envolvimento, eles não apenas se sentirão mais realizados com o que fazem, como também darão uma valiosa contribuição. Aqueles que trabalharem em ambientes criativos poderão sentir-se especialmente inspirados e desfrutar de algum sucesso notável. Para alguns, é possível que uma promoção substancial seja parte dele.

Para os Coelhos que desejarem novos desafios ou estiverem procurando emprego, o ano, mais uma vez, poderá conter algumas possibilidades úteis e, às vezes, surpreendentes. Conversando com as pessoas e mantendo-as informadas sobre os acontecimentos em sua área, muitos Coelhos poderão garantir a chance de se estabelecer em uma função diferente. Os anos da Cabra são encorajadores, e os Coelhos estarão inspirados.

Isso também se aplicará a seus interesses pessoais e, ao longo do período, os Coelhos deverão usar seus talentos para obter uma boa vantagem. Aqueles que gostam de escrever, de arte ou de alguma outra atividade criativa deverão procurar expandir, bem como divulgar, o que fazem. Além disso, como a cultura terá um forte destaque nesse ano, eles poderão desfrutar dos variados eventos, concertos e exposições que estarão acontecendo. O ano da Cabra poderá, de fato, proporcionar uma boa mistura de oportunidades sociais, e os Coelhos que estiverem se sentindo solitários, talvez após uma mudança recente de circunstâncias, conseguirão perceber uma melhora em sua situação. Envolvendo-se em sua comunidade e empreendendo atividades compartilhadas, é possível que eles façam novas amizades e, em muitos casos, conheçam alguém especial. Esse poderá ser um ano importante para os assuntos românticos, e alguns Coelhos conhecerão seus futuros parceiros de um modo que parecerá destinado a acontecer.

Os Coelhos também terão muito prazer em sua vida familiar nesse ano. Com seu próprio progresso e o sucesso de membros da família para registrar, poderá haver momentos de alegria nos lares de muitos Coelhos. Além disso, a natureza criativa de um grande número deles virá à tona e eles irão aprimorar sua casa com toques hábeis e compras cuidadosamente pensadas.

As viagens poderão, igualmente, proporcionar prazer, e os Coelhos deverão tirar férias com seus entes queridos em algum momento do ano. Um descanso e uma mudança de cenário farão bem a todos.

Embora os Coelhos costumem ser cuidadosos nos assuntos financeiros, eles precisarão permanecer atentos nesse ano. Fazer suposições ou ser lento ao lidar com formulários e correspondências poderá prejudicá-los. Além disso, embora a renda possa aumentar, é possível que as despesas também subam, e os níveis de gastos deverão ser monitorados. Esse será um período para uma boa administração.

Esse conselho vale também para outras áreas. Quando ocorrerem problemas (assim como acontece em qualquer ano), talvez seja porque os Coelhos tenham feito suposições ou não tenham dado atenção suficiente às questões. Esse não será um ano para transigir. Embora as perspectivas sejam boas, os Coelhos precisarão manter seu eu consciencioso e criterioso.

No entanto, de muitas maneiras, esses poderão ser momentos gratificantes. No trabalho, os Coelhos terão a chance de tirar proveito de suas habilidades, e seus interesses pessoais poderão ser sua fonte de inspiração. Muitos Coelhos vão gostar de expressar suas ideias e sua criatividade nesse ano. Sua vida pessoal também poderá ser fonte de muita felicidade e ajudar a destacar a natureza especial do ano da Cabra. Será um momento que os Coelhos terão para desfrutar e prosperar.

DICAS PARA O ANO

Compartilhe suas ideias e coloque-as em prática. Com boa vontade e apoio, você descobrirá muitas coisas se descortinando à sua frente agora. Além disso, tire proveito de talentos — eles poderão ser fundamentais para o sucesso de que você desfrutará.

Previsões para o Coelho no ano do Macaco

Os Coelhos precisarão controlar as emoções nesse ano. As situações talvez nem sempre sejam simples, e poderá haver alguns problemas e pressões com que tenham que lidar. No entanto, embora esse não seja um ano fácil, haverá uma série de fatores a favor dos Coelhos. Um deles é a grande rede de relacionamentos que os cerca, e uma preocupação compartilhada se revelará uma preocupação pela metade durante o ano. Sua própria natureza hábil também ajudará, e quando as situações forem de incerteza ou inconstantes, sua abordagem serena e equilibrada poderá, mais uma vez, ser eficaz.

Haverá muita atividade na vida familiar dos Coelhos nesse ano, especialmente quando eles ou um ente querido vivenciarem uma mudança na rotina que terá impacto sobre outras pessoas. A boa comunicação talvez seja necessária, mas com franqueza e cooperação, algumas mudanças-chave poderão ser efetuadas. Além disso, é possível que algumas dúvidas iniciais que os Coelhos possam vir a ter sobre determinados acontecimentos sejam inapropriadas.

Embora o ano possa trazer momentos de tensão quando parecer que muitas coisas estarão ocorrendo ao mesmo tempo, também haverá muito a ser apreciado, possivelmente incluindo um evento familiar especial, um sucesso acadêmico ou a realização de uma aspiração pessoal. Haverá uma espontaneidade no ano e algumas viagens organizadas às pressas ou sugestões repentinas poderão propiciar momentos divertidos. Os anos do Macaco têm a capacidade de surpreender.

Os Coelhos também aproveitarão as oportunidades sociais do período e terão a chance de comparecer a uma grande variedade de ocasiões e eventos.

Os Coelhos que estiverem envolvidos em um romance poderão perceber que o relacionamento vai se tornar mais significativo ao longo do ano, enquanto aqueles que estiverem disponíveis ou que tenham passado por uma decepção recente poderão ver a chegada de alguém novo em sua vida que os apoiará. Os anos do Macaco costumam ser especiais para os assuntos românticos.

Com as ideias e oportunidades que vêm à tona nos anos do Macaco, muitos Coelhos poderão ser atraídos também por novos assuntos e interesses. Mais uma vez, quando possível, eles deverão segui-los. Esses poderão ser momentos interessantes e recompensadores.

Por terem um estilo de vida agitado, os Coelhos também deverão pensar atentamente em seu próprio bem-estar. Exercícios físicos regulares e uma boa alimentação vão ajudar, mas se algo os preocupar ao longo ano, eles deverão procurar orientação.

Do mesmo modo, os Coelhos precisarão manter a vigilância nos assuntos financeiros. Esse não será um momento para arriscar nem para ser complacente, e se firmarem um novo compromisso ou fizerem uma transação de grande porte, os Coelhos deverão verificar os termos e as obrigações do negócio. A resposta às correspondências oficiais também deverá ser dada em tempo hábil e de maneira criteriosa. Lapsos e erros incomuns poderão ser desvantajosos para os Coelhos. É possível que assuntos burocráticos se revelem problemáticos nesse ano. Mais uma vez, se os Coelhos ficarem preocupados em algum momento, ajuda especializada estará disponível.

No trabalho, os anos do Macaco poderão ser desafiadores. Haverá muita inovação e mudanças ocorrendo e é possível que os conscienciosos Coelhos fiquem preocupados com seus níveis de trabalho e com as expectativas que serão criadas em relação a eles. No entanto, ainda que partes do ano possam ser de grande exigência, os Coelhos terão excelentes chances de desenvolver suas habilidades e seu conhecimento. É por meio de desafios que os pontos fortes se revelam, e a reputação de muitos Coelhos será fortalecida ao longo do ano.

Para os Coelhos que estiverem ansiosos por seguir em frente, haverá avanços surpreendentes reservados. As oportunidades poderão surgir rapidamente, e os cargos que serão oferecidos, embora demandem adequação e aprendizado por parte dos Coelhos, poderão levar muitos deles bem longe na carreira.

Os Coelhos que estiverem procurando emprego precisarão persistir em sua busca, assim como ampliar seu campo de possibilidades. Os anos do Macaco podem tomar rumos curiosos, e esses Coelhos não deverão ser muito restritivos em relação ao que estiverem considerando aceitar.

No geral, o ano do Macaco vai exigir muito dos Coelhos. Haverá mudanças a enfrentar e assuntos que os deixarão preocupados. Além disso, eles não devem gostar de algumas inconstâncias e poderão preocupar-se com decisões e acontecimentos específicos. No entanto, recorrendo à orientação de outras pessoas, procedendo com cuidado e se adequando às exigências, eles poderão ampliar suas habilidades, assim como apreciar novos interesses e oportunidades (e potencialmente se beneficiar deles). Os Coelhos precisarão ser cautelosos nos assuntos financeiros e também prestar atenção no próprio bem-estar, mas as perspectivas românticas são promissoras e eles se divertirão passando tempo com a família e os amigos. Apesar dos aborrecimentos, o ano do Macaco oferece possibilidades e muitas coisas que os Coelhos poderão usar para progredir.

DICAS PARA O ANO

Observe de perto os acontecimentos e prepare-se para se ajustar como exigido. Esse será um ano para ser flexível e estar à altura dos desafios que se apresentarem. Além disso, recorra ao apoio que estará disponível. Será vantajoso prestar atenção em seu bem-estar e no equilíbrio de seu estilo de vida, assim como assumir novos interesses.

Previsões para o Coelho no ano do Galo

Embora às vezes o estilo e a criatividade do Coelho possam ser restringidos pela natureza estruturada do ano do Galo, esse período ainda poderá proporcionar muitos prazeres. Com cautela, combinada ao seu habitual bom julgamento, os Coelhos poderão fazer um valioso progresso.

Uma área que estará particularmente sob bom aspecto será a do desenvolvimento pessoal. Os Coelhos gostam de ampliar seu conhecimento, e haverá excelentes oportunidades para que façam isso durante o ano do Galo. No que diz respeito a interesses pessoais, eles poderão estabelecer novos projetos ou desafios para si mesmos ou decidir comprar equipamentos para ajudar a expandir suas capacidades. Ao realizarem algo significativo, poderão extrair muita satisfação de suas atividades. Quaisquer Coelhos que, em razão de seu estilo de vida movimentado, tenham deixado seus interesses de lado, descobrirão que esse será o ano ideal para corrigir essa falha. Todos os Coelhos poderão se beneficiar caso se unam a entusiastas locais, matriculem-se em um curso ou usem instalações disponíveis para eles. Esses poderão ser momentos construtivos e esclarecedores.

Os Coelhos que levam vidas sedentárias também deverão pensar em incluir alguns exercícios físicos na agenda. Com orientação especializada, em pouco tempo muitos deles poderão perceber uma melhora em seus níveis de energia. É possível que alguns até comecem um programa de exercícios de que gostem em particular.

Ao longo do ano, todos os Coelhos apreciarão encontros com amigos e a oportunidade que isso lhes proporciona de buscar aconselhamento em relação a determinados assuntos espinhosos. Algumas das pessoas que eles conhecem terão conhecimento especializado ou experiência pessoal que poderão revelar-se especialmente úteis.

Além disso, no ano do Galo haverá muitos acontecimentos, e os Coelhos vão gostar de sair e fazer parte disso. Para os que estiverem disponíveis e para aqueles que talvez estejam se sentindo solitários, o período poderá trazer um presente na forma de um importante novo amigo. No nível pessoal, o ano do Galo pode surpreender e com frequência proporcionar deleite.

Na vida familiar, igualmente, haverá muita coisa para ocupar os Coelhos. Mais uma vez, esse ano trará um grande número de atividades e haverá notícias e conquistas individuais para desfrutar. Quando houver necessidade de fazer planos ou preparar ocasiões especiais, os Coelhos verão que seus talentos organizacionais serão bastante apreciados. Ao longo do ano, eles farão muitas coisas para seus entes queridos, incluindo fornecer aconselhamento oportuno. Interesses compartilhados e projetos poderão ser especialmente satisfatórios e tornar a vida familiar ainda mais gratificante.

No trabalho, porém, as pressões serão consideráveis. Além de lidarem com uma grande carga de trabalho, alguns Coelhos poderão sentir-se impedidos pela burocracia e pela política interna da empresa. Haverá momentos particularmente exasperantes. No entanto, quando as coisas ficam difíceis, os Coelhos muitas vezes optam pela discrição, e é isso que muitos farão nesse ano. Se eles se concentrarem no que precisa ser feito, seu julgamento, foco e experiência poderão ser de grande valia, e o progresso que farão será bem merecido.

Dos Coelhos que estiverem procurando emprego será exigido um grande esforço, e poderá haver decepções ao longo do caminho, assim como frustrações em razão de atrasos no processamento de candidaturas a vagas. No entanto, com autoconfiança e persistência, eles verão portas se abrindo, e as oportunidades que virão terão, muitas vezes, potencial de longo prazo. Os anos do Galo podem ser desafiadores, mas a tenacidade *prevalecerá*.

Os Coelhos terão, no entanto, que trabalhar a cautela nos assuntos financeiros. Eles não apenas poderão enfrentar custos adicionais em razão da necessidade de reparos ou da substituição de equipamentos, mas também precisarão suspeitar de riscos e não se deixar iludir pelas aparências. Se não forem prudentes, serão enganados. Coelhos, mantenham-se atentos e façam também registros de seus gastos.

O ano do Galo certamente trará desafios. Contudo, demonstrando comprometimento e usando suas habilidades em seu benefício, os Coelhos poderão terminar esse período com muito a seu favor. Esse é um ano excelente para adquirir conhecimento e habilidades, e os interesses pessoais muitas vezes se desenvolverão de modo estimulante, além de proporcionarem benefícios adicionais. Os assuntos financeiros exigirão cuidadosa atenção, mas a vida familiar e social do Coelho oferecerá uma série de oportunidades e uma boa mistura de atividades a serem desfrutadas. No geral, será um ano exigente, mas também esclarecedor e gratificante.

DICAS PARA O ANO

Desfrute de tempo de qualidade com as pessoas que são especiais para você, e também reserve tempo para seus interesses pessoais. Nesse ano movimentado, essas duas coisas poderão ajudar no equilíbrio de seu estilo de vida. Além disso, quando surgirem pressões ou as situações o preocuparem, mantenha o foco. O bem que você conseguir fazer em situações difíceis poderá melhorar sua reputação e suas perspectivas.

Previsões para o Coelho no ano do Cão

Esse será um ano construtivo para os Coelhos. Eles serão capazes de usar acontecimentos recentes para progredir e fazer um agradável avanço. Sua vida pessoal também poderá ser muito prazerosa, com muito a fazer e compartilhar.

O trabalho estará sob aspectos encorajadores, e tendo em vista seus empreendimentos recentes e, em muitos casos, a melhora de sua reputação, os Coelhos com frequência estarão posicionados de modo excelente para se beneficiarem quando as oportunidades surgirem. Em um grande número de casos, seus empregadores os incentivarão a assumir atribuições de maior importância e/ou lhes oferecerão uma promoção quando cargos ficarem vagos. Esse será um ano muito favorável à ascensão e ao progresso profissional.

Os Coelhos que sentirem que suas perspectivas poderão melhorar caso se mudem para outro lugar descobrirão que sua reputação contará a seu favor. Informando-se, é possível que descubram excelentes oportunidades. Os que estiverem procurando emprego também verão que o contato com agências de emprego e organizações profissionais poderá levar a sugestões úteis e a vagas a serem consideradas. Mostrando iniciativa nas candidaturas e nas entrevistas, muitos Coelhos vão garantir um cargo que poderão usar para progredir no futuro.

Ao longo do ano, todos os Coelhos deverão aproveitar quaisquer treinamentos ou cursos de atualização que se tornarem disponíveis. Mantendo suas habilidades e seu conhecimento atualizados, eles não apenas favorecerão sua situação atual como também melhorarão suas perspectivas. É possível, igualmente, que algumas das pessoas que os Coelhos conhecerem agora mostrem-se de grande ajuda, sobretudo com relação a decisões e oportunidades futuras. Com os excelentes aspectos do próximo ano, o do Javali, o que acontecer nesse ano do Cão muitas vezes poderá pavimentar o caminho para um sucesso ainda maior a seguir.

No entanto, embora um bom progresso possa vir a ser feito, os Coelhos precisarão manter-se atentos ao que estiver acontecendo ao seu redor. A política interna da empresa ou ressentimentos de outra pessoa poderão ser motivo de preocupação. Se isso acontecer, os Coelhos deverão manter a cautela e a discrição. Os anos do Cão podem ter suas distrações, e o ideal é que os Coelhos se concentrem naquilo que devem fazer e deixem a política para os outros. (Nos anos do Cão, ideais e causas diversas são invariavelmente defendidos.)

O progresso alcançado no trabalho ajudará financeiramente e, além de um aumento da renda, alguns Coelhos poderão esperar pelo pagamento de um bônus. por um presente ou darem um uso lucrativo a uma ideia. A melhora de sua situação convencerá muitos a seguir em frente com planos para a casa, atividades recreativas e viagens. Os Coelhos trabalham com afinco e deverão desfrutar das recompensas de seu empenho. No entanto, se possível, eles também deverão pensar em reservar recursos para o longo prazo, incluindo talvez a abertura de uma poupança ou a contratação de um plano de previdência privada. No futuro, poderão ser gratos por isso.

Os Coelhos obterão grande prazer de seus interesses pessoais, especialmente se persistirem até o fim em suas ideias e incrementarem suas habilidades. A ampliação do conhecimento é um elemento-chave do ano do Cão. Os projetos iniciados agora também poderão destacar aptidões que os Coelhos poderão aproveitar melhor adiante.

Na esfera social, os Coelhos serão solicitados e terão muitas oportunidades para sair. Aqueles que desejarem mais companhia vão descobrir que poderão fazer alguns novos amigos importantes se aproveitarem ao máximo suas chances de se encontrar com pessoas que tenham interesses semelhantes, talvez em um coletivo local. Para alguns, o romance sério fará um aceno, transformando sua situação e suas perspectivas. Muitos irão reconhecer e valorizar as qualidades especiais do Coelho nesse período.

Na vida familiar, os anos do Cão podem trazer muita atividade e é possível que haja bons motivos para comemorações, tanto pessoais quanto familiares. Os Coelhos apreciarão o apoio de seus entes queridos ao longo do ano. Se forem francos sobre suas ideias e sobre quaisquer preocupações, poderão receber um bom apoio. Haverá muitos acontecimentos nesse ano, incluindo melhorias notáveis na casa, mas esse será um momento que favorecerá o esforço coletivo.

No geral, o ano do Cão poderá ser gratificante para os Coelhos e, se procurarem usar sua posição atual para progredir no futuro e se ampliarem suas habilidades e ideias, poderão realizar muito. É importante destacar que isso muitas vezes poderá ser levado mais longe no auspicioso ano do Javali, que virá a seguir. Os Coelhos serão incentivados pelo apoio que receberem, e montar uma rede de contatos poderá beneficiá-los no futuro, enquanto no nível pessoal haverá alguns momentos especiais e uma possível comemoração. Um ano prazeroso e construtivo.

DICAS PARA O ANO

Procure desenvolver suas habilidades. O que você aprender agora poderá ser aprimorado no futuro próximo. Use bem esse ano, pois sua importância poderá ser considerável.

Previsões para o Coelho no ano do Javali

Um ótimo e importante ano pela frente. Os Coelhos serão beneficiados pela natureza expansionista do ano do Javali e podem esperar por um excelente progresso e alguns momentos especiais.

As relações pessoais, especialmente, estarão sob um bom aspecto, e para os Coelhos já envolvidos em um romance e para aqueles que o iniciarem nesse ano, esses poderão ser momentos emocionantes. Os aspectos são tais que muitos Coelhos irão estabelecer um relacionamento duradouro, ficar noivos ou se casar.

Para quem estiver com um parceiro, poderá haver avanços emocionantes a compartilhar. Em alguns casos, planos amplamente discutidos serão colocados em prática, e esperanças acalentadas há muito tempo serão realizadas. Esse será um período muito voltado para a ação e um pouco de sorte irá ajudar.

Projetos para o lar também poderão ser prazerosos, e o senso de estilo do Coelho será admirado e apreciado. Os Coelhos estarão inspirados nesse ano; no entanto, quando um dos projetos para a casa estiver concluído, outro com certeza será apresentado.

Além da atividade prática, os Coelhos acompanharão as atividades de seus entes queridos com afetuoso interesse. Em muitos lares haverá sucessos a registrar e conquistas familiares e pessoais a comemorar. Além disso, se os Coelhos forem atraídos por eventos e atividades em sua localidade, deverão participar, se puderem. Os anos do Javali favorecem o envolvimento e haverá momentos de diversão a desfrutar.

Os Coelhos também apreciarão as outras oportunidades sociais do ano. Quaisquer Coelhos que estiverem sentindo-se solitários, encontrarem-se em um ambiente novo ou tiverem tido que superar uma dificuldade recente poderão vivenciar uma reviravolta marcante em sua situação nesse ano. Para ajudar que processo vá mais rápido, eles deverão pensar em participar de grupos locais ou mesmo em ajudar sua comunidade de algum modo. É possível que seu auxílio acrescente um elemento importante ao seu estilo de vida.

Os Coelhos também deverão reservar tempo para seus interesses pessoais. Essas atividades poderão não apenas ajudar a equilibrar seu estilo de vida como também capacitá-los a aproveitar melhor certos talentos. Para os Coelhos criativos, é possível que esse seja um momento inspirador e potencialmente bem-sucedido. Se for possível promover seu trabalho, deverão fazer isso. Eles poderão ser encorajados pela resposta.

O período também poderá dar origem a algumas boas possibilidades de viagem, e todos os Coelhos deverão tentar tirar férias e/ou desfrutar de uma breve pausa, se possível. Se planejarem com antecedência, não apenas algumas decisões emocionantes poderão ser tomadas como sua viagem poderá ser algo a ser aguardado.

No trabalho, os Coelhos serão capazes de usar seus pontos fortes a seu favor, e muitas vezes eles se beneficiarão das oportunidades que surgirem. É possível que aqueles que estiverem estabelecidos em uma carreira tenham a chance de galgar novos níveis e assumir responsabilidades mais importantes. Embora isso possivelmente envolva um aprendizado considerável, poderá tornar sua vida profissional mais gratificante. E os Coelhos que nutrirem determinadas aspirações deverão buscar ativamente por vagas. Sua iniciativa tornará muitos capazes de seguir adiante.

Da mesma maneira, os Coelhos que estiverem procurando emprego verão que sua persistência poderá, muitas vezes, levar à descoberta de vagas. É possível que cargos assumidos agora sejam um trampolim útil para outras possibilidades.

Alguns Coelhos poderão aceitar um tipo diferente de trabalho e verificar que ele é um excelente meio de expressão de seus talentos. Como muitos descobrirão nesse ano, as coisas acontecem por um motivo, e muito do que ocorrer agora será tanto para seu benefício atual quanto futuro.

O progresso feito no trabalho levará, com frequência, a um aumento da renda, mas com tantas coisas acontecendo, o ano será caro. Para ajudar, os Coelhos deverão estabelecer um orçamento para determinadas atividades e tentar manter-se dentro dele. Sem vigilância, as despesas poderão subir muito. Além disso, se tiverem dúvidas sobre quaisquer transações ou não estiverem seguros sobre alguma papelada financeira, deverão buscar esclarecimentos em vez de fazerem suposições. Embora esse seja um ano bom, não será o momento para ser negligente.

No geral, porém, esse poderá ser um período de muito sucesso. As perspectivas profissionais serão boas, e é possível que um importante progresso seja feito. Os interesses pessoais, especialmente os criativos, também devem ser muito satisfatórios. Os Coelhos valorizarão o apoio e a ajuda que vão receber, e suas relações com as pessoas que os rodeiam poderão ser encorajadoras. Ao longo do ano, é possível que sua vida familiar, atividades compartilhadas e socialização proporcionem alguns momentos muito agradáveis, e para quem estiver disponível ou tiver se apaixonado recentemente, as perspectivas românticas serão excelentes. Os anos do Javali combinam com os Coelhos; no entanto, para que se beneficiem inteiramente deles, os Coelhos precisam aproveitar ao máximo as oportunidades que surgirem em seu caminho. Dependerá deles, mas as recompensas poderão ser muitas e consideráveis.

DICAS PARA O ANO

Aproveite o momento. Agarre suas chances. Promova seus talentos. Faça as coisas acontecerem. Esse será um ano para a ação determinada. E também um ano para ser desfrutado.

PENSAMENTOS E PALAVRAS DE COELHOS

Não há homem nem mulher tão pequenos que não consigam tornar sua vida grande por meio de um esforço elevado.

THOMAS CARLYLE

Eu sei o preço do sucesso: dedicação, trabalho duro e uma devoção incessante às coisas que você quer ver acontecer.

FRANK LLOYD WRIGHT

As coisas em que você realmente acredita sempre acontecem, e a crença em alguma coisa faz com que ela aconteça.

FRANK LLOYD WRIGHT

Criamos nosso destino a cada dia de nossa vida.

HENRY MILLER

O talento do sucesso nada mais é do que fazer bem aquilo que você sabe e fazer bem qualquer coisa que você faça, sem pensar na fama.

HENRY WADSWORTH LONGFELLOW

Nossos atos determinam quem somos tanto quanto nós determinamos nossos atos.

GEORGE ELIOT

Nunca é tarde demais para ser aquilo que você poderia ter sido.

GEORGE ELIOT

Deixe cada romper da manhã ser para você como o início da vida. E deixe cada pôr do sol ser para você como seu fim. Depois, permita que todas essas breves vidas deixem seu fiel registro de alguma coisa feita amavelmente para os outros, e alguma força boa ou conhecimento adquirido para você mesmo.

JOHN RUSKIN

O DRAGÃO

8 de fevereiro de 1940 a 26 de janeiro de 1941	*Dragão do Metal*
27 de janeiro de 1952 a 13 de fevereiro de 1953	*Dragão da Água*
13 de fevereiro de 1964 a 1 de fevereiro de 1965	*Dragão da Madeira*
31 de janeiro de 1976 a 17 de fevereiro de 1977	*Dragão do Fogo*
17 de fevereiro de 1988 a 5 de fevereiro de 1989	*Dragão da Terra*
5 de fevereiro de 2000 a 23 de janeiro de 2001	*Dragão do Metal*
23 de janeiro de 2012 a 9 de fevereiro de 2013	*Dragão da Água*
10 de fevereiro de 2024 a 28 de janeiro de 2025	*Dragão da Madeira*
28 de janeiro de 2036 a 14 de fevereiro de 2037	*Dragão do Fogo*

A PERSONALIDADE DO DRAGÃO

Exuberante, colorido, fascinante, o Dragão assume a liderança em muitos desfiles na China. E gosta disso. O Dragão é um espetáculo — existe para ser notado, para emocionar e para injetar energia no processo. Nascidos sob o signo da sorte, os Dragões são vibrantes, gostam de se manter ativos e de fazer as coisas direito. E isso se aplica a muitas pessoas nascidas sob o signo do Dragão.

Os Dragões são extrovertidos, envolvem-se com os outros e em muitas atividades. Eles têm grande entusiasmo e, quando inspirados e motivados, deixam pouca coisa refreá-los. São realizadores, e sua força de vontade e sua autoconfiança os capacitam a muitos feitos.

Os Dragões também têm padrões elevados e sua paixão pelas coisas lhes proporciona um bom apoio. Eles são líderes — inspiradores, confiantes e convincentes. Mas gostam de assumir riscos, e na ânsia de garantirem resultados podem ser impulsivos, impacientes e ignorar detalhes mais sutis. Caso ocorram contratempos, eles os sentirão profundamente, porém não se deixarão abater por muito tempo. Os Dragões são resistentes e prosperam nos desafios. George Bernard Shaw, que era um Dragão, escreveu: "As pessoas que progridem neste mundo são aquelas que se levantam e procuram pelas circunstâncias que desejam e, se não as encontram, elas as criam." É isso que os Dragões fazem.

Com sua capacidade de liderança, os Dragões podem deixar sua marca em muitas profissões. São ambiciosos e trabalham arduamente para conquistar seus objetivos. São também honrados e têm princípios em suas transações, o que, mais uma vez, estimula as pessoas a acreditarem em suas capacidades. Ainda que possam ser exigentes, além de francos e diretos, eles produzem resultados. Costumam dar o melhor de si quando enfrentam um desafio ou quando têm em mente um objetivo que vale a pena. Entediam-se facilmente com a rotina. Se o que eles fazem os coloca no centro das atenções, tanto melhor, e eles gostam de ter pessoas ao seu redor. Em uma escolha por vocação, as áreas de marketing, relações públicas, meios de comunicação e *show business* poderão atraí-los, assim como a função de gerente ou a posição de empresário, além de cargos que envolvam viagens. Os Dragões precisam de um propósito e de um meio para expressar seus talentos.

Suas habilidades, energia e entusiasmo podem recompensá-los financeiramente, e muitos Dragões são materialmente bem-sucedidos na maturidade e na idade mais avançada. Para eles, o dinheiro que têm é uma recompensa por seu trabalho duro e está ali para ser desfrutado. Como resultado, gostam de ceder aos próprios desejos, bem como ser generosos com familiares e amigos. Pode haver momentos em que a impulsividade ou uma decisão precipitada lhes custe caro; porém, se em algum momento eles se virem deficitários, trabalharão duramente para corrigir sua situação e prosperar.

No entanto, ainda que os Dragões sejam escrupulosos em seus empreendimentos, sua confiança nos outros pode, às vezes, ser equivocada e deixá-los vulneráveis. Se em algum momento eles tiverem dúvidas ou preocupações a respeito de um empreendimento, valerá a pena esclarecer os fatos em vez de assumirem riscos ou se deixarem levar pelas aparências. Infelizmente, nem todas as pessoas são honradas e éticas como eles são.

Com sua natureza extrovertida, os Dragões gostam de socializar e raramente têm poucos admiradores ou amigos. No entanto, valorizam sua independência e alguns preferem permanecer solteiros a comprometer seu estilo de vida. Os Dragões gostam de ser os mestres de sua situação.

Aqueles que estabelecem uma relação duradoura com um parceiro costumam fazer isso no início da idade adulta e gostam de organizar seu lar e arrumá-lo a seu próprio estilo. Os Dragões, porém, não gostam de se sentir restringidos e desejarão manter um estilo de vida pleno e movimentado. Ao lado de um parceiro que pense da mesma maneira, haverá diversão, risos e abundância de esperanças a concretizar; se for pai ou mãe, o Dragão, com sua exuberância e entusiasmo, certamente irá inspirar e cativar.

Tanto o homem quanto a mulher Dragão apreciam interesses diversificados e são trabalhadores esforçados e conscienciosos. Eles se esforçam muito para serem bem-sucedidos. A mulher tem um fascínio especial, assim como uma mente independente. Prática, ela usa bem o tempo e tem o feliz dom de conseguir o que quer. Encantadora e afável, tem estilo e confiança e, como todos de seu signo, gosta de um desafio e estabelece padrões elevados para si mesma (e para os outros). Tenaz e ambiciosa, desfruta de sucesso em muitas de suas atividades.

Os Dragões são reconhecidos por sua energia e gostam de direcioná-la para a busca de um objetivo ou para qualquer contribuição que possam dar. Gostam de ser ativos e de se envolver. Também apreciam liderar! Seu entusiasmo, confiança e capacidade de se relacionar com as pessoas são garantias de que terão uma vida rica e movimentada — e uma vida que contém um belo elemento da sorte do Dragão.

Principais dicas para os Dragões

Você pode valorizar sua independência e a chance de se dedicar às suas atividades do jeito que quiser, mas fará bem se, às vezes, consultar outras pessoas e buscar aconselhamento. É importante que não prejudique seus esforços evitando opiniões de terceiros ou sendo autossuficiente. Com assistência, apoio e contribuições, muito mais poderá ser realizado. Tome nota disso especialmente!

- Com seu estilo de vida cheio e movimentado, você esgota seu sistema nervoso e trabalha demais. Reserve tempo para recarregar as baterias de vez em quando. Isso poderá lhe fazer muito bem. Para ficar em boa forma, você precisa ter um estilo de vida bem equilibrado.
- Como você se envolve em muitas coisas, pode dispersar sua energia de modo abrangente, o que pode gerar erros e descuidos. Para evitar isso, tenha cautela em não se comprometer demais e concentre-se mais em prioridades-chave. Com o esforço concentrado, você poderá desfrutar de recompensas ainda mais substanciais.
- Você é especialista em pensar com clareza em momentos de tensão e aproveitar ao máximo sua situação, mas o planejamento de longo prazo poderá ajudá-lo a canalizar seus esforços de maneira mais eficaz. Adquirir qualificações ou habilidades para o futuro, economizar para um item ou plano específico ou estabelecer uma meta para si mesmo — tudo isso poderá capacitá-lo a fazer bom uso de seu tempo e de sua energia.

OS RELACIONAMENTOS COM OS DEMAIS SIGNOS

Com o Rato

Como os dois signos são animados e engenhosos, suas relações costumam ser excelentes, e eles podem ter ótimos momentos juntos.

No trabalho, ambos são empreendedores e têm ideias em abundância. O Dragão apreciará especialmente as habilidades do Rato em identificar oportunidades e descobrir maneiras de avançar. Uma combinação eficaz.

No amor, sua paixão, energia e muitos interesses contribuem para um estilo de vida animado e gratificante. Esses dois se entendem bem, e o Dragão respeitará o julgamento do Rato, além de valorizar seu apoio. Uma combinação excelente.

Com o Búfalo

Esses dois podem reconhecer e respeitar as qualidades um do outro, porém se comportam de maneiras muito diferentes. É possível que as relações não sejam fáceis.

No trabalho, ambos se esforçam arduamente e têm altos padrões e, se conseguirem unir-se em torno de um objetivo comum e lidar com sua tendência à franqueza, poderão combinar seus diferentes pontos fortes com um bom resultado.

No amor, o Dragão valoriza o jeito confiável e franco do Búfalo, embora goste de um estilo de vida mais ativo. Como ambos são muito firmes e voluntariosos, poderá haver tempos difíceis à frente.

Com o Tigre

Como os dois apreciam um estilo de vida animado e ativo, as relações entre eles serão boas, ainda que por vezes inconstantes.

No trabalho, com seu entusiasmo, empreendedorismo e ideias, eles podem formar uma dupla dinâmica, mas precisam manter-se focados e canalizar seus esforços para que tenham sucesso.

No amor, haverá paixão, emoção, planos e esperanças, e a vida poderá ser maravilhosa *e* emocionante; no entanto, os dois são francos e gostam de manter certa independência. Eles precisarão chegar a um entendimento para que essa combinação emocionante seja duradoura.

Com o Coelho

Ainda que tenham temperamentos diferentes, esses dois se gostam e se respeitam, e suas relações poderão ser boas.

No trabalho, ambos estabelecem altos padrões para si mesmos, e o Dragão apreciará a ética profissional do Coelho e sua habilidade para planejar e organizar. Eles trabalharão bem juntos.

No amor, os dois signos apaixonados terão grande admiração pelas qualidades um do outro. O Dragão valorizará a calma, o carinho e o jeito sereno do Coelho. Eles terão diferenças a conciliar, mas podem desfrutar de uma união forte e significativa.

Com outro Dragão

Animados e sociáveis, dois Dragões podem apreciar a companhia um do outro, mas como são dominadores e francos, haverá também alguns confrontos.

No trabalho, ambos apresentam imenso potencial, além de ideias, espírito empreendedor e entusiasmo em abundância. No entanto, disputarão o domínio, e sua competição poderá prejudicar sua eficácia conjunta.

No amor, haverá paixão, diversão e grandes esperanças, mas também duas naturezas resolutas. Eles precisarão chegar a um acordo viável.

Com a Serpente

O Dragão admira muito a quieta e pensativa Serpente, e as relações entre eles serão ótimas.

No trabalho, ambos podem combinar diferentes pontos fortes com bons resultados, com o Dragão respeitando o julgamento e as habilidades profissionais da Serpente. Juntos, é possível que desfrutem de um sucesso considerável.

No amor, esses dois se complementam, e o Dragão será atraído pelo jeito calmo, encantador e pensativo da Serpente. A Serpente também poderá levar ordem e certa serenidade à agenda habitualmente cheia do Dragão. A compatibilidade deles é ideal. Uma ótima combinação.

Com o Cavalo

O Dragão aprecia a companhia do ativo e animado Cavalo, e as relações entre eles serão boas.

No trabalho, a combinação de seu entusiasmo e energia pode levar a um sucesso considerável, com cada um deles sendo um estímulo útil para o outro.

No amor, sua paixão e perspectiva compartilhada contribuirão para uma vida em comum agitada e gratificante. O Dragão apreciará a natureza animada, eloquente e prática do Cavalo. Uma combinação compensadora.

Com a Cabra

Esses dois podem apreciar a companhia um do outro por um tempo, mas é possível que diferenças de perspectiva e de caráter gerem problemas.

No trabalho, com o aproveitamento de seus diferentes pontos fortes, eles podem se sair bem, com o Dragão reconhecendo e estimulando a contribuição criativa da Cabra.

No amor, ambos são apaixonados, amantes da diversão e apreciadores de estilos de vida ativos, mas o Dragão poderá, com o tempo, ficar exasperado com a inconstância, as mudanças de humor e o jeito às vezes relaxado da Cabra. Os presságios não são bons.

Com o Macaco

Altamente sociáveis e apreciadores de interesses variados, esses dois gostam um do outro, e haverá boa camaradagem entre eles.

No trabalho, seu entusiasmo, sua energia e suas muitas ideias fazem deles uma combinação poderosa. O Dragão apreciará o instinto inventivo e a honestidade do Macaco.

No amor, podem desfrutar de um relacionamento próximo, amoroso e especial. Eles irão se entender e apoiar um ao outro, e o Dragão vai admirar os muitos talentos do Macaco e sua *joie de vivre*. Uma combinação excelente.

Com o Galo

Esses dois são signos impressionantes, que se gostam e se respeitam muito.

No trabalho, o Dragão vai admirar a maneira metódica e eficiente do Galo. Como ambos são trabalhadores esforçados e ansiosos por alcançar resultados, eles poderão combinar seus talentos com um bom efeito.

No amor, eles podem ser bons um para o outro. Ambos têm interesses variados, adoram socializar e gostam de um estilo de vida ativo. O Dragão respeitará um parceiro tão metódico e carinhoso (e se beneficiará dele). Uma boa combinação.

Com o Cão

Com suas perspectivas e atitudes diferentes, há pouco em comum entre esses dois.

No trabalho, com abordagens e estilos distintos e ambos sendo francos e ansiosos por assumir a liderança, inevitavelmente haverá problemas.

No amor, o Dragão valorizará a lealdade e a sinceridade do Cão, mas como os dois são resolutos e o Dragão talvez nem sempre entenda a tendência do Cão de se preocupar, é possível que as relações sejam desafiadoras.

Com o Javali

Como os dois signos são ativos, sociáveis e têm uma grande quantidade de interesses, as relações poderão ser boas.

No trabalho, seu grande empenho, habilidades e respeito mútuo podem torná-los uma dupla de sucesso. O Dragão valorizará especialmente a abordagem persistente e o tino comercial do Javali.

No amor, o Dragão apreciará o jeito alegre, despreocupado e afetuoso do Javali. Eles terão muito a compartilhar e combinam bem.

HORÓSCOPOS PARA CADA UM DOS ANOS CHINESES

Previsões para o Dragão no ano do Rato

Um ano animado à frente. Assim como o Rato, os Dragões aproveitam a vida ao máximo, ocupam-se de uma quantidade imensa de atividades e abraçam a emoção da oportunidade. Os anos do Rato prometem momentos ativos e especiais, e os Dragões descobrirão que, assim que colocarem seus planos em prática, avanços auspiciosos se seguirão. Haverá uma forte influência do acaso nesse ano. Para os Dragões que estiverem alimentando aspirações ou esperanças específicas, *esse* será o momento de agir. Como observou o poeta Virgílio, "A sorte favorece os audazes", e o ano do Rato favorece muito os audazes e empreendedores Dragões.

No trabalho, os aspectos serão especialmente encorajadores, e muitos Dragões ou assumirão responsabilidades maiores onde estiverem ou passarão a ocupar outro cargo, de remuneração mais alta, em outro lugar. Esse não será um ano para ficar parado. Para alguns Dragões, o que se descortinar para eles envolverá uma expressiva mudança e eles irão saborear com prazer a chance de provar sua capacidade de uma nova maneira. Para aqueles que sentirem que têm estado acomodados, os acontecimentos do período poderão reenergizar suas perspectivas. Será preciso arriscar-se; porém, uma vez que os Dragões comecem a explorar as opções e a se informar, é possível que importantes (e incontroláveis) engrenagens entrem em movimento.

Os Dragões que estiverem procurando emprego deverão acompanhar ativamente as vagas, mas também beneficiar-se de aconselhamento e de outros recursos que estiverem à sua disposição. Em alguns casos, profissionais de recrutamento poderão sugerir diferentes caminhos a seguir ou prestar-lhes orientação sobre programas e cursos de reciclagem. Com dedicação, é possível que muitos Dragões garantam com sucesso um cargo que poderão usar para progredir no futuro. Para alguns deles, esse ano do Rato talvez assinale o início de um novo capítulo em sua vida profissional.

O progresso realizado no trabalho poderá muitas vezes proporcionar um bem-vindo aumento da renda, e alguns Dragões também encontrarão maneiras de complementar os ganhos por meio de uma ideia empreendedora. No entanto, com seus planos e compromissos, as despesas serão altas e ao longo do ano os Dragões deverão ficar atentos aos seus gastos. Será fácil se exceder nos desejos nesse período. Além disso, ao firmarem acordos importantes, deverão verificar cuidadosamente os termos — caso contrário, erros poderão ser cometidos, gerando despesas. Dragões, tomem nota disso.

Os Dragões extrairão muito prazer de seus interesses pessoais ao longo do ano e, com frequência, estarão inspirados. Para os que estiverem ansiosos por aproveitar mais um talento específico, esse será um bom momento para buscar orientação especializada. Com uma abordagem determinada, esse será um período de grandes possibilidades.

A natureza ativa do ano também será evidente na vida familiar. Os Dragões estarão ansiosos por fazer algumas melhorias na casa, incluindo atualização de equipamentos e alterações de cômodos. No entanto, ainda que estejam entusiasmados, eles precisarão reservar um bom tempo para concluir seus projetos. Alguns empreendimentos poderão demorar mais do que o previsto. Além da natureza muitas vezes consideravelmente prática do ano, haverá ocasiões familiares em especial que os Dragões irão apreciar, incluindo as que registrarem suas próprias conquistas e o sucesso de membros da família.

Eles aproveitarão ao máximo o que estiver acontecendo durante o ano do Rato, como eventos promovidos em sua área. Se forem acompanhados de familiares e amigos, poderão desfrutar de momentos animados. Além disso, seu círculo social aumentará, pois seu trabalho, seus interesses e seus amigos poderão levá-los a conhecer outras pessoas.

Para os Dragões que estiverem disponíveis e para aqueles que desejarem uma vida social mais ativa, o ano do Rato poderá proporcionar uma grande transformação em sua vida. É possível que um encontro ao acaso faça com que muitos Dragões disponíveis encontrem o amor, e os interesses e as atividades iniciadas agora poderão ajudar a descortinar novas oportunidades sociais.

Os Dragões são rápidos em agarrar todos os tipos de oportunidades, e muitos deles apreciarão as possibilidades que o ano do Rato vai oferecer. Será o momento de tomar a iniciativa e procurar avançar. No nível pessoal, haverá muito a compartilhar, e, para alguns Dragões, o amor tornará o ano ainda mais especial. No entanto, ainda que muitas coisas possam ir bem, os Dragões precisarão ficar atentos quanto a assumir riscos desnecessários, gastar muito livremente e empurrar a sorte para longe. Quando os tempos são bons, é fácil passar dos limites; no entanto, à parte este aviso, esse poderá ser um ano animado e gratificante, e é possível que os Dragões se beneficiem dele de muitas maneiras.

DICAS PARA O ANO

Um ano para agir. Aproveitando ao máximo sua situação e agarrando as oportunidades, você poderá fazer um bom progresso. Valorize suas relações com as pessoas e compartilhe os bons momentos que o ano trará.

Previsões para o Dragão no ano do Búfalo

O ano do Búfalo costuma ser encorajador para os Dragões, embora eles precisem permanecer atentos aos outros e agir de acordo com o esperado. Os anos do Búfalo favorecem a tradição e transcorrem ao longo de limites estabelecidos. "Siga os procedimentos corretos e desfrute de sucesso em tudo o que fizer", como diz o provérbio chinês. Esse sucesso, no entanto, poderá demorar a chegar e será necessário ter paciência — o que nem sempre é um ponto forte do Dragão!

No trabalho, os Dragões se sairão melhor concentrando-se nas áreas em que têm mais *expertise*. Se forem novos no cargo, esse será um ano excelente para que se estabeleçam, aprendam mais sobre os diferentes aspectos de seu trabalho e mergulhem no que estiver acontecendo ao seu redor. Com dedicação, esses Dragões poderão não apenas contribuir para sua posição atual, mas também encontrar grande satisfação naquilo que fazem. Em vez de olharem para a frente ou se apressarem, será o caso de aproveitarem ao máximo o momento presente. Além disso, muitos Dragões poderão beneficiar-se dos acontecimentos que terão lugar ao longo do ano. Em alguns casos, mudanças no quadro de funcionários deixarão cargos disponíveis ou darão aos Dragões experiência em outra função. Aproveitando ao máximo essas chances, eles poderão melhorar muito sua reputação. Esse é um ano que favorecerá o progresso constante.

Durante o ano, os Dragões deverão trabalhar em estreita colaboração com seus colegas e manter-se cientes dos pontos de vista daqueles que os rodeiam. Embora possam ter seu próprio jeito de fazer as coisas, esse não será o momento para se colocarem em uma posição vulnerável. Dragões mais independentes, tomem nota disso.

Para aqueles que estiverem procurando emprego ou que decidirem sair de onde estão, é possível que o ano do Búfalo apresente algumas boas oportunidades. No entanto, mais uma vez, os Dragões descobrirão que será melhor se concentrar em áreas que empregam suas habilidades e *expertise* do que tentar qualquer outra coisa muito diferente. O processo de procurar emprego poderá ser demorado e, às vezes, frustrante, mas mantendo a paciência e a persistência, esses Dragões poderão ser recompensados. Os resultados nesse ano virão por meio de um grande e constante esforço.

Muitos Dragões desfrutarão de um aumento da renda ao longo do ano, e é possível que alguns deles sejam também beneficiados com um presente ou uma receita extra. Para que aproveitem ao máximo, eles deverão administrar bem sua situação, idealmente guardando recursos para exigências específicas e, se possível, fazendo uma reserva para o futuro. Com controle e cuidadosa ponderação, eles poderão se sair bem.

As viagens serão atrativas nesse período, e os Dragões deverão viajar em algum momento, se puderem. Uma mudança de cenário e a chance de ver novas áreas poderão fazer-lhes muito bem. Alguns Dragões poderão conciliar com sucesso suas viagens e uma atividade relacionada a um interesse pessoal ou visitar uma atração especial. Planejar com antecedência proporcionará momentos bastante agradáveis.

Como sempre, os Dragões desfrutarão das oportunidades sociais do ano e, embora possam não sair com tanta regularidade quanto nos outros anos, o ano do Búfalo proporcionará uma mistura agradável de ocasiões sociais. Aquelas relacionadas aos interesses pessoais poderão ser especialmente atrativas, e muitos Dragões apreciarão encontrar-se com outros entusiastas. Como resultado, boas conexões poderão ser formadas.

Os Dragões que estiverem envolvidos em um romance poderão ver seu relacionamento se fortalecer no decorrer do ano, e alguns Dragões irão estabelecer relações duradouras ou se casar. No entanto, embora desfrutem de bons relacionamentos com muitas das pessoas que os rodeiam, uma palavra de advertência se faz necessária. Nos anos do Búfalo, os Dragões precisarão tomar cuidado com rumores e também para não se deixarem envolver em situações complicadas. No trato com as pessoas, deverão permanecer francos e honestos. Indiscrições ou lapsos poderão causar problemas. Dragões, tomem nota disso.

A vida familiar, no entanto, poderá ser fonte de muito prazer; reservar tempo para compartilhar com os outros não apenas será bom para os relacionamentos como também propiciará uma série de momentos agradáveis, incluindo viagens. Os anos do Búfalo estimulam os Dragões a adotar um estilo de vida bem equilibrado, e sua vida familiar será uma parte importante do processo. Além disso, os Dragões darão primorosos conselhos a membros da família e seu julgamento terá um valor considerável. Durante o ano do Búfalo, a percepção dos Dragões e a empatia especial que eles têm com as pessoas poderão ser um grande recurso.

Embora possa não ter o ritmo e o vigor que os Dragões apreciam, o ano do Búfalo, no entanto, permitirá que eles ajam com estabilidade e desfrutem de um nível maior de satisfação com suas atividades. Poderá ser um período gratificante e proporcionar muitos prazeres, incluindo possibilidades de viagens e alguns momentos pessoais e familiares recompensadores.

DICAS PARA O ANO

Em vez agir apressadamente ao longo do ano, saboreie-o. Desfrute de seus interesses pessoais, passe um tempo com seus entes queridos e amplie suas habilidades. Esses poderão ser momentos construtivos e de excelente qualidade para você.

Previsões para o Dragão no ano do Tigre

Os anos do Tigre têm grande energia e vitalidade, e com esperanças a concretizar e planos a realizar, os Dragões se sairão bem.

No trabalho, esse poderá ser um momento para progredir. Como agora muitos Dragões já terão provado seu valor na função atual, eles devem sentir-se prontos para avançar e assumir novos desafios. Mantendo-se atentos a vagas em seu local de trabalho, assim como em outros lugares, poderão descobrir possibilidades atrativas. Em alguns casos, é possível que elas representem uma considerável mudança em relação a funções anteriores, mas darão aos Dragões um novo incentivo e a chance de provar sua capacidade em outra área. Os anos do Tigre oferecem amplas possibilidades, e muitos Dragões receberão novas oportunidades de bom grado.

Isso também se aplicará aos Dragões que estiverem descontentes com sua função atual ou à procura de emprego. Se não forem muito restritivos em relação ao que consideram aceitar, é possível que descubram novas e interessantes oportunidades, bem como recebam a oferta de uma função adequada às suas capacidades. O empenho e a iniciativa do Dragão poderão render frutos significativos nesse ano.

No entanto, embora os aspectos sejam encorajadores, os Dragões ainda precisarão manter o foco e a cautela em relação ao que estiver acontecendo ao seu redor. Ao se dedicarem às suas tarefas, deverão ser meticulosos e tomar cuidado para não tirar conclusões precipitadas nem se arriscar. Pressa e lapsos poderão prejudicar parte das coisas boas que tiverem feito. Além disso, ao longo do ano, eles deverão trabalhar como parte de uma equipe, e não de modo independente. Dessa maneira, não apenas o apoio estará mais acessível, como eles se beneficiarão do esforço combinado de talentos e ideias. Nos anos do Tigre, os Dragões precisam ficar atentos à sua tendência de ser independentes.

O progresso realizado no trabalho poderá aumentar os níveis de renda de muitos Dragões nesse ano, e alguns deles poderão beneficiar-se também de um recurso extra. No entanto, os anos do Tigre pedem disciplina financeira. Com a tentação de algumas compras caras e a necessidade de cumprir seus compromissos atuais, os Dragões poderão ter despesas altas. Embora estejam ansiosos por seguir em frente com seus planos, especialmente para a casa, se reservarem tempo para considerar opções, extensões e custos, eles conseguirão tomar melhores decisões. Nesse ano, os assuntos financeiros precisarão de cuidado e tempo.

Essa necessidade de cuidado também se estenderá às relações com as pessoas. Embora muitas coisas venham a correr bem, os problemas ainda poderão surgir. Na vida familiar, é possível que os Dragões sintam cansaço e tensão em decorrência da agenda lotada e das pressões do trabalho, e assim o tempo de qualidade pode vir a ser prejudicado por exigências conflitantes. Eles precisarão ficar cientes disso e reservar tempo para a vida familiar, assim como se comunicar bem com seus entes queridos. Os Dragões costumam manter-se atentos a isso, mas as pressões poderão ser intensas nesse período e será necessário garantir que elas não causem dificuldades domésticas. Nesse ano agitado, será importante encontrar um estilo de vida equilibrado.

No entanto, apesar dessas palavras de advertência, haverá muito a desfrutar, incluindo o que poderão ser extensos projetos para a casa (e para alguns jardins). Haverá também sucessos individuais a registrar e a chance de uma ocasião especial e de uma reunião familiar.

Quando possível, os Dragões deverão tentar encaixar uma viagem nesse ano. Tirar férias com os entes queridos poderá fazer bem a todos.

O ano do Tigre também poderá proporcionar uma boa mistura de oportunidades sociais, com os Dragões desfrutando da grande variedade de atividades que desenvolvem e da chance de conhecerem novas pessoas. Alguns de seus contatos poderão prestar ajuda especificamente com determinado assunto ou aspiração; no entanto, para que possam beneficiar-se inteiramente, os Dragões precisarão ser afáveis e ouvir os aconselhamentos com toda a atenção.

No que se refere aos assuntos românticos, os Dragões também precisarão manter-se atentos. Com cuidado, os romances poderão florescer e proporcionar uma felicidade considerável. Mas, se os Dragões começarem a fazer pouco caso do amor ou da afeição de outra pessoa, os problemas se seguirão. Dragões, tomem nota disso.

Diante das exigências do ano, é também importante que os Dragões cuidem de si mesmos. Isso inclui praticar exercícios físicos regularmente, ter atenção com a alimentação e reservar tempo para os interesses pessoais e a recreação. Como o ano do Tigre costuma ser rico em ideias e possibilidades, muitos Dragões poderão ser atraídos por uma nova atividade ou estabelecer uma meta para si mesmos. Os anos do Tigre oferecem diversas possibilidades, mas para que possam se beneficiar, os Dragões precisarão usar bem o tempo e aproveitar ao máximo as oportunidades.

No geral, o ano do Tigre promete ser pleno e movimentado, e os Dragões receberão de bom grado as oportunidades que ele trará. Muito poderá ser feito, mas os Dragões precisarão permanecer cautelosos e alerta — do contrário, é possível que surjam dificuldades e mal-entendidos, que muitas vezes poderiam ter sido evitados se recebessem maior consideração. Dragões tomem nota disso. Aproveitem o ano e seus bem merecidos sucessos, mas também sejam atenciosos com os outros.

DICAS PARA O ANO

Esse será um momento de considerável potencial — aproveite-o ao máximo e agarre suas oportunidades. No entanto, equilibre suas atividades e reserve um tempo para as pessoas que são especiais para você. A desatenção poderá trazer problemas. Tome nota disso e aproveite ao máximo esse ano estimulante.

Previsões para o Dragão no ano do Coelho

Os Dragões gostam de um estilo de vida agitado e colocam muita energia em suas diversas atividades. Mas até mesmo eles precisam de tempo para reavaliar a vida e fortalecer suas reservas. E o ano do Coelho será o momento para isso. Esse será um período estável e organizado, uma preparação ideal para o auspicioso ano do próprio Dragão, que virá a seguir.

Uma área que estará particularmente sob um bom aspecto será a do desenvolvimento pessoal. Esse será um ano excelente para que os Dragões desenvolvam habilidades e, caso sintam que outra qualificação ou conhecimento adicional poderão contribuir para suas perspectivas, deverão reservar tempo para adquiri-los. Estudo e autodesenvolvimento poderão ser elementos satisfatórios e potencialmente importantes nesse ano.

Os interesses pessoais poderão fazer, ainda, com que os Dragões desenvolvam seus talentos e também ser fonte de muito prazer. Nesse ano, todos os Dragões merecerão um tempo para "si mesmos", e quaisquer Dragões que tenham deixado de lado seus interesses farão bem se corrigirem isso e talvez considerarem assumir algo novo. Esse movimento poderá proporcionar equilíbrio ao seu estilo de vida atual e é possível que benefícios adicionais se sigam.

Os anos do Coelho também favorecem a cultura, e caso sejam atraídos por eventos específicos, os Dragões deverão verificar do que será possível participar. Nesse ano haverá muito do que eles poderão apreciar.

Várias de suas atividades poderão ter, igualmente, um bom elemento social. No entanto, ainda que possam divertir-se bastante e fazer novos amigos, os Dragões precisarão estar cientes de que um comentário inapropriado ou irreverente poderá causar problemas. Tomem nota disso e tenham cuidado.

Mais positivamente, os Dragões apreciarão um maior compartilhamento em seu ambiente familiar, incluindo aconselhar e apoiar os entes queridos quando estes tiverem que tomar decisões. Esse será um período excelente para compartilhar interesses e atividades e aproveitar ao máximo as comodidades locais. Os anos do Coelho podem proporcionar muitas situações agradáveis. Contudo, ao longo do ano os Dragões precisarão buscar orientação com outras pessoas *e ouvir o que elas têm a dizer*. Com sua personalidade forte, eles gostam de dominar. Em alguns casos, porém, trocar mais ideias e ter mais flexibilidade poderá beneficiar a todos.

No trabalho, esse poderá ser um ano construtivo. Quaisquer Dragões que tenham assumido novas responsabilidades recentemente, ou que venham a fazer isso ao longo do ano, deverão estabelecer-se e aprender sobre os diferentes aspectos de sua função. Com comprometimento, poderão adquirir uma excelente reputação e tornar-se membros essenciais de qualquer equipe. Eles também deverão aproveitar todas as chances de aumentar sua rede de relacionamentos e estabelecer contatos, pois isso poderá beneficiá-los mais tarde.

Para os Dragões que estiverem em busca de emprego ou de uma mudança na função atual, o ano do Coelho poderá ser excelente para que reavaliem sua situação. Ao considerarem como gostariam que sua carreira se desenvolvesse e procurando aconselhamento, poderão ver o surgimento de interessantes possibilidades. Quando encontrarem uma vaga de seu interesse, deverão ser rápidos em se apresentar. O que for conquistado agora poderá ter uma influência importante nos acontecimentos do próximo ano.

Os Dragões também poderão se sair bem financeiramente. Seu gosto refinado e seu olhar para uma boa compra estarão em ótima forma, e eles poderão desfrutar também de um pouco de sorte, possivelmente comprando um item desejado a um bom preço ou encontrando exatamente o que querem em uma ponta de estoque incomum. No entanto, considerando seus compromissos, eles precisarão manter a disciplina e administrar bem o orçamento.

Quando possível, os Dragões também deverão poupar para viagens. Muitos desfrutarão de férias nesse ano e, se houver atrações específicas que queiram ver ou destinos que desejem visitar, deverão informar-se. Possibilidades interessantes poderão surgir nesse ano.

Embora o ano do Coelho possa não ter a mesma atividade que alguns outros, ele ainda pode ser satisfatório. Em vez de se comprometerem demais ou levarem a vida em um ritmo acelerado, os Dragões deverão aproveitar esse ano para fazer um balanço, apreciar a posição em que se encontram e usá-la para se desenvolver de maneira constante. A vida familiar, a vida social e os interesses pessoais poderão proporcionar-lhes muito prazer, e alguns Dragões também serão capazes de desfrutar de um estilo de vida mais equilibrado nesse ano tranquilo e estável.

DICAS PARA O ANO

Aproveite o presente, mas também considere o futuro. Esse será um ótimo momento para o desenvolvimento pessoal, e as habilidades e o conhecimento adquiridos agora ajudarão em suas perspectivas futuras. Esse será um ano de preparação para as oportunidades que aguardam à frente.

Previsões para o Dragão no ano do Dragão

Quando o ano do Dragão começar, muitos Dragões comemorarão com estilo e estarão determinados a aproveitar ao máximo os 12 meses que se apresentam. Os

Dragões estarão no controle, e a sorte favorecerá os arrojados e empreendedores. Para alguns, seu ano poderá assinalar um novo capítulo em suas vidas e, em alguns casos, um novo começo.

Em relação ao trabalho, as expectativas serão especialmente animadoras. Para os Dragões que já tiverem se estabelecido na carreira, haverá a chance de galgar novos níveis. Nesse ponto, atividades recentes poderão ser de excelente ajuda, e quando surgirem vagas, eles deverão buscá-las ativamente. Esse não será um ano para ficar parado, e muitos Dragões farão progresso em seu local de trabalho atual ou desenvolverão a carreira em outro lugar. Além disso, muitos terão mais chances de valer-se de seu campo de especialização e desfrutar de algumas conquistas notáveis.

Para os que estiverem procurando emprego ou se sentindo insatisfeitos com o tipo de trabalho que realizam no momento, as expectativas também serão promissoras. Mantendo-se alertas a oportunidades e explorando diferentes possibilidades, muitos desses Dragões conseguirão garantir o que se revelará um cargo ideal. Os eventos podem ocorrer velozmente em seu próprio ano, e eles precisarão agir rápido, mas o que muitos conseguirem realizar agora poderá ajudar a reenergizar sua carreira.

Todos os Dragões também deverão aproveitar quaisquer treinamentos disponíveis, assim como estabelecer conexões em sua área de trabalho. Mantendo-se ativos e envolvidos, eles conseguirão impressionar outras pessoas e fortalecer sua reputação.

O progresso realizado no trabalho poderá ajudar financeiramente, e muitos Dragões desfrutarão de aumento da renda ao longo do ano. No entanto, com seus muitos planos e ideias, eles terão que observar seus níveis de despesas. Além disso, se tiverem recursos de que não necessitarão imediatamente, será vantajoso que façam uma reserva para o futuro. O ano do Dragão é bom para se refletir a longo prazo.

Com sua natureza genial e extrovertida, os Dragões estarão frequentemente impressionantes nesse ano e terão a oportunidade de conhecer muitas pessoas, algumas das quais se tornarão amigos e importantes relações.

Para os que não estiverem em um relacionamento, seu próprio ano poderá trazer um romance maravilhoso. Os assuntos do coração estarão sob aspectos esplêndidos, e é possível que alguns Dragões conheçam seu futuro par. Qualquer Dragão que tenha sofrido uma mágoa recente verá que seu próprio ano proporcionará perspectivas muito mais brilhantes. Esse será um momento para seguir adiante e, no caso de alguns, recomeçar.

Os Dragões também poderão esperar por uma vida familiar ativa; no entanto, considerando seus próprios compromissos e a vida igualmente agitada daqueles que os rodeiam, haverá necessidade de cooperação. Isso incluirá assistência mútua em momentos de grande atividade, compartilhamento de tarefas e, muito importante, a preservação de tempo de qualidade para desfrutarem juntos. Sem cuidado, haverá o risco de que a vida familiar seja conduzida de maneira confusa, sem que os Dragões aproveitem totalmente as recompensas por seus esforços. Nesse ano emocionante, eles precisarão fazer uma pausa, descontrair e valorizar os prazeres da vida em família.

No decorrer do ano, eles também deverão estar acessíveis e dispostos a falar sobre suas esperanças e atividades. Desse modo, poderão não apenas se favorecer do aconselhamento daqueles que os rodeiam, como também receber ajuda de maneiras inesperadas. Além disso, é possível que o ano seja marcado por uma comemoração especial. Para o Dragão, seu próprio ano pode ser significativo e inesquecível.

No seu decorrer, os Dragões deverão aproveitar ao máximo suas ideias, e algumas delas estarão vinculadas a seus interesses pessoais. As viagens também poderão ser atrativas e, se possível, os Dragões deverão tirar férias nesse período. Planejando o itinerário com antecedência, poderão esperar por visitas a algumas das atrações mais importantes. Seu próprio ano proporciona ótimas possibilidades.

No geral, o ano do Dragão é altamente auspicioso para os regidos por seu signo. É seu momento de seguir em frente com planos e procurar ascender na profissão. No entanto, para que o aproveitem ao máximo, os Dragões precisarão ser os condutores da mudança. Como eles descobrirão, assim que começarem a agir, muita coisa poderá se seguir. Nesse ano, os Dragões terão muito a seu favor e poderão ver resultados impressionantes.

DICAS PARA O ANO

Aja. Aproveite ao máximo seus pontos fortes e reflita um pouco sobre o futuro. O que você realizar poderá não apenas ajudar em sua situação presente, como também conduzir a sucessos mais adiante. Seu ano é realmente significativo e especial para você. Use-o bem.

Previsões para o Dragão no ano da Serpente

Um ano construtivo pela frente. Os Dragões terão uma boa chance de ampliar seu sucesso recente e seguir adiante. Além disso, a natureza mais estável do ano da Serpente lhes dará mais oportunidade de se concentrar em suas prioridades.

No trabalho, os esforços recentes de muitos Dragões poderão agora gerar frutos. Quando as oportunidades surgirem, eles estarão bem posicionados para se beneficiar. É possível que alguns sejam convidados a assumir um cargo mais especializado ou recebam uma promoção. Certamente, esse será um ano em que seus talentos especiais poderão ser cultivados, e muitos Dragões farão um avanço impressionante. Além disso, se tiverem metas ou aspirações específicas, esse será um bom momento para persegui-las. Suas habilidades e sua determinação poderão formar uma forte combinação nesse período. E mais: todos os Dragões deverão agarrar todas as oportunidades de ampliar seu conhecimento, inclusive beneficiando-se de qualquer treinamento que esteja disponível.

A maioria dos Dragões permanecerá em sua área de trabalho atual, mas para aqueles que decidirem realizar uma mudança ou estiverem procurando emprego, importantes oportunidades poderão se abrir. Ao considerarem diferentes maneiras de empregar seus pontos fortes e analisando as opções, muitos desses Dragões conquistarão uma vaga na qual poderão prosperar, com frequência rapidamente. E, se determinadas propostas de emprego não se concretizarem, eles não deverão ficar desanimados. Nesse ano, o sucesso poderá chegar de maneiras curiosas. A Serpente, regente do ano, é mestre no mistério e na surpresa. Muitas coisas acontecem por um motivo no ano da Serpente e, em geral, em benefício do Dragão.

Os aspectos animadores também se estenderão aos interesses pessoais. Se os Dragões estiverem cultivando ideias sobre uma nova atividade ou sentindo curiosidade a seu respeito, deverão informar-se sobre ela nesse ano. Candidatando-se e aproveitando as oportunidades, eles poderão tornar esse momento especial e inspirador. Os anos da Serpente estimulam os Dragões a explorarem mais suas capacidades.

Os Dragões também poderão se sair bem financeiramente nesse período. Muitos desfrutarão de um aumento na renda e alguns talvez sejam favorecidos por uma ideia empreendedora. No entanto, todos os Dragões deverão controlar as despesas — do contrário, qualquer recurso extra poderá ser absorvido pelos gastos diários em vez de ser usado em um benefício melhor. Fazer um bom orçamento ajudará, incluindo poupar para compras mais vultosas.

Com seus amplos interesses e sua personalidade extrovertida, os Dragões conhecem um grande número de ótimas pessoas e desfrutarão de um contato regular com os amigos durante o ano, assim como da chance de conhecer novas pessoas. Tanto os avanços profissionais quanto os interesses pessoais poderão ter um bom elemento social.

Para os Dragões que desejarem envolver-se em um romance ou já estiverem desfrutando de um, o ano da Serpente pedirá cautela. Se um relacionamento estiver se desenvolvendo, os Dragões precisarão dedicar-lhe tempo e atenção. Se derem a impressão de que estão preocupados ou não valorizarem devidamente a afeição da outra pessoa, é possível que haja problemas. Dragões, tomem nota disso e reservem tempo para cultivar o romance.

Essa necessidade de atenção e cuidado também se aplicará à vida familiar. Com seus diversos compromissos, será necessário que os Dragões se certifiquem de que o tempo de qualidade com seus entes queridos não será prejudicado. Além disso, quando for necessário lidar com os problemas e tomar decisões, eles deverão consultar as pessoas ao seu redor em vez de assumirem tudo sozinhos. Nos anos da Serpente, os Dragões deverão tomar cuidado com sua propensão a ser independentes. No entanto, planos familiares essenciais também avançarão nesse ano, e alguns deles proporcionarão novos confortos e serão muito apreciados. Os Dragões desfrutarão, igualmente, de algumas das ocasiões mais espontâneas do ano.

O ano da Serpente tem a capacidade de surpreender e deleitar. Ele também utiliza as habilidades dos Dragões e os estimula a progredir. Com um esforço concentrado, os Dragões poderão esperar pela realização de avanços importantes e por desfrutar de resultados favoráveis. Esse será um ano para lucrarem com seus pontos fortes. No entanto, ainda que muitas coisas possam correr bem, será necessário exercitar o cuidado em suas relações pessoais. Esse período poderá ser recompensador, mas os Dragões precisarão manter um estilo de vida equilibrado e levar as outras pessoas em consideração.

DICAS PARA O ANO

Aproveite ao máximo suas habilidades e sua experiência. Muito poderá ser conquistado nesse ano. Na vida pessoal, dedique tempo àqueles que são especiais para você e mantenha-se atento aos seus pontos de vista. Atenção extra poderá fazer uma apreciável diferença.

Previsões para o Dragão no ano do Cavalo

Com sua determinação, personalidade e motivação, os Dragões aproveitam ao máximo as situações. Até mesmo quando elas não são tão favoráveis, sua desenvoltura e habilidades os ajudam a enfrentá-las. Essas qualidades novamente lhes serão úteis no ano do Cavalo. Embora de modo geral esse venha a ser um ano bom, no seu decorrer os Dragões deverão manter-se alerta à displicência gerada pela presunção e ficar atentos para não se arriscarem demais. Os anos do Cavalo podem conter avisos salutares para os descuidados.

Uma característica específica dos anos do Cavalo é o fato de as situações se modificarem rapidamente. No ambiente de trabalho, é possível que haja mudanças repentinas. Colegas poderão assumir outros cargos ou novas iniciativas poderão ser lançadas, e os Dragões experientes estarão posicionados de modo excelente para se beneficiar. Eles, porém, precisarão agir rápido — "Deus ajuda quem cedo madruga", como diz o ditado. No ano do Cavalo, entusiasmo e dedicação contarão muito. Além disso, será necessário que os Dragões continuem sendo criteriosos e dando o melhor de si. Caso se arrisquem ou sigam atalhos, poderão surgir problemas. Os anos do Cavalo pedem cuidado *e* esmero.

Embora muitos Dragões possam progredir em seu local de trabalho atual, alguns deles talvez sintam que conseguirão melhorar suas perspectivas em outro lugar. Para esses Dragões, e para os que estiverem procurando emprego, é possível que o ano do Cavalo traga avanços surpreendentes. Se eles considerarem as diferentes possibilidades e se informarem sobre vagas, muitos desses Dragões conseguirão conquistar um cargo que lhes oferecerá a chance de provar sua capacidade de uma nova maneira. Embora isso possa envolver muito aprendizado e adaptações, esses Dragões acolherão de bom grado o desafio. Os anos do Cavalo recompensam os esforços e a aplicação, e os dedicados Dragões se sairão bem.

O progresso feito no trabalho poderá ajudar financeiramente; no entanto, com seu estilo de vida movimentado, os Dragões deverão ficar extremamente atentos aos gastos. Quando considerarem qualquer desembolso de maior valor, eles precisarão estar muito bem inteirados do orçamento. Com cautela, no entanto, poderão ver a concretização de esperanças essenciais nesse ano e realizar compras substanciais para si mesmos e para a casa.

As viagens serão atrativas para muitos Dragões, e planejando com antecedência eles poderão desfrutar de momentos emocionantes longe de casa. Os anos do Cavalo são ricos em possibilidades, mas requerem uma abordagem disciplinada. Além disso, embora os Dragões possam desfrutar de boa sorte, eles não deverão provocar o destino arriscando-se desnecessariamente ou ignorando detalhes mais sutis. Em todos os momentos, os anos do Cavalo requerem vigilância.

Com sua natureza extrovertida, os Dragões também apreciarão as oportunidades sociais do ano e terão muitas chances de sair, conhecer pessoas e comparecer a eventos. Para os que estiverem disponíveis, poderá haver excelentes possibilidades românticas, embora nem sempre as circunstâncias (como a distância e rotinas conflitantes) venham a facilitar as coisas. Com tempo e cuidado, porém, muitos relacionamentos novos poderão se tornar mais significativos.

No entanto, ainda que o ano do Cavalo seja muito agitado e ativo, os Dragões precisarão manter-se alerta. Por vezes, um boato ou uma notícia perturbadora poderão ser motivos de preocupação. Para ajudar a esclarecer as questões, os Dragões deverão verificar por si mesmos as situações em vez de aceitar o que porventura venham a ouvir. Além disso, caso se aflijam sobre uma decisão, é possível que considerem útil conversar com alguém em quem confiem. As situações muitas vezes poderão ser neutralizadas e as preocupações se revelarão infundadas, mas os anos do Cavalo podem ter seus momentos perturbadores.

A natureza agitada do período também será sentida na vida familiar, e seja prestando assistência aos entes queridos, dando conselhos ou dedicando-se a projetos práticos, os Dragões, mais uma vez, assumirão uma grande quantidade de tarefas. Além disso, um sucesso pessoal e possíveis férias poderão proporcionar momentos especiais. Contudo, no decorrer do ano haverá necessidade de franqueza e comunicação, e as atividades deverão ser planejadas e realizadas em momentos diferentes para se evitar pressão indevida.

Com seu estilo de vida ativo, os Dragões também deverão reservar tempo para seus próprios interesses, bem como refletir sobre seu bem-estar. Praticar exercícios físicos regularmente e melhorar a qualidade da alimentação poderá fazer uma diferença real.

No ano do Cavalo haverá muitos acontecimentos, e é possível que os Dragões façam um progresso gratificante. O ano exigirá esforço e, algumas vezes, adaptação, mas as recompensas poderão ser substanciais e muitos Dragões terão sucesso em ascender na carreira, bem como se sentirão satisfeitos vendo o avanço de muitos de seus planos pessoais. No entanto, no decorrer do ano eles precisarão ser criteriosos e evitar riscos desnecessários. Esse poderá ser um ano recompensador, porém os Dragões deverão se manter disciplinados e aproveitar ao máximo as situações.

DICAS PARA O ANO

Fique atento ao modo como as situações se desenvolvem e, se surgir alguma oportunidade que o atraia, aja rapidamente. Além disso, prepare-se para se adaptar e aprender. Acolhendo o que o ano trouxer e mantendo-se criterioso, você poderá desfrutar de alguns bons resultados.

Previsões para o Dragão no ano da Cabra

Embora esse não venha a ser um ano ruim, os Dragões poderão considerá-lo frustrante. O progresso não será tão fácil nem tão substancial quanto gostariam, e os Dragões talvez tenham que se conter em relação a determinadas ambições. No entanto, embora o ano da Cabra possa trazer desprazeres, ele também propiciará benefícios, incluindo um melhor equilíbrio no estilo de vida, bem como o desenvolvimento de conhecimento e habilidades.

No trabalho, em vez de esperar avanços importantes, muitos Dragões decidirão se concentrar em sua situação atual. Como resultado, não apenas terão a chance de aproveitar mais sua *expertise*, mas também desfrutarão de alguns resultados profissionalmente satisfatórios. Além disso, muitos serão beneficiados com oportunidades de treinamento, assim como com chances de ampliar sua área de responsabilidade. Esse será um ano para se aperfeiçoar de modo constante no que fazem e, da mesma maneira, usar seus pontos fortes.

Dragões que trabalham em ambientes criativos poderão considerar esse momento inspirador e apreciarão a chance de ser parte do processo gerador de ideias. Os anos da Cabra são estimulantes para os Dragões nesse aspecto, embora eles precisem trabalhar dentro de parâmetros estabelecidos e em estreita colaboração com seus colegas, e não de modo mais independente.

Para os Dragões que desejarem mudança nesse ano ou para aqueles que estiverem procurando emprego, os momentos serão desafiadores. A conquista de um novo cargo exigirá esforço, e os Dragões precisarão não apenas persistir como também ampliar o escopo de sua busca. No entanto, com tenacidade e autoconfiança, eles *poderão* ter êxito, e muitas vezes o que for alcançado agora será um trampolim para um sucesso maior no ano seguinte.

Uma característica do ano da Cabra é o fato de que dará aos Dragões a chance de fazer um balanço de seus talentos e interesses pessoais e apreciá-los mais. Alguns Dragões poderão reservar tempo para projetos que vêm considerando há tempos ou começar a se dedicar a assuntos e atividades que tenham despertado sua curiosidade. Outros poderão se matricular em cursos ou programas de aperfeiçoamento e aprofundar suas habilidades (e às vezes perspectivas) de algum modo. Usando bem o tempo, é possível que os Dragões considerem o ano não apenas satisfatório, mas também benéfico.

As viagens serão atrativas para muitos Dragões, e eles deverão tentar tirar férias durante o ano, bem como visitar atrações locais que sejam de seu interesse. Os anos da Cabra podem proporcionar momentos agradáveis, mas as ideias precisam ser colocadas em prática. A demora poderá gerar frustração ou perda de oportunidades. Dragões, tomem nota disso e não percam as chances.

Com as possibilidades de viagens e outros compromissos, esse será um período caro, e os Dragões precisarão administrar bem suas finanças. Compras importantes e outras transações deverão ser cuidadosamente consideradas e orçadas, e, caso sejam tentados por qualquer operação especulativa, eles deverão verificar os termos e tomar ciência das implicações. Sem a devida atenção, haverá risco de julgamento incorreto e prejuízo nesse ano. Será um momento para um controle cauteloso.

De maneira mais positiva, os Dragões poderão esperar por uma animada vida social. Como sempre, eles apreciarão passar tempo com os amigos e entrar em contato com outras pessoas por meio de uma série de atividades. Como resultado, algumas boas conexões poderão ser feitas. As perspectivas românticas serão promissoras e potencialmente significativas nesse ano.

No que se refere à vida familiar, os anos da Cabra também favorecem a aproximação, e os Dragões deverão assegurar-se de reservar tempo para atividades que todos possam apreciar — talvez assistir a filmes, saborear uma boa refeição ou viajar. Os anos da Cabra são ideais para equilibrar o estilo de vida e valorizar o tempo compartilhado com as pessoas especiais. Interesses compartilhados poderão ser particularmente gratificantes e proporcionar momentos divertidos.

No geral, esse será um ano que favorecerá o desenvolvimento pessoal, a ampliação de habilidades, o tempo reservado aos interesses pessoais e a luta por um estilo de vida mais equilibrado. Também será um período para unir forças com outras pessoas e compartilhar — e aproveitar — o que estiver acontecendo. De muitas maneiras, os anos da Cabra, com seu ritmo estimulante embora mais lento, podem ser um tônico para os Dragões e ter valor para o presente *e* para o futuro.

DICAS PARA O ANO

Concentre-se no presente e vá até o fim com suas ideias. Além disso, cultive seus interesses e valorize os relacionamentos pessoais. Haverá muito que apreciar e ganhar pessoalmente com o que for realizado ao longo do ano.

Previsões para o Dragão no ano do Macaco

Com o início do ano do Macaco, muitos Dragões terão grandes esperanças e se sentirão inspirados. E esse *será* um ano de possibilidades e espaço para a ação. No entanto, ainda que de modo geral os aspectos sejam favoráveis, os Dragões precisarão ter cuidado para não se exceder. O ano do Macaco pode fazer o imprudente tropeçar, e a pressa pode causar possíveis erros e descuidos. Será necessário cautela para aproveitar o período ao máximo.

Uma característica-chave do ano do Macaco é favorecer o desenvolvimento pessoal. Ao longo do ano, os Dragões deverão aproveitar ao máximo essa tendência e desfrutar do que surgir para eles. Particularmente no que se refere a atividades recreativas, se uma nova modalidade os atrair, eles deverão informar-se mais sobre ela ou, se um novo equipamento ou produto que possa capacitá-los a realizar mais se tornar disponível, deverão verificá-lo. O ano do Macaco é estimulante e pode proporcionar uma mistura interessante de coisas para fazer, bem como, às vezes, novos meios para os Dragões expressarem seus muitos talentos.

Nesse ano, os Dragões serão exigidos tanto no nível familiar quanto no nível social. Contudo, será importante que permaneçam atentos às pessoas ao seu redor e consultem-nas sobre seus planos e ideias. Dessa maneira, poderão beneficiar-se de aconselhamento e apoio, além de, às vezes, serem alertados sobre considerações que eles possam ter negligenciado. Quanto mais observações desse tipo os Dragões puderem obter nesse ano, melhor.

Os anos do Macaco têm, ainda, um forte elemento social, e os Dragões de mentalidade mais independente sem dúvida considerarão que valerá a pena acolher o espírito do ano e envolver-se mais prontamente em coisas que estiverem acontecendo ao seu redor. A participação poderá ser gratificante nesse ano, trazendo bons momentos, além de ajudar a estabelecer relações proveitosas.

Na vida familiar, os Dragões estarão ocupados, e a comunicação e a cooperação serão necessárias. Diante do nível geral de atividade, será útil que o cronograma de determinados projetos seja flexível. Muito pouco poderá ser feito em um só momento. Além disso, os anos do Macaco poderão trazer dilemas, e será preciso lidar com eles antes de prosseguir. Também nesse caso, todos deverão unir-se para encontrar a melhor solução.

No entanto, apesar de alguns momentos de maior exigência, os anos do Macaco também proporcionam seus prazeres. Melhorias na casa, passeios decididos em cima da hora e inesperadas oportunidades de viagem poderão ser apreciados. Certamente, haverá um elemento de espontaneidade nesse período.

Na vida profissional, os anos do Macaco são também momentos de oportunidade. Em muitos locais de trabalho, mudanças consideráveis serão vistas com a introdução de novos sistemas e ideias. E os Dragões, com seu entusiasmo habitual, acolherão os avanços e estarão posicionados de modo excelente para se beneficiar deles. No decorrer do ano, muitos Dragões serão promovidos ou transferidos com sucesso para um cargo mais importante em outro lugar. Os anos do Macaco oferecem campo de ação, e os Dragões acolherão de bom grado a chance de mostrar seu valor em uma função mais importante. Alguns darão início a uma completa mudança na carreira nesse ano e terão grande prazer com essa oportunidade.

Muitos Dragões que estiverem procurando emprego também verão o surgimento de possibilidades interessantes. Embora algumas delas possam demandar muito empenho no aprendizado, o que for iniciado agora frequentemente terá excelente potencial para crescimento futuro.

Com um estilo de vida tão movimentado, as despesas serão altas e os Dragões precisarão prestar estreita atenção em seus gastos. Além disso, se firmarem um novo contrato, eles deverão verificar minuciosamente os termos e as obrigações.

Esse não será um período para pressa ou risco. Além disso, se puderem fazer uma reserva antecipada para necessidades essenciais, isso permitirá que mais coisas aconteçam. Os anos do Macaco favorecem a preparação e o trabalho (e a poupança) para obtenção dos resultados desejados.

Esse poderá ser um ano gratificante para os Dragões, mas exigirá esforço determinado e estreita ligação com as pessoas. Com apoio, muito poderá ser realizado. Os Dragões precisarão agir com cuidado, evitando a pressa e o risco, e em muitos assuntos, incluindo as finanças, deverão ser criteriosos. No entanto, com sua conhecida exímia habilidade, eles poderão desfrutar desse ano e se sair bem.

DICAS PARA O ANO

Um ano de possibilidade considerável. Aperfeiçoe suas habilidades e procure maneiras de obter apoio e levar seus planos adiante. Seja no nível pessoal ou na esfera profissional, se você aproveitar ao máximo o que surgir, esses poderão ser momentos recompensadores.

Previsões para o Dragão no ano do Galo

Os Dragões são muito competentes em aproveitar ao máximo sua situação. E no ano do Galo muitos deles estarão no lugar certo e na hora certa e se beneficiarão de acontecimentos fortuitos. Além disso, um pouco de acaso ocorrerá nesse ano e, assim que os Dragões colocarem seus planos em ação, as circunstâncias irão ajudar. Afinal de contas, o Dragão nasce sob o signo da sorte. Do mesmo modo, embora muitos Dragões tenham feito importantes progressos nos últimos tempos, para aqueles que começarem o ano cultivando uma decepção ou vivenciando problemas, esse será o exato momento de se concentrar nos objetivos atuais. Com propósito, eles conseguirão seguir em frente.

No trabalho, as expectativas serão especialmente animadoras. Muitas vezes como resultado de suas atividades recentes, muitos Dragões encontrarão empregadores ansiosos por vê-los assumir responsabilidades maiores. Quando oportunidades de promoção ou outras vagas surgirem, eles poderão estar bem posicionados para se beneficiar.

Aqueles que sentirem que suas perspectivas poderão ser melhoradas com uma mudança para outra empresa, assim como os que estiverem procurando emprego, deverão informar-se e explorar ativamente as possibilidades. Em alguns casos, contatos poderão alertá-los sobre vagas ou fornecer-lhes ideias a considerar. Outros talvez se beneficiem de empresas que venham a se expandir em sua área. O ano do Galo oferece oportunidade, e muitos Dragões farão um merecido progresso.

Isso também ajudará financeiramente, e alguns Dragões se beneficiarão igualmente de pagamento adicional. No entanto, embora esse seja um ano de melhora financeira, eles deverão observar os gastos e se preparar financeiramente para as necessidades essenciais. Com uma boa administração, porém, serão capazes de levar adiante muitos de seus planos e realizar aquisições úteis para si mesmos e para a casa.

Outra característica positiva do ano será o modo como os Dragões poderão desenvolver seu conhecimento e suas habilidades. Muitas vezes, isso ocorrerá por meio de treinamento no trabalho, mas aqueles que sentirem que outra habilidade ou qualificação poderão ajudar em seu progresso deverão reservar tempo para estudar. Isso poderá não apenas ser satisfatório em termos pessoais, como também reforçará os aspectos favoráveis do ano.

De modo semelhante, os interesses pessoais poderão desenvolver-se bem. Seja entusiasmando-se por ideias, seja recebendo o incentivo de outras pessoas, os Dragões muitas vezes apreciarão o modo como suas atividades poderão se ampliar e, às vezes, levar a novas direções. Aqueles que tiverem deixado de lado os interesses em razão de um estilo de vida agitado deverão procurar corrigir isso. A ação determinada poderá ser recompensada nesse ano.

É possível que o ano do Galo também proporcione boas oportunidades de viagem, o que satisfará a natureza aventureira de muitos Dragões.

No entanto, ainda que de modo geral os aspectos sejam animadores, o ano do Galo apresenta elementos para maior precaução. Especificamente, os Dragões deverão registrar com cuidado os pontos de vista das pessoas ao seu redor. Se estiverem muito preocupados com suas próprias atividades ou parecerem distraídos, tensões poderão surgir. Do mesmo modo, pressões e cansaço poderão gerar desentendimentos, e esse não será o momento de subestimar sentimentos nem de fazer suposições. Dragões, tomem nota disso. Sem a atenção e o cuidado devidos, determinados relacionamentos poderão ser testados.

Haverá, porém, eventos sociais a desfrutar. Os Dragões poderão esperar por muitas ocasiões de convívio social e pela chance de fazer novas relações. No que se refere ao romance, entretanto, recomenda-se cautela. Novos relacionamentos deverão ser construídos de modo gradual, e não apressadamente.

Os Dragões também deverão garantir que seus vários compromissos não afetem sua vida familiar. Às vezes, eles terão dificuldade para equilibrar seu estilo de vida agitado, mas reservar tempo de qualidade para compartilhar com os entes queridos beneficiará a todos. Além disso, o ano do Galo poderá proporcionar muitas ocasiões agradáveis. E, quando determinadas atividades tiverem início, o acaso (que poderá incluir algumas ofertas vantajosas) talvez ajude.

No geral, o ano do Galo trará excelentes oportunidades para os Dragões. Seu entusiasmo e sua determinação poderão torná-los capazes de se beneficiar delas, e acontecimentos oportunos muitas vezes ajudarão ao longo do processo. No entanto, os Dragões deverão tomar cuidado em seus relacionamentos pessoais e, o que é muito importante, dedicar tempo às pessoas que consideram especiais. É possível que a desatenção e a preocupação causem problemas. Desde que os Dragões se mantenham atentos a esses aspectos de precaução, eles deverão se sair bem no ano do Galo.

DICAS PARA O ANO

Aja com determinação e prossiga com seus planos. Muito poderá ser realizado agora. Além disso, agarre todas as chances de ampliar suas habilidades. Elas serão um investimento em você e no seu futuro. E, muito importante, preste atenção nas pessoas ao seu redor, ouça-as e dedique-lhes tempo.

Previsões para o Dragão no ano do Cão

Embora os anos do Cão tenham suas oportunidades, eles também apresentam aspectos mais difíceis, e os Dragões precisarão ser cautelosos em seus empreendimentos. O ano do Cão não é um momento para se proceder com indiferença nem para assumir riscos desnecessários. No entanto, ainda que os Dragões às vezes venham a se sentir limitados pelos acontecimentos, o progresso que fizerem poderá muitas vezes pavimentar o caminho para os sucessos que os aguardarão no ano seguinte.

No trabalho, os Dragões deverão aproveitar ao máximo os avanços atuais e ampliar suas habilidades e experiência. Estabelecendo uma rede de contatos, beneficiando-se de treinamentos e acompanhando os acontecimentos em sua área de atuação, eles estarão não apenas ajudando sua situação presente, mas também tomando conhecimento de possíveis caminhos para seguir em frente. Os anos do Cão recompensam muito a dedicação, e o esforço realizado agora enaltecerá a reputação *e* as perspectivas dos Dragões.

Muitos deles decidirão por permanecer com seu empregador atual nesse ano e desempenhar sua função, mas para aqueles que estiverem ansiosos para ir para outro lugar ou por encontrar emprego, o ano do Cão poderá trazer avanços interessantes. A conquista de um novo cargo exigirá tempo e persistência, porém aquilo que os Dragões assumirem agora não apenas ampliará sua experiência, como também abrirá possibilidades para o futuro. O ano do Cão poderá deixar um legado importante.

Além disso, todos os Dragões deverão usar quaisquer chances de estabelecer redes de contato e desenvolver relações. Com o tempo, é possível que elas se revelem significativas.

Nos assuntos financeiros, entretanto, será necessário grande cautela. Esse não será um período para assumir riscos, e se os Dragões firmarem um novo contrato, precisarão verificar os termos e as obrigações. Do mesmo modo, a papelada deverá ser tratada com cuidado, e os documentos, guardados em segurança. Lapsos e perdas poderão ser inconvenientes. Os Dragões também deverão agir com prudência ao realizar compras vultosas. Pressa e decisões impulsivas poderão causar arrependimento.

Uma despesa que muitos Dragões farão nesse ano será com viagens. Mais uma vez, eles deverão planejá-las cuidadosamente, o que inclui ler com antecedência sobre seu destino. Quanto mais meticulosos e preparados se mantiverem, mais aproveitarão a viagem. No caso de alguns Dragões, o trabalho ou os interesses pessoais poderão dar origem a outras possibilidades de viagem.

Uma característica específica do ano do Cão é o fato de esse ser um momento em que muitas pessoas se veem defendendo causas, e alguns Dragões irão falar abertamente sobre assuntos que tocam seu coração, ajudar outras pessoas ou se ligar a um novo interesse. Os anos do Cão podem abrir portas potencialmente valiosas.

Com seu estilo de vida agitado, os Dragões deverão pensar um pouco também em seu próprio bem-estar. Esforçar-se ao extremo ou dar pouca atenção à alimentação e ao nível de exercícios físicos poderá deixá-los suscetíveis a enfermidades de menor gravidade. Se estiverem sem seu brilho habitual ou pensando em adotar uma nova atividade física ou dietas alimentares, farão bem se buscarem orientação para isso.

Como sempre, haverá muita atividade em sua vida social. Viagens, trabalho e outros interesses poderão levá-los a conhecer pessoas nesse período. Dragões que quiserem mais companhia vão considerar as atividades locais e seus interesses pessoais excelentes caminhos para conhecer pessoas, e suas muitas qualidades os farão conquistar novos amigos. Mais uma vez, esse será um ano excelente para estabelecer uma rede de contatos e participar do que estiver acontecendo.

Os anos do Cão, no entanto, têm seus aspectos complicados. Na vida familiar, os Dragões precisarão se manter atenciosos com as pessoas que os rodeiam, uma vez que a pressão e o cansaço poderão despertar irritabilidade e esgotar a paciência. A falha em se comunicar adequadamente ou em dar a devida atenção aos assuntos domésticos também poderá gerar problemas. Os Dragões precisarão se manter alerta a isso e reservar tempo para ficar com seus familiares. Atividades e interesses compartilhados poderão ter um valor especial, e possíveis férias com a família também serão muito apreciadas. Atenção extra certamente não cairá mal nesse ano.

Os Dragões, no entanto, têm um jeito sagaz de aproveitar ao máximo muitas situações e, ainda que as perspectivas possam variar, se eles ampliarem seu conhecimento e suas habilidades e agarrarem as oportunidades, poderão preparar o caminho para o sucesso futuro. Os assuntos financeiros vão necessitar de cuidado, e os Dragões deverão se certificar de que seus compromissos e seu estilo de vida agitado não causem problemas na vida familiar. Prevenir é melhor do que remediar, e muitos Dragões conseguirão evitar os aspectos mais complicados do ano e usar o tempo de maneiras mais construtivas.

DICAS PARA O ANO

Evite a pressa. Procure ampliar seu conhecimento e suas habilidades e recorra ao apoio daqueles que o rodeiam. Além disso, reserve tempo para os entes queridos e seja atencioso com eles. Tempo e cuidado poderão fazer uma importante diferença nesse ano.

Previsões para o Dragão no ano do Javali

Os anos do Javali favorecem os audazes e empreendedores, e para os Dragões que estiverem cultivando ambições e ansiosos por avançar, esse será um momento consideravelmente promissor. Para qualquer Dragão que esteja desanimado, será a hora de apagar o passado e se concentrar no presente. Muito será possível nesse ano, e com disposição do tipo "sou capaz", os Dragões conseguirão realizar muitos feitos.

No trabalho, as perspectivas serão particularmente animadoras e os Dragões conseguirão lucrar com sua experiência. Em muitos ambientes de trabalho haverá a chance de que assumam tarefas mais importantes e façam um progresso significativo. Além disso, como resultado dos avanços, alguns Dragões poderão ser persuadidos a assumir uma função diferente e eles apreciarão essa oportunidade. Os anos do Javali são momentos de progredir, e muitos Dragões entrarão em um novo estágio de sua vida profissional.

Aqueles que começarem o ano sentindo-se insatisfeitos ou acomodados deverão informar-se e explorar as possibilidades. Esse não será um momento para se deixar levar pela corrente nem para ficar parado, e eles poderão identificar algumas novas possibilidades interessantes.

Do mesmo modo, aqueles que estiverem procurando emprego deverão pensar muito seriamente no que de fato querem fazer. Conversar com entidades profissionais e especialistas em recrutamento poderá alertá-los sobre possibilidades que merecerão análise. Além disso, em sua busca, é possível que alguns Dragões considerem útil a realização de cursos de treinamento ou de capacitação. Nesse ano favorável, esforço e iniciativa certamente poderão compensar.

O progresso feito no trabalho também poderá ajudar financeiramente e muitos Dragões não apenas desfrutarão de um aumento na renda, como também se beneficiarão da receita de fundos extras ou de um presente. No entanto, para aproveitarem ao máximo qualquer mudança favorável, eles deverão administrar bem seu dinheiro, incluindo, talvez, a tentativa de reduzir empréstimos ou de fazer uma poupança. Com cuidado e reflexão, eles conseguirão modificar sua situação geral, bem como apreciar compras mais substanciais. Esse ano recompensará o planejamento e a disciplina.

As viagens serão atrativas para muitos Dragões e eles poderão ter a chance de visitar atrações impressionantes. Até mesmo aqueles que não se aventurarem para muito longe poderão se divertir visitando lugares de interesse em sua própria localidade. Os anos do Javali estimulam os Dragões a se envolverem no que estiver acontecendo ao seu redor.

Na vida familiar, esse poderá ser um ano especialmente ativo, com os Dragões ajudando e aconselhando os entes queridos, bem como supervisionando um grande número de atividades. Nesse aspecto, seu julgamento e previsões poderão ser muito apreciados, embora, no que se refira a empreendimentos, seja necessário reservar um tempo considerável. É possível que alguns planos se revelem problemáticos e mais demorados do que o previsto, e talvez idealmente seja melhor implementá-los por partes. No decorrer do ano, será também importante que haja franqueza e comunicação entre todos no lar do Dragão. Os anos do Javali favorecem o esforço coletivo, e determinadas ocasiões familiares, sucessos e atividades compartilhadas animarão o período.

As perspectivas sociais também serão positivas. Além de se reunirem com amigos, é possível que os Dragões identifiquem um agradável elemento social em seu trabalho e em seus interesses. Haverá muito a ser desfrutado nesse período, e qualquer Dragão que comece o ano sentindo-se solitário ou desalentado verá que novas atividades poderão atrair novos amigos e animar consideravelmente sua situação.

Também poderá haver perspectivas românticas interessantes, embora novos relacionamentos devam ser construídos com calma. Pressa ou pressão nos estágios iniciais poderão causar dores de cabeça. Esse será um ano para aproveitar o presente e aguardar os resultados. *O que será, será.*

Embora os Dragões já acumulem uma grande quantidade de afazeres no dia a dia, será importante que não deixem de lado seus próprios interesses e atividades recreativas. Além de serem um bom meio de expressão para seus talentos e energia, também podem lhes dar a oportunidade de descontrair do jeito que eles gostam. Algumas delas poderão, ainda, proporcionar o benefício da atividade física. Nesse ano já tão movimentado, será importante que os Dragões preservem um pouco de tempo para si mesmos.

No geral, o ano do Javali apresenta um potencial considerável para os Dragões, mas será o caso de aproveitar o momento e agir com determinação. "O empenho conduz à riqueza", diz o provérbio chinês, e o empenho (e o esforço) poderá dar resultados nesse ano. No trabalho, será o momento de procurar avançar, enquanto financeiramente a boa administração se mostrará recompensadora. Os Dragões também poderão esperar por momentos especiais com as pessoas. Tanto sua vida familiar quanto sua vida social poderão ser ativas e gratificantes. Os Dragões precisarão ter cuidado com sua propensão a ser independentes e deverão se comunicar bem com as pessoas ao seu redor. Se fizerem isso, eles realmente poderão desfrutar desse ano agradável e recompensador.

DICAS PARA O ANO

Aja com propósito e determinação. Muitas coisas poderão surgir para você, mas será necessário que agarre as chances e dedique-se ao que quiser fazer. Valorize a contribuição das pessoas que o rodeiam e fique atento à sua tendência a ser independente. O apoio poderá ajudá-lo a realizar um grande número de conquistas nesse ano.

PENSAMENTOS E PALAVRAS DE DRAGÕES

Para realizarmos coisas importantes, não devemos apenas agir,
mas também sonhar; não apenas planejar, mas também acreditar.
ANATOLE FRANCE

Podemos fazer o que quisermos desde que nos dediquemos
a isso pelo tempo necessário.
HELEN KELLER

A vida ou é uma aventura audaciosa ou não é nada.
HELEN KELLER

Nunca abaixe a cabeça. Mantenha-a erguida. Olhe para o mundo diretamente
nos olhos.
HELLEN KELLER

Determine que algo pode e deve ser feito, e depois encontraremos
a maneira de realizá-lo.
ABRAHAM LINCOLN

Tenha sempre em mente que sua própria determinação para
o sucesso é maior do que qualquer outra coisa.
ABRAHAM LINCOLN

Ou você alcança um ponto mais alto hoje ou exercita sua força
para ser capaz de subir mais alto amanhã.
FRIEDRICH NIETZSCHE

Tudo acontece com todos mais cedo ou mais tarde, se houver tempo suficiente.
GEORGE BERNARD SHAW

A vida não é uma "vela de pouca duração".
É uma tocha esplêndida que eu quero fazer queimar tão brilhantemente
quanto possível antes de entregá-la a gerações futuras.
GEORGE BERNARD SHAW

Bem longe, lá na luz do sol, estão minhas mais altas aspirações.
Talvez eu não as alcance, mas posso olhar para o alto e ver sua beleza,
acreditar nelas e tentar seguir para onde elas conduzem.
LOUISA MAY ALCOTT

A SERPENTE

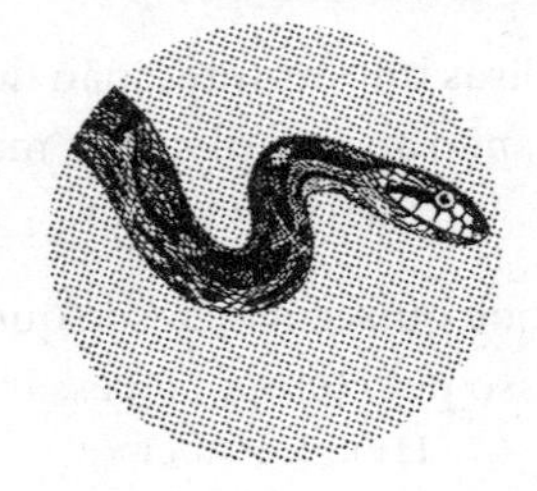

27 de janeiro de 1941 a 14 de fevereiro de 1942	*Serpente do Metal*
14 de fevereiro de 1953 a 2 de fevereiro de 1954	*Serpente da Água*
2 de fevereiro de 1965 a 20 de janeiro de 1966	*Serpente da Madeira*
18 de fevereiro de 1977 a 6 de fevereiro de 1978	*Serpente do Fogo*
6 de fevereiro de 1989 a 26 de janeiro de 1990	*Serpente da Terra*
24 de janeiro de 2001 a 11 de fevereiro de 2002	*Serpente do Metal*
10 de fevereiro de 2013 a 30 de janeiro de 2014	*Serpente da Água*
29 de janeiro de 2025 a 16 de fevereiro de 2026	*Serpente da Madeira*
15 de fevereiro de 2037 a 3 de fevereiro de 2038	*Serpente do Fogo*

A PERSONALIDADE DA SERPENTE

A Serpente pode permanecer imóvel por muito tempo. Silenciosa, paciente, mas sempre alerta. E, quando chega o momento de agir, ela se move rapidamente e de maneira poderosa. Seria uma tolice subestimá-la, e os nascidos no ano da Serpente têm grande profundidade e força de caráter.

Nascidas sob o signo da sabedoria, as Serpentes são pensadoras. Gostam de planejar, lidar com possibilidades e escolher o melhor caminho a seguir. Guardam muitas coisas para si mesmas e são os mestres de seu próprio destino. Algumas pessoas poderão considerar sua tendência à discrição um enigma, mas isso é parte do charme das Serpentes. Elas são atenciosas, perceptivas e, embora não sejam extrovertidas e tagarelas como outros, têm um caráter valioso, afetuoso e gentil. Muitas também trazem consigo um refinado senso de humor e amarram sua conversa com casos curiosos ou com uma divertida escolha de palavras. Ao seu próprio modo e estilo, as Serpentes podem ser eficazes e envolventes. Muitas qualidades espreitam por trás de sua imagem silenciosa.

As Serpentes também são pacientes. Não gostam de pressa e precipitação nem de estar em ambientes em que há frenesi e pressão. Em vez disso, preferem ter calma e escolher o momento para agir. Muitas sabem na própria mente o que querem fazer e trabalham com firmeza em direção ao seu objetivo. Elas não deixam muito para o acaso, e irão estudar, trabalhar e preparar bem sua ação.

As Serpentes também confiam muito na intuição e em sua interpretação das situações. Nesse aspecto, seu instinto raramente as decepciona, a não ser que elas estejam fazendo joguinhos. De todos os signos do horóscopo chinês, a Serpente é um dos piores jogadores, pois o risco e a pressão que as apostas envolvem não são adequados à sua psique.

Por serem pensadoras tão profundas, as Serpentes têm a capacidade de produzir ideias muito originais. Elas são inovadoras e preparadas para ser diferentes. Consequentemente, têm prestado importantes contribuições a um grande número de profissões.

Por vocação, as Serpentes tendem a preferir atividades mais racionais àquelas que são mais físicas. Diferentemente de outros signos, elas não costumam ter uma grande reserva de energia e precisam de tempo para descansar e recobrar as forças após intenso esforço físico. Com sua mente analítica e questionadora, as Serpentes frequentemente desfrutam de sucesso nas áreas de ciências, direito, educação e finanças. Religião, psicologia e aconselhamento também podem atraí-las, e é possível que algumas delas encontrem nas artes e na mídia um meio de expressar sua criatividade. Embora tenham diversos talentos, pode demorar um pouco até que se estabeleçam na área escolhida.

As Serpentes são especialistas em assuntos financeiros e planejam cuidadosamente seus investimentos e compras. São perspicazes e astutas, e muitas desfrutam de um estilo de vida confortável. Contudo, têm um espírito indulgente e apreciam gastar consigo mesmas e com os entes queridos. Os que estão fora de seu círculo mais próximo, no entanto, não são tão favorecidos, uma vez que as Serpentes gostam de manter um cuidadoso controle de seus ativos e de suas despesas.

As Serpentes gostam de avaliar e julgar as situações, e isso também se aplica às pessoas que elas encontram. Até que conheçam alguém muito bem, poderão permanecer reservadas e na defensiva. Em vez de terem um amplo círculo social, elas preferem ter poucos amigos próximos nos quais confiam e com quem mantêm um bom entrosamento. E, embora apreciem muito a paixão e a emoção do amor, preferem ir com calma antes de estabelecerem um relacionamento duradouro com alguém. As Serpentes jamais se apressam, optando por esperar até que sintam que tudo está certo.

Elas gostam de montar sua casa e estampar ali sua personalidade. Além de seus muitos livros e outros recursos (pois gostam de ler e têm interesses diversos), elas acrescentarão seus próprios toques inconfundíveis. As Serpentes têm uma queda pelo que é incomum e atrai o olhar. Também apreciam as melhores coisas da vida e irão garantir que seu lar esteja bem equipado.

A mulher Serpente, em particular, tem um grande senso de estilo. Na aparência, costuma ser elegante e pode ter afeição por joias e um gosto caro para roupas — ou, pelo menos, um gosto por roupas de qualidade. Ela se apresenta de modo calmo, confiante e sereno. Tem um jeito quieto, mas se relaciona bem com as pessoas que a rodeiam e muitas depositam grande confiança nela. É também uma boa organizadora e usa bem o tempo.

A unidade familiar é muito importante para as Serpentes e elas têm um interesse afetuoso e protetor em relação aos entes queridos. Se forem pais, sua imaginação, seus interesses diversificados, seu gênio amável e sua natureza plácida criarão um forte elo entre elas e os filhos. Todas as Serpentes podem encontrar muito contentamento no amor e na segurança que sua família tem a oferecer.

O escritor alemão Johann Wolfgang von Goethe, que foi uma Serpente, escreveu: "Apenas confie em si mesmo, depois você saberá como viver." E as Serpentes depositam grande confiança em si mesmas. Elas traçam seu caminho na vida do seu próprio jeito e estilo. E frequentemente com sucesso também.

Principais dicas para as Serpentes

- Você é provavelmente um indivíduo reservado, mas se tiver aflições, estiver preocupado quanto a uma decisão ou se sentir injustiçado ou com ciúme, poderá deixar a situação corroer você. Nesses momentos, o mais benéfico é ser mais aberto e conversar com as pessoas em quem você confia. Uma contribuição útil pode amenizar consideravelmente muitas preocupações e remover o que pode ser um grande fardo dominando sua mente.
- No início da vida, especialmente, pode ser que às vezes você tenha pouca confiança e seja tímido e discreto. Tenha fé em si mesmo, recorra às suas reservas interiores e permita que as pessoas vejam a riqueza do seu caráter, das suas ideias e do seu potencial. Se você interagir mais prontamente com os outros, isso lhes dará uma chance maior de o apreciarem.
- Você é capaz de apresentar ideias, novas abordagens e soluções para problemas — aproveite ao máximo suas habilidades criativas e cultive seus talentos. Sempre que for apropriado, exponha suas ideias. Você tem muito a oferecer.
- Você talvez goste de refletir e planejar, mas há momentos em que a teorização tem que parar e é preciso agir. Como afirmou o escritor e dramaturgo alemão Goethe: "Qualquer coisa que você possa fazer ou com a qual possa sonhar, você pode começar. A audácia tem genialidade, magia e poder em si mesma. Comece agora." Ao começar, você terá mais chance de liberar a magia e o poder que existem dentro de si mesmo.

Com o Rato

A Serpente gosta do charme e da vivacidade do Rato, e as relações entre eles são boas.

No trabalho, esses dois reconhecem os pontos fortes um do outro e podem combiná-los com sucesso. Com um astuto colega Rato, a Serpente pode sentir-se inspirada e estimulada.

No amor, há uma química poderosa entre eles. Ambos amam o lar e compartilham muitos interesses. A Serpente vai gostar do entusiasmo e do jeito leve e animado do Rato. Frequentemente, uma combinação feliz.

Com o Búfalo

Como ambos são calados e pensativos, preferindo agir em um ritmo mais comedido, há respeito e entendimento entre eles.

No trabalho, os dois são ambiciosos e perseverantes. Eles se respeitam mutuamente, e a Serpente admira a tenacidade e a forte determinação do Búfalo. Uma dupla formidável.

No amor, com gostos e temperamentos similares, esses dois se entendem bem, e a Serpente apreciará especialmente a natureza prática e confiável do Búfalo. Muitas vezes, uma combinação excelente e gratificante.

Com o Tigre

A energia irrequieta e o estilo de vida agitado do Tigre não se ajustam confortavelmente à Serpente, e as relações entre eles costumam ser ruins.

No trabalho, a Serpente gosta de planejar e preparar, enquanto o Tigre, que é mais voltado para a ação, é mais afoito. Com pouco entendimento entre os dois, essa não é uma dupla eficaz.

No amor, a Serpente pode sentir-se inicialmente atraída pela natureza calorosa e animada do Tigre, mas ela prefere um estilo de vida calmo e definido e, por isso, irá considerar inquietante o alto nível de atividade e o desejo por independência do Tigre. Uma combinação difícil.

Com o Coelho

Seu apreço mútuo pelas melhores coisas da vida e seus gostos e atitudes semelhantes mostram que esses dois signos se relacionam bem.

No trabalho, ambos têm um bom tino para os negócios, mas gostam de planejar e deliberar, e juntos poderão precisar da motivação e da vitalidade necessárias para maximizar seu potencial.

No amor, eles valorizam um estilo de vida organizado, seguro e estável, amam o lar e apreciam seus confortos. Uma combinação excelente e muitas vezes bem-sucedida.

Com o Dragão

De algum modo, as diferentes personalidades desses dois simplesmente se harmonizam! Um ficará intrigado com o outro e as relações entre eles serão muitas vezes excelentes.

No trabalho, a Serpente se sentirá estimulada e entusiasmada por ter um colega tão empreendedor. Juntos, eles podem combinar seus pontos fortes com ótimos resultados.

No amor, esses dois signos se complementam perfeitamente. A Serpente, em particular, será atraída pela ternura, vitalidade e sinceridade do Dragão. O amor, a paixão e o entendimento entre eles poderão ser especiais. Uma ótima combinação.

Com outra Serpente

Como a Serpente é uma profunda pensadora, o tempo compartilhado com outra Serpente poderá ser fascinante e intenso, mas é possível que ainda haja alguma reserva entre elas.

No trabalho, duas Serpentes terão ideias, planos e grandes esperanças, porém como ambas são afeitas a deliberações, poderá lhes faltar a centelha necessária para realizar seu potencial.

No amor, duas Serpentes poderão encantar e hipnotizar uma à outra. O fascínio e a paixão poderão ser fortes, mas as Serpentes são possessivas, ciumentas e reservadas, e, assim que surgirem diferenças de opinião, é possível que haja dificuldades. Diz-se que duas Serpentes não conseguem viver sob o mesmo teto. No longo prazo, uma combinação desafiadora.

Com o Cavalo

A Serpente e o Cavalo gostam um do outro e admiram mutuamente suas qualidades, mas seus estilos de vida e suas naturezas são muito díspares.

No trabalho, seus diferentes pontos fortes e habilidades podem tornar esses dois uma força eficaz, com a Serpente se beneficiando da abordagem do Cavalo, que é mais assertiva e voltada para ação.

No amor, suas diferenças de personalidade poderão ser atrativas no início, com a Serpente apreciando a vivacidade e a natureza animada do Cavalo, mas o estilo de vida agitado deste último não se ajustará confortavelmente àquele adotado pela mais plácida Serpente. Uma combinação complicada.

Com a Cabra
Como ambos são signos calmos e despreocupados e têm interesses em comum, o entendimento entre eles pode ser bom.

Na vida profissional, se o trabalho desses dois for de algum modo criativo, ambos poderão desfrutar de muito sucesso, com a Serpente valorizando a contribuição inventiva da Cabra. Há grandes possibilidades nessa área.

No amor, esses dois desfrutam de um entrosamento maravilhoso. A Serpente apreciará a natureza gentil e envolvente da Cabra, em especial. Como ambos buscam uma existência amorosa, estável e pacífica, ajustam-se muito bem um ao outro.

Com o Macaco
Um considera o outro uma companhia fascinante, e as relações entre eles costumam ser boas.

No trabalho, no entanto, seus estilos poderão colidir, com a cautelosa Serpente desconfiando da pressa e da abordagem mais descontraída do Macaco. Como ambos são evasivos e reservados, as relações profissionais poderão revelar-se complicadas.

No amor, esses dois signos poderão ficar intrigados um com o outro e permanecer dessa maneira. A Serpente gostará especialmente da *joie de vivre* e da natureza positiva do Macaco. Como também têm interesses compartilhados, esses dois se complementam muito bem.

Com o Galo
Cada um desses signos admira qualidades um no outro, e eles se dão bem juntos.

No trabalho, seus diferentes pontos fortes podem estimulá-los mutuamente, com a Serpente extraindo confiança da habilidade e do meticuloso planejamento do esforçado trabalhador Galo. Como ambos são ambiciosos, poderão desfrutar de considerável sucesso.

No amor, eles se complementam, e a Serpente apreciará a lealdade e a consideração do Galo, em especial, assim como sua natureza organizada. Ambos têm grande fé um no outro. Uma combinação feliz.

Com o Cão
Esses dois signos demoram a baixar a guarda e a se sentir à vontade com outra pessoa, mas Cães e Serpentes podem tornar-se bons e leais amigos.

No trabalho, a abordagem e a motivação de ambos podem ser bem diferentes e, como os dois são cautelosos, eles não tiram um do outro aquilo que cada um tem de melhor.

No amor, a Serpente valorizará a natureza atenciosa, leal e confiável do Cão, e ambos lutarão por um estilo de vida seguro e estável. Contudo, haverá diferenças a conciliar, e a Serpente precisará ser tolerante com a tendência do Cão a se preocupar. Com cuidado e compreensão, será uma combinação razoavelmente boa.

Com o Javali

A Serpente é calma e reservada, enquanto o Javali é extrovertido e inteiramente franco. Isso não contribui para relações fáceis e próximas.

No trabalho, a Serpente gosta de planejar, enquanto o Javali é mais espontâneo e, na visão da Serpente, impulsivo. Eles não trabalham bem juntos.

No amor, ambos podem apreciar as coisas boas da vida, mas suas personalidades e abordagens são tão díspares que para o relacionamento dar certo serão necessárias importantes adaptações. Uma combinação difícil.

HORÓSCOPOS PARA CADA UM DOS ANOS CHINESES

PREVISÕES PARA A SERPENTE NO ANO DO RATO

As Serpentes gostam de pensar no que vão fazer mais à frente no tempo e, com o início do ano do Rato, muitas delas terão ideias e metas para os próximos 12 meses. Além disso, durante esse período, suas habilidades e tenacidade poderão gerar resultados satisfatórios. No entanto, o ano do Rato requer esforço, e, para quem fica de braços cruzados ou se arrisca, é possível que haja decepções. Esse poderá ser um bom ano, porém também será exigente.

Uma característica dos anos do Rato é favorecer a inovação. E as Serpentes são capazes de produzir alguns conceitos originais. Por isso, aquelas cujos interesses pessoais ou trabalho contenham um elemento de criatividade deverão aproveitar ao máximo seus talentos nesse período. Seja promovendo ideias, seja apresentando propostas, elas poderão obter uma resposta satisfatória a seus esforços. É possível que esses sejam momentos inspiradores, com as Serpentes muitas vezes apreciando a chance de se expressar mais plenamente.

Para as Serpentes que se descuidaram de seus interesses pessoais e para as que desejem novos desafios, esse também será um ano excelente para que considerem dedicar-se a novas atividades. Dando a si mesmas algo significativo para fazer e um meio de expressão para seus talentos, elas poderão agregar mais valor ao seu ano — e à sua vida! O ano do Rato é estimulante; no entanto, para que se beneficiem plenamente dele, as Serpentes precisarão aproveitá-lo ao máximo.

No trabalho, esse poderá ser um tempo de avanços importantes. As Serpentes descobrirão que seus pontos fortes e sua determinação as ajudarão a progredir. Aquelas que estiverem estabelecidas em uma carreira poderão ver-se diante de mudanças de situações e de novas iniciativas que lhes darão a chance de se envolver mais. Algumas poderão transferir-se para outro lugar; porém, independentemente do que escolham fazer, se procurarem avançar em seu cargo e agarrar as (por vezes inesperadas) oportunidades do ano, é possível que façam um bom progresso. As Serpentes que trabalharem em um ambiente criativo poderão se sair especialmente bem.

Para as Serpentes que estiverem procurando emprego ou prontas para uma mudança, esse será igualmente um ano de possibilidades interessantes. Mantendo-se atentas a vagas e conversando com contatos e especialistas em recrutamento, muitas conseguirão conquistar um cargo que não apenas oferecerá um novo desafio, mas também terá potencial para desenvolvimento futuro. As Serpentes determinadas conseguirão obter muito desse ano. Ainda que algumas possam vir a ter decepções em sua busca, se mantiverem a persistência e a autoconfiança, elas terão a chance de seguir em frente.

Embora a renda de muitas Serpentes venha a aumentar ao longo do ano, elas deverão continuar a ser disciplinadas nos assuntos financeiros. Se não tiverem cuidado, os níveis de gastos poderão crescer. Compras apressadas ou ações impulsivas também poderão ser desvantajosas. Será necessário reservar tempo para comparar opções e certificar-se de termos e obrigações. Os anos do Rato requerem administração de despesas e recursos.

Na vida familiar, poderá haver muita atividade nesse ano, embora as Serpentes precisem ter atenção com aqueles que lhes são próximos. Manter os pensamentos para si mesmas (como algumas delas fazem) poderá impedir-lhes de receber apoio e informações úteis. Nos anos do Rato, as Serpentes precisam abrir-se mais. É possível, no entanto, que o ano traga atividades agradáveis e haverá muito para ser apreciado, incluindo sucessos individuais e familiares. Muitas Serpentes também irão deleitar-se com oportunidades inesperadas de viagem.

Embora as Serpentes tendam a ser seletivas em sua socialização, o ano do Rato poderá proporcionar boas oportunidades de sair, e ao aproveitá-las ao máximo, as Serpentes estarão em posição de se beneficiar. Esse não será um ano para que sejam muito reservadas ou independentes em suas perspectivas. Os anos do Rato as estimulam a fazer o máximo que puderem e a mostrar seu talento *e envolvimento*. Serpentes mais discretas, tomem nota disso e proponham-se a participar mais dos acontecimentos do ano. Muita coisa poderá acontecer como resultado.

O ano do Rato marca um novo ciclo dos anos representados por animais, e para muitos signos o que for iniciado agora poderá ter influência nos anos seguintes. No caso das Serpentes, é possível que os esforços feitos nesse período deixem um importante legado. Será exigido comprometimento, e as Serpentes precisarão se expor; porém, fazendo esse esforço, elas poderão não apenas realizar mais, como também apreciar o desenvolvimento de suas capacidades e de seus pontos fortes. Esse será um ano para ter autoconfiança e agir com determinação. As recompensas poderão ser de grande alcance.

> **DICAS PARA O ANO**
>
> Esse será um ano de boas possibilidades. Mantenha-se ativo e responda ao que surgir para você, ainda que isso signifique sair de sua zona de conforto. Observe sua tendência a ser independente, estabeleça uma boa ligação com as pessoas ao seu redor e construa apoio. Agindo e creditando, você poderá ir longe.

Previsões para a Serpente no ano do Búfalo

O ano do Búfalo combina com a psique da Serpente. Esse é um período que favorece uma abordagem gradual, e não um ritmo precipitado. No entanto, o Búfalo é um chefe durão. Por esse motivo, as Serpentes poderão considerar algumas partes do ano muito exigentes, mas, como diz o provérbio chinês: "O empenho conduz à riqueza." O empenho no ano do Búfalo recompensará bem as Serpentes.

No trabalho, será preciso que se mantenham disciplinadas e concentradas. Muito será esperado delas, e muitas enfrentarão novos desafios e responsabilidades maiores. Contudo, o que surgir ao longo do ano dará às Serpentes a oportunidade de desenvolver suas habilidades e, muitas vezes, de provar sua competência em outra área de atuação. Seja cobrindo a ausência de colegas, seja recebendo treinamento para uma função mais importante ou se forem designadas para iniciativas específicas, muitas Serpentes serão capazes de beneficiar bastante a si mesmas e suas perspectivas.

Para as Serpentes que estiverem ansiosas por trabalhar em outro lugar ou procurando emprego, é possível que o ano do Búfalo não seja o mais fácil de todos. Às vezes, as vagas serão limitadas, e a competição, feroz. No entanto, também nesse caso, uma abordagem disciplinada poderá ser bem-sucedida. Informando-se mais sobre os cargos a que estiverem se candidatando e enfatizando sua adequação a eles, as Serpentes poderão ver seus esforços recompensados. Será preciso trabalhar por resultados nesse ano, mas isso ajudará a destacar as habilidades de muitas Serpentes.

O ano do Búfalo é excelente para o autodesenvolvimento, e se houver habilidades ou atividades que as Serpentes considerem que poderão ajudá-las, deverão informar-se mais a respeito. As Serpentes são naturalmente curiosas, e é possível que algumas se matriculem em cursos e/ou realizem pesquisas por si mesmas nesse ano. Para aquelas que estiverem envolvidas na área educacional ou estudando para qualificarem-se, esse poderá ser um momento de sucesso, e a concentração e o trabalho árduo produzirão alguns resultados agradáveis.

As Serpentes também deverão pensar um pouco em seu bem-estar e estilo de vida nesse ano, e, caso não estejam realizando exercícios físicos regularmente ou sintam que mudanças na alimentação poderão ajudá-las, deverão procurar orientação sobre as melhores maneiras de proceder. Algumas Serpentes poderão estabelecer objetivos pessoais para si mesmas, como corrigir determinados hábitos ou lutar por uma meta específica, e permanecendo disciplinadas e mantendo em mente os benefícios potenciais, é possível que realizem muitas. Os anos do Búfalo recompensam o esforço e a dedicação.

Nos assuntos financeiros, as Serpentes precisarão manter-se vigilantes. No decorrer do ano, muitas delas não apenas terão em mente alguns planos e compras caros, como também verão um aumento em seu nível geral de gastos. O ideal será que todas as Serpentes fiquem atentas ao orçamento e economizem para compras futuras. Além disso, quando houver papelada envolvida, elas precisarão verificar as letras miúdas e esclarecer qualquer ponto sobre o qual tenham dúvidas.

Na vida familiar, esse poderá ser um ano movimentado e agradável. Além de comemorar sucessos individuais, as Serpentes apreciarão compartilhar vários planos e atividades, muitos dos quais elas instigarão. Será importante que haja comunicação e cooperação, mas, novamente, a consideração e a contribuição das Serpentes poderão ser ingredientes valiosos para a vida familiar.

O ano do Búfalo também proporcionará algumas boas oportunidades sociais. Festas, comemorações e outros eventos (e poderá haver muitos) darão às Serpentes a chance de relaxar, descontrair e conhecer pessoas. Com seu jeito quieto mas genial, elas poderão fazer bons amigos e contatos nesse ano, e para as que estiverem solteiras, um romance firme poderá acenar. O ano do Búfalo é rico em possibilidades; no entanto, as Serpentes precisarão ser ativas e se envolver. Serpentes discretas e reservadas, tomem nota disso e aproveitem ao máximo as oportunidades. O esforço valerá a pena.

No geral, é possível que as Serpentes se saiam bem no ano do Búfalo. Será um momento excelente para aperfeiçoar habilidades e ir em busca de objetivos pessoais. Com propósito e determinação, muito poderá ser realizado. As Serpentes serão estimuladas pelo apoio daqueles que as rodeiam, e sua vida familiar e social poderá ser gratificante. Novos contatos (e, para as solteiras, romance) talvez sejam ser úteis e inspiradores. As Serpentes terão muito a seu favor nesse ano. Ele poderá ser exigente às vezes, mas suas recompensas serão muitas.

DICAS PARA O ANO

Persiga seus objetivos e metas e agarre todas as chances de desenvolver suas habilidades. Ao aproveitar ao máximo as oportunidades, você poderá ganhar muito.

Previsões para a Serpente no ano do Tigre

As Serpentes preferem proceder de maneira comedida e nem sempre apreciarão a inconstância e a rapidez que tendem a caracterizar o ano do Tigre. Por esse motivo, muitas delas optarão por manter a discrição. No entanto, ainda que o ano possa não ser fácil, é possível que seja de considerável benefício pessoal.

No trabalho, as Serpentes com frequência sentirão os efeitos das mudanças. Novas maneiras de trabalhar poderão ser introduzidas e talvez haja sistemas a aprender, rotinas a adaptar e iniciativas a promover. As Serpentes muitas vezes terão reservas, além de enfrentarem pressões maiores enquanto estiverem aprendendo e se adaptando. Embora os acontecimentos venham a dar a muitas delas a chance de ampliar sua função, é provável que as mudanças aconteçam rápido demais, e alguns meses poderão ser especialmente exigentes. Os anos do Tigre com certeza desafiam a plácida Serpente!

Para as Serpentes que decidirem deixar o cargo atual (talvez em razão das recentes mudanças) ou estiverem procurando emprego, o ano do Tigre poderá, mais uma vez, ser difícil. É possível que algumas Serpentes encontrem um número pequeno de vagas em sua área de atuação preferida, bem como uma acentuada competição. Todavia, ainda que isso seja frustrante, as situações poderão mudar rapidamente nesse ano, e enquanto em um momento as Serpentes poderão estar desesperadas, no outro é possível que estejam comemorando a conquista de um novo emprego. "Nunca se sabe o que vem pela frente", e o ano do Tigre poderá apresentar a um bom número de Serpentes uma inesperada, porém (muito) bem-vinda oportunidade de trabalho.

Diante das pressões do período, no entanto, todas as Serpentes deverão observar sua tendência a atuar de modo independente e ser elementos ativos de qualquer equipe. Parecerem distantes ou isoladas poderá prejudicar sua posição ou deixá-las à margem dos acontecimentos. Além disso, como muitas descobriram, é nos momentos mais desafiadores que as sementes do sucesso são plantadas e, para muitas, o que elas fizerem nesse ano poderá prepará-las para as recompensas que estarão por vir.

Nos assuntos financeiros, também será preciso tomar cuidado. Durante o ano, muitas Serpentes poderão ter despesas imprevistas, talvez gastos com reparos, a necessidade de substituir equipamentos ou o aumento das despesas com a família ou a casa. O ano do Tigre pode ser dispendioso. Por isso, as Serpentes deverão ficar de olho nos gastos e fazer uma reserva antecipada de recursos para o que for necessário. Com uma boa administração, elas serão capazes de dar andamento a muitos de seus planos, mas isso demandará disciplina e planejamento. Além disso, se tiverem dúvidas em relação a qualquer assunto financeiro, deverão ser meticulosas ao verificar termos e obrigações.

Apesar da necessidade de cautela financeira, nesse ano ativo e em que às vezes haverá estresse, fará bem às Serpentes tirar férias e, se possível, elas deverão procurar viajar e desfrutar de uma mudança de cenário.

Com sua mente inquisitiva, as Serpentes costumam ocupar-se de vários interesses e é possível que algo novo desperte sua curiosidade nesse ano. Apesar das aflições do período, sementes significativas poderão ser plantadas agora e criar raízes.

Embora, de modo geral, as relações com as pessoas venham a ser boas, também nesse aspecto o ano do Tigre exigirá cuidado. Algumas Serpentes poderão ver-se arrastadas para assuntos embaraçosos ou dando conselhos sobre uma situação complexa. Em tais momentos, elas deverão escolher cuidadosamente as palavras e pensar muito bem nas respostas. Felizmente, as Serpentes são astutas por natureza, mas nos anos do Tigre precisarão mover-se com cautela.

No entanto, apesar dos aspectos que merecerão advertência, haverá uma boa mistura de ocasiões sociais a desfrutar, incluindo eventos especiais e a chance de visitar lugares de interesse. Beneficiando-se disso, as Serpentes poderão acrescentar um valioso equilíbrio ao seu estilo de vida.

Sua vida familiar também poderá lhes proporcionar prazer. Os anos do Tigre contêm um elemento de espontaneidade e poderão haver convites repentinos e outras possibilidades que, dada sua imprevisibilidade, serão divertidas para muitos lares. Atividades compartilhadas poderão ser agradáveis e, ao longo do ano, as Serpentes farão bem se ouvirem as palavras de seus entes queridos, inclusive quando tiverem restrições a fazer. Outros estarão preocupados e desejarão realmente ajudar, e esse será um período em que as Serpentes deverão evitar um comportamento muito independente.

No geral, o ano do Tigre trará exigências, e as Serpentes muitas vezes ficarão preocupadas com o desenrolar das situações e com as expectativas que serão criadas em relação a elas. Mas, ao se mostrarem à altura do desafio, elas poderão aprimorar sua experiência e ampliar suas capacidades. Os interesses pessoais poderão expandir-se de maneiras estimulantes, e é possível que as atividades e lições do ano tenham um valor duradouro. As Serpentes deverão ficar atentas à sua tendência a ser independentes, valorizar o tempo que compartilham com a família e os amigos e aproveitar ao máximo as oportunidades que o ano trará.

DICAS PARA O ANO

Mantenha-se alerta. Em meio à atividade, haverá lições a aprender e possibilidades a explorar. Além disso, estabeleça ligações com as pessoas e valorize seu apoio. E aprecie passar tempo com aqueles que são especiais para você.

Previsões para a Serpente no ano do Coelho

As Serpentes podem se sair bem nos anos do Coelho. Em vez de serem castigadas por eventos ou situações fora de seu controle, é possível que elas estejam mais no comando de sua situação e de seu destino. Esse poderá ser um momento construtivo para elas, que terão a chance de aproveitar mais talentos específicos. No entanto, embora os aspectos sejam bons, as Serpentes precisarão canalizar seus esforços com sabedoria e manter um estilo de vida equilibrado.

As perspectivas profissionais serão especialmente estimulantes, com muitas Serpentes tendo a oportunidade de utilizar mais seus pontos fortes e suas ideias. Em especial para aquelas que trabalharem em ambientes criativos, esses poderão ser momentos inspiradores, e se as Serpentes tiverem ideias ou soluções para os problemas com os quais terão que lidar, deverão apresentá-las. Sendo ativas, fazendo aquilo em que são boas e dando aquela contribuição extra, muitas poderão desfrutar de notável sucesso.

Para as Serpentes que estiverem ansiosas por progredir em seu cargo atual, algumas possibilidades ideais poderão surgir nesse ano, enquanto para aquelas que estiverem insatisfeitas ou à procura de emprego, é possível que o ano do Coelho lhes proporcione a chance de se restabelecer e assumir uma função nova e mais adequada. Esse será um momento propício para seguir em frente e procurar oportunidades. As Serpentes que assumirem um cargo ou novas tarefas nesse ano poderão ver o surgimento de outras oportunidades nos meses finais. As habilidades e o potencial de muitas Serpentes serão reconhecidos e recompensados nesse ano.

O progresso no trabalho poderá trazer um bem-vindo aumento da renda, e esse poderá ser um período melhor em termos financeiros. No entanto, para que consigam beneficiar-se plenamente, as Serpentes poderão considerar útil observar atentamente sua posição atual, incluindo vários compromissos e despesas. É possível que algumas mudanças façam uma diferença notável, seja com a economia de dinheiro, seja com o redirecionamento de despesas para melhores fins. Esse será um ano para uma boa administração financeira.

As Serpentes também farão bem se reservarem recursos para viajar nesse ano. Caso consigam combinar férias com a visita a um lugar ou a um evento relacionado a um de seus interesses pessoais, isso poderá agregar um significado considerável ao que elas fazem. Se pensarem à frente, as Serpentes verão planos emocionantes tomarem forma. Os anos do Coelho também favorecem a cultura, e as Serpentes apreciarão visitar atrações específicas ou participar de ocasiões e exposições especiais que estejam sendo realizadas.

No ano do Coelho, é possível também que haja muitos acontecimentos positivos na vida familiar. Como o ano terá uma qualidade estética, muitas Serpentes estarão inspiradas e ansiosas por dar prosseguimento a melhorias na casa. Elas apreciarão fazer escolhas e ver a concretização de suas ideias. Esse será um ano bastante favorável à ação, embora alguns empreendimentos possam se revelar mais caros e demorados do que o previsto.

Além disso, com as Serpentes e outras pessoas ocupadas com diversos compromissos, será importante que haja uma boa comunicação e que outras atividades não interfiram muito na vida familiar. Desfrutar de atividades conjuntas (incluindo viajar) poderá ter um valor específico nesse período.

As Serpentes também poderão se beneficiar das oportunidades sociais do ano. Seu trabalho, viagens e interesses lhes darão a chance de conhecer pessoas. De modo geral, é possível que haja bons momentos e que conexões valiosas sejam formadas, mas uma nota de advertência se faz necessária: qualquer indiscrição ou descuido nesse ano poderá gerar complicações e constrangimento. Algumas Serpentes também poderão se ver incomodadas por boatos. Ao longo do ano, todas as Serpentes precisarão ficar alerta, pois é possível que surjam problemas para quem for imprudente e descuidado.

Elas poderão, contudo, obter grande satisfação de seus interesses pessoais. As atividades criativas, especificamente, estarão sob aspectos favoráveis. Esse será um ano para desenvolver e promover talentos especiais. Além disso, com a energia que as Serpentes colocam em tantas de suas atividades, dar um pouco de atenção ao seu bem-estar será útil. Além de avaliarem sua alimentação e seu nível de atividade física, elas deverão assegurar-se de ter descanso adequado, sobretudo em momentos agitados.

De modo geral, as Serpentes poderão se sair bem no ano do Coelho. Todavia, como muitas coisas estarão acontecendo, às vezes o estresse será considerável, e será importante que as Serpentes mantenham um estilo de vida equilibrado, valorizem o tempo que passarem com a família e os amigos, compartilhem seus interesses e desfrutem das recompensas pelas quais trabalham tão arduamente. Esse poderá ser um ano de sucesso, mas o essencial será manter um estilo de vida equilibrado.

DICAS PARA O ANO

Aproveite ao máximo seus pontos fortes, suas ideias e oportunidades. Será possível conquistar muito agora. Além disso, aprecie a busca por seus interesses e o tempo compartilhado com as pessoas que lhe são próximas. Esse poderá ser um ano satisfatório e gratificante. Use-o bem.

Previsões para a Serpente no ano do Dragão

Embora as Serpentes nem sempre acolham de bom grado o alvoroço e o espalhafato dos anos do Dragão, elas podem desfrutar de alguns avanços satisfatórios no seu decorrer. E o que for colocado em ação agora poderá ter um valor duradouro.

No trabalho, as Serpentes sempre gostam de se especializar em determinadas áreas e construir sua carreira de maneira gradual. Elas não têm predileção pela pressa. Nos anos do Dragão, muitas Serpentes concentrarão seus esforços no cargo que estiverem ocupando e continuarão a desenvolver suas habilidades e *expertise*. Embora possa haver mudanças e alguma instabilidade em seu local de trabalho, seu jeito calmo e confiável poderá ser particularmente apreciado, e o que elas fizerem, frequentemente sem rebuliço e em segundo plano, poderá beneficiar muito sua reputação e suas perspectivas.

Durante o ano, as Serpentes poderão contribuir para sua situação beneficiando-se de treinamentos. Se elas sentirem que uma habilidade ou qualificação extra podem ajudar suas perspectivas, deverão procurar por maneiras de adquiri-las. Muito do que fizerem agora será um investimento no futuro, e sua abordagem impressionará um grande número de pessoas, incluindo algumas de considerável influência.

Para as Serpentes que decidirem sair de onde se encontram ou estiverem procurando emprego, é possível que o ano do Dragão traga possibilidades interessantes. Ao avaliarem meios diferentes pelos quais possam valer-se de sua experiência, essas Serpentes talvez sejam capazes de encontrar um novo cargo, e uma vez que sua posição esteja assegurada, logo serão capazes de ir mais longe. Novamente, o que for realizado agora poderá ser importante para o progresso subsequente.

Os interesses pessoais poderão ser satisfatórios, e esse será um período excelente tanto para desfrutar de suas habilidades quanto para ampliá-las. Ao se dedicarem ao que fazem com propósito e comprometimento, as Serpentes verão que os benefícios frequentemente virão na sequência. Além disso, algumas poderão considerar de especial valor a instrução ou contribuição de especialistas em relação a um interesse ou ideia específicos.

Nos assuntos financeiros, no entanto, as Serpentes precisarão permanecer disciplinadas — do contrário, as despesas poderão aumentar, e as compras por impulso serão motivo de arrependimento. Além disso, quando firmarem acordos, elas deverão verificar os termos e as implicações e buscar esclarecimentos caso haja algum ponto obscuro. As Serpentes não poderão se dar o luxo de ser negligentes nesse ano. Também deverão tomar medidas para salvaguardar suas posses. Um prejuízo ou roubo poderiam ser perturbadores. Serpentes, registrem isso e tomem cuidado extra com a segurança.

Na vida familiar, as Serpentes serão exigidas, sobretudo se entes queridos vierem a necessitar de ajuda com determinadas decisões ou assistência extra com atividades. O aconselhamento e o tempo que as Serpentes concederem poderão ser, muitas vezes, mais valiosos do que elas imaginam, e é possível que sua visão e previdência sejam altamente pertinentes. Muitos têm em alta conta a capacidade de julgamento das Serpentes. No entanto, da mesma maneira como as Serpentes ajudarão aqueles à sua volta, elas também deverão ser francas sobre quaisquer preocupações, esperanças e ideias que estejam cultivando. Com tantos acontecimentos nesse ano, orientações e ações poderão ter consequências importantes. Além disso, com a natureza ativa dos anos do Dragão, quaisquer sugestões que as Serpentes possam fazer em relação às atividades da família, incluindo ocasiões especiais e viagens, poderão levar a momentos altamente prazerosos, assim como fazer bem a todos.

Com a natureza agitada do período, as Serpentes serão mais seletivas em sua socialização, mas apreciarão suas chances de encontrar amigos e comparecer a eventos. Os interesses sociais muitas vezes terão um prazeroso elemento social. No entanto, ainda que muitas coisas venham a correr bem, as Serpentes precisarão permanecer atentas, já que boatos e fofocas poderão, às vezes, incomodar. Caso se sintam afetadas ou preocupadas, elas deverão verificar os fatos, bem como corrigir quaisquer inverdades. Os anos do Dragão tendem a trazer pequenos aborrecimentos; no entanto, com cuidado e tempo, muitas preocupações passarão. A paciência e o pensamento sereno são virtudes da Serpente.

O ano do Dragão será movimentado e interessante para as Serpentes, e dedicando-se às suas atividades com cuidado e agarrando as chances de ampliar suas habilidades e sua experiência, é possível que elas lucrem com muito do que realizarem. Como o ano seguinte será o do seu próprio signo, esse ano do Dragão poderá pavimentar o caminho para o sucesso que estará por vir. Ele também propiciará momentos gratificantes. Atividades domésticas compartilhadas serão prazerosas, assim como será a promoção de interesses. No entanto, esse também será um período para se prevenir contra o descuido, e as Serpentes deverão manter-se vigilantes e aproveitar as oportunidades. No geral, será um ano valioso e potencialmente significativo.

DICAS PARA O ANO

Desenvolva suas habilidades e seus pontos fortes e prepare-se para se adaptar ao que for exigido. O esforço feito agora será um investimento em si mesmo e em seu futuro. Além disso, permaneça atento às pessoas e estabeleça uma boa ligação com aqueles que o rodeiam. Com apoio, compromisso e suas exímias habilidades, você vai impressionar nesse ano.

Previsões para a Serpente no ano da Serpente

Há um provérbio chinês que diz: "Com aspirações, você pode ir a qualquer lugar; sem aspirações, você não pode ir a lugar nenhum." Seu próprio ano é um momento em que as Serpentes deverão agir de acordo com suas aspirações. Com determinação, elas poderão desfrutar de excelentes resultados. Quaisquer Serpentes que iniciem o ano desencantadas e desanimadas deverão tentar apagar o passado e concentrar-se no presente. Se forem resolutas, elas descobrirão que será possível transformar sua situação.

Uma característica importante do ano será o apoio de que as Serpentes desfrutarão. Na vida familiar, seu próprio ano poderá ser marcado por ocasiões especiais. Além disso, as Serpentes vão estimular a realização de muitas atividades nesse período, incluindo alguns projetos ambiciosos para a casa, assim como possíveis férias. Sua contribuição poderá fazer com que esse ano seja movimentado e satisfatório. No entanto, ainda que muitas coisas venham a correr bem, é possível, assim como acontece com qualquer ano, que surjam dificuldades e que elas sejam exacerbadas pelo cansaço e pela falta de comunicação. Nesses momentos, as Serpentes deverão tentar resolver os problemas, e não correrem o risco de deixar que eles estraguem um ano que, de outra maneira, poderá ser promissor. Felizmente, os problemas serão poucos, mas eles não deverão ser ignorados.

O ano da Serpente poderá, contudo, proporcionar algumas boas oportunidades sociais, e as Serpentes deverão aproveitá-las ao máximo. Como sabemos, quanto mais pessoas conhecemos, mais oportunidades surgem para nós, e tendo mais notoriedade, as Serpentes poderão beneficiar-se de apoio e aconselhamento, bem como desfrutar da chance de fazer novos e importantes amigos. Esse não será um período para que se mantenham reservadas. Especificamente no trabalho, será um momento excelente para que estabeleçam redes de contato e construam conexões.

Durante o ano, as Serpentes também apreciarão participar de ocasiões animadas, e se eventos específicos as atraírem, elas deverão tentar frequentá-los. As Serpentes que não estiverem em um relacionamento poderão ter a chance de conhecer alguém destinado a se tornar significativo. Os anos da Serpente cuidam bem de seu próprio signo.

No trabalho, as perspectivas serão estimulantes. Para as Serpentes que estiverem estabelecidas em uma carreira, haverá excelentes chances de progredir. Quando profissionais mais antigos assumirem outros cargos e oportunidades de promoções surgirem, muitas Serpentes estarão posicionadas para desempenhar uma função mais importante, enquanto outras serão atraídas por vagas em setores diferentes e terão a chance de ampliar sua experiência. Esse será um ano para avançar, e muitas Serpentes serão capazes de levar sua carreira a um novo patamar. Sobretudo para aquelas que permaneceram acomodadas no mesmo cargo por algum tempo, esse será um ano para procurar progredir.

Para as Serpentes que estiverem em busca de emprego, mais uma vez poderá haver importantes avanços reservados. Informando-se ativamente sobre vagas que sejam de seu interesse, muitas delas conquistarão um cargo com potencial para o futuro. Isso poderá envolver a necessidade de grande aprendizado, mas os anos da Serpente proporcionarão a muitas delas a chance que vêm buscando.

É possível que o progresso no trabalho também ajude nas finanças, embora as Serpentes não possam se dar ao luxo de serem negligentes nos assuntos financeiros. Com alguns planos mais dispendiosos e boas possibilidades de viagem, juntamente com seus compromissos já existentes, elas poderão ver os gastos aumentarem. Além disso, embora costumem ser astutas, as Serpentes deverão manter-se cautelosas com o risco e com ações precipitadas. Seu julgamento talvez não esteja tão bom quanto costuma ser, e, quando elas estiverem realizando transações importantes, precisarão estar cientes de todos os termos, implicações e exigências.

Esse será, no entanto, o momento propício para desfrutar de interesses pessoais, e as Serpentes que desejarem um novo desafio ou estiverem ansiosas por usar determinados talentos mais plenamente terão o ano ideal para prosseguir com tais planos. Atividades criativas estarão especialmente sob bons aspectos. Além disso, interesses pessoais poderão ser um bom caminho para que as Serpentes se reconectem a si mesmas, o que é importante para sua psique. Qualquer Serpente que estiver cultivando determinadas aspirações — estejam elas ligadas ao trabalho, a interesses pessoais ou a determinada meta almejada — deverá levá-las adiante. As Serpentes poderão ser mestres de seu próprio destino nesse ano.

No geral, esse poderá ser um período especial e gratificante. Prosseguindo com seus planos, é possível que as Serpentes realizem uma série de feitos e desfrutem de muitos resultados positivos. Esse será o momento de acreditar em si mesmas e tomar a iniciativa. Elas serão motivadas pelo apoio que receberem, e seus colegas e entes queridos estarão ansiosos por vê-las aproveitar ao máximo seu potencial. Além de sucesso no trabalho, seu próprio ano poderá trazer momentos pessoais de felicidade. Um grande ano rico em possibilidades.

DICAS PARA O ANO

Aja com determinação. Coloque seus planos em prática e aproveite ao máximo as oportunidades. Além disso, procure projetar-se e valorize suas relações com as pessoas ao seu redor.

Previsões para a Serpente no ano do Cavalo

Um ano com acontecimentos positivos e negativos, em que as Serpentes precisarão controlar firmemente as emoções. Os eventos poderão ocorrer bem rápido, e as Serpentes talvez vejam que muito será esperado delas. No entanto, embora esse não venha a ser um ano fácil, um progresso útil ainda poderá ser feito.

No trabalho, a situação de muitas Serpentes será afetada por mudanças. Sistemas e iniciativas poderão ser introduzidos, e os objetivos, alterados. Com tantos acontecimentos, as Serpentes precisarão manter-se alertas e informadas. Esse não será o momento para submergirem em sua própria função e perderem de vista o contexto geral. Além disso, elas deverão registrar cuidadosamente os avanços em sua área de atuação. As mudanças poderão estar em andamento, com o surgimento de novas tendências; estando cientes disso, as Serpentes conseguirão se preparar melhor e se adaptar. Na verdade, ver além e considerar novas possibilidades é um de seus pontos fortes. No entanto, os anos do Cavalo são muito voltados para a experiência prática e requerem envolvimento ativo, e não o planejamento e a teorização que algumas Serpentes preferem.

Muitas Serpentes continuarão a usar o cargo atual para crescer e terão a oportunidade de demonstrar suas habilidades, além de terem insights mais significativos sobre seu ramo de atuação. O que for empreendido agora poderá exercer importante influência sobre as perspectivas futuras, especificamente no próximo ano, o da Cabra, que será mais favorável.

Para as Serpentes que estiverem em busca de mudanças ou de emprego, a rapidez será indispensável. Enfatizar sua (relevante) experiência e seu desejo de aprender também ajudará em suas perspectivas. Os anos do Cavalo requerem esforço, mas são igualmente momentos de oportunidade e desenvolvimento profissional.

As perspectivas financeiras serão razoáveis, e muitas Serpentes desfrutarão de um crescimento da renda ao longo do ano. Algumas delas serão capazes até de complementar seus recursos por meio de trabalho extra ou de uma ideia empreendedora. A engenhosidade de um grande número de Serpentes poderá gerar um bom retorno; contudo, ainda que os níveis de sua renda possam aumentar, será necessário que as Serpentes façam orçamentos cuidadosos e administrem bem as despesas. Compras e planos essenciais precisarão ser orçados com antecedência, e as Serpentes não deverão assumir nenhum compromisso até que se sintam prontas e satisfeitas. Serpentes, tomem nota disso.

No entanto, se possível, elas deverão reservar recursos para férias, pois nesse ano ativo uma pausa e uma mudança de cenário poderão fazer-lhes muito bem.

Diante das pressões do ano, será importante que as Serpentes levem em consideração seu próprio bem-estar. Ter tempo para descansar, relaxar e descontrair será muito necessário à sua psique, e sem isso haverá a chance de que algumas Serpentes fiquem propensas ao estresse ou, se excessivamente cansadas, suscetíveis a doenças de menor gravidade. Caso tenham qualquer tipo de preocupação no decorrer do ano, elas deverão fazer os exames necessários.

É possível que os interesses pessoais proporcionem prazer. Mergulhando em atividades que apreciam, as Serpentes poderão contribuir para o equilíbrio de seu estilo de vida.

Além disso, elas deverão aproveitar ao máximo as oportunidades sociais. Embora algumas Serpentes prefiram manter uma vida social comedida, nesse ano elas deverão procurar envolver-se com as pessoas, participar de atividades que estiverem acontecendo por perto e passar tempo com os amigos.

Todavia, assim como acontecerá em relação a muitas coisas nesse ano, elas precisarão ficar cientes dos pontos de vista das outras pessoas. Para as Serpentes que estiverem envolvidas em um romance e para as que iniciarem um relacionamento desse tipo nesse período, será recomendável tomar cuidado. Preocupação ou um pequeno desentendimento poderão gerar problemas. As Serpentes precisarão mover-se com especial cautela em situações instáveis ou delicadas. No que se refere a assuntos românticos, os anos do Cavalo podem trazer momentos complicados. Serpentes, tomem nota disso e fiquem atentas.

Essa necessidade de atenção também se aplicará à vida familiar. Haverá muitos acontecimentos, e é possível que a preocupação, o estresse e o cansaço provoquem momentos difíceis. Nesse caso, ter maior franqueza poderá ser de especial valor. Com boa comunicação, é possível que alguns problemas e desentendimentos sejam habilmente evitados. As atividades compartilhadas deverão ser estimuladas, pois ajudarão no entrosamento, além de proporcionarem algumas ocasiões agradáveis.

Se possível, férias e, nos momentos mais agitados, uma festa ocasional poderão fazer muito bem a todos.

No geral, o ano do Cavalo será exigente com as Serpentes. Muito será esperado delas. E, ainda que gostem de sua independência, esse será um ano para que elas se adaptem, trabalhem com os outros e aproveitem ao máximo as situações. No processo, novas habilidades e conhecimento poderão ser adquiridos. Também haverá possibilidades de crescimento. Para muitas Serpentes, os anos do Cavalo podem ser momentos de preparação para as oportunidades que aguardam adiante. Nesse ínterim, elas precisarão ter consideração com as pessoas e dar tempo e atenção a todos os seus relacionamentos. As atividades compartilhadas poderão ser de especial valor. As Serpentes também deverão refletir um pouco sobre suas próprias necessidades, incluindo reservar tempo para o descanso, a descontração e os interesses pessoais. Esse talvez não seja o mais suave dos anos, mas suas exigências e expectativas poderão ser instrutivas e, muitas vezes, importantes a longo prazo.

DICAS PARA O ANO

Fique atento à sua tendência a ser independente e envolva-se no que estiver acontecendo ao seu redor. Dessa maneira, seus talentos e suas qualidades poderão ser vistos, e suas habilidades, promovidas. Além disso, dedique esforço ao que for exigido, mas destine tempo para si mesmo e para as pessoas que são especiais para você.

Previsões para a Serpente no ano da Cabra

Um ano construtivo à frente, com as Serpentes realizando um bom avanço. Como esse será um período que favorece o esforço criativo, elas poderão considerá-lo um momento inspirador. Contudo, ainda que as perspectivas sejam promissoras, os anos da Cabra podem ser instáveis, e haverá momentos em que os planos precisarão ser alterados para ajustarem-se à mudança das circunstâncias. Nesse aspecto, as Serpentes verão que suas habilidades e sua natureza sagaz lhes serão úteis.

No trabalho, poderá haver mudanças em andamento. Reorganização interna e alterações no quadro de pessoal talvez criem oportunidades que exijam *expertise* específica e, se agirem rápido, as Serpentes poderão ser bem-sucedidas em assumir uma função mais importante. Além disso, quando for necessário lidar com determinados problemas no ambiente de trabalho, é possível que sua contribuição seja considerada, com resultado notável. Seus pontos fortes poderão ser de grande benefício nesse ano.

A maioria das Serpentes fará um progresso importante no local de trabalho atual, mas, na visão de algumas delas, suas perspectivas poderão ser melhores se forem para outro lugar. Para essas Serpentes e para as que estiverem procurando emprego, o ano poderá trazer avanços significativos. Mantendo-se atentas a vagas e considerando maneiras em que possam empregar sua experiência, é possível que encontrem boas oportunidades. Esse será um ano para que sejam receptivas às possibilidades. O que algumas Serpentes assumirem agora poderá lhes dar também a chance de desenvolver suas habilidades de novas maneiras e levá-las a descobrir um tipo de trabalho para o qual sejam perfeitamente talhadas. Além disso, para aquelas que trabalharem em um ambiente criativo, esse será um bom momento para promover seus talentos.

O progresso que muitas Serpentes fizerem no decorrer do ano proporcionará um aumento da renda, e isso as persuadirá a levar adiante determinados planos, incluindo compras para si mesmas e para a casa. Se considerarem suas exigências com cuidado e as opções disponíveis, elas poderão ficar particularmente satisfeitas com o que comprarem e com as melhorias que se seguirão. Sua visão para a qualidade, a adequação e o valor estará em excelente forma nesse ano. Além disso, se não houver necessidade de uso imediato de alguns recursos, as Serpentes deverão pensar em poupá-los para o futuro. Com cautela e empenho, elas se sairão bem nesse período e melhorarão sua situação financeira de modo geral.

As perspectivas também serão boas para os interesses pessoais, especialmente aqueles que estimulam as Serpentes a desenvolver ideias e desfrutar de sua criatividade. Elas poderão ter ideias originais nesse período, pois o ano da Cabra é um momento inspirador.

Com os aspectos positivos em mente, as Serpentes deverão também pensar um pouco em seu estilo de vida atual. Se não estiverem se exercitando regularmente ou se adotarem uma alimentação pouco balanceada, será recomendável que procurem orientação sobre como melhorar esses aspectos. É possível que um pequeno número de modificações faça uma grande diferença.

Embora algumas Serpentes possam ser discretas e reservadas, no ano da Cabra muitos benefícios (e prazeres) poderão ser obtidos se elas forem mais sociáveis e envolverem-se mais. Isolar-se ou ficar à margem dos acontecimentos poderá negar às Serpentes algumas boas oportunidades e ocasiões agradáveis. Esse será um ano para se envolver, manter contato regular com os amigos e desfrutar da mistura de coisas que estarão acontecendo. No processo, as Serpentes muitas vezes terão a chance de conhecer pessoas que pensam como elas e fazer amigos importantes (alguns, influentes).

Para as Serpentes que não estiverem em um relacionamento, o romance também poderá acrescentar um brilho considerável ao ano, mas será necessário deixar que novos relacionamentos evoluam e se fortaleçam com o tempo.

Na vida familiar haverá, igualmente, muitos acontecimentos agradáveis. Os entes queridos não apenas darão apoio e aconselhamento valiosos quando decisões tiverem que ser tomadas, mas também desfrutarão de conquistas pessoais significativas. No decorrer do ano, é possível que haja um grande número de sucessos a registrar. No entanto, ainda que muitas coisas possam vir a correr bem, os anos da Cabra têm seus elementos difíceis, e atrasos e contratempos relativos a determinados planos poderão fazer com que alguns deles sejam alterados e reprogramados. Nesses momentos será necessário ter flexibilidade. Nesse aspecto, é possível que a engenhosidade da Serpente seja de especial valor. No entanto, apesar da natureza problemática de alguns empreendimentos nesse ano, os sucessos familiares poderão tornar esse momento gratificante.

No geral, as Serpentes têm condições de se sair bem nos anos da Cabra. No trabalho, seus talentos poderão vir à tona e muitas delas serão incentivadas a levar sua carreira a novos patamares. Seus interesses pessoais irão, igualmente, dar-lhes a chance de desfrutar de sua criatividade e experimentar novas ideias. Elas serão ajudadas pelo apoio que receberem e apreciarão compartilhar seus pensamentos e suas atividades com as pessoas próximas. Acima de tudo, esse será um ano para a ação, e se as Serpentes quiserem dar o máximo de si mesmas, *deverão agir*. Serpentes tímidas e mais reservadas, tomem nota disso, pois a sorte e a oportunidade aguardarão por aquelas que estiverem prontas para se apresentar e aproveitar ao máximo o que esse ano tão interessante terá a oferecer.

DICAS PARA O ANO

Seja proativo e agarre as oportunidades. Adapte-se como o exigido. Haverá muito a obter nesse ano favorável. Use-o bem e aprecie a colheita dos benefícios.

Previsões para a Serpente no ano do Macaco

Os anos do Macaco são invariavelmente movimentados, com muita coisa acontecendo em um ritmo acelerado. Por esse motivo, as Serpentes precisarão controlar suas emoções. Talvez nem sempre as situações sejam tão claras quanto elas imaginam, e alguns assuntos poderão ser problemáticos. Esse será um ano para exercitar a cautela, manter-se alerta e concentrar-se em áreas específicas. As Serpentes farão bem se tiverem em mente o seguinte ditado: "É melhor prevenir do que remediar."

No trabalho, as habilidades e a paciência de muitas Serpentes serão testadas, pois ocorrerão obstáculos e atrasos, além de uma possível dificuldade com um colega. Nesses momentos, as Serpentes deverão concentrar-se em suas responsabilidades e adotar uma postura discreta. Esse não será um ano para se deixar atrair pela política interna da empresa nem se distrair com assuntos menos úteis. No entanto, embora elas precisem manter-se atentas, o ano do Macaco não é destituído de oportunidades para as Serpentes, e se elas identificarem uma vaga que as atraia, deverão se apresentar. Ao longo do ano, muitas Serpentes terão a chance de ampliar sua função e, no processo, desenvolver suas habilidades.

Tanto para as Serpentes que sentirem que suas perspectivas poderão melhorar se forem para outro lugar quanto para aquelas que estiverem à procura de emprego, é possível que o ano do Macaco reserve importantes avanços. Embora o processo de procurar emprego não seja fácil e muitas Serpentes venham a enfrentar decepções, vagas *poderão* ser encontradas. Os anos do Macaco requerem esforço, mas será colocando-se à altura dos desafios (e superando algumas dificuldades) que as Serpentes poderão adquirir experiência, bem como insights, em suas capacidades. Muito poderá advir do que elas aprenderem sobre si mesmas agora.

Nos assuntos financeiros, as Serpentes precisarão exercitar a cautela e ficar atentas para não se deixarem iludir pelas aparências. Caso tenham reservas sobre qualquer transação, deverão verificar os fatos e, se apropriado, obter orientação profissional. Se não fizerem isso, algumas Serpentes poderão ser enganadas nesse ano. Elas precisarão também salvaguardar suas posses. Um prejuízo poderá ser perturbador e inconveniente. No entanto, ainda que a cautela seja necessária, se administrarem seus recursos com cuidado e tiverem calma na realização de compras indispensáveis, as Serpentes poderão ficar satisfeitas com as aquisições que fizerem tanto para si mesmas quanto para a casa. Mas os anos do Macaco exigem uma abordagem cuidadosa e disciplinada.

Com as pressões do ano, as Serpentes deverão reservar tempo para seus próprios interesses. Isso poderá lhes proporcionar considerável prazer, e muitas Serpentes serão inspiradas por novas ideias e possibilidades que surgirão no decorrer do ano. Contudo, ao iniciarem atividades mais exigentes, elas deverão seguir as diretrizes em vez de comprometer sua segurança pessoal.

Do mesmo modo, é possível que alguns planos de viagem se revelem problemáticos, e, se estiverem planejando viagens longas, as Serpentes deverão verificar os horários e as conexões e seguir bem preparadas. Será recomendável cuidado extra nesse período.

Em seus relacionamentos pessoais, as Serpentes precisarão, igualmente, permanecer atentas. Embora possam esperar por algumas ocasiões agradáveis — o ano do Macaco certamente tem um elemento animado nesse sentido —, um desentendimento ou uma situação desagradável poderão ser preocupantes. E se as Serpentes se virem em uma situação instável ou pressentirem uma dificuldade iminente, deverão manter sua postura diplomática. Permanecendo alerta e prudentes, elas poderão evitar ou diminuir consideravelmente alguns dos momentos mais complicados do período.

Todavia, os anos do Macaco também têm seus momentos mais brilhantes. As perspectivas românticas serão boas e alguns relacionamentos se tornarão mais significativos no decorrer do ano. As Serpentes tendem a escolher bem seus amigos, e alguns amigos próximos e verdadeiros poderão se revelar importantes nesse momento.

A vida familiar será agitada nesse ano, e com uma miríade de atividades e planos sendo levada adiante, haverá necessidade de franqueza e boa comunicação entre todos no lar. Compartilhando os assuntos, falando sobre os acontecimentos e decidindo juntos sobre os planos, as Serpentes e seus entes queridos verão muitas coisas acontecer, inclusive algumas estimadas melhorias na casa. Além disso, sucessos pessoais ou familiares poderão ser bastante apreciados, assim como algumas ocasiões mais espontâneas do ano. Muitos feitos surpreendentes podem ocorrer nos anos do Macaco, e laços familiares estreitos são sempre especiais para as Serpentes.

No geral, o ano do Macaco trará suas surpresas, e as Serpentes precisarão estar alertas. Nos assuntos profissionais, as situações serão de teste, mas as Serpentes poderão desenvolver suas habilidades e muitas vezes melhorar suas perspectivas. É possível que seus interesses pessoais sejam satisfatórios, e novas atividades frequentemente as atrairão. Talvez alguns relacionamentos (muitas vezes com colegas) e certas situações deem margem a preocupações, porém com cuidado e sua exímia habilidade habitual, as Serpentes contornarão os aspectos mais complicados do período e o terminarão com muito a seu favor. E os assuntos românticos poderão ser significativos e especiais nesse agitado e às vezes — como podem pensar as Serpentes — louco ano.

DICAS PARA O ANO

Mantenha-se vigilante e meticuloso e pense bem em suas respostas a situações e acontecimentos. Agarre qualquer chance de ampliar suas habilidades e valorize os relacionamentos com aqueles que são especiais para você. Esse poderá ser um ano exigente, mas não será destituído de possibilidades.

Previsões para a Serpente no ano do Galo

Um excelente ano à frente. Quando as Serpentes se sentem inspiradas e avaliam que as condições são certas, elas agem com poder considerável, e esse será um ano assim. Em quase todos os aspectos de sua vida, as perspectivas serão boas. Além disso, as Serpentes apreciam a estrutura e a ordem que existem nos anos do Galo, e isso também as estimulará. Para aquelas que iniciarem o ano desanimadas, talvez magoadas por acontecimentos recentes, esse poderá ser o ano para um novo começo. Para todas as Serpentes, será o momento de dedicarem-se a metas e aspirações com vigor renovado.

Os aspectos serão especialmente promissores em relação aos assuntos profissionais. Com as habilidades que as Serpentes desenvolveram e com os pontos fortes que exibiram em épocas recentes, muitas delas estarão posicionadas de maneira excelente para se beneficiarem de oportunidades de desempenhar uma função mais importante. E se as possibilidades forem limitadas onde elas estiverem, deverão procurá-las em outro lugar. As Serpentes que estiverem empregadas em grandes organizações poderão transferir-se com sucesso para um cargo e/ou departamento diferente, e algumas poderão até mesmo transferir-se para outra localidade. Os anos do Galo são estimulantes, e as Serpentes muitas vezes estarão interiormente prontas para crescer na carreira.

Tanto para as Serpentes que no momento estiverem insatisfeitas e desejarem uma mudança quanto para aquelas que estiverem procurando emprego, o ano do Galo, mais uma vez, poderá proporcionar excelentes possibilidades. Informando-se e avaliando diferentes maneiras de usar suas habilidades, muitas conquistarão um cargo em um novo tipo de trabalho e com potencial para desenvolvimento. Em alguns casos, um amigo ou contato poderá ser especialmente prestativo ao alertá-las sobre uma oportunidade ou indicá-las. Haverá muitos fatores atuando a favor das Serpentes nesse ano, e sua própria iniciativa as recompensará bem.

As Serpentes também gostam de estar sempre informadas sobre avanços e de manter suas habilidades atualizadas. Para ajudar nisso, se houver treinamento disponível em seu local de trabalho, elas deverão verificar o que poderá ser providenciado ou, caso sintam que uma habilidade ou qualificação extra possam ser úteis, deverão pesquisar a respeito. Ao agarrem todas as chances de aprofundar seu conhecimento, estarão investindo em si mesmas e em seu futuro.

Isso também se aplicará a seus interesses pessoais. Inspiradas e entusiasmadas, é possível que algumas Serpentes sejam absorvidas por um projeto que iniciem durante o ano ou desenvolvam um interesse específico em uma nova direção. Isso poderá ser fonte de muito prazer pessoal ao longo desse período, assim como benéfico para sua psique.

As perspectivas financeiras também serão animadoras, e é provável que o progresso no trabalho proporcione um bem-vindo aumento da renda. No entanto, as Serpentes serão frequentemente atraídas por empreendimentos dispendiosos, e, embora o dinheiro possa fluir para suas contas, ele também poderá sair delas bem rápido. Nesse ano, as Serpentes deverão observar os gastos e preparar-se financeiramente. Quanto melhor for seu controle, mais satisfatórias serão suas compras e decisões.

Se possível, porém, elas deverão reservar recursos para viagens, pois uma mudança de cenário e a chance de visitar atrações interessantes ou ir a eventos relacionados a seus interesses pessoais poderão lhes proporcionar grande prazer.

Na vida familiar, o ano poderá muitas vezes ser especial e, mais ainda, em razão de sucessos pessoais e notícias da família. Ao longo do ano, é possível que haja comemorações nos lares de muitas Serpentes. Elas também descobrirão que seu entusiasmo e sua contribuição criativa poderão fazer com que muitos planos sigam adiante. O ano do Galo será um tempo para compartilhar, e também rico em possibilidades. A única condição é que em momentos muito agitados as Serpentes priorizem os compromissos e concentrem-se no que for prático em vez de se sobrecarregar. Os anos do Galo favorecem o planejamento e o trabalho conjunto para que se alcancem os resultados desejados.

As Serpentes também valorização sua vida social e é possível que vejam o crescimento do seu círculo de contatos. Envolvendo-se no que estiver acontecendo ao seu redor e expondo-se mais, elas poderão frequentemente acrescentar um elemento interessante ao seu estilo de vida.

Para as Serpentes que não estiverem em um relacionamento, o ano também trará boas possibilidades românticas, e um encontro casual poderá ser significativo.

Muitas coisas boas poderão acontecer para as Serpentes nesse ano; todavia, para que se beneficiem plenamente, elas precisarão se manifestar e aproveitar esse período. Com propósito, determinação e autoconfiança, elas conseguirão aproveitar ao máximo esses momentos estimulantes. No trabalho, é possível que surjam boas oportunidades, enquanto os interesses pessoais poderão ser inspiradores e proporcionar novas possibilidades. As Serpentes irão se beneficiar do apoio daqueles ao seu redor, embora para maximizar isso elas precisem ser francas e receptivas e estar preparadas para consultar outras pessoas. Tanto seu lar quanto sua vida social propiciarão momentos gratificantes com muito a compartilhar e a desfrutar. Esse será um ano altamente favorável para as Serpentes, e suas habilidades, qualidades e iniciativa poderão trazer-lhes muitos resultados prazerosos e de sucesso.

DICAS PARA O ANO

Use seu cargo e suas capacidades para crescer. Com ação e determinação, você conquistará muito. Além disso, compartilhe suas atividades com outras pessoas e seja parte do que estiver acontecendo ao seu redor. Desse modo, muito mais se descortinará para você.

PREVISÕES PARA A SERPENTE NO ANO DO CÃO

Um ano construtivo, com boas oportunidades a perseguir. De maneira animadora, as Serpentes serão capazes de usar êxitos recentes para crescer e ver muitos planos e projetos culminarem em sucesso. Além disso, os anos do Cão transcorrem de modo estável e comedido, o que combina com o temperamento das Serpentes. Avessas à pressa, as Serpentes irão prosperar de maneira constante nesse ano.

No trabalho, muitas delas, sobretudo as que tiverem se envolvido em mudanças recentes, ficarão contentes em se concentrar na própria função e usar suas habilidades com bom resultado. Mergulhando no ambiente de trabalho e aproveitando todas as chances de se projetar, elas não apenas desfrutarão de um nível maior de realização com o que fizerem como também terão a oportunidade de contribuir mais. As Serpentes gostam de construir sua carreira de modo estável, um passo de cada vez, e os anos do Cão permitirão que muitas delas façam exatamente assim. Além disso, é possível que elas se envolvam em um novo projeto, auxiliem na implementação de mudanças ou treinem outras pessoas. Ao expandirem sua função desse jeito, as Serpentes poderão descobrir novos talentos, bem como ajudar suas perspectivas futuras. Os anos do Cão são animadores para as Serpentes.

Algumas delas, no entanto, poderão se sentir em uma rotina e desejarão ter a chance de progredir de outras maneiras. Para elas e para as que estiverem procurando emprego, o ano do Cão também trará novas possibilidades. Informando-se ativamente sobre vagas e orientando-se com profissionais de recrutamento, muitas terão sucesso em conseguir a mudança de que precisam. No caso de algumas delas, é possível que isso envolva muito aprendizado, além de uma grande readequação, mas o que assumirem irá revigorar suas perspectivas profissionais. Um grande número de Serpentes terá a oportunidade de ver sua carreira em uma trajetória mais iluminada nesse ano.

O progresso alcançado no trabalho aumentará a renda de muitas Serpentes ao longo do ano, e algumas também se beneficiarão da receita de fundos extras. No entanto, as Serpentes ainda precisarão administrar bem sua situação. De modo específico, elas poderão considerar útil pensar à frente, inclusive fazendo uma reserva antecipada de recursos para planos futuros, bem como poupando para o longo prazo. Com disciplina e um bom controle, a situação financeira de um grande número de Serpentes poderá melhorar no decorrer do período.

As perspectivas para viagens serão igualmente positivas, e as Serpentes deverão aproveitar qualquer oportunidade de viajar. Avaliando as possibilidades e planejando o itinerário, elas poderão ver planos emocionantes se desenhando, e uma mudança de cenário lhes fará bem.

Os interesses pessoais também poderão proporcionar grande prazer, e com a *expertise* que muitas Serpentes desenvolveram, determinados projetos e atividades se revelarão especialmente agradáveis. As Serpentes poderão fazer seus talentos valerem de muitas maneiras nesse ano.

Além disso, elas deverão prestar um pouco de atenção em seu próprio bem-estar, inclusive dando a si mesmas a oportunidade de relaxar, bem como a de realizar exercícios físicos apropriados. Algumas Serpentes poderão ser atraídas por uma nova modalidade de condicionamento físico ou estabelecer uma meta pessoal; contudo, independentemente do que escolham fazer, dar um pouco de atenção extra ao seu estilo de vida poderá beneficiá-las. Além disso, se em algum momento elas não se sentirem muito bem, valerá a pena consultarem-se com um médico.

As Serpentes terão uma boa razão para valorizar a vida familiar ao longo do ano. As pessoas próximas poderão lhes oferecer um apoio excelente com determinadas decisões, bem como proporcionar ajuda extra quando as pressões forem grandes. As Serpentes fazem muito pelas pessoas, e nos anos do Cão haverá boas chances para que elas retribuam. Esse período também poderá ser marcado por diversas conquistas e algumas maravilhosas notícias familiares. Se as Serpentes derem início a projetos práticos, porém, deverão reservar um bom tempo para isso, pois é possível que alguns deles sejam demorados. Os anos do Cão podem ser gratificantes, mas podem ter um ritmo lento.

Tendo em vista todos os seus compromissos, as Serpentes talvez se sintam tentadas a restringir sua vida social nesse período. Contudo, será importante que elas mantenham contato regular com os amigos, bem como participem de eventos sociais que as atraiam. Isso não apenas será benéfico para o equilíbrio de seu estilo de vida como também propiciará ocasiões agradáveis. Algumas pessoas que elas conhecem, ou vierem a conhecer no decorrer do ano, também poderão ajudar com determinadas atividades. Serpentes de mentalidade mais independente, tomem nota disso e envolvam-se mais prontamente com os outros.

No geral, o ano do Cão recompensa o esforço e o comprometimento, e as Serpentes se sairão bem. No trabalho, elas poderão usar suas habilidades e experiência com bom resultado e realizar um progresso satisfatório. Também é possível que interesses e projetos pessoais transcorram bem, e qualquer atenção extra que as Serpentes deem ao seu estilo de vida (incluindo o seu equilíbrio) poderá beneficiá-las. As finanças e a vida familiar estarão ambas sob bons aspectos, e as Serpentes serão favorecidas, ainda, pelo apoio e pela boa vontade de muitas pessoas nesse ano gratificante e animador.

DICAS PARA O ANO

Desenvolva seu conhecimento e suas habilidades. Compromisso e esforço constante o recompensarão muito bem. Além disso, cuide-se e certifique-se de ter um estilo de vida equilibrado. O tempo compartilhado com as pessoas também poderá ser de grande valor pessoal.

Previsões para a Serpente no ano do Javali

Para as Serpentes, os anos do Javali podem ser desafiadores, com progresso difícil e situações nem sempre simples e fáceis de entender. Mas as Serpentes são pacientes e têm consciência de que, com o tempo, as coisas *irão* virar a seu favor. O provérbio chinês "Você não se perderá se frequentemente pedir por orientação" será útil nesse ano, e sempre que as Serpentes se virem em um dilema ou diante de uma situação complexa, elas deverão pedir a opinião das pessoas em quem confiam. Não haverá necessidade de que se sintam (nem ajam) sozinhas.

No trabalho, as Serpentes deverão manter o foco em suas tarefas e concentrar-se nas áreas que conhecerem melhor. Despender energia muito amplamente, distrair-se com assuntos de menor importância ou aventurar-se em áreas em que não têm experiência poderá prejudicar sua eficácia. Além disso, durante esse período elas deverão trabalhar em estreita colaboração com os outros, e não de maneira independente. Desse modo, não apenas realizarão mais como também se beneficiarão do apoio e das orientações disponíveis.

Muitas Serpentes permanecerão com seu empregador atual nesse ano e aumentarão seu conhecimento profissional, mas no caso daquelas que estiverem procurando emprego ou decididas a fazer uma mudança, o ano do Javali exigirá uma abordagem cuidadosa. Com vagas por vezes limitadas e uma competição feroz, as Serpentes precisarão fazer um esforço extra ao se candidatarem, inclusive enfatizar sua experiência e adequação. No ano do Javali será necessário trabalhar pelo progresso; no entanto, embora possam ocorrer decepções em sua busca, com autoconfiança e persistência muitas Serpentes serão bem-sucedidas. A maioria descobrirá que suas melhores chances estarão no tipo de trabalho com o qual estiverem mais familiarizadas.

Outra área que exigirá cuidado será a financeira. Nos anos do Javali, as Serpentes não podem se dar ao luxo de ser negligentes ou assumir riscos. Caso tenham dúvidas sobre quaisquer assuntos financeiros, deverão fazer perguntas e, se necessário, buscar orientação profissional. Elas também deverão precaver-se para não agir com muita pressa, inclusive para não sucumbir a compras por impulso. Esse será um ano para ter cautela e controle sobre os recursos financeiros. Além disso, será necessário ter cuidadosa atenção com correspondências financeiras e outros papéis — do contrário, é possível que algumas Serpentes se vejam prejudicadas ou enredadas em um emaranhado burocrático. Serpentes, sejam meticulosas e vigilantes.

Diante das pressões do ano, será importante também que as Serpentes se concedam uma pausa e reservem tempo para si mesmas. Nesse aspecto, os interesses pessoais poderão ser como um tônico. As atividades criativas poderão ser especialmente prazerosas. Além disso, com tantos acontecimentos nos anos do Javali, se as Serpentes souberem de eventos relacionados a seus interesses pessoais que as atraiam, incluindo concertos e competições esportivas, deverão informar-se a respeito. Atividades recreativas poderão ser fonte de muitos benefícios nesse ano e não deverão ser ignoradas.

As Serpentes também deverão aproveitar ao máximo as oportunidades sociais do ano. Manter contato com as pessoas poderá acrescentar um importante elemento ao seu estilo de vida. É possível que os interesses pessoais propiciem encontros com pessoas que pensam como as Serpentes e deem origem a amizades e conexões que venham a favorecê-las.

Na vida familiar, esse poderá ser um período movimentado, e seja prestando assistência a entes queridos, tomando providências ou lidando com seus próprios compromissos, as Serpentes verão que sua habilidade de acompanhar atentamente muitas coisas ao mesmo tempo será valorizada por aqueles que as rodeiam. No entanto, com tantos acontecimentos, será importante que haja comunicação e que quaisquer preocupações e inquietações sejam detalhadamente discutidas. Desse modo, algumas das pressões e dos assuntos mais complicados do ano do Javali poderão ser com frequência solucionados ou amenizados. Além disso, as Serpentes deverão incentivar atividades conjuntas, incluindo a participação em quaisquer eventos locais que despertem seu interesse. Sua consideração e contribuição poderão propiciar momentos especiais.

No geral, o ano do Javali exigirá muito das Serpentes. O progresso será difícil, e os objetivos, às vezes, desafiadores; mas, fazendo o melhor que puderem, concentrando-se em sua área de especialização e ampliando seu conhecimento, as Serpentes poderão com frequência preparar o caminho para o sucesso nos anos que estarão por vir. Elas deverão valorizar também sua ligação com as pessoas, uma vez que sua vida familiar e social e seus interesses pessoais poderão ter especial importância nesse ano muitas vezes desafiador.

DICAS PARA O ANO

Aja cuidadosamente, recorra ao apoio das pessoas e não contrarie seus instintos. Desconfie, verifique os fatos e avalie as implicações de seus atos. Sempre que estiver preocupado, lembre-se: "Você não se perderá se frequentemente pedir por orientação."

PENSAMENTOS E PALAVRAS DE SERPENTES

A felicidade está na alegria da conquista e na emoção do esforço criativo.
Franklin D. Roosevelt

O único limite para nossa realização de amanhã serão nossas dúvidas de hoje.
Vamos seguir em frente com uma fé forte e ativa.
Franklin D. Roosevelt

Para chegarmos a um porto, devemos navegar — navegar,
e não amarrar uma âncora, navegar, e não ficar à deriva.
Franklin D. Roosevelt

Se você quer ser respeitado, o mais importante é respeitar a si mesmo.
Fiodor Dostoievski

Somos todos mais ricos do que pensamos ser.
Michel de Montaigne

Um homem é bem-sucedido se ele se levanta de manhã e vai para a cama
à noite e entre uma coisa e outra faz o que quer.
Bob Dylan

Dentro de você estão as riquezas do seu amanhã.
Neil Somerville

Tomei a estrada para lugar nenhum.
Fiquei feliz por ter feito isso. Não encontrei ninguém. Mas me encontrei.
Neil Somerville

Apenas confie em si mesmo, depois você saberá como viver.
Johann Wolfgang von Goethe

Sou o que sou, então me aceite como sou!
Johann Wolfgang von Goethe

Ter conhecimento não é suficiente, devemos aplicá-lo;
querer não é suficiente, devemos fazer.
Johann Wolfgang von Goethe

O CAVALO

15 de fevereiro de 1942 a 4 de fevereiro de 1943	*Cavalo da Água*
3 de fevereiro de 1954 a 23 de janeiro de 1955	*Cavalo da Madeira*
21 de janeiro de 1966 a 8 de fevereiro de 1967	*Cavalo do Fogo*
7 de fevereiro de 1978 a 27 de janeiro de 1979	*Cavalo da Terra*
27 de janeiro de 1990 a 14 de fevereiro de 1991	*Cavalo do Metal*
12 de fevereiro de 2002 a 31 de janeiro de 2003	*Cavalo da Água*
31 de janeiro de 2014 a 18 de fevereiro de 2015	*Cavalo da Madeira*
17 de fevereiro de 2026 a 5 de fevereiro de 2027	*Cavalo do Fogo*
4 de fevereiro de 2038 a 23 de janeiro de 2039	*Cavalo da Terra*

A PERSONALIDADE DO CAVALO

Seja competindo em uma corrida, trabalhando em uma fazenda ou brincando em um campo, os Cavalos refletem exuberância. E também têm estilo. São envolventes, versáteis e, na astrologia chinesa, nascem sob o signo da elegância e do ardor.

Os nascidos no signo do Cavalo são igualmente abençoados com muitas qualidades. Habilidosos e articulados, têm grande prazer em conversar e se relacionam bem com as pessoas. Também podem ser muito persuasivos e isso, acompanhado de seu charme e determinação, garante que muitos consigam o querem. Os Cavalos são enérgicos e usam seus talentos com bons resultados.

São também obstinados, e quando formam uma ideia ou se propõem a alcançar um objetivo, não serão eles a mudá-los. Podem ser teimosos e difíceis de lidar, e nem sempre aceitam o que as pessoas dizem. Eles não se deixam influenciar e gostam de agir à sua maneira. Os Cavalos também podem ser geniosos e, embora suas explosões costumem ter curta duração, no calor do momento é possível que digam coisas das quais se arrependerão depois.

No entanto, ainda que valorizem sua independência e liberdade de pensamento, os Cavalos são bastante sociáveis. Muitos apreciarão fazer parte de um grupo ou clube e, se for o caso, de uma equipe ou força de trabalho. Os Cavalos adoram participar e sua natureza animada e sua perspicácia fazem deles companhias populares. Como jamais gostam de recusar uma oportunidade, podem às vezes se sobrecarregar e ficar com a agenda social incrivelmente lotada. Os Cavalos certamente acumulam uma grande quantidade de afazeres em seu dia a dia.

Muitos apreciam os esportes e a vida ao ar livre e, quando participam de eventos, podem ser competitivos. Eles gostam de se sair bem — e com frequência terminam como vencedores.

Os Cavalos são também aventureiros e apreciam viajar. Gostam de conhecer novos lugares e das experiências que as viagens proporcionam.

Costumam manter-se bem informados e têm interesses diversificados. Contudo, às vezes lhes falta persistência e eles podem ser facilmente tentados a desistir do que estiverem fazendo se algo novo surgir. No entanto, quando motivados e com um objetivo a alcançar, estarão preparados para trabalhar arduamente e por muito tempo para conquistar suas metas.

Enérgicos, determinados, versáteis e com a habilidade de desfrutar de boas relações de trabalho com muitas pessoas, os Cavalos estão destinados a se sair bem em um grande número de profissões. São especialistas em dominar detalhes e assimilar fatos, e muitos são linguistas habilidosos. São bons em realizar várias tarefas ao mesmo tempo, e áreas como mídia, marketing, viagens e turismo, além de cargos que os coloquem em contato com pessoas, podem ser bem adequados a eles. Por serem hábeis com apresentações, é possível que alguns se sintam atraídos pela indústria do entretenimento e, com sua agilidade e apreço por atividades ao ar livre, também poderão interessar-se pelo setor esportivo e de condicionamento físico. No entanto, seja qual for a vocação que escolham, eles precisam *persistir*, e não mudar de rumo com frequência. Alguns Cavalos não têm a capacidade de perseverar. Além disso, os Cavalos gostam de agir corretamente, e às vezes o medo de fracassar pode inibi-los. Ainda assim, eles têm muito a oferecer, e suas habilidades vão garantir que sejam bem-sucedidos em um grande número de ocasiões.

Os Cavalos desfrutam de seus ganhos e fazem bom uso de seu dinheiro. Não são materialistas; para eles, o dinheiro é uma ferramenta, e uma vez que tenham honrado seus compromissos (pois assumem seriamente suas responsabilidades), terão prazer em gastá-lo da maneira que quiserem, seja com entes queridos, em situações de socialização ou satisfazendo seu amor pelas viagens.

Os Cavalos são apaixonados e afetuosos, e apreciam ter alguém para amar e que também os ame. Como parceiros, podem ser leais, protetores e generosos, mas também precisam de espaço para seus próprios interesses, e não gostam de um estilo de vida restritivo ou rotineiro. Embora seu lar possa ser organizado e bem equipado, eles não são do tipo que passa muito tempo em casa. Há muitas outras coisas a fazer.

Assim como o homem de seu signo, a mulher Cavalo tem interesses diversos e mantém-se atenta a tudo o que se passa ao seu redor. Bem informada, inteligente e versátil, é prática e tem opiniões e desejos bem definidos. É também consciencioso e, quando se dedica a uma tarefa, gosta de realizá-la bem. Grande apreciadora de ocasiões sociais, é perspicaz e tem uma boa compreensão da natureza humana. Costuma ter um excelente senso para se vestir e pode ser reconhecida por sua elegância e estilo. Determinada e articulada, ela se sai bem em muito do que se propõe a fazer.

Como pais, os Cavalos podem ser incentivadores e eficazes em identificar e cultivar talentos individuais. Com seus variados interesses e seu estilo de vida ativo, irão encorajar e estimular muitas mentes jovens e ansiosas. No entanto, eles têm padrões elevados e são rigorosos com a disciplina.

Os Cavalos gostam de ser ativos e de ter propósito. Embora algumas vezes possam ser impacientes e teimosos, sua perspicácia, sua energia e seu entusiasmo os fazem invariavelmente desfrutar de um estilo de vida movimentado e gratificante. O apresentador e produtor de espetáculos americano P. T. Barnum era do signo do Cavalo e escreveu: "Seu sucesso depende do que você mesmo faz, com seus próprios meios." Essas palavras são muito verdadeiras para os Cavalos. Eles gostam de trilhar seu próprio caminho, e sua motivação e exuberância tornam sua vida recompensadora de diferentes maneiras.

Principais dicas para os Cavalos

- Com interesses tão diversificados e o desejo de agir, você pode ser impaciente. Algumas vezes, abandona atividades em prol de algo novo ou despende suas energias muito amplamente. Ter mais disciplina não será ruim. Se for mais focado e *persistente*, você poderá desfrutar de recompensas mais substanciais. Contenha sua tendência à impaciência e tenha mais capacidade de perseverar.
- Embora você goste muito de conversar, nem sempre é um bom ouvinte! Registrar o que as pessoas dizem pode, muitas vezes, beneficiá-lo — portanto, não se furte a essa ajuda potencial. Além disso, ainda que você possa conhecer sua própria mente, ouvir os pontos de vista de outras pessoas poderá ajudá-lo a lidar com elas.
- Você não gosta de fracassar e, às vezes, o medo de perder o respeito das pessoas o impede de agir. Mas como lembra o provérbio chinês: "Assim como a pedra não pode ser polida sem fricção, o homem não pode se aperfeiçoar se não tentar." Você aprenderá muito com os desafios que assumir.
- Embora você goste que os resultados apareçam rapidamente, o tempo é necessário para que se construa experiência e se adquira competência. Seja

paciente. Quando estiver se sentindo frustrado, talvez seja especialmente útil pensar à frente e estabelecer metas de longo prazo. Pense um pouco em glórias futuras e trabalhe para alcançá-las.

OS RELACIONAMENTOS COM OS DEMAIS SIGNOS

Com o Rato

Eles podem ser muito animados e sociáveis, mas como ambos também são enérgicos e francos, quem terá a última palavra? As relações poderão ser complicadas.

No trabalho, esses dois estarão ansiosos por assumir o centro do palco e comandar. Além disso, o Cavalo desconfiará dos métodos e da natureza oportunista do Rato. Não é uma boa parceria.

No amor, podem ser amantes da diversão e desfrutar de estilos de vida agitados, mas suas personalidades firmes irão colidir mais cedo ou mais tarde. E o Cavalo, que gosta de certa liberdade de ação, poderá considerar preocupante o jeito intrometido do Rato. Uma combinação difícil.

Com o Búfalo

Esses dois gostam de viver em ritmos diferentes e de diferentes maneiras. As relações poderão ser ruins.

No trabalho, o Cavalo, que é voltado para a ação, ficará ávido por obter resultados e poderá considerar inibidor o jeito mais comedido do Búfalo. Além disso, como ambos são enérgicos, é possível que as relações de trabalho sejam difíceis.

No amor, embora o Cavalo possa admirar o jeito firme e confiável do Búfalo, sua natureza aventureira não se ajustará confortavelmente ao estilo mais tradicional do Búfalo. Esses dois não foram feitos um para o outro.

Com o Tigre

Com sua energia, seu entusiasmo e seu espírito animado, esses dois apreciam a companhia um do outro e se relacionam bem.

No trabalho, sua combinação de empreendedorismo, zelo e trabalho árduo pode ser compensadora. Eles podem causar grande impacto e desfrutar de um bom nível de sucesso.

No amor, ambos aproveitarão a vida ao máximo. O Cavalo extrairá força da natureza animada e solidária do Tigre, e cada um deles será uma influência animadora para o outro. Uma combinação excelente.

Com o Coelho

Esses dois podem reconhecer os pontos fortes um do outro, mas seus temperamentos e estilos de vida diferentes não contribuem para que as relações sejam fáceis.

No trabalho, o Cavalo está preparado para agir e pode sentir-se limitado pela abordagem mais cautelosa do Coelho. Não é uma combinação eficaz.

No amor, ambos são signos apaixonados e poderão aprender muito um com o outro. Em especial, é possível que o Cavalo se torne menos impaciente sob a influência calma e organizada do Coelho. No entanto, com o tempo, talvez seja difícil conciliar suas diferenças de personalidade e estilo de vida. Uma combinação desafiadora.

Com o Dragão

Duas personalidades audazes e dinâmicas — as relações entre eles serão boas.

No trabalho, seu entusiasmo, sua motivação e seu respeito mútuo fazem deles uma força poderosa e eficaz. Quando unidos por uma causa específica, podem desfrutar de considerável sucesso.

No amor, esses dois signos apaixonados podem encontrar grande felicidade juntos. Com muitos interesses compartilhados e um estilo de vida ativo, eles se manterão ocupados e o Cavalo valorizará o entusiasmo, o vigor e a decência do Dragão. É realmente possível que suas naturezas francas colidam às vezes, mas no geral será uma combinação boa e quase sempre de sucesso.

Com a Serpente

É verdade que existem diferenças de personalidade entre esses dois, mas ambos se consideram companhias interessantes. As relações entre eles podem ser razoáveis.

No trabalho, seus diferentes pontos fortes e atitudes poderão gerar uma boa combinação. O Cavalo tem grande consideração pela abordagem ponderada e pelo tino comercial da Serpente, e é possível que formem uma dupla eficaz e frequentemente bem-sucedida.

No amor, suas diferenças de personalidade poderão revelar-se atrativas, com o Cavalo encantando-se especificamente pelo jeito quieto, sedutor e gentil da Serpente. Serão necessários ajustes consideráveis dos dois lados — portanto, uma relação complicada, mas não impossível.

Com outro Cavalo

Com bom entrosamento, um amor comum pela conversa e uma multiplicidade de interesses, os Cavalos se relacionam bem.

No trabalho, sua motivação, seu entusiasmo e seu trabalho árduo são certamente capazes de produzir bons resultados, mas eles precisarão manter o foco e chegar a um acordo sobre uma divisão clara das responsabilidades. Do contrário, seus instintos competitivos poderão privá-los do que eles têm de melhor, e cada um deles ficará manobrando para obter o controle.

No amor, seu relacionamento pode ser próximo, apaixonado e emocionante. Com uma miríade de atividades para desfrutar, assim como um amor mútuo por socialização, viagens e conversas, é possível que dois Cavalos tenham uma vida boa. É verdade que ambos podem ser francos e que haverá alguns momentos tempestuosos, mas, se tiverem cuidado, muitas vezes essa poderá ser uma combinação especial.

Com a Cabra

O Cavalo gosta da natureza dócil da Cabra, e com interesses em comum, esses dois se relacionam bem.

No trabalho, seus diferentes pontos fortes combinam. O Cavalo frequentemente terá grande consideração pela contribuição criativa da Cabra. Com confiança e bom entrosamento, essa será uma boa relação de trabalho.

No amor, eles têm bom entrosamento. O Cavalo valorizará a natureza afetuosa e solidária da Cabra e suas habilidades como responsável pelas tarefas do lar. Uma combinação próxima e amorosa.

Com o Macaco

Esses dois são indivíduos vivazes, mas um tende a desconfiar do outro, e faltará entendimento.

No trabalho, a combinação de seus pontos fortes tem potencial para grande sucesso; porém, como o Cavalo muitas vezes desconfia dos motivos e métodos do Macaco, esses dois não trabalham bem juntos.

No amor, eles podem apreciar estilos de vida animados; no entanto, ambos são enérgicos e cada um deles desejará que sua vontade prevaleça. O Cavalo, que é tão franco e honesto, talvez desconfie da tendência do Macaco a ser reservado. Uma combinação difícil.

Com o Galo

Esses dois compartilham o amor pela conversa e uma multiplicidade de interesses, mas como ambos são sinceros e enérgicos, as relações às vezes poderão ser complicadas.

No trabalho, ambos têm energia e grande comprometimento, e o Cavalo valorizará os talentos organizacionais do Galo e sua habilidade de pensar à frente. Juntos, poderão desfrutar de considerável sucesso, embora venham a ficar ávidos por obter o crédito.

No amor, é possível que esses dois signos formidáveis formem um casal esplêndido e atraente. Eles também são bons um para o outro. O Cavalo se beneficiará do jeito atencioso e organizado do Galo. Haverá muito para os dois desfrutarem juntos, mas como ambos são teimosos e cada um deles vai querer que sua vontade prevaleça, haverá também diferenças a conciliar. Uma boa combinação, porém desafiadora.

Com o Cão

Há grande respeito e entrosamento entre o Cavalo e o Cão, e suas relações são muito boas.

No trabalho, eles dois formam uma boa combinação, com o Cavalo frequentemente tendo muita fé na abordagem cuidadosa e ponderada do Cão. Uma dupla competente e bem-sucedida.

No amor, seu entrosamento e compreensão costumam ser muito especiais. O Cavalo valorizará a natureza leal, solidária e confiável do Cão, e eles podem formar uma combinação excelente.

Com o Javali

Extrovertidos e sociáveis, o Cavalo e o Javali apreciam a companhia um do outro.

No trabalho, esses dois são muito esforçados e empreendedores, e o Cavalo valorizará o instinto comercial e o jeito firme e persistente do Javali. Cada um deles pode ser um estímulo para o outro, e juntos, se direcionarem bem suas energias, podem desfrutar de um sucesso considerável.

No amor, é possível que esses dois signos vivazes e apaixonados formem uma combinação excelente. Com seu bom entrosamento e o Cavalo valorizando a natureza alegre e otimista e o jeito estimulante do Javali, esses dois podem ser bons um para o outro e encontrar grande felicidade.

HORÓSCOPOS PARA CADA UM DOS ANOS CHINESES

Previsões para o Cavalo no ano do Rato

O ano do Rato pode ser agitado e animado, e os Cavalos talvez se sintam incomodados com sua inconstância. O progresso será difícil, e embora nem sempre seja do feitio dos Cavalos fazerem isso, haverá momentos em que será melhor que se mantenham discretos e aguardem até que as situações se esclareçam e melhorem. Nos anos do Rato, eles precisam ser cuidadosos e pacientes.

No trabalho, o ano do Rato poderá ser desafiador. Muitos Cavalos estarão com uma pesada carga de trabalho, bem como lidando com assuntos complexos. Alguns atrasos, problemas burocráticos ou a atitude de outra pessoa também poderão dificultar as situações. Como são conscienciosos, os Cavalos muitas vezes ficarão frustrados. No entanto, embora o ano traga suas dificuldades, será nesses momentos que os Cavalos poderão demonstrar e desenvolver seus pontos fortes. Concentrando-se nas tarefas que precisarão ser feitas e evitando distrações, bem como se adaptando ao que for exigido, eles ainda poderão alcançar alguns resultados louváveis. Como já se constatou muitas vezes, problemas podem ser oportunidades disfarçadas, e o ano do Rato dará aos Cavalos a chance de adquirir uma experiência inestimável, assim como de destacar seu potencial. Para muitos deles, as sementes do sucesso futuro poderão ser plantadas agora.

Em lugar de optarem por uma mudança, muitos Cavalos permanecerão com seu empregador atual e em áreas que utilizam sua experiência. No entanto, para aqueles que tiverem a intenção de ir para outro lugar ou estiverem procurando emprego, o período, mais uma vez, poderá ser desafiador. É possível que as oportunidades sejam limitadas, e alguns Cavalos ficarão frustrados com o modo como algumas de suas propostas como candidatos a vagas serão processadas e suas habilidades, ignoradas. No entanto, os Cavalos são tenazes, e persistindo e dedicando esforço extra, muitos, por fim, conquistarão uma vaga nesse ano, e com frequência do tipo que poderão usar como base para crescer. Será exigido empenho, mas as conquistas nesse ano poderão ter influência importante nas perspectivas futuras.

Nos assuntos financeiros, os Cavalos, novamente, precisarão ser cuidadosos e prudentes com a pressa e a precipitação. Será necessário pensar muito bem sobre compras e planos mais dispendiosos e avaliar atentamente os termos. Caso os Cavalos tenham quaisquer preocupações, será importante que tratem delas antes de prosseguir. Da mesma maneira, eles deverão ser meticulosos com papelada importante e assegurar que apólices de seguro estejam atualizadas e sejam suficientes para seus propósitos. Descuidos poderão prejudicá-los nesse ano, e é possível que as lentas engrenagens da burocracia causem impaciência. Às vezes, o ano do Rato será exasperante!

Diante das pressões do ano, será importante que os Cavalos se concedam uma pausa ocasional. Um tempo para si mesmos lhes fará muito bem. Algumas de suas atividades poderão não apenas lhes dar a chance de praticar exercícios físicos adicionais como também apresentar um elemento social. Qualquer Cavalo que tenha se descuidado de seus interesses deverá tratar disso, talvez propondo a si mesmo um projeto ou uma meta para esse ano.

Além disso, todos os Cavalos deverão pensar um pouco em seu bem-estar, e se forem sedentários pela maior parte do dia ou sentirem que sua alimentação está de algum modo deficiente, deverão orientar-se sobre atividades e alimentos que possam ajudar. Ter cuidado consigo mesmos será de especial valor.

Com sua natureza ativa, os Cavalos dão muita importância à vida social, e o apoio e a camaradagem demonstrados pelas pessoas poderão ser de grande valia nesse ano. Ao conversarem sobre preocupações e dilemas com aqueles em quem confiam, é possível que eles não apenas se beneficiem dos conselhos recebidos como também sejam ajudados de maneiras que nem imaginavam. Os Cavalos não deverão se sentir sozinhos, e muitas vezes descobrirão que uma preocupação compartilhada é uma preocupação consideravelmente amenizada.

Será recomendável, igualmente, que aproveitem ao máximo as oportunidades sociais que surgirem em seu caminho, uma vez que o ano do Rato poderá propiciar algumas situações agradáveis. Eventos locais ou relacionados aos interesses dos Cavalos poderão ter um apelo específico.

Na vida familiar, a indicação é de momentos agitados. Não apenas os Cavalos estarão batalhando com seus próprios compromissos, mas também é possível que seus entes queridos fiquem muito ocupados, e poderá haver mudanças na rotina doméstica e nos padrões de trabalho. Com tanto a considerar, será importante que haja comunicação e flexibilidade em relação a providências e planos. Esse será um período para consenso e união de forças. No entanto, embora algumas semanas venham a parecer um turbilhão, é certo que o ano do Rato também proporcionará seus prazeres, incluindo atividades conjuntas e possíveis viagens. Conscientização, compartilhamento e comunicação serão, porém, muito importantes.

No geral, o ano do Rato trará seus desafios, e os Cavalos precisarão manter as emoções sob controle. Contudo, fazendo o melhor que puderem e se adaptando às exigências, eles não apenas terão a chance de demonstrar suas habilidades como também estarão se preparando para os sucessos que virão em breve.

DICAS PARA O ANO

Fique atento aos outros e consulte-os quando for tomar decisões ou estiver em um dilema. Além disso, reserve tempo para seus entes queridos e interesses pessoais. Essas duas atitudes poderão proporcionar significado e benefícios a esse ano que, muitas vezes, será de grande pressão.

Previsões para o Cavalo no ano do Búfalo

Assim como os Búfalos, os Cavalos estão preparados para trabalhar duro e por longo tempo a fim de alcançarem resultados, e nesse ano seus esforços serão recompensados. Para aqueles que estiverem decepcionados com seu progresso recente (e o ano anterior, o do Rato, não terá sido fácil) ou cultivando esperanças específicas, esse período oferecerá perspectivas mais brilhantes. Será o momento de seguir em frente e, embora os resultados possam demorar a surgir (os anos do Búfalo não favorecem a rapidez!), haverá bons (e bem merecidos) ganhos a obter.

No trabalho, os aspectos serão particularmente animadores. Com a experiência que eles terão agora, aliada às qualidades que muitos demonstraram recentemente, um grande número de Cavalos estará em uma boa posição quando as oportunidades surgirem. Em alguns casos, colegas mais antigos poderão mudar de cargo, criando possibilidades de promoção, ou os Cavalos terão a chance de usar suas habilidades de outras maneiras. Sempre que se interessarem por uma vaga, eles deverão se apresentar. Muitos serão capazes de levar sua carreira a um novo nível nesse ano.

Para ajudar suas perspectivas, todos os Cavalos deverão aproveitar quaisquer cursos de treinamento que venham a estar disponíveis para eles, bem como se informar sobre os acontecimentos em sua área de atuação. Isso poderá não apenas ajudá-los no presente como também alertá-los sobre possibilidades a serem consideradas em um futuro próximo. Além disso, como esse será um ano de oportunidades, eles deverão aproveitar ao máximo qualquer chance de comunicar-se com sua rede de contatos e projetar-se mais.

Para os Cavalos que estiverem procurando emprego e para aqueles que acharem que suas perspectivas poderão ser melhores se forem para outra empresa, o ano do Búfalo também poderá proporcionar algumas boas oportunidades. Informando-se, conversando com especialistas em recrutamento e avaliando maneiras de usar e adaptar suas habilidades, muitos Cavalos poderão conquistar um cargo que será capaz de reenergizar sua carreira.

Em relação ao trabalho, esse será um ano animador, com esforço, habilidade e persistência recompensando muito bem os Cavalos.

O progresso feito no trabalho poderá aumentar a renda de um grande número de Cavalos, e muitos deles se beneficiarão das receitas de fundos extras. No entanto, eles precisarão administrar bem sua situação, e o ideal é que façam reservas antecipadas para planos e necessidades. Com um bom orçamento, serão capazes de levar adiante muitos de seus planos e ficarão especialmente satisfeitos com a utilidade de determinadas aquisições. Contudo, caso se sintam atraídos por qualquer tipo de especulação, deverão verificar tanto os fatos quantos as implicações.

As viagens serão atrativas (como costumam ser para os Cavalos), e, se houver um destino ou evento que desperte seu interesse, eles deverão informar-se mais a respeito. Da mesma maneira, se houver eventos acontecendo localmente, deverão inteirar-se deles. Os Cavalos gostam de se manter ativos, e o ano do Búfalo lhes oferecerá uma boa mistura de possibilidades para isso, incluindo a chance de visitar lugares novos.

Os Cavalos também apreciarão as oportunidades sociais do ano e a chance de passar tempo com os amigos. No entanto, embora costumem ser bons de papo, nesse ano eles precisarão ter prudência. Um *faux pas*, ou descuido, poderá causar problemas. Cavalos, tomem nota disso e fiquem atentos àqueles ao seu redor.

Para os que estiverem envolvidos em um romance ou que iniciem um relacionamento desse tipo no ano do Búfalo, também será necessário cautela: "O caminho do amor verdadeiro nem sempre é suave", e os Cavalos precisarão dar tempo ao relacionamento e ficar atentos aos sentimentos da outra pessoa.

Na vida familiar, igualmente, eles deverão assegurar que haja comunicação e franqueza. Haverá muitos acontecimentos, e se as providências forem decididas com antecedência, muito mais será levado adiante. Falta de planejamento, por outro lado, poderá causar decepção. Além disso, em relação a empreendimentos práticos, será preciso reservar um tempo maior, pois é possível que projetos para a casa e o jardim demorem mais do que o previsto, sobretudo porque talvez um dê origem a outro. Na vida familiar, os anos do Búfalo podem ser agitados, com muitas coisas a considerar e a fazer, mas também podem proporcionar prazeres, com interesses compartilhados, ocasiões familiares e viagens para desfrutar.

Os Cavalos costumam se sair bem nos anos do Búfalo. No entanto, será necessário que trabalhem arduamente, além de persistir. É possível que os resultados demorem a se concretizar, mas se concretizarão. Em seus relacionamentos pessoais, os Cavalos precisarão ficar alerta aos pontos de vista daqueles ao seu redor. Lapsos e desatenção poderão causar problemas. No geral, porém, os anos do Búfalo incentivam os Cavalos a demonstrarem suas habilidades e pontos fortes, além de lhes proporcionar algumas bem merecidas (e, em alguns casos, atrasadas) recompensas.

DICAS PARA O ANO

Aproveite ao máximo as oportunidades do ano e procure seguir em frente. Com esforço e determinação, você poderá realizar um bom avanço. Mas seja atencioso quando estiver acompanhado e comunique-se bem com as pessoas ao seu redor.

Previsões para o Cavalo no ano do Tigre

Um ano importante. Como os Cavalos estarão frequentemente inspirados, muitas coisas poderão acontecer. É possível que o acaso seja um forte elemento no período também, com influências úteis entrando em jogo.

No trabalho, esse poderá ser um ano de mudança. Para os Cavalos que tiverem uma carreira estabelecida, poderá haver a possibilidade de mudança para um novo nível, muitas vezes para uma função mais especializada. É possível que alguns Cavalos venham trabalhando (e esperando por) essa oportunidade há algum tempo. Com o apoio daqueles que os cercam e suas habilidades agora provadas, muitos estarão bem posicionados para progredir.

No entanto, haverá alguns Cavalos que sentirão ter realizado tudo o que podiam na empresa onde estão e que precisam de um novo desafio. Para eles, assim como para aqueles que estiverem procurando emprego, esse será o momento de tomar a iniciativa. O ano do Tigre não será o momento de ficar parado, e ele trará à tona os pontos fortes e o potencial dos Cavalos. Mantendo-se ativos em sua busca, esses Cavalos verão que sua energia e persistência serão notadas e, em muitos casos, os levarão a assegurar uma nova e importante plataforma que poderá ser usada para seu progresso. Eles terão imenso prazer com a oportunidade.

Os Cavalos também deverão aproveitar ao máximo seus interesses pessoais nesse período. Aqueles que estiverem ansiosos por desenvolver um interesse específico deverão aprimorar-se no que fazem. Em alguns casos, instrução especializada ou práticas extras poderão fazer uma notável diferença. Alguns Cavalos talvez também se vejam atraídos por um novo assunto ou atividade. Caso se entusiasmem por algo novo nesse ano ativo, deverão manter-se alerta a possibilidades que possam buscar. Os anos do Tigre incentivam o autodesenvolvimento.

Como muitos Cavalos têm um estilo de vida agitado, será importante que nesse ano eles levem também seu bem-estar em consideração. A prática regular de exercícios físicos e uma alimentação saudável ajudarão. Além disso, durante momentos especialmente movimentados, eles deverão se conceder a oportunidade de descansar. Esforçar-se demais continuamente poderá esgotar sua energia.

No nível pessoal, os Cavalos serão muito solicitados, e os aspectos irão favorecer tanto sua vida social quanto sua vida familiar.

Na vida familiar, o ano poderá, mais uma vez, trazer mudanças. Nos lares de alguns Cavalos, um parente se mudará, talvez por motivos educacionais ou profissionais, e haverá também alterações na rotina. Será preciso cooperação, e quanto melhor ela for, melhor a vida familiar se tornará. Diante do estresse que algumas mudanças e decisões poderão causar, será importante que estas sejam discutidas e que se estimule um espírito de franqueza. Do contrário, haverá o risco de que o cansaço ou a tensão causem irritabilidade. Cavalos, conscientizem-se disso e compartilhem quaisquer assuntos que estejam em sua mente.

Ainda que a vida familiar venha a ser agitada, ela proporcionará muitas ocasiões gratificantes. Haverá sucessos individuais a registrar, assim como a conclusão de planos e projetos de melhoria da casa.

Muitos Cavalos verão um aumento em sua atividade social nesse ano e o consequente crescimento do seu círculo social. A natureza ativa do ano os colocará em contato com muitas pessoas, e algumas amizades e contatos poderão ser estabelecidos.

Para os Cavalos que não estiverem em um relacionamento, as perspectivas de encontrar o amor serão boas, e para aqueles que estiverem se recuperando de mágoas ou decepções, esse será um ano para sair, explorar novos interesses e conhecer pessoas. A ação positiva será bem recompensada.

Embora de modo geral as perspectivas venham a ser favoráveis nesse ano, uma área que demandará cuidado será a financeira. Com os compromissos familiares, as compras para a casa e uma vida social mais movimentada, os Cavalos terão despesas altas e será preciso observar as necessidades de gastos. Além disso, se houver preocupações sobre termos ou implicações de uma transação específica, eles deverão buscar orientação. Com tantos acontecimentos, controle, prudência e disciplina serão necessários.

No geral, porém, o ano do Tigre será favorável para os Cavalos. Será o momento de construir, seguir em frente e estar aberto a oportunidades. No trabalho, muitos Cavalos conseguirão empregar melhor seus pontos fortes, e seus interesses pessoais também poderão se desenvolver bem e estimulá-los a aproveitar mais seus talentos e habilidades. A vida familiar e social dos Cavalos será movimentada, com muitas coisas a fazer, compartilhar e aproveitar. Mas toda essa atividade fará com que esse momento seja caro, e os Cavalos precisarão observar os gastos e administrar cuidadosamente as finanças.

DICAS PARA O ANO

Lembre-se das palavras de Virgílio: "A sorte favorece os audazes." Esse será um ano para ser audaz. Vá atrás do que você quer. Acredite em si mesmo e aproveite ao máximo seus talentos. Além disso, desfrute de seus relacionamentos pessoais. O amor e o apoio das pessoas poderão beneficiá-lo de muitas maneiras.

Previsões para o Cavalo no ano do Coelho

Um ótimo ano à frente. Embora ele possa não ter a atividade que os Cavalos apreciam, muito ainda poderá ser realizado. No entanto, os Cavalos precisarão concentrar-se em seus objetivos e observar sua tendência a ser independentes. Agir sozinho, precipitadamente ou sem refletir sobre as coisas, poderá causar dificuldades. Ainda que esse seja um ano animador, os Cavalos precisão manter suas emoções sob controle.

No trabalho, deverão permanecer concentrados no que tiverem que fazer e demonstrar paciência. Às vezes, os resultados de suas ações poderão levar tempo para aparecer ou poderão se ver afetados pelo atraso ou pelas vagarosas engrenagens da burocracia. Para os entusiasmados Cavalos, alguns momentos serão frustrantes, mas no ano do Coelho será o caso de perseverar e se concentrar nas tarefas que estiverem em suas mãos. No entanto, haverá também acontecimentos com os quais muitos Cavalos poderão lucrar. Em certos casos, os locais de trabalho verão reestruturações e/ou o lançamento de novas iniciativas, e o conhecimento que muitos Cavalos têm da empresa fará com que consigam se beneficiar. O que acontecer nesse período talvez não venha a ser necessariamente o que eles tinham em mente, mas permitirá que muitos ampliem suas habilidades. Na parte final do ano, poderá haver avanços essenciais.

Para os Cavalos que estiverem ansiosos por se transferir para outro lugar, assim como para aqueles em busca de emprego, é possível que o ano do Coelho traga, igualmente, avanços interessantes. Ampliando o escopo de sua busca, muitos deles poderão conquistar uma nova função que proporcione a oportunidade que desejam. Poderá ser necessária uma considerável adaptação, porém muitos Cavalos terão a chance de se estabelecer em um novo ambiente de trabalho nesse ano. É possível que as oportunidades demorem a surgir, mas quando isso acontecer, elas poderão ser significativas.

O progresso feito no trabalho poderá ajudar financeiramente; todavia, os Cavalos precisarão ser cautelosos nos empreendimentos financeiros. Quando considerarem a realização de compras caras, deverão verificar faixas de preços e as opções disponíveis, assim como os custos envolvidos. Se fizerem empréstimo, os termos terão que ser esclarecidos, pois esse não será o momento de assumir riscos ou fazer suposições. Os Cavalos também deverão manter a disciplina quando saírem. Muitas compras por impulso ou extravagâncias sociais poderão fazer com que gastem mais do que o pretendido. Financeiramente, esse talvez seja um ano razoável, mas exigirá disciplina e controle em relação às finanças.

Com sua natureza ativa e entusiasmada, os Cavalos poderão extrair um prazer particular de seus interesses pessoais nesse período, sobretudo daqueles que sejam desenvolvidos ao ar livre e/ou lhes permitam fazer um uso maior de determinadas habilidades. Se houver um grupo de atividades local ou um curso que possam aprimorar ou proporcionar capacidades, eles deverão se informar mais a respeito. Os anos do Coelho estimulam a participação, e os Cavalos apreciarão muitas das atividades que praticarem (ou iniciarem) agora. Como são imbuídos de espírito público por natureza, alguns deles poderão envolver-se em atividades comunitárias e ajudar outras pessoas de maneira nobre.

Seus interesses pessoais poderão lhes oferecer um bom elemento social, e os Cavalos apreciarão as oportunidades de sair e passar tempo com outras pessoas durante o ano. Como os anos do Coelho favorecem a cultura, as artes e o entretenimento, é possível que os Cavalos se interessem pelos muitos eventos que estarão acontecendo.

No entanto, embora os Cavalos frequentemente ampliem seu círculo social, para os que não estiverem em um relacionamento, os assuntos românticos deverão ser tratados com cuidado. Os Cavalos terão que ser atenciosos e cuidadosos com os sentimentos das outras pessoas. Sobretudo para os que conhecerem alguém novo, em vez de criarem grandes expectativas iniciais, será melhor mostrar paciência e deixar que o relacionamento se desenvolva em seu próprio tempo e à sua própria maneira. Alguns Cavalos podem encontrar a felicidade nos anos do Coelho; todavia, para outros, um novo amor pode ser problemático.

Sua vida familiar, contudo, poderá ser fonte de grande felicidade, especialmente porque, no caso de alguns Cavalos, a família ganhará um novo membro ou eles terão motivo para comemorar uma conquista ou um marco. Alguns talvez se mudem. Muitas coisas poderão acontecer nesse ano, embora seja possível que os planos levem tempo para se concretizar. Com esforço determinado, porém, os Cavalos poderão obter resultados de longo prazo.

No geral, é possível que os Cavalos se saiam bem no ano do Coelho, mas esse momento exigirá comprometimento e esforço. O progresso talvez não seja necessariamente rápido e será preciso trabalhar por resultados, mas o ano não será destituído de oportunidades. Concentrando seus esforços e tomando todas as iniciativas para ampliar suas habilidades, muitos Cavalos poderão avançar na carreira e melhorar suas perspectivas. A vida familiar poderá ser igualmente gratificante, com notícias pessoais e acontecimentos familiares que proporcionarão grande prazer. Na vida social, o ano do Coelho também trará boas possibilidades; nos assuntos românticos, todavia, será recomendável ter cuidado. No geral, um ano agradável e às vezes de ritmo lento.

DICAS PARA O ANO

Procure ter tempo. Em vez de se apressar, aprecie o presente e o que puder ser feito agora. Além disso, aprimore suas capacidades. O que você fizer agora poderá beneficiá-lo tanto no presente quanto no futuro.

Previsões para o Cavalo no ano do Dragão

Com o início do ano do Dragão, os Cavalos muitas vezes detectarão mudanças no ar. Em lugar de se sentirem limitados, muitos terão a sensação de estar mais motivados e entusiasmados e se dedicarão aos seus objetivos com vigor renovado. Por esse motivo, poderá haver avanços favoráveis em sua vida pessoal e profissional.

Para os Cavalos que estiverem sentindo-se frustrados ou recuperando-se de algum arrependimento, esse será um ano para ação. Em vez de se sentirem presos ao que já ocorreu, esses Cavalos deverão dirigir seus esforços para o que quiserem que aconteça agora. Com determinação, autoconfiança e desejo de seguir em frente, eles poderão ajudar a abrir novas possibilidades e às vezes recomeçar. Muitas coisas estarão ao alcance dos Cavalos nesse ano.

No trabalho, os avanços poderão ocorrer rapidamente. É possível que alguns Cavalos tenham a chance de substituir colegas ausentes, assumir responsabilidades extras e/ou se beneficiar de uma oportunidade de promoção. Para os que estiverem em uma organização de grande porte ou ansiosos por desenvolver a carreira de modo diferente, talvez haja a chance de se transferir para outro lugar. Esse não será um ano para ficar parado. No entanto, ao assumirem algo novo, os Cavalos deverão conceder-se tempo para aprender e se instalar. Embora entusiasmados, precisarão ser realistas e se candidatar ao que surgir.

Os Cavalos que estiverem procurando emprego também precisarão ficar atentos a vagas, bem como considerar diferentes maneiras de usar sua experiência. Com iniciativa e uma possível ampliação de sua busca, poderão ver portas importantes se abrindo para eles. Muitos talvez passem a trabalhar em uma área diferente, porém apreciarão a oportunidade de desenvolver a carreira de uma nova maneira.

O progresso feito no trabalho também poderá trazer um aumento da renda; no entanto, para que se beneficiem plenamente, será necessário que os Cavalos mantenham a disciplina. Com compras e planos provavelmente caros, eles deverão preparar-se financeiramente. Precisarão, igualmente, ser cautelosos com riscos e, se tentados a realizar algum tipo de especulação, estar cientes das implicações. Se não houver cuidado, é possível que ocorram julgamentos equivocados. Além disso, ao lidarem com papelada importante, os Cavalos deverão ser cuidadosos, bem como meticulosos, ao guardar documentos, recibos e garantias. Perdas e descuidos poderão ser inconvenientes e, possivelmente, dispendiosos. Cavalos, tomem nota disso.

Com a natureza agitada do período, os Cavalos deverão pensar um pouco mais em seu próprio bem-estar, incluindo seu nível de exercícios físicos. Eles costumam ser ativos, porém se perceberem que precisam de mais exercícios ou caso se interessem por uma nova modalidade de condicionamento físico e busquem orientação médica sobre a melhor forma de proceder, os Cavalos poderão descobrir que suas ações farão diferença no modo como se sentem, além de, às vezes, apresentarem-lhes a uma atividade divertida.

O ano do Dragão também oferece consideráveis oportunidades sociais, e os Cavalos poderão observar um crescimento cada vez maior de seu círculo de conhecidos e contatos. Eles irão se entrosar rapidamente com algumas das pessoas que conhecerem nesse ano, e algumas boas amizades poderão se formar.

Esse também poderá ser um ano emocionante para os assuntos românticos, com alguns Cavalos solteiros conhecendo alguém destinado a se tornar significativo. Ainda que certos relacionamentos passem por dificuldades, outros poderão se estabelecer rapidamente, com a seta do Cupido atingindo muitos Cavalos. Em alguns casos, os sinos da igreja tocarão nesse ano emocionante e, muitas vezes, especial.

Na vida familiar, esse poderá ser um período movimentado e interessante. No entanto, como os Cavalos e as outras pessoas terão que lidar com vários compromissos, algumas fases do ano serão de atividade frenética. Em tais momentos, será o caso de todos trabalharem juntos, concentrando-se nas prioridades e sendo flexíveis em relação às providências. Em meio a toda essa atividade, haverá, porém, momentos especiais a apreciar, com sucessos pessoais e familiares a desfrutar e planos essenciais a executar.

As viagens também poderão proporcionar prazer, e os Cavalos deverão procurar viajar com os entes queridos em algum momento do ano. Uma mudança de cenário e a oportunidade de visitar novas atrações poderão fazer muito bem a todos.

Os anos do Dragão podem ser agitados, e até mesmo para os Cavalos, que gostam de atividade, às vezes são um pouco agitados demais. No entanto, muitas conquistas serão possíveis, e, direcionando seus esforços e agarrando as oportunidades, os Cavalos poderão desfrutar de muitos bons resultados.

DICAS PARA O ANO

Aja e procure seguir em frente. Com alguns objetivos em mente, você poderá progredir e também aproveitar mais suas capacidades. Além disso, desfrute de seus relacionamentos com as pessoas. Seu apoio, amizade e amor poderão ampliar os prazeres no ano.

Previsões para o Cavalo no ano da Serpente

Os Cavalos nem sempre se sentem confortáveis com as misteriosas engrenagens do ano da Serpente. Nem todas as situações são simples e fáceis de entender, e algumas áreas da vida podem ser problemáticas. No entanto, ainda que não seja o melhor dos anos, ele dará aos Cavalos a chance de refletir, mergulhar em suas atividades e ampliar suas habilidades.

No trabalho, em vez de olhar muito à frente, os Cavalos farão melhor se focalizarem sua situação atual e seus objetivos. Concentrando-se nas tarefas que tiverem em mãos e usando suas habilidades com bons resultados, muitos irão não apenas considerar esse momento mais gratificante como também se beneficiar profissionalmente. Às vezes, terão a oportunidade de realizar treinamentos ou a chance de se familiarizar com outros aspectos da área em que atuam e, dessa maneira, ajudar suas perspectivas futuras.

Durante o ano, deverão trabalhar em estreita colaboração com os colegas e ser membros ativos de qualquer equipe. Além disso, usando todas as chances de estabelecer redes de contato e se projetar, poderão impressionar outras pessoas e formar algumas conexões e amizades influentes.

Muitos Cavalos permanecerão com o empregador atual ao longo do ano, porém para aqueles que estiverem em busca de mudança ou procurando emprego, o ano da Serpente será desafiador. Com vagas por vezes limitadas e uma competição feroz, os Cavalos precisarão mostrar iniciativa quando se candidatarem a uma oportunidade. Informar-se mais sobre as tarefas envolvidas e dar destaque à sua experiência poderá fazer a diferença. O progresso nos anos da Serpente talvez não seja fácil, mas mostrará de que material os Cavalos são feitos. Sua fortaleza de espírito impressionará e, com o tempo, mostrará resultados.

Esse será um ano caro, especialmente porque os Cavalos estarão ansiosos por seguir em frente com compras vultosas, bem como com a execução de melhorias em sua casa. Para realizar tudo o que desejam, eles terão que controlar o orçamento e, se possível, fazer reservas antecipadas de recursos para as despesas. Além disso, quando firmarem acordos, deverão verificar termos e condições. Esse não será um ano para ser negligente nem confiar em suposições.

Uma área que poderá beneficiar especificamente os Cavalos nos anos da Serpente é o desenvolvimento de seus interesses pessoais. Reservando tempo para atividades que apreciam e ampliando seu conhecimento e suas habilidades, os Cavalos poderão orgulhar-se muito do que fizerem. Alguns poderão matricular-se em cursos on-line ou estabelecer um objetivo para si mesmos. Quaisquer Cavalos que tenham se descuidado de seus interesses e queiram enfrentar novos desafios deverão procurar assumir algo novo. A ação que tem propósito e inspiração poderá ser altamente recompensada nesse período. E é possível que os interesses pessoais também ajudem no equilíbrio do estilo de vida.

Com sua natureza extrovertida, os Cavalos desfrutarão das oportunidades sociais do ano, e em muitas ocasiões estarão em uma forma radiante, conquistando novos amigos com sua eloquência e exuberância. No entanto, ainda que muitas coisas possam correr bem, os anos da Serpente podem, igualmente, dar origem a momentos difíceis, e os Cavalos precisarão estar prevenidos. Em especial, descuidos ou indiscrições poderão prejudicar o entrosamento, e qualquer Cavalo que seja tentado a se desviar ou assumir riscos terá que enfrentar as consequências. Essas palavras de advertência aplicam-se a poucos; no entanto, Cavalos, tomem nota delas.

Além disso, os Cavalos que estiverem envolvidos em um romance ou iniciarem uma relação desse tipo nesse período precisarão manter-se atentos e dar tempo para que os relacionamentos se desenvolvam. Nos assuntos românticos, esse será um ano para caminhar com cuidado e atenção.

Na vida familiar, será um ano movimentado, especialmente porque muitos Cavalos estarão ansiosos por prosseguir com alguns projetos ambiciosos. Será preciso reservar um tempo maior para eles, e quanto mais isso puder ser gerido em conjunto, melhor. Ao longo do ano, será importante também que exista comunicação e cooperação e que quaisquer pressões ou preocupações sejam identificadas e discutidas. Um espírito de franqueza favorecerá a todos. O compartilhamento de interesses e de tempo de qualidade será igualmente benéfico, assim como as pausas breves e férias. Apesar de toda a atividade, a vida familiar poderá proporcionar grande contentamento a muitos Cavalos nesse ano.

Os Cavalos gostam de ser ativos e se esforçar muito, e embora venham a se envolver em um grande número de atividades nesse ano, isso fará com que muitos deles desfrutem de um estilo de vida mais equilibrado. Os interesses pessoais e o tempo compartilhado com outras pessoas poderão ser especialmente agradáveis; no entanto, os Cavalos deverão manter-se atentos aos assuntos românticos. Ainda que o progresso no trabalho talvez seja tão expressivo quanto é em alguns anos, se direcionarem seus esforços, os Cavalos poderão tornar esse momento gratificante e obter insights, habilidades e experiência que venham a favorecê-los mais tarde, sobretudo em seu próprio ano, que virá a seguir.

DICAS PARA O ANO

Preste bastante atenção em suas relações pessoais. Muitos momentos bons poderão ser compartilhados, e boas conexões, estabelecidas; porém, é possível que descuidos e indiscrições coloquem muito disso em risco. Seja especialmente cauteloso nos assuntos românticos. Além disso, concentre-se no presente e agarre todas as chances de desenvolver suas habilidades. O que você realizar agora poderá ter importante influência nos acontecimentos que virão a seguir.

Previsões para o Cavalo no ano do Cavalo

Tempos emocionantes à frente, com excelentes oportunidades, embora seja necessário fazer esta advertência: em seu próprio ano, os Cavalos deverão ter cuidado para não tentarem fazer mais do que é possível nem abusarem da sorte ou da boa vontade das pessoas. Com cuidado, esse poderá ser um período altamente bem-sucedido, mas os aspectos alertam para a presunção e os riscos desnecessários.

No trabalho, as conquistas recentes de muitos Cavalos poderão agora ser recompensadas, e quando promoções ou outras oportunidades surgirem, eles estarão em uma boa posição para se beneficiar. É possível que sua reputação dentro da empresa também lhes seja vantajosa e lhes dê a chance de prosperar na carreira. Os Cavalos que tiverem se sentido contidos ou desanimados pelo progresso recente poderão agora ver novas portas se abrindo, e ao longo do ano muitos farão um atrasado e merecido avanço.

Os Cavalos que estiverem ansiosos por levar seu trabalho a novas direções ou cultivando aspirações específicas deverão se manter alerta a vagas e buscar ideias. Novamente, iniciativa e determinação poderão ser bem recompensadas, com muitos Cavalos colocando sua carreira em um trajeto novo e potencialmente bem-sucedido. Muitos dos que estiverem procurando emprego também terão a sorte de conquistar um cargo em que poderão desenvolver suas habilidades.

No decorrer do ano, é possível que todos os Cavalos sejam ajudados pelo apoio de colegas e contatos. Essas pessoas não apenas poderão alertá-los da abertura de eventuais vagas como também aconselhá-los sobre o melhor caminho a seguir. Os Cavalos têm muito a seu favor em seu próprio ano; no entanto, para que se beneficiem inteiramente, eles precisarão observar sua tendência a ser independentes e se manter receptivos a avanços e possibilidades. Além disso, deverão ser realistas sobre o que é viável. Ser excessivamente ambicioso ou comprometer-se exageradamente pode enfraquecer sua eficácia. Os anos do Cavalo proporcionam avisos salutares àqueles que se precipitam, arriscam-se ou são menos criteriosos do que o necessário.

Nos assuntos financeiros, esse poderá ser um período de sucesso, com um grande número de Cavalos desfrutando de um substancial aumento da renda. Todavia, eles precisarão manter-se disciplinados. Muitos gastos não planejados ou precipitados poderão aumentar em pouco tempo, e é possível que compras por impulso venham a ser lamentadas. Um bom planejamento será útil nesse ano.

As viagens serão atrativas para muitos Cavalos, e se possível eles deverão reservar recursos para férias, assim como aproveitar qualquer chance de visitar atrações de seu interesse, incluindo algumas que sejam em sua área. Ao longo do ano, a natureza aventureira e curiosa de muitos Cavalos será satisfeita.

Os Cavalos gostam de preencher o tempo com uma boa mistura de atividades, e seu próprio ano abrirá uma série de possibilidades. Novos interesses, ideias e ocupações poderão ser atrativos, e atividades criativas e ao ar livre serão especialmente agradáveis. Além disso, como muitos Cavalos têm um estilo de vida agitado, será importante que pensem um pouco em seu próprio bem-estar, incluindo a alimentação e o nível de exercícios físicos. Se sentirem que quaisquer mudanças poderão ajudá-los, deverão buscar aconselhamento. E, caso tenham preocupações de qualquer tipo, deverão realizar exames.

É possível que haja grande atividade na vida familiar dos Cavalos, e o ano poderá ser marcado por momentos especiais e que despertem orgulho. Em muitos casos, planos que vêm sendo considerados há tempos poderão avançar, incluindo, talvez, uma transferência. Esse será um período para a ação concentrada e, uma vez que as decisões sejam tomadas, avanços úteis ajudarão com frequência. No entanto, considerando todos os seus empreendimentos, os Cavalos precisarão manter-se cientes das implicações de custos e registrar cuidadosamente os pontos de vista das outras pessoas. Precipitar-se ou ser dogmático demais poderá causar problemas. Esse ano favorecerá o esforço conjunto e o trabalho dirigido à obtenção dos resultados desejados.

Haverá também um aumento da atividade social, e partes do ano poderão ser especialmente movimentadas. Os Cavalos que vivenciarem mudanças ao longo desse período terão excelentes chances de conhecer pessoas, e eles se entenderão muito bem com algumas delas.

As previsões românticas também serão boas; porém, em lugar de precipitar-se em relação a um compromisso, será melhor deixar que qualquer relacionamento se desenvolva gradualmente. Com tantos acontecimentos nesse ano, os aspectos serão promissores, mas a pressa e a precipitação poderão prejudicar os esforços.

No geral, o ano do Cavalo poderá ser especial para os próprios Cavalos. Suas perspectivas profissionais serão especialmente promissoras e é provável que se sintam gratificados em suas vidas familiar e social. Para os que não estiverem em um relacionamento, haverá também oportunidades românticas. No entanto, embora os Cavalos venham a ter muito a seu favor, eles precisarão permanecer disciplinados e focados. Pressa, precipitação ou ações muito independentes poderão reduzir a eficácia. Em seu próprio ano, os Cavalos serão em grande medida os árbitros de sua sorte. Cavalos, tomem nota disso e aproveitem ao máximo esse período, que será muito rico em possibilidades.

DICAS PARA O ANO

Aproveite o momento e use ao máximo suas oportunidades. Muito poderá ser realizado nesse ano agitado. Além disso, valorize o apoio das pessoas e desfrute de suas relações com aquelas que são especiais para você. Esses poderão ser momentos recompensadores, mas, com tantas coisas acontecendo, mantenha-se vigilante e atento aos outros.

Previsões para o Cavalo no ano da Cabra

Esse poderá ser um ano agradável para os Cavalos. No seu decorrer, eles serão capazes de aprimorar ganhos recentes e desfrutar de um bom progresso. Além disso, em vez de voltarem sua atenção para muitas direções, conseguirão concentrar-se mais no que desejam e se sentirão com um controle maior do próprio destino.

Para ajudar, enquanto o ano da Cabra se inicia, os Cavalos deverão definir alguns de seus objetivos para os próximos 12 meses. Com esses ideais em mente, eles não apenas terão algo pelo que trabalhar como também poderão usar seu tempo e suas energias com mais eficácia. Qualquer Cavalo que esteja descontente ou se curando de uma decepção deverá focar a atenção no presente, e não no que já passou. Com determinação e vontade de seguir em frente, será possível fazer muitas coisas acontecerem.

As perspectivas para o trabalho serão animadoras, e para os Cavalos que estiverem ansiosos por avançar e ascender no emprego atual, boas possibilidades poderão surgir. Alguns Cavalos farão progresso em seu local de trabalho, e o conhecimento que têm desse ambiente será de grande valia, enquanto outros se manterão atentos a vagas em outros lugares. Independentemente do que fizerem, é possível que portas importantes se abram para eles nesse ano.

Para os Cavalos que estiverem se sentindo acomodados e insatisfeitos com o que estejam fazendo no momento e desejarem um novo desafio, bem como para os que estiverem procurando emprego, o ano da Cabra poderá proporcionar possibilidades interessantes. Mantendo-se alerta às vagas, pensando em maneiras diferentes de usar e adaptar suas habilidades e procurando informar-se, muitos deles conseguirão um cargo capaz de reenergizar sua carreira. A determinação e o entusiasmo que os Cavalos exibem poderão ser fatores importantes no avanço que farão agora.

O progresso no trabalho também poderá propiciar um aumento da renda de um grande número de Cavalos. No entanto, esse poderá ser um ano caro. Para aqueles que tiverem se mudado recentemente ou que fizerem isso agora, haverá muitos custos com acomodação. Além disso, com compromissos, planos e boas oportunidades de viagem, as despesas serão consideráveis, e os Cavalos precisarão ficar atentos aos gastos e fazer um orçamento apropriado. Nesse período, será preciso uma boa administração.

Os Cavalos poderão extrair muito prazer de seus interesses pessoais nesse ano, com as atividades criativas sendo especialmente agradáveis. Dando tempo a si mesmos para concretizar suas ideias, os Cavalos poderão apreciar a maneira como determinadas atividades se desenvolvem. Para alguns deles, é possível que novos equipamentos tragam novas possibilidades.

Na vida familiar, os anos da Cabra poderão ser movimentados e os Cavalos talvez fiquem ansiosos por colocar em prática planos que vêm considerando há muito tempo. No caso de alguns, isso poderá incluir mudança de cidade, enquanto outros talvez se contentem com projetos práticos ambiciosos. Ao longo do ano, a casa de muitos Cavalos será consideravelmente melhorada, embora muitas vezes esses projetos venham a se tornar mais abrangentes do que o previsto. No entanto, concentrando-se no que precisará ser feito e recorrendo à *expertise* que tiverem à disposição, é possível que os Cavalos fiquem satisfeitos com o que for realizado.

Além dos empreendimentos práticos, o ano da Cabra proporcionará uma boa combinação de coisas para fazer. Seja desfrutando de atividades especiais ou férias e/ou ajudando-se mutuamente com seus interesses, se passarem tempo juntos, todos os integrantes do lar do Cavalo poderão se beneficiar.

As perspectivas sociais serão igualmente boas, e os cavalos apreciarão a variedade de eventos e ocasiões que o ano da Cabra oferecerá. Diversão, arte e cultura são especificamente favorecidas nos anos da Cabra, e os Cavalos aproveitarão ao máximo as chances de sair e estar com os amigos. Eles poderão ficar especialmente gratos pelo conselho de um amigo próximo sobre um assunto preocupante. No entanto, para que se beneficiem plenamente, precisarão ser receptivos ao que for dito.

Para os Cavalos que não estiverem em um relacionamento, as perspectivas românticas serão promissoras. O tempo e o cuidado consolidarão muitos relacionamentos nesse período. E para os Cavalos que estiverem se curando de mágoas pessoais, novas amizades e amor serão capazes de mudar sua situação. Os anos da Cabra podem ser bons para os Cavalos de muitas maneiras.

No fim do ano, é possível que os Cavalos fiquem impressionados com tudo o que tiverem feito e com o modo como suas conquistas se desenvolveram. No trabalho, seu empenho e experiência poderão propiciar a concretização de avanços importantes, enquanto seus interesses pessoais, talentos especiais e criatividade poderão fazer desse ano um momento recompensador. Eles valorizarão o apoio e a amizade das pessoas, e é possível que um romance torne o período especial. Toda a atividade que ocorrerá no ano o tornará dispendioso, e eles precisarão administrar cuidadosamente os gastos. Contudo, se usarem bem o tempo e aproveitarem as oportunidades, farão desse ano um momento prazeroso.

DICAS PARA O ANO

Aja com propósito. Aproveite ao máximo seus pontos fortes. Eles são recursos de grande valor e poderão proporcionar possibilidades a você. Além disso, desfrute de seus relacionamentos pessoais e dos bons momentos que esse ano animado oferecerá. Será um ano para apreciar.

Previsões para o Cavalo no ano do Macaco

Os Cavalos apreciarão a energia e as oportunidades do ano do Macaco e se sairão bem. No entanto, precisarão manter-se disciplinados e concentrar seus esforços. Despender energia de maneira abrangente poderá reduzir sua eficácia de modo geral. Além disso, deverão prestar atenção em seus instintos. Às vezes, poderão surgir chances aparentemente boas em relação às quais eles tenham receios. E, caso tenham reservas, deverão desconfiar. Os anos do Macaco, ainda que emocionantes, apresentam suas distrações, e será necessário que os Cavalos se concentrem nas prioridades.

No trabalho, esse poderá ser um ano de mudanças rápidas. Seja como resultado de alterações no quadro de funcionários, de nova administração ou de mudanças na carga de trabalho, as funções de muitos Cavalos serão modificadas. Às vezes, o estresse poderá ser grande e ajustes serão necessários; contudo, se aproveitarem ao máximo o que surgir, muitos Cavalos terão a chance de provar sua capacidade em outra área de atuação.

Para aqueles que sentirem que suas perspectivas poderão ser melhoradas com uma mudança para outro lugar, assim como para os que estiverem procurando emprego, o ano do Macaco terá escopo e possibilidades. Mantendo-se alerta a vagas e não sendo muito restritivos em relação ao que estiverem considerando aceitar, muitos desses Cavalos conseguirão assumir um cargo diferente com potencial para desenvolvimento futuro. Os anos do Macaco têm a capacidade de surpreender e podem propiciar o que, às vezes, pode ser uma mudança substancial.

Com sua natureza extrovertida, é possível que os Cavalos também sejam ajudados pelas boas relações profissionais que mantêm com muitas pessoas. Caso se encontrem em um ambiente de trabalho novo, seus esforços iniciais para conhecer as pessoas e mergulhar no que estiver acontecendo irão impressionar.

No entanto, ao se dedicarem às tarefas, precisarão permanecer disciplinados. Distrair-se, tomar atalhos ou não ser suficientemente meticuloso poderá causar erros e arrependimentos. Nos anos do Macaco, os Cavalos precisam preparar-se para aceitar desafios e fazer o melhor que puderem.

Os assuntos financeiros também exigirão disciplina. Esse não será um ano para mostrar-se negligente. Se os Cavalos tiverem dúvidas sobre qualquer questão financeira, deverão agir com cautela e, se apropriado, buscar orientação profissional. Sem o cuidado necessário, alguns poderão sair prejudicados ou decepcionados de alguma maneira. Os anos do Macaco também têm suas tentações, e sucumbir a muitos impulsos de compra ou a ofertas aparentemente boas poderá sair caro. Esse será um ano para ter cuidado com as finanças.

Os anos do Macaco, contudo, podem trazer possibilidades interessantes, e muitos Cavalos ficarão entusiasmados com suas atividades recreativas. É possível que alguns sejam tentados por uma nova ocupação e apreciem empregar suas habilidades de maneiras diferentes. Para os criativos, ideias e projetos poderão ser particularmente inspiradores.

No entanto, embora muitas coisas venham a correr bem, os Cavalos serão aconselhados a prestar atenção em seu bem-estar nesse período e, se estiverem envolvidos em quaisquer atividades perigosas, a seguir os procedimentos corretos. Esse não será um momento para se arriscar ou ser negligente.

Na vida social, com sua eloquência e interesses diversificados, os Cavalos impressionarão muitas pessoas e desfrutarão da variedade de ocasiões que o ano do Macaco proporcionará. Os Cavalos solitários e que não estiverem em um relacionamento deverão tentar sair mais e, talvez, participar de uma sociedade local ou de um grupo de interesse. A ação positiva poderá ser muito benéfica, e é possível que novos amigos (e o amor) transformem sua situação.

Na vida familiar, igualmente, os Cavalos estarão inspirados e, muitas vezes, ansiosos por dar andamento a melhorias, incluindo a atualização de equipamentos e a ampliação dos confortos da casa. No entanto, embora estejam ansiosos, eles precisarão manter-se realistas sobre o que será possível e, idealmente, concentrar-se em uma tarefa de cada vez. O ano já será suficientemente movimentado sem que eles se comprometam além da conta.

Durante o ano, é possível também que eles sintam que um parente próximo está precisando de apoio. Nesse caso, sua consideração e empatia poderão ser de especial valor. Da mesma maneira, se eles próprios se tornarem ansiosos em relação a determinado assunto, deverão falar sobre isso e, se necessário, procurar aconselhamento. Os Cavalos podem ser fortes e muito firmes, mas não devem esperar lidar com tudo sozinhos. Cavalos, tomem nota disso e sejam francos.

No geral, os Cavalos poderão se sair bem nesse ano. É possível que muitos deles façam avanços satisfatórios no trabalho, bem como apreciem a maneira como interesses novos e outros que já existiam se desenvolverão. Nos assuntos financeiros, precisarão manter-se vigilantes e ter cautela com o risco, mas nos âmbitos social e familiar esse poderá ser um ano ativo, movimentado e estimulante.

DICAS PARA O ANO

Mantenha-se concentrado e use seu tempo, suas habilidades e suas chances de maneira eficaz. Além disso, aproveite as possibilidades que se abrirem para você, incluindo novas formas de desenvolver seus pontos fortes e interesses. Esse será um ano recompensador e satisfatório, embora requeira esforço concentrado.

Previsões para o Cavalo no ano do Galo

Os Cavalos são enérgicos e apreciam certa liberdade de ação, por isso poderão considerar inibidora a natureza estruturada do ano do Galo. Esse será um período para adotar o que já tiver sido testado e aprovado.

No trabalho, os Cavalos obterão seus melhores resultados concentrando-se em suas áreas de *expertise*. Esse não será um ano favorável à mudança radical. Os Cavalos que forem relativamente novos no cargo atual deverão tentar inteirar-se dos diferentes aspectos de sua função. Todos os Cavalos deverão procurar aproveitar qualquer treinamento disponível, bem como manter-se informados das evoluções em sua área de atuação. Mergulhando em sua situação e desenvolvendo habilidades e conhecimento, eles estarão não apenas favorecendo sua situação atual como também preparando o caminho para o progresso futuro.

No decorrer do ano, no entanto, eles poderão considerar algumas situações irritantes, especialmente quando ocorrerem atrasos, a burocracia impedir seu avanço ou a atitude de outra pessoa os afetar. Nesses momentos, deverão demonstrar paciência e aguardar até que as situações se resolvam. Isso talvez não combine com sua mentalidade (os Cavalos simplesmente gostam de ir em frente e agir), mas é possível que os problemas e as lições do ano os deixem mais sábios *e* consideravelmente mais experientes.

A maioria dos Cavalos permanecerá no emprego atual; no entanto, para aqueles que estiverem ansiosos por uma mudança ou em busca de emprego, o ano do Galo será significativo. Conquistar um cargo não será fácil, porém mantendo-se atentos a oportunidades em sua área de especialização, esses Cavalos poderão assumir novas posições e aproveitar a chance de se restabelecer.

Embora muitos Cavalos venham a desfrutar de um modesto aumento da renda, nas finanças esse também será um período para se ter cautela, especialmente porque os Cavalos poderão enfrentar despesas adicionais, incluindo reparos e o custo da atualização de equipamentos. Diante disso, deverão manter uma observação rigorosa dos gastos e, se possível, fazer orçamentos antecipados para despesas futuras. Além disso, quando realizarem compras vultosas, terão que certificar-se de que suas exigências estão sendo atendidas e de que estão a par dos custos e das implicações da transação. Se não houver vigilância, problemas poderão surgir, e a correspondência e os procedimentos burocráticos serão desagradáveis.

O ano do Galo poderá, no entanto, trazer boas possibilidades de viagem, e se fizerem um planejamento antecipado das férias, muitos Cavalos conseguirão encaixar algumas atrações turísticas emocionantes em seu passeio.

Os interesses pessoais também poderão lhes proporcionar-lhes grande prazer. Embora os Cavalos possam estar envolvidos com muitos compromissos, reservar tempo para atividades que eles apreciam poderá ajudá-los a relaxar (o que será importante nesse ano às vezes estressante), além de ser um agradável meio de expressão para seus talentos e ideias. Alguns Cavalos talvez apreciem participar de eventos relacionados a seus interesses pessoais. Especialmente para os entusiastas da música e dos esportes, é possível que o ano do Galo promova uma boa mistura de ocasiões. Todo Cavalo que tenha deixado de lado seus interesses deverá tentar corrigir isso ao longo do ano e pensar em se dedicar a algo novo. Interesses pessoais podem se assemelhar a um tônico e não devem ser ignorados.

Os Cavalos deverão, também, aproveitar ao máximo as oportunidades sociais do ano. Com amigos para encontrar e diversas atividades das quais poderão participar, muitas vezes eles terão algo pelo qual aguardar ansiosamente. Contudo, embora muitas coisas venham a correr bem, problemas ainda poderão surgir. Uma diferença de opinião, uma inveja mesquinha ou a atitude de outra pessoa poderão causar preocupação. Nesses momentos, os Cavalos deverão agir com cuidado, abordar a situação e discutir as questões, bem como manter tudo em perspectiva. E, se alguma amizade se desfizer, outras certamente a substituirão. No entanto, ainda que os anos do Galo possam trazer momentos desagradáveis, haverá muito a apreciar.

Como o ano do Galo favorece o planejamento, os Cavalos também poderão considerar útil pensar um pouco nos planos domésticos para o ano. Sejam metas pessoais ou familiares ou projetos para a casa, se os Cavalos discutirem seus pensamentos com as pessoas que os cercam, verão que será possível chegar a um acordo sobre a linha de ação e trabalhar nesse sentido. Com o esforço conjunto haverá muito avanço nesse ano e todos desfrutarão dos benefícios. Interesses compartilhados, sucessos individuais e viagens poderão, igualmente, proporcionar momentos especiais, mas, no decorrer desse ano movimentado, a comunicação entre os membros da família será muito importante.

Os Cavalos gostam de ser ativos e de se dedicar a seus empreendimentos com louvável determinação. Nos anos do Galo, porém, eles precisam estar atentos às pessoas e preparados para se adaptar às situações *como elas são*. Precisam também demonstrar paciência, pois nem todos os seus planos progredirão tão rapidamente como eles gostariam ou, na verdade, da maneira esperada. No entanto, ainda que o ano traga aborrecimentos, se os Cavalos se concentrarem no que *poderão* fazer e em desenvolver suas habilidades, eles conseguirão se preparar para as oportunidades mais substanciais que estarão à frente. Esse será também um bom momento para viajar, buscar interesses pessoais e passar tempo de qualidade com os entes queridos. É possível que não seja o mais fácil dos anos, mas os Cavalos poderão obter muito valor dele e adquirir mais habilidades e insights com os quais seguirão adiante.

DICAS PARA O ANO

Seja paciente. Às vezes, as situações poderão deixá-lo exasperado, mas elas se resolverão e importantes lições serão aprendidas. Reserve tempo para seus interesses pessoais e aproveite as chances de desenvolver suas habilidades. A experiência que você obtiver agora poderá ter valor tanto para o presente quanto (e especialmente) para o futuro.

Previsões para o Cavalo no ano do Cão

Bons tempos aguardam, com os Cavalos preparados para colher algumas recompensas muitas vezes substanciais por seus esforços. Esse será um período para o progresso. No entanto, para aproveitá-lo ao máximo, os Cavalos precisarão observar sua tendência a ser independentes. Os anos do Cão favorecem a ação conjunta.

As perspectivas profissionais serão especialmente promissoras, e os Cavalos verão que sua experiência e seu conhecimento especializado os colocarão em uma posição forte para avançar na carreira. Sendo ativos, envolvendo-se em iniciativas e trabalhando bem com os colegas, eles impressionarão as pessoas e favorecerão suas perspectivas. Como muitos Cavalos descobrirão, realizar um esforço extra faz muita diferença, e será assim também no ano do Cão. Esse será o momento de fazer com que os pontos fortes contem. Ao longo do ano, muitos Cavalos serão beneficiados com oportunidades de promoção e assumirão cargos que vêm trabalhando para conquistar havia algum tempo.

Para os Cavalos que sentirem que sua situação poderá ser melhorada com uma mudança para outro lugar, assim como para aqueles que estiverem procurando emprego, os aspectos também serão encorajadores. Esses Cavalos deverão não apenas se manter atentos a vagas como também buscar conselhos com contatos e especialistas em recrutamento. A contribuição de terceiros talvez seja um fator importante para seu desempenho nesse ano. O apoio respaldado pela ação poderá ser uma combinação eficaz.

Esse será também um período excelente para o desenvolvimento pessoal, e os Cavalos que estiverem estudando para se qualificar se sairão bem. Além disso, se eles sentirem que uma habilidade extra poderá ajudar suas perspectivas, deverão ver o que será possível providenciar nesse sentido. A ação positiva será um investimento em si mesmos e em seu futuro.

Os interesses pessoais, do mesmo modo, poderão beneficiá-los e haverá uma boa mistura de ocasiões e eventos pelos quais aguardar ansiosamente, muitas vezes relacionados ao ar livre.

Como nos anos do Cão há um forte senso de altruísmo, alguns Cavalos também poderão dedicar tempo a causas que apoiam ou ajudar a comunidade de alguma maneira. Os que estiverem envolvidos em grupos de interesse locais talvez aumentem seu envolvimento. Os anos do Cão estimulam a participação, e o entusiasmo e a contribuição dos Cavalos serão apreciados por muitas pessoas.

Financeiramente, esse poderá ser um ano melhor, com muitos Cavalos se beneficiando de um aumento da renda e alguns deles sendo capazes de complementar seus recursos com trabalho extra ou com uma ideia empreendedora. No entanto, para que essa mudança positiva possa favorecê-los, os Cavalos deverão permanecer disciplinados e reservar fundos para exigências específicas. Se forem cuidadosos, conseguirão fazer aquisições agradáveis e concretizar planos ambiciosos, incluindo alguns relacionados a viagens.

Muitos Cavalos também gastarão dinheiro com a casa nesse período, talvez renovando a decoração ou fazendo reformas. Alguns poderão decidir se mudar. Esse será um ano favorável à ação, e os Cavalos, com sua natureza entusiasmada, poderão fazer muitos avanços.

Com tantas coisas acontecendo no decorrer do ano, será importante, porém, que eles se mantenham disponíveis e discutam seus pensamentos e preocupações com as pessoas que os cercam. Às vezes, o simples processo de conversar poderá esclarecer suas preferências, bem como propiciar a contribuição útil de outras pessoas. Os anos do Cão favorecem a união e, na vida familiar, com sucessos individuais a registrar e vários planos e atividades em andamento, esse poderá ser um momento agitado e inesquecível.

Os Cavalos irão apreciar, igualmente, as oportunidades sociais do período. Seus interesses muitas vezes terão um bom elemento social.

Para os que não estiverem em um relacionamento e aqueles que desejarem fazer novas amizades ou talvez se envolver em um romance, o ano do Cão poderá promover uma grande transformação em sua situação, com a chance de que conheçam alguém destinado a se tornar significativo. É possível que os eventos se desenvolvam de maneira emocionante nesse ano e o romance leve brilho à vida de muitos Cavalos.

No geral, os aspectos são muito encorajadores para os Cavalos nos anos do Cão, e seus esforços, sua forte ética e suas habilidades profissionais poderão recompensá-los bem. Muitos feitos serão possíveis, e, se os Cavalos colocarem suas ideias em prática, poderão se beneficiar bastante. Eles precisarão manter uma boa comunicação com as pessoas ao seu redor e observar sua tendência a ser independentes. De modo geral, no entanto, esse poderá ser um momento de sucesso e, muitas vezes, especial em termos pessoais.

DICAS PARA O ANO

Acredite em si mesmo e procure avançar. Você poderá desfrutar tanto do sucesso pessoal quanto do sucesso profissional nesse ano. Mas recorra a apoio e aconselhamento em vez de contar com esforços individuais. Além disso, aproveite todas as chances de aprimorar seu conhecimento e suas habilidades. O que você aprender agora poderá ser útil de diversas maneiras.

Previsões para o Cavalo no ano do Javali

Um ano de altos e baixos, com os Cavalos às vezes lutando para progredir. No entanto, ainda que parte do ano possa ser frustrante, os Cavalos são engenhosos e poderão aproveitar muito esse momento.

Algo que poderá ser especialmente benéfico para os Cavalos nesse período será fazer um esforço concentrado para alcançar um estilo de vida mais equilibrado. O ano do Javali incentiva a reavaliação pessoal e a reconexão consigo mesmo, e no seu decorrer os Cavalos que tenham uma vida agitada muitas vezes pensarão em adotar mudanças positivas, incluindo maneiras de usar o tempo com mais eficácia.

Os interesses pessoais poderão ser de especial valor, pois frequentemente serão um meio de expressar talentos, bem como de oferecer aos Cavalos a chance de relaxar, descontrair e passar o tempo da maneira como apreciam. Além disso, os Cavalos que forem sedentários na maior parte do dia ou sentirem que precisam se exercitar farão bem se buscarem aconselhamento em relação a mudanças que possam beneficiá-los.

Os anos do Javali também têm um elemento de diversão, e haverá muitas opções prazerosas. Filmes, shows, concertos, competições esportivas e outras formas de entretenimento poderão despertar o interesse dos Cavalos, e alguns momentos animados deverão ser desfrutados nesse ano.

As viagens também serão tentadoras, e os Cavalos deverão aproveitar qualquer chance que tenham de realizá-las. Ao longo do ano, eles poderão visitar lugares impressionantes.

Outro aspecto valioso do ano será a maneira como os interesses pessoais e as atividades poderão colocar os Cavalos em contato com outras pessoas. Eles terão boas oportunidades de ampliar seu círculo social nesse ano, além de possibilidades românticas. No entanto, nos assuntos românticos, os Cavalos precisarão ser francos e atenciosos e deixar que qualquer novo relacionamento se desenvolva por si mesmo. Muitos relacionamentos se construirão de modo estável no decorrer do ano.

Na vida familiar, os Cavalos serão essenciais para as atividades, uma vez que ajudarão e aconselharão os entes queridos e se ocuparão de muitas tarefas domésticas. Frequentemente, estarão ávidos por realizar mudanças, bem como por concluir projetos que vêm exigindo atenção há algum tempo. No entanto, apesar desse entusiasmo, eles deverão concentrar seus esforços e focalizar uma tarefa de cada vez. Além disso, se estiverem tentando realizar algo ambicioso ou extenuante, deverão seguir os procedimentos recomendados. Esse não será um ano para correr riscos.

No trabalho, será um período de muitas exigências, com os Cavalos frequentemente sentindo que estão se esforçando muito e obtendo pouco em troca. Além disso, algumas de suas atividades poderão ser afetadas por atrasos e fatores fora de seu controle. No entanto, ainda que às vezes esse possa ser um momento exasperante, em vez de se sentirem frustrados pelo que não poderão fazer, os Cavalos deverão concentrar-se no que *poderão* realizar. Demonstrando flexibilidade e vencendo as dificuldades por seu próprio esforço, eles farão muito bem à sua reputação. O progresso talvez não seja fácil nesse ano, mas quando ele vier será verdadeiramente merecido.

Os Cavalos que estiverem procurando emprego ou uma mudança também verão que será necessário se esforçar. É possível que haja decepções reservadas e alguns atrasos inexplicáveis em sua busca, mas com autoconfiança e persistência, eles conseguirão encontrar as oportunidades que procuram. O ano do Javali é um chefe rigoroso, e será preciso trabalhar pelos resultados; contudo, os Cavalos são tenazes, e muitos deles triunfarão apesar das condições às vezes problemáticas do ano. De maneira geral, a segunda metade do ano será melhor e mais produtiva do que a primeira.

Embora o progresso no trabalho talvez não seja tão expressivo nesse período, muitos Cavalos poderão esperar por uma melhora em sua situação financeira. É possível que seus ganhos aumentem, e alguns Cavalos poderão receber recursos de outras fontes, o que talvez inclua um presente, um bônus ou uma apólice de seguro. Para fazer bom uso de qualquer mudança positiva, eles deverão administrar seus recursos com cautela e reservar fundos para propósitos específicos. Se considerarem com cuidado seus planos e aquisições, conseguirão realizar ótimas escolhas. Caso seja viável, deverão pensar também em fazer reservas para o futuro, o que poderá incluir uma poupança ou um plano de previdência privada. Com uma administração prudente, muitos conseguirão melhorar sua situação atual nesse ano e ajudar seu futuro também.

Os Cavalos gostam de ir em frente e agir, mas talvez considerem o progresso difícil no ano do Javali. As pressões e situações nem sempre ajudarão, e um grande esforço será necessário. Contudo, adaptando-se e fazendo o melhor que puderem, os Cavalos conseguirão demonstrar suas habilidades e aprimorar sua reputação. As finanças poderão apresentar melhora, e é possível que os interesses pessoais, as viagens e o tempo compartilhado com as pessoas proporcionem prazer. Esse será também um período excelente para que os Cavalos equilibrem seu estilo de vida e desfrutem das recompensas por seus esforços.

DICAS PARA O ANO

Concentre-se nas tarefas e adapte-se ao que for necessário. Esse não será um ano para dissipar suas energias. O tempo compartilhado com as pessoas e a ampliação de seus interesses serão de especial valor. Além disso, certifique-se de que haja equilíbrio para que esse não seja um ano só de trabalho sem nenhuma diversão.

PENSAMENTOS E PALAVRAS DE CAVALOS

A experiência não é o que acontece com um homem.
Ela é o que um homem faz com o que lhe acontece.
ALDOUS HUXLEY

Acho que a sorte é o sentido de reconhecer uma oportunidade e a capacidade de se beneficiar dela. Todas as pessoas têm momentos de azar, mas todas também têm oportunidades. O homem que consegue sorrir nos momentos de azar e agarra suas chances progride.
SAMUEL GOLDWYN

Se você faz as coisas bem, faça-as melhor. Ouse, seja diferente, seja justo.
ANITA RODDICK

Os três grandes fundamentos para se alcançar qualquer coisa que valha a pena são: em primeiro lugar, trabalho duro; em segundo lugar, tenacidade; em terceiro lugar, bom senso.
THOMAS ALVA EDISON

Muitos dos fracassos da vida são pessoas que não entenderam quão perto estavam do sucesso quando desistiram.
THOMAS ALVA EDISON

Se fizéssemos tudo o que somos capazes de fazer, nos espantaríamos, literalmente.
THOMAS ALVA EDISON

Faça o que conseguir, com o que tiver, onde estiver
THEODORE ROOSEVELT

Nenhum homem precisa de compaixão por ter que trabalhar...
De longe, o melhor prêmio que a vida oferece é a chance de dar duro em um trabalho que vale a pena realizar.
THEODORE ROOSEVELT

Estas três coisas — trabalho, vontade, sucesso — tornam plena a existência humana. A vontade abre as portas para o sucesso... o trabalho passa por essas portas, e no final da jornada o sucesso chega para coroar os esforços da pessoa.
LOUIS PASTEUR

A CABRA

5 de fevereiro de 1943 a 24 de janeiro de 1944	*Cabra da Água*
24 de janeiro de 1955 a 11 de fevereiro de 1956	*Cabra da Madeira*
9 de fevereiro de 1967 a 29 de janeiro de 1968	*Cabra do Fogo*
28 de janeiro de 1979 a 15 de fevereiro de 1980	*Cabra da Terra*
15 de fevereiro de 1991 a 3 de fevereiro de 1992	*Cabra do Metal*
1º de fevereiro de 2003 a 21 de janeiro de 2004	*Cabra da Água*
19 de fevereiro de 2015 a 7 de fevereiro de 2016	*Cabra da Madeira*
6 de fevereiro de 2027 a 25 de janeiro de 2028	*Cabra do Fogo*
24 de janeiro de 2039 a 11 de fevereiro de 2040	*Cabra da Terra*

A PERSONALIDADE DA CABRA

Seja escalando rochas nas montanhas, seja procurando alimento nas florestas ou pastando em campos exuberantes, as Cabras têm o talento de se harmonizar com o ambiente e aproveitá-lo ao máximo. Elas gostam de estar em grupos e são sociáveis e amantes da paz. O que também é verdade para muitas pessoas nascidas sob o signo da Cabra. Elas são igualmente amistosas, companheiras e apreciam estar com outras pessoas. Seja na família, no local de trabalho ou em qualquer outra situação, as Cabras gostam de ser parte das coisas. Elas se relacionam bem, têm um ótimo senso de humor, demonstram empatia, ouvem e participam. Em seus esforços, gostam de ter a garantia e a aprovação dos outros e de saber que contam com apoio. Sem isso, tendem a falar e agir de maneira evasiva e podem ser notoriamente instáveis.

As Cabras nascem sob o signo da arte e têm boa imaginação. Frequentemente dotadas de habilidades manuais, podem se destacar em trabalhos artesanais, além de gostarem de se expressar por meio de uma capacidade imaginativa, incluindo pintura, escrita e artes cênicas. As Cabras têm estilo e talento, mas apreciam receber apoio de outras pessoas. Na verdade, é quando estão na companhia de pessoas e se sentindo à vontade e seguras que dão o melhor de si.

Como são imaginativas, as Cabras também pensam muito, inclusive em situações nas quais poderão vir a se encontrar. Às vezes, isso faz com que se preocupem e pensem no pior. Como resultado, podem ser propensas a oscilações de humor, e algumas tendem a ver as coisas de maneira pessimista. No entanto, mais uma vez, com apoio, somado as suas diversas habilidades, elas frequentemente percebem que seus medos e dúvidas são inapropriados. Em vez de remoerem algo, preocuparem-se sozinhas ou assumirem que outras pessoas sabem de seus sentimentos, as Cabras muitas vezes poderão ajudar a si mesmas sendo mais francas.

Elas têm muito a oferecer. São gentis, atenciosas e gostam de fazer as coisas direito. Frequentemente tendem a levar em conta os mínimos detalhes e podem ser meticulosas (ou como dizem alguns, "cheias de nove-horas"). Mas esta é marca características das Cabras — elas se importam. Elas se importam com aquilo que fazem e também com as opiniões das pessoas ao seu redor. E se as coisas saírem errado, elas podem ser muito sensíveis a críticas e interpretar qualquer revés como algo pessoal.

Quanto à escolha de um trabalho para o qual sejam vocacionadas, as Cabras podem se sair bem em profissões que favorecem a criatividade e a interação com as pessoas. Elas têm excelente estilo e consciência visual, e algumas têm desfrutado de notável sucesso como designers, criadores e organizadores. O mundo das artes também pode ser tentador, bem como a arquitetura, a indústria da moda, o *show business* ou uma das profissões relacionadas a cuidados e assistência. E, se as Cabras puderem ter um mentor ou uma equipe incentivadora atrás de si, tanto melhor. No trabalho, porém, elas gostam de liberdade de expressão e não apreciam seguir uma rotina estruturada, ter seus talentos reprimidos ou atuar em um ambiente comercial altamente competitivo.

Costuma-se dizer que, quanto mais pessoas conhecemos, mais sorte podemos ter, e isso é verdadeiro para as Cabras. Elas conhecem muita gente e podem contar com assistência em um grande número de coisas. É raro encontrar uma Cabra em situação de necessidade.

Isso também se aplica às finanças. As Cabras gostam de viver bem e, graças a seus próprios esforços, ao apoio de um parceiro ou à sua experiência, em geral elas conseguem. No entanto, gostam de gastar, têm um gosto caro e apreciam a qualidade, por isso há momentos em que uma maior disciplina e um maior controle são convenientes. As Cabras podem desfrutar de momentos de sorte, incluindo aqueles em que recebem dinheiro de maneira inesperada, mas não devem ir longe demais nem esbanjar!

Por serem atenciosas e amorosas, as Cabras apreciam ter um parceiro e anseiam por alguém leal, confiável e que as apoie. E, ainda que sua busca pelo amor verdadeiro nem sempre seja tranquila (e pensar sobre isso poderá causar muita angústia), uma vez que encontrem a alma gêmea, elas poderão ficar verdadeiramente contentes. E ser parte de uma vida familiar é algo a que as Cabras dão especial valor.

Sua casa talvez não seja a mais arrumada de todas, mas certamente será limpa e adornada com todos os tipos de objetos, obras de arte e recordações (particularmente do início de sua vida, pois as Cabras podem ser nostálgicas). Os lares de muitas Cabras trarão a marca de sua personalidade e serão lugares descontraídos e quase sempre serenos, com um charme próprio.

Tanto as Cabras do sexo masculino quanto as do sexo feminino apreciam muito a vida familiar e buscam uma existência pacífica e sossegada. Ainda que a mulher Cabra possa às vezes dar a impressão de ser tímida e reservada, quando ela se encontra à vontade em uma situação, suas verdadeiras qualidades ficam bem evidentes. Calorosa, amigável e frequentemente muito talentosa de um modo especial, ela pode não dar a devida ênfase a vários de seus pontos fortes, embora, na verdade, tenha muito a oferecer e do que se orgulhar. Atenciosa, a mulher Cabra dedica bastante tempo à família e é muito hábil em usar sua capacidade criativa no lar. Ela se orgulha da própria aparência e, com sua percepção para estilo, cores e moda, sabe o que lhe cai bem.

Quando pais, as Cabras serão amorosas e muito incentivadoras e, embora seu jeito complacente as impeça de ser disciplinadoras, elas frequentemente desfrutarão um bom entrosamento com os filhos. Os laços familiares são importantes para as Cabras.

O signo da Cabra corporifica muito a essência do princípio *yin* da filosofia chinesa, pois as Cabras são cordatas e gentis e têm apreço pela beleza e pelas melhores coisas da vida. E com sua natureza cordial e sua capacidade de se encaixar bem e se envolver no que estiver acontecendo ao seu redor, elas desempenham um papel valioso em muitas situações. O romancista William Makepeace Thackeray, nascido no signo da Cabra, declarou certa vez: "O mundo lida de modo afável com as pessoas afáveis." E as Cabras certamente são abençoadas com um uma natureza afável.

Principais dicas para as Cabras

- Embora você seja atencioso e sensível, quando pensa que os resultados são incertos ou quando se preocupa com as reações das pessoas, sua tendência é se conter. Para realizar seu potencial, seja mais ousado e esteja mais disposto a tomar a iniciativa. Como lembra o ditado: "Quem não arrisca, não petisca." Valerá a pena.

- Você gosta de fazer as coisas direito, mas às vezes prejudica sua eficácia por falar e agir de maneira evasiva ou por trocar uma abordagem por outra. Você atingirá resultados melhores sendo organizado e persistente. Tome nota disso, pois o planejamento e o esforço concentrado poderão recompensá-lo muito mais.
- Se você estiver cultivando talentos ou aspirações, por que não se beneficiar de uma ajuda? Com o apoio e a contribuição de outras pessoas, muito mais coisas poderão acontecer para você. Procure aconselhamento e depois conseguirá avançar.
- Você pensa muito e pode tender a pensar o pior. Nesses momentos, converse com as pessoas de sua confiança e compartilhe suas preocupações. Às vezes, o simples processo de conversar ajuda a aliviar o peso. Além disso, em vez de pensar com negatividade, pense de maneira positiva, em resultados de sucesso, em triunfos alcançados. Como escreveu o romancista Charles Dickens, nascido no signo da Cabra: "Reflita sobre suas benções atuais, das quais todo homem tem muitas; não sobre seus infortúnios passados, dos quais todos os homens têm alguns." Você tem muitas bênçãos e talentos também.

OS RELACIONAMENTOS COM OS DEMAIS SIGNOS

Com o Rato

Esses dois sabem como se divertir, mas seus temperamentos diferentes nem sempre facilitam as relações entre eles.

No trabalho, a Cabra poderá se sentir pouco à vontade com o estilo ousado e assertivo do Rato, e as relações serão ruins.

No amor, haverá paixão e um estilo de vida animado a desfrutar, porém a sensível Cabra poderá se sentir desalentada com a sinceridade e a atitude parcimoniosa do Rato em relação ao dinheiro. Uma combinação desafiadora.

Com o Búfalo

Os estilos e personalidades diferentes da Cabra e do Búfalo tornam difícil o entendimento entre eles. Suas relações muitas vezes serão ruins.

No trabalho, a Cabra pode admirar a natureza firme do Búfalo, mas ele talvez não tenha muito apreço pelo estilo e pela inventividade da Cabra. Haverá pouco acordo e concordância entre os dois.

No amor, ambos desejam uma vida familiar segura e estável, mas a Cabra tem grande prazer com uma existência despreocupada e relaxada, enquanto o Búfalo gosta de estrutura e ordem. Além disso, o jeito direto, sem rodeios, do Búfalo causará inquietação à Cabra. Uma combinação difícil.

Com o Tigre

A Cabra gosta do animado e frequentemente positivo e entusiasmado Tigre, além de admirá-lo, e as relações entre eles serão boas.

No trabalho, ambos são criativos, e com a abundância de ideias e o fato de a Cabra considerar o Tigre um colega empreendedor, esses dois podem se sair bem. Eles, no entanto, precisam permanecer disciplinados nos assuntos financeiros.

No amor, suas naturezas sociáveis e seus interesses compartilhados contribuem para uma relação próxima e significativa. A Cabra valorizará especialmente o fato de ter um parceiro tão confiante e solidário. Esses dois podem ser bons um para o outro.

Com o Coelho

A Cabra aprecia o jeito calmo e afável do Coelho, e as relações entre esses dois costumam ser excelentes.

No trabalho, eles respeitarão e estimularão mutuamente seus pontos fortes, e a Cabra valorizará o discernimento e a perspicácia do Coelho para os negócios.

No amor, ambos procuram um estilo de vida seguro e harmonioso, e seu entendimento e entrosamento serão excelentes. A Cabra valorizará especialmente a natureza amorosa e solidária do Coelho. Eles poderão ser muito felizes juntos.

Com o Dragão

A Cabra considera o Dragão uma companhia fascinante, e por um tempo esses dois signos sociáveis podem se dar bem juntos, mas suas naturezas inquietas talvez façam com que, por fim, as relações entre eles esfriem.

No trabalho, a Cabra poderá se entusiasmar com um colega Dragão confiante e empreendedor, e combinando suas habilidades e trabalhando por um objetivo comum, eles podem se sair bem.

No amor, é possível que esses dois signos animados e vivazes tenham muito a compartilhar. A Cabra apreciará especialmente a natureza ardorosa e animada do Dragão. No entanto, ambos são agitados e a Cabra vai considerar inquietantes a natureza impulsiva do Dragão e sua tendência a ser independente. Para que o relacionamento dê certo, será necessária uma boa dose de compreensão.

Com a Serpente

A Cabra gosta do jeito calmo, quieto e atencioso da Serpente, e suas relações serão boas.

No trabalho, esses dois signos podem combinar suas energias criativas com bom resultado, e a Cabra valorizará especialmente a determinação e a abordagem disciplinada da Serpente. Com respeito e entendimento, poderão desfrutar de um sucesso considerável.

No amor, é possível que haja uma forte atração. Ambas buscam um estilo de vida estável e harmonioso e têm profundo apreço pelas coisas boas da vida. A Cabra se encantará particularmente com o jeito quieto, afetuoso, porém confiante, da Serpente. Uma boa combinação.

Com o Cavalo

A Cabra gosta do animado e vivaz Cavalo, e haverá excelente entrosamento e entendimento entre os dois.

No trabalho, seus pontos fortes são muitas vezes complementares, com a Cabra admirando o empreendedorismo e a iniciativa do Cavalo. Com um bom nível de confiança, esses dois podem formar uma dupla de sucesso.

No amor, ambos ganharão muito com o relacionamento. A Cabra irá considerar o Cavalo inspirador e valorizará seu jeito inabalável e confiante. Com muitos interesses e perspectivas compartilhados, esses dois formam uma boa combinação.

Com outra Cabra

Serenas, criativas e apreciadoras das coisas boas da vida, duas Cabras se dão bem juntas.

No trabalho, suas habilidades criativas e sua abordagem inovadora podem levá-las a grandes coisas, mas às vezes as Cabras podem ser negligentes nas questões de dinheiro e precisam se manter concentradas, disciplinadas e deter o conhecimento financeiro em qualquer empreendimento que envolva risco.

No amor, ambas buscam uma existência harmoniosa e livre de aborrecimentos, e seus interesses compartilhados, sua natureza sociável e sua queda por ideias, criatividade e artes as tornam muito compatíveis. No entanto, dada sua tendência para gastar, as duas precisarão ter controle sobre o orçamento doméstico.

Com o Macaco

Esses dois signos gostam da companhia um do outro e se dão bem.

No trabalho, a Cabra frequentemente será estimulada pelo empreendedor e determinado Macaco, e eles podem formar uma combinação eficaz.

No amor, ambos têm grande capacidade de se divertir. Eles se apoiarão mutuamente, e a Cabra muitas vezes será revigorada por seu jovial e versátil parceiro. Uma combinação próxima e significativa.

Com o Galo

Com seus diferentes temperamentos e perspectivas, a Cabra e o Galo terão relações ruins.

No trabalho, a Cabra não ficará à vontade com o estilo rigidamente disciplinado do Galo nem com sua natureza franca, e eles não atuarão bem juntos.

No amor, a Cabra gosta de um estilo de vida relaxado e despreocupado, enquanto o Galo é dado ao planejamento e à organização. Para que o relacionamento dê certo serão exigidas grandes adaptações. Uma combinação desafiadora.

Com o Cão

As diferenças de personalidade combinadas a uma falta de interesses em comum não facilitarão as relações entre a Cabra e o Cão.

No trabalho, ambos anseiam por agir corretamente, mas os dois são preocupados. Não estão em sintonia um com o outro e suas relações serão ruins.

No amor, a Cabra pode valorizar o jeito afetuoso e leal do Cão, mas como a Cabra é criativa e excêntrica, enquanto o Cão é prático e simples, a compreensão e o entrosamento poderão ser difíceis.

Com o Javali

Animados, sociáveis e afáveis, esses dois signos desfrutarão de boas relações.

No trabalho, seus pontos fortes e suas habilidades complementarão um ao outro, e a Cabra será estimulada pela iniciativa e o bom senso do entusiasmado Javali. Com tanta confiança e respeito, eles formarão uma dupla eficaz.

No amor, esses dois signos sociáveis, amantes da diversão e despreocupados têm muito em comum. Ambos gostam de uma boa vida e buscam uma existência estável e harmoniosa. Com perspectivas e princípios tão similares, eles formam uma combinação excelente.

HORÓSCOPOS PARA CADA UM DOS ANOS CHINESES

Previsões para a Cabra no ano do Rato

O ano do Rato é um momento de consideráveis possibilidades para as Cabras, mas elas precisam se dedicar às suas atividades de maneira organizada e resoluta. Os anos do Rato exigem ação determinada, e hesitar ou simplesmente esperar que algo aconteça poderá causar decepções. Esse será um momento para mostrar iniciativa e perseguir objetivos-chave.

No trabalho, esse poderá ser um ano importante. Para as Cabras que já estiverem estabelecidas em uma carreira, haverá muitas vezes a oportunidade de avançar para novos níveis. No caso de muitas delas, isso ocorrerá no local de trabalho atual, e seu conhecimento desse ambiente e sua reputação contribuirão para que progridam. Quando surgirem vagas, essas Cabras deverão ser rápidas em mostrar interesse. Os anos do Rato têm um ritmo veloz e as Cabras precisam ser ágeis para não deixar que as chances escapem.

Para as Cabras que considerarem que suas perspectivas poderão ser melhoradas com uma mudança para outro lugar, bem como para aquelas que estiverem procurando emprego, o ano do Rato poderá trazer possibilidades interessantes. Mas, repetindo, será necessário buscar essas possibilidades ativamente. Informando-se e conversando com contatos e especialistas, muitas Cabras conseguirão encontrar a vaga ideal. A iniciativa poderá abrir portas importantes, e com as habilidades que as Cabras têm a oferecer e o apoio da determinação, é possível que elas façam um avanço impressionante.

A natureza dinâmica do ano do Rato também estimula as Cabras a aproveitarem ao máximo seus interesses pessoais. Atividades criativas poderão ser particularmente inspiradoras. É possível que as Cabras apreciem o modo como suas ideias se desenvolverão e se deparem com algumas respostas encorajadoras. Os anos do Rato fomentam seus talentos. Atividades ao ar livre também deverão ser favorecidas, e para as Cabras que gostam de jardinagem, esportes ou de estar ao ar livre, o ano do Rato poderá propiciar alguns momentos especiais.

Como sempre, as Cabras darão muito valor às relações com as pessoas. Com frequência, seus interesses pessoais terão um forte elemento social e elas poderão ser atraídas por eventos em sua localidade. Haverá uma boa variedade de coisas para fazer nesse ano e muitas Cabras verão sua agenda se encher de modo agradável.

As perspectivas também serão boas para as Cabras que não estiverem em um relacionamento, bem como para aquelas que desejarem ampliar seu círculo social. Mantendo-se ativas, buscando seus interesses e aceitando chances para sair, elas poderão fazer boas conexões e amizades. Para algumas, um novo amor poderá florescer, muitas vezes de modo fortuito. Um encontro casual poderá dar a impressão de que estava predestinado a acontecer.

Na vida familiar, esse poderá ser um período agitado, e as Cabras precisarão manter-se organizadas e planejar com antecedência. Com os objetivos em mente e o apoio de membros da família, muitas coisas poderão acontecer. Esse será um momento propício para o esforço conjunto e para o trabalho destinado à obtenção dos resultados almejados. Isso poderá incluir projetos para a casa (e o jardim), viagens e interesses compartilhados.

Além da atividade prática, muitas vezes considerável, haverá sucessos individuais a registrar e eventos familiares essenciais que serão aguardados ansiosamente. Durante o ano, muitas Cabras terão bons motivos para se sentirem orgulhosas; no entanto, se algo as preocupar ou caso se sintam pressionadas em algum momento, elas precisarão se abrir e compartilhar o que estiver em sua mente. Quanto mais francas elas forem, mais as pessoas serão capazes de compreender e ajudar.

Nos assuntos financeiros, muitas Cabras poderão aguardar por momentos de boa sorte. Além de um aumento na renda, é possível que surjam recursos de outra fonte, muitas vezes inesperada. No entanto, com toda a atividade do ano, as despesas serão altas, e as Cabras precisarão controlar os gastos e ter cuidado para não agir com pressa. O custo de compras não planejadas poderá crescer em pouco tempo. Cabras, tomem nota disso.

Os anos do Rato têm muita energia, e as Cabras podem se beneficiar de suas oportunidades. Contudo, elas precisam agir com determinação e fazer as coisas acontecerem. Com propósito, objetivos em mente e o apoio de outras pessoas, é possível, no entanto, que elas desfrutem de resultados encorajadores. Os interesses e as relações pessoais poderão lhes proporcionar um prazer singular e haverá momentos gratificantes e, com frequência, especiais a compartilhar.

DICAS PARA O ANO

Aja com determinação. Muito será possível nesse ano, mas isso exigirá esforço concentrado. Procure também desenvolver seus interesses e ideias. Mais uma vez, muitas coisas poderão ocorrer, mas você precisará se envolver e aproveitar ao máximo suas habilidades muitas vezes especiais. Valerá a pena empregar seu tempo nisso.

Previsões para a Cabra no ano do Búfalo

As Cabras são altamente perceptivas e plenamente conscientes das situações que as cercam. Durante o ano do Búfalo, muitas delas poderão se sentir pouco à vontade com as incertezas que detectarem. O melhor a fazer será moderar as expectativas e recorrer ao apoio de outras pessoas.

O Búfalo pode ser um chefe rígido e, além de terem uma carga de trabalho muitas vezes considerável, as Cabras lutarão com novos objetivos e mudanças de condições. Para se sair bem nos anos do Búfalo, o mais indicado é trabalhar com afinco e concentrar-se no que precisa ser feito. Da mesma maneira, enquanto alguns anos estimulam abordagens criativas, os anos do Búfalo favorecem aspectos práticos, e os pontos fortes das Cabras nem sempre serão apreciados. No entanto, ainda que esse seja um ano exigente, ele terá seu valor. Lidar com cargas de trabalho muitas vezes diferentes dará às Cabras a chance não apenas de desenvolver novas habilidades, como também de descobrir aptidões que elas poderão levar adiante. E ao trabalharem em estreita colaboração com os colegas, poderão beneficiar-se de seu apoio e camaradagem, além de estabelecerem algumas conexões potencialmente proveitosas.

As oportunidades de progredir serão possivelmente limitadas nesse ano, e para as Cabras que estiverem à procura de mudança ou de emprego, poderá haver decepções reservadas. Os resultados não surgem facilmente nos anos do Búfalo, e essas Cabras precisarão se esforçar muito para terem sucesso quando se candidatarem a vagas. Especificamente, elas deverão informar-se mais sobre as tarefas envolvidas e destacar suas habilidades, experiência e adequação. Esse pequeno esforço extra poderá fazer uma grande diferença.

Do mesmo modo, todas as Cabras deverão aproveitar ao máximo as oportunidades de treinamento durante o ano. Mantendo suas habilidades atualizadas e aprendendo outras, elas estarão não apenas favorecendo sua situação atual, como também ampliando o leque de possibilidades que estará à sua disposição no futuro. Em termos profissionais, esse talvez seja um período exigente — contudo, poderá ser instrutivo.

Outra área que demandará cuidado é a financeira. Tendo ideias em mente, incluindo compras para si mesmas e para a casa, as Cabras poderão correr o risco de gastar demais. Para prevenir problemas, elas precisarão manter-se disciplinadas e evitar sucumbir a compras por impulso. Esse será um ano para manter as finanças sob rígido controle. Além disso, se assumirem um novo compromisso ou forem lidar com papelada importante, será necessário que elas verifiquem cuidadosamente os detalhes. Esse não será um ano para ser negligente.

Considerando as pressões do ano, muitas Cabras terão grande prazer com seus interesses pessoais, pois estes lhes permitirão relaxar, descontrair e desfrutar de algo diferente. Pode ser que seus interesses as levem para locais ao ar livre, proporcionem a elas a chance de se exercitar um pouco mais ou lhes ofereçam um meio de expressar sua criatividade — o importante é que as Cabras reservarão um tempo para si mesmas. Algumas delas vão adorar estabelecer uma meta pessoal e, com isso, darão a si mesmas um propósito a atingir.

Além disso, elas deverão aproveitar qualquer oportunidade de viajar, pois um descanso e uma mudança de cenário lhes farão muito bem.

Com sua natureza cordial, as Cabras se dão bem com muitas pessoas, e suas relações com os outros terão um valor permanente no ano do Búfalo. No entanto, elas precisarão reconhecer que nem todos são tão perceptivos quanto elas, e em vez de supor que as pessoas conhecem seus sentimentos, as Cabras precisarão ser francas e conversar sobre qualquer ansiedade ou preocupação. Haverá muita gente disposta a ouvir ou aconselhar de alguma maneira, e as Cabras deverão falar, lembrando que "uma preocupação compartilhada *é* meia preocupação".

As Cabras muitas vezes consideram seu lar um desejado refúgio das pressões externas e, mais uma vez, nesse ano elas se alegrarão com projetos domésticos, como também apreciarão acompanhar os acontecimentos em família. Será necessário, porém, reservar tempo suficiente para empreendimentos práticos, e os custos precisarão ser observados. Os anos do Búfalo exigem atenção aos detalhes. Contudo, a vida doméstica das Cabras poderá propiciar muito prazer nesse ano, e assim com se sentirão gratas por aconselhamentos e contribuições em relação à sua própria situação, elas ficarão felizes em oferecer ajuda às pessoas quanto a decisões fundamentais.

Elas também apreciarão sua vida social e a diversidade de eventos a que comparecerão durante o ano. As Cabras valorizarão especialmente seu círculo de amigos. No caso das Cabras que estiverem se sentindo solitárias, talvez como resultado de uma recente mudança nas circunstâncias, poderá valer a pena informar-se sobre grupos sociais e de interesse em sua área. Com ação e disposição para participar, em pouco tempo elas poderão ver benefícios.

No geral, o ano do Búfalo será exigente, e as Cabras poderão sentir-se pouco à vontade com as pressões que ele trará, sobretudo em relação ao trabalho. No entanto, recorrendo ao apoio das pessoas, mantendo-se organizadas e concentrando-se nas prioridades, elas ainda poderão avançar e ampliar suas habilidades e experiência. E, ao longo do ano, as Cabras deverão lembrar-se de que há pessoas ao seu redor que acreditam nelas e que estarão prontas para aconselhar quando solicitadas.

DICAS PARA O ANO

Focalize o que precisa ser feito. Com esforço concentrado e disposição para desenvolver suas habilidades, você ficará sabendo que muitas coisas poderão ser importantes para seu sucesso subsequente. Além disso, reserve tempo para os interesses pessoais e para compartilhar com as pessoas. As duas coisas poderão ser de grande valor nesse ano muitas vezes rigoroso.

Previsões para a Cabra no ano do Tigre

Os anos do Tigre são plenos de atividade e agitação. E ainda que às vezes as Cabras possam se sentir incomodadas com a rapidez dos acontecimentos, importantes oportunidades poderão surgir. Esse será um ano que talvez tenha grande significado para elas, especialmente porque o próximo ano, o do Coelho, será muito auspicioso.

Durante o ano do Tigre, as Cabras precisarão manter-se atentas e preparadas para se adaptar ao que for exigido. Não será o momento de fechar a mente para situações que estiverem se revelando nem de se apegar a um único modo de agir. Em vez disso, esse será um ano para participar, aprender e, ainda que isso às vezes possa ser incômodo, aventurar-se e sair da zona de conforto. Esse poderá ser um momento instrutivo *e* esclarecedor.

No trabalho, é possível que esse seja um ano agitado e de muitos acontecimentos. Seja por meio de alterações no quadro de funcionários ou de avanços no local de trabalho, muitas Cabras vivenciarão mudanças e verão novas possibilidades surgindo. Sua experiência e seu conhecimento do ambiente em que se encontram lhes serão altamente vantajosos e um grande número de Cabras avançará na carreira. No entanto, com o progresso virão novas responsabilidades, e algumas Cabras precisarão dedicar-se a um intenso aprendizado. Isso, porém, lhes dará uma excelente chance de ampliar sua *expertise* e alcançar mais estabilidade em determinado setor ou nicho. Além disso, aquelas que trabalharem em ambientes criativos serão muitas vezes beneficiadas nos anos do Tigre, que fervilham com novas ideias e abordagens.

Para as Cabras que estiverem insatisfeitas no cargo atual ou procurando emprego, o ano do Tigre poderá oferecer interessantes possibilidades. Se não restringirem muito o que estiverem considerando aceitar e olharem para outras maneiras de desenvolver suas habilidades, essas Cabras talvez descubram novas oportunidades. No caso de algumas, isso poderá dar um novo rumo à sua carreira. Tendo capacidade de se adaptar e disposição, é possível que essas Cabras progridam e aperfeiçoem suas habilidades. Os anos do Tigre são vibrantes, desafiadores *e instrutivos.*

Com sua natureza sociável, as Cabras deverão usar qualquer chance de aumentar sua rede de relacionamentos e promover sua imagem. Dessa maneira, algumas conexões proveitosas (e às vezes influentes) poderão ser estabelecidas.

No ano do Tigre também é possível que haja muitas oportunidades sociais e, mais uma vez, as Cabras deverão aproveitar ao máximo as chances que surgirem em seu caminho. Conversas e contatos poderão ser valiosos, e algumas das pessoas que as Cabras conhecerem agora se tornarão amigos para valer. As Cabras têm o dom de se relacionar bem com os outros.

Esse poderá ser um ano estimulante para os interesses pessoais das Cabras. Os anos do Tigre favorecem a originalidade, e algumas Cabras encontrarão uma boa reposta para seus talentos. Elas deverão acreditar em si mesmas e desenvolver o que fazem. Qualquer Cabra que tenha deixado de lado seus interesses e deseje um novo desafio deverá pensar em adotar algo novo. Os anos do Tigre oferecem grandes possibilidades, e as Cabras precisam ser proativas.

Com a natureza agitada do período, elas terão muitas despesas e precisarão vigiar os gastos, além de não ter pressa quando forem tomar decisões importantes. Se não houver cuidado, é possível que os gastos sejam maiores do que o previsto, e se determinadas decisões de compra forem tomadas com mais tempo, melhores escolhas com frequência poderão ser feitas. Esse será um ano para se manter um controle cuidadoso e desconfiar de riscos.

Nos anos do Tigre, há também muita atividade na vida familiar. Como as Cabras e seus familiares provavelmente vivenciarão mudanças na rotina e nos compromissos, haverá necessidade de flexibilidade e cooperação. Diante do nível geral de atividade, alguns planos e projetos deverão ser maleáveis e encaixados quando o tempo permitir. Os anos do Tigre não respeitam cronogramas rígidos. As Cabras, porém, ficarão satisfeitas com os benefícios que seus planos, compras e mudanças trarão. Além disso, poderá haver muita espontaneidade no ano, e às vezes ocasiões e viagens familiares organizadas de surpresa poderão ser apreciadas por todos os envolvidos. Na vida doméstica, será um tempo animado, gratificante e, com frequência, movimentado.

No geral, o ano do Tigre será agitado. Proporcionará possibilidades importantes, mas para que consigam se beneficiar, as Cabras precisarão se adaptar e aproveitar ao máximo os acontecimentos. Esse não será um ano para resistir a mudanças. Se, no entanto, as Cabras se envolverem e agarrarem suas oportunidades, poderão favorecer tanto sua situação atual quanto a futura.

DICAS PARA O ANO

Aproveite e desenvolva seus interesses. Eles são um bom meio de expressar seus talentos e ideias, além de propiciarem benefícios pessoais. Da mesma maneira, procure aprimorar sua posição no trabalho. As habilidades adquiridas agora poderão ampliar suas opções mais tarde.

Previsões para a Cabra no ano do Coelho

Bons tempos à frente. Como as condições serão encorajadoras, as Cabras se sentirão inspiradas e poderão fazer um progresso substancial nesse ano, bem como desfrutar de avanços agradáveis em sua vida pessoal. Esse será um ótimo período e, para as Cabras que tiverem se sentido castigadas por eventos recentes, esse será o momento de reassumir o controle e *fazer as coisas acontecerem*.

Para ajudar o ano a começar de maneira positiva, as Cabras farão bem se definirem seus objetivos para os próximos 12 meses. Desse modo, serão capazes de direcionar acertadamente suas energias e se manter mais conscientes das coisas que precisarão fazer. Elas desfrutarão de um bom apoio e, ao longo do ano, considerarão útil discutir suas ideias com as pessoas, sobretudo com aquelas que tiverem experiência relevante. Com uma boa contribuição, seus planos e esperanças muitas vezes poderão se realizar com sucesso.

Durante o ano, sua natureza sociável poderá lhes ser útil, e para que possam se beneficiar, elas deverão aproveitar ao máximo a chance de conhecer pessoas e se projetar. Alguns bons amigos e contatos profissionais poderão ser feitos. As Cabras que desejarem ter companhia ou novos amigos deverão procurar sair mais, participar de atividades locais e, talvez, integrar-se a um grupo social. Adotando a ação positiva, elas poderão desfrutar de uma grande transformação em sua vida social.

Para as Cabras que não estiverem em um relacionamento, as perspectivas românticas serão excelentes, enquanto para as que tiverem se apaixonado recentemente, esse poderá ser um momento de felicidade, com muitas Cabras indo viver junto com o parceiro ou se casando. Quando se trata de relações pessoais, os anos do Coelho podem ser muito especiais.

As Cabras também poderão aguardar por acontecimentos agradáveis na vida familiar, especialmente sucessos individuais e familiares a registrar. Com frequência, estarão inspiradas, sugerindo atividades em família que poderão propiciar ótimas ocasiões. Elas terão, igualmente, grande prazer com as melhorias que iniciarem na casa, e seus toques hábeis agregarão alguns adornos encantadores. No entanto, projetos para a casa poderão se ampliar rapidamente e se tornar mais demorados (e caros) do que o previsto. Cabras, tomem nota disso.

Embora as Cabras venham a se ocupar com muitas atividades nesse ano, elas não deverão ignorar seu bem-estar. Para manter-se em boa forma, deverão dar atenção à alimentação e ao seu nível de exercícios físicos. Além disso, se passarem por uma sucessão de dias muito ocupados e com poucas horas de sono à noite, deverão reservar tempo para compensar. Exigir muito de si mesmas poderá deixá-las suscetíveis a doenças de menor gravidade. Além disso, se estiverem envolvidas em quaisquer atividades extenuantes ou perigosas, deverão seguir os procedimentos corretos. No que se refere ao seu bem-estar, esse será um ano para cuidado e atenção.

No trabalho, as perspectivas serão estimulantes. Para as Cabras que estiverem estabelecidas em uma carreira, o ano do Coelho poderá propiciar oportunidades importantes. Contudo, para que possam se beneficiar verdadeiramente (e às vezes garantir uma promoção significativa), elas precisarão agir com rapidez, a fim de que as chances não escapem. Esse não será um ano para atrasos.

Para as Cabras que estiverem insatisfeitas no cargo atual ou em busca de emprego, o ano do Coelho também poderá ser significativo. No entanto, em sua busca, essas Cabras não deverão agir sozinhas. Se procurarem aconselhamento, elas poderão ser alertadas sobre vagas ou opções que não tenham considerado anteriormente. A assistência e o estímulo de outras pessoas poderão ser um fator importante nesse período. Além disso, as posições que algumas dessas Cabras assumirem agora poderão revelar um bem-vindo contraste em relação ao que elas tiverem feito antes e dar-lhes um novo incentivo.

É possível que o progresso feito no trabalho gere um aumento na renda, e muitas Cabras também receberão um bônus ou um presente generoso. Essa melhora fará com que muitas delas sigam em frente com compras que vinham pensando em realizar, e seu olhar para qualidade, bom gosto e valor lhes será bem útil. No entanto, ainda que muitos planos e compras venham a ser gratificantes, as Cabras precisarão vigiar os gastos e, se firmarem algum acordo, verificar os termos e as obrigações. Os aspectos financeiros poderão estar favorecidos nesse período, mas ainda não será o momento de relaxar.

No geral, os anos do Coelho podem ser momentos de grande oportunidade para as Cabras. Contudo, para que sejam aproveitadas ao máximo, as Cabras precisam agir e, se necessário, sair de sua zona de conforto. Seus esforços, suas habilidades e sua iniciativa poderão resultar em recompensas substanciais, mas muito caberá a elas. As Cabras, porém, serão ajudadas por outras pessoas, e nas vidas social e familiar, os anos do Coelho podem proporcionar diversos momentos especiais, sobretudo porque o romance é favorecido. As Cabras terão muito a seu favor nesse ano e farão bem se lembrarem das palavras do poeta Virgílio: "A sorte favorece os audazes." Nos anos do Coelho, a sorte favorece muito as ousadas e determinadas Cabras.

DICAS PARA O ANO

Tome a iniciativa. Muitas coisas poderão lhe acontecer nesse ano, mas você precisará estar disposto a se aventurar. Além disso, valorize o apoio e a boa vontade das pessoas. O tempo que você compartilhar poderá ser uma parte muito importante desse ano ativo e, muitas vezes, pessoalmente especial.

Previsões para a Cabra no ano do Dragão

Os anos do Dragão são dinâmicos. Eles trazem esquemas grandiosos, novas ideias e situações que se desenvolvem com rapidez. E, ainda que às vezes as Cabras possam se sentir desconfortáveis com seu ritmo e pressão, haverá boas oportunidades a buscar e ocasiões especiais a desfrutar.

No trabalho, o ano do Dragão trará momentos de mudança. Poucas Cabras não serão afetadas. Por isso, muitas delas terão que se adaptar a novos procedimentos e rotinas. Parte do ano será frenética, mas fazendo seu melhor e se ajustando ao que for exigido, as Cabras terão a chance de desenvolver suas habilidades. E como esse será um momento de inovação, suas ideias poderão obter uma resposta favorável. Os anos do Dragão encorajam a contribuição, e as Cabras que estiverem em ambientes criativos ou cujo trabalho envolva a comunicação poderão se sair especialmente bem.

Muitas Cabras terão a chance de melhorar sua posição atual ao longo do ano; no entanto, para as que estiverem incomodadas com os acontecimentos e desejarem uma mudança, bem como para as que estiverem procurando emprego, haverá boas possibilidades. Para que possam se beneficiar, essas Cabras deverão ampliar o escopo dos cargos que estiverem considerando assumir. Nesse período de mudança, muitas poderão conquistar uma função diferente daquela que vinham desempenhando, mas que poderá proporcionar uma importante base para o crescimento futuro.

Contudo, para aproveitar ao máximo suas oportunidades, todas as Cabras precisarão permanecer concentradas e resistir para não desviar a atenção para assuntos menos úteis ou pouco produtivos. Nos anos do Dragão, tempo, energia e chances precisam ser usados de modo eficaz.

O progresso no trabalho poderá ajudar financeiramente, mas considerando os compromissos existentes das Cabras, os planos que elas estarão ansiosas por concretizar e sua vida social muitas vezes agitada, seus gastos poderão ser significativos. Embora elas possam fazer reservas para determinadas necessidades, é possível que o dispêndio real ainda seja maior do que o previsto. Muitas Cabras também poderão enfrentar despesas extras no primeiro semestre. Assim, ao longo do ano, todas as Cabras precisarão manter-se muito atentas às despesas e ter cautela para não sucumbir a compras por impulso. Nas finanças, será um período para disciplina.

Para muitas Cabras, porém, o ano do Dragão será inspirador, e seus interesses pessoais poderão ser um bom meio de expressar seus talentos e ideias. É possível que algumas Cabras fiquem especialmente entusiasmadas por atividades que elas começarem agora ou por projetos que elas mesmas elaborem. Além disso, como o ano do Dragão é um momento de possibilidade, para aquelas que estiverem ansiosas por fazer algo diferente poderá haver chances interessantes a explorar. Esse será um ano que favorecerá a atitude corajosa.

Do mesmo modo, se as Cabras se sentirem atraídas por eventos relacionados aos seus interesses pessoais ou virem outras chances tentadoras de sair, deverão ir em frente. Envolvendo-se com as oportunidades sociais que o ano do Dragão oferecer e aproveitando-as ao máximo, elas poderão desfrutar de momentos bons e muitas vezes animados. Durante o ano, é possível que sejam feitas amizades positivas, e para quem não estiver em um relacionamento, o romance poderá trazer brilho ao ano.

A vida familiar também promete ser ativa; no entanto, como as Cabras e outras pessoas serão afetadas por mudanças na rotina e nos compromissos, haverá necessidade de um bom nível de cooperação e alguma flexibilidade. Nos momentos de mudança e estresse, é importante que as implicações sejam discutidas, pois esse será um período para franqueza e contribuição coletiva. Além disso, como alguns acontecimentos causarão incerteza, as Cabras nem sempre deverão pensar no pior. Mais uma vez, uma discussão útil poderá amenizar as preocupações e sugerir maneiras de prosseguir. De qualquer modo, muitos dos pequenos aborrecimentos do ano serão frequentemente de curta duração.

Ainda que o ano possa ser agitado, as Cabras desfrutarão de muitos momentos especiais na companhia dos entes queridos, e o ano terá ainda agitação e alegria com algumas coisas que irão ocorrer de maneira espontânea, incluindo viagens e ocasiões especiais fora de casa.

No geral, nos anos do Dragão haverá muita atividade, além de estresse, ansiedade e adequações à rotina. Como resultado, as Cabras precisarão manter a racionalidade em relação a eles. No entanto, também poderá haver boas possibilidades. As Cabras serão incentivadas a desenvolver habilidades e promover a carreira, e é possível que façam avanços potencialmente importantes. Ao longo do ano, elas receberão um bom apoio daqueles que as rodeiam, e recorrendo a isso e estabelecendo relações positivas com as pessoas que conhecerem, desfrutarão de muito do que o ano terá a oferecer. No geral, será um período movimentado, mas com boas possibilidades, e é provável que as relações pessoais sejam especialmente recompensadoras.

DICAS PARA O ANO

Seja receptivo ao que acontecer nesse ano. Você poderá fazer avanços úteis e aprimorar suas habilidades. Além disso, o que você aprender agora poderá ser ampliado no futuro. Os interesses pessoais poderão ser de especial valor. Desfrute de momentos com seus entes queridos e procure aumentar seu círculo social.

Previsões para a Cabra no ano da Serpente

Esse será um ano estimulante para as Cabras, com muitos acontecimentos a seu favor. Elas não apenas perceberão que as condições estarão propícias à ação, como também serão beneficiadas por momentos de boa sorte.

Um dos aspectos mais encorajadores do ano diz respeito às suas relações com as pessoas. Quando enfrentarem decisões e explorarem possibilidades, muitas vezes as Cabras conhecerão alguém com *expertise* para ajudá-las e aconselhá-las. Em alguns casos, alguém também poderá auxiliá-las promovendo seus interesses. Ao longo do ano, é possível que as Cabras se beneficiem amplamente da boa vontade e do apoio de terceiros.

Além disso, no nível pessoal, o ano da Serpente poderá dar origem a muitas ocasiões de convívio social. Em especial, haverá frequentemente muito sobre o que conversar com os amigos, com novidades e diversão a compartilhar. Além disso, mudanças nas situações e conhecidos em comum poderão fazer com que as Cabras encontrem novas pessoas e ampliem significativamente seu círculo social. As Cabras são companhias populares e, mais uma vez, com seu jeito cordial, conquistarão novos amigos nesse período, incluindo contatos potencialmente influentes.

Para as Cabras que não estiverem em um relacionamento, os assuntos românticos também poderão tornar esse ano um momento especial. No caso das que estiverem envolvidas em um romance, é possível que o relacionamento se torne mais permanente, enquanto aquelas que estiverem à procura do amor poderão sentir os efeitos da flecha do Cupido! Esses poderão ser momentos emocionantes e de paixão.

A vida familiar também estará sob aspectos favoráveis. Durante o ano, as Cabras novamente valorizarão o apoio dos entes queridos, embora elas precisem ser francas e também ouvir as pessoas com atenção. Às vezes, as discussões podem produzir novas ideias, especialmente quando é necessário tomar decisões, e o auxílio de outras pessoas poderá contribuir para alguns dos sucessos de que as Cabras desfrutarão nesse período.

Além do apoio pessoal, elas também poderão esperar ansiosamente por algumas ótimas ocasiões familiares. Seja registrando seu próprio progresso ou compartilhando boas notícias de outras pessoas, é possível que desfrutem de momentos significativos e especiais.

As viagens estarão igualmente favorecidas, e as Cabras deverão tentar viajar durante o ano, se possível. Um descanso e uma mudança na rotina poderão ser muito bem-vindos. Muitas Cabras talvez consigam combinar sua viagem com um interesse pessoal, um evento ou uma atração que anseiem visitar. Nesse caso, uma preparação cuidadosa deverá permitir que alguns planos emocionantes tomem forma.

Como as Cabras nascem sob o signo da arte, muitas apreciam atividades culturais e criativas, e seus interesses pessoais poderão ser outra fonte de prazer nesse ano. É possível que fiquem particularmente entusiasmadas por suas ideias e talvez sejam absorvidas pelo que fizerem. Respostas encorajadoras também poderão trazer possibilidades extras. Os anos da Serpente costumam ser aqueles em que as Cabras podem colher as recompensas por determinados talentos.

Da mesma maneira, para as Cabras cujo trabalho envolva contribuição criativa, esse poderá ser um ano de sucesso. Usando seus pontos fortes em benefício próprio e sendo ativas no local de trabalho, muitas desfrutarão de triunfos notáveis. Ainda que algumas Cabras sejam tímidas e nem sempre se promovam muito, nesse período elas deverão realmente acreditar em suas habilidades e aproveitar ao máximo as oportunidades.

Além disso, não importa o tipo de trabalho que as Cabras realizem, os anos da Serpente as incentivam a subir na carreira, e se uma vaga atrativa ou uma oportunidade de promoção surgirem, elas deverão se apresentar. Esse não será um ano para permanecer parado. No seu decorrer, muitas Cabras assumirão uma função mais importante ou gratificante.

Para as que estiverem em busca de emprego, o ano da Serpente poderá também propiciar avanços estimulantes. Ainda que o processo de procurar emprego seja cansativo, informando-se e explorando possibilidades, as Cabras verão algumas portas se abrindo. Em certos casos, o que for oferecido registrará uma mudança em relação ao que elas vinham fazendo, porém lhes dará a chance de usar suas habilidades de novas maneiras. Para algumas Cabras, isso revelará um novo ponto forte, um que elas poderão levar adiante.

O progresso no trabalho em geral ajudará financeiramente, e muitas Cabras desfrutarão de um aumento na renda. No entanto, para que se beneficiem ao máximo disso, elas deverão administrar bem sua situação. Reservando recursos para propósitos específicos, incluindo possíveis viagens, poderão concretizar muitos de seus planos e obter prazer com suas compras — e às vezes conforto extra também!

Os anos da Serpente podem ajudar a revelar o que as Cabras têm de melhor. Em termos pessoais, elas poderão aguardar por grande apoio das pessoas e pelo respeito e pela admiração de suas qualidades. Não apenas um valioso apoio lhes poderá ser dado, como também momentos especiais poderão ser compartilhados. Familiares, amigos e, para algumas Cabras, um novo amor serão importantes nesse período. Além disso, é possível que os talentos criativos das Cabras façam a verdadeira diferença em seu trabalho e em seus interesses pessoais. Elas poderão realizar um bom avanço nesse ano. No entanto, para aproveitá-lo ao máximo, precisarão ter um pouco de autoconfiança e mostrar interesse. Se fizerem isso, poderão tornar esse ano especial e gratificante.

DICAS PARA O ANO

Esse será um período de grandes possibilidades. Aproveite-o e procure avançar. Além disso, desfrute de tempo com as outras pessoas e amplie seu círculo social. Novos amigos, contatos e um possível novo amor poderão enfatizar o quão importante esse ano poderá ser.

Previsões para a Cabra no ano do Cavalo

As Cabras viram muitas coisas acontecer nos últimos anos, e o ano do Cavalo será um momento excelente para aprimorar as realizações, bem como para desfrutar de alguns avanços pessoais e familiares. Esse será um período de considerável escopo e potencial.

No trabalho, os anos do Cavalo serão difíceis para as Cabras, mas elas encontrarão chefes justos e, com dedicação, poderão melhorar muito sua reputação. No entanto, as Cabras vão precisar mergulhar em seu local de trabalho e, se forem relativamente novas nas tarefas atuais, deverão ter o propósito de se consolidar mais. Estabelecendo conexões e sendo um membro ativo de qualquer equipe, elas poderão impressionar e ser incentivadas a aproveitar ao máximo seu cargo. Esse será um ano para aprimorar ganhos recentes e avançar.

Para as Cabras que sentirem que suas perspectivas poderão ser melhoradas com uma mudança para outro lugar e para as que estiverem procurando emprego, o ano do Cavalo poderá, igualmente, trazer interessantes possibilidades. No entanto, para que se beneficiem, elas deverão considerar maneiras diferentes de desenvolver seus pontos fortes e informar-se sobre quaisquer vagas e ideias que despertem seu interesse. Ao longo dos meses, é possível que a seriedade de muitas dessas Cabras lhes permita conquistar um novo cargo, e muitas vezes um cargo com potencial de crescimento.

Um dos benefícios do ano do Cavalo é a maneira como as Cabras podem ampliar seu conhecimento e suas habilidades, e não apenas em relação ao trabalho. No decorrer dos meses, elas deverão procurar expandir também seus interesses pessoais. Curiosas por natureza, as Cabras raramente ficam sem ideias, e o ano do Cavalo lhes dará muitas mais. Algumas Cabras poderão interessar-se por uma nova atividade, matricular-se em um curso ou decidir contribuir para a comunidade de algum modo. Independentemente do que fizerem, suas ações muitas vezes tornarão esse ano um momento gratificante. Para Cabras com estilos de vida agitados, reservar um tempo para a recreação também lhes proporcionará a chance de relaxar, descontrair e até se beneficiar de exercícios físicos extras.

As Cabras poderão se sair razoavelmente bem nos assuntos financeiros no ano do Cavalo, embora devam evitar riscos e não agir com negligência. Se não prestarem a devida atenção, erros poderão ocorrer, e algumas compras talvez não correspondam às expectativas. Esse será um período de cuidado e vigilância.

Com sua natureza cordial, as Cabras conhecem muitas pessoas e poderão esperar ansiosamente por uma vida social agitada, pois os anos do Cavalo oferecem uma boa variedade de coisas para fazer. Qualquer Cabra que se sentir solitária ou desejar ter novos interesses talvez considere válido participar de um grupo social local.

Os assuntos românticos também poderão proporcionar emoções ao período. Embora possa haver problemas a conciliar, os relacionamentos muitas vezes poderão tornar-se mais fortes e significativos ao longo do ano. Também nesse aspecto, as Cabras poderão estar em boa forma pessoal.

Na vida familiar, é possível que o ano do Cavalo traga um turbilhão de atividades, especialmente porque as Cabras e seus familiares verão mudanças em suas rotinas e em seus compromissos, além de terem que tratar de questões práticas. Às vezes, parecerá que tudo está acontecendo ao mesmo tempo, incluindo inconvenientes quebras de equipamentos. Para lidar com a atividade extra, as Cabras (e as outras pessoas) terão que se concentrar naquilo que precisa ser feito e usar seu tempo e seus recursos de maneira eficaz. Além disso, com os empreendimentos práticos, as Cabras deverão resistir à tentação de se envolver em muitas tarefas ao mesmo tempo. O esforço concentrado proporcionará melhores resultados, e muitas vezes com menos estresse também.

Embora muitas coisas venham a correr bem, se surgirem diferenças de opinião ou conflito de interesses, as Cabras precisarão discutir as questões e encontrar uma solução aceitável. Do contrário, problemas de menor importância poderão se agravar. Cabras, tomem nota disso, atuem bem em grupo e mantenham-se alerta a situações possivelmente complicadas.

Elas também deverão ficar atentas ao seu próprio bem-estar nesse ano. Com um estilo de vida tão agitado, nem sempre elas prestam atenção suficiente na alimentação ou no nível de exercícios físicos. Para que se mantenham em boa forma, precisarão observar isso, e caso algo as preocupe ou elas sintam que mudanças poderão ajudar, deverão procurar aconselhamento. Embora esse seja um ano promissor, não será o momento para se descuidarem de si mesmas.

No fim do ano do Cavalo, as Cabras muitas vezes ficarão impressionadas com a quantidade de coisas que conseguiram encaixar nele. Esse poderá ser um período agitado e proveitoso. No seu decorrer, muitas Cabras irão prosperar na carreira, às vezes em uma nova direção. Os interesses pessoais provavelmente também se desenvolverão de maneiras estimulantes. Muitas Cabras desfrutarão de uma vida social ativa e de uma vida familiar agitada. Com tantos acontecimentos, será preciso administrar bem o tempo, mas esse poderá ser um ano movimentado e produtivo.

DICAS PARA O ANO

Muito poderá ser realizado nesse ano, mas seja proativo. Coloque suas ideias em prática e busque aprimorar sua situação atual. Com o apoio, a experiência e as oportunidades que surgirão em seu caminho, esse será um momento para agir. Acredite em si mesmo e vá em frente.

Previsões para a Cabra no ano da Cabra

O fato de que esse será o seu próprio ano dará às Cabras ainda mais motivo para torná-lo especial. E ele poderá ser. No entanto, embora as Cabras possam começar o ano cheias de esperança e determinadas a fazer muitas coisas importantes, elas precisarão moderar o ritmo. Muito será possível para elas em seu próprio ano, mas nem tudo poderá ser conquistado ao mesmo tempo.

Para ajudar o ano a começar bem, as Cabras talvez considerem útil planejar com antecedência. Ter alguns objetivos em mente e discuti-los com pessoas próximas não apenas ajudará a dar mais direção ao período como também possivelmente colocará importantes engrenagens em ação.

Um fator favorável às Cabras será o apoio de que desfrutam. Elas têm o dom de se relacionar bem com muitas pessoas, e durante seu próprio ano deverão se expor mais e aproveitar ao máximo as oportunidades sociais e suas redes de relacionamento.

No trabalho, esse poderá ser um ano de importantes avanços. Para as Cabras que estiverem profissionalmente bem estabelecidas, é possível que surjam excelentes oportunidades de progredir na carreira. Seja por meio de alterações no quadro de funcionários, de um aumento da carga de trabalho ou de uma reorganização interna, haverá possibilidade de prosperar, e a experiência dessas Cabras e seu conhecimento do ambiente em que se encontram poderão ser vantagens significativas. Ao contrário de alguns anos em que as Cabras talvez se sintam sobrecarregadas e sufocadas, seu próprio ano poderá reenergizar sua situação e suas perspectivas.

Para as Cabras que desejarem uma mudança ou estiverem procurando emprego, chances importantes também poderão surgir. Elas deverão buscar ativamente quaisquer vagas que sejam de seu interesse; além disso, poderão considerar útil conversar com profissionais e outros contatos. Dessa maneira, serão alertadas sobre novas possibilidades. Com assistência, aconselhamento e sua própria determinação, é possível que muitas Cabras obtenham uma oportunidade significativa e tenham a chance de provar suas habilidades em outra área de atuação. O que acontecer nesse ano poderá ter consequências de longo prazo, incluindo moldar o futuro padrão da carreira de algumas dessas Cabras.

O progresso no trabalho poderá proporcionar um aumento da renda. No entanto, considerando seus compromissos e seu estilo de vida agitado, a maioria das Cabras terá um ano dispendioso, e para fazer tudo o que querem (e mais), elas precisarão observar as despesas e ter cautela em relação a fazer muitas compras por impulso. Sem vigilância, os gastos poderão ser mais altos do que o previsto. Cabras, tomem nota disso e sejam disciplinadas.

Com sua natureza curiosa, as Cabras apreciam um grande número de atividades e deverão fazer bom uso de seu conhecimento em seu próprio ano, seja definindo um novo projeto ou um novo desafio para si mesmas, seja persistindo em suas ideias de outras maneiras. Algumas poderão também ser atraídas por novas atividades. Como esse será um ano estimulante, as Cabras deverão aproveitar ao máximo seus talentos e sua criatividade. Além disso, se puderem se juntar a outras pessoas, isso dará a algumas de suas atividades um impulso extra.

As Cabras terão, igualmente, grande prazer com as oportunidades sociais do ano. Outras pessoas com frequência buscarão sua companhia, e seja participando de festas, encontrando-se para bater papo ou simplesmente apreciando os acontecimentos, as Cabras poderão ter um ano especial. É possível também que amigos atuais apresentem-nas a outras pessoas, e o círculo social de muitas Cabras aumentará. Qualquer Cabra que esteja sozinha e sinta falta de algo em seu estilo de vida atual perceberá que, participando de atividades disponíveis em sua área, elas poderão ajudar a promover uma melhora real em sua situação.

O ano da Cabra também poderá ser um momento especial para os assuntos românticos. Algumas Cabras que se apaixonaram recentemente irão morar junto com o parceiro ou se casar, enquanto muitas outras que começarem o ano sozinhas encontrarão alguém, frequentemente em circunstâncias casuais, que se tornará rapidamente importante.

A vida familiar também será agitada nesse período, com muitos lares de Cabras tendo motivos para celebrar. Poderão ser ocasiões especiais e significativas, como um casamento, a chegada de um novo membro à família, uma formatura ou algum outro sucesso. Além disso, assim como as Cabras se beneficiarão do apoio que lhes será dado, elas também prestarão aconselhamentos úteis a outras pessoas. Esse será um momento muito propício ao esforço cooperativo. E poderá proporcionar algumas surpresas também, talvez uma oportunidade inesperada de viajar, um evento especial ou uma comemoração familiar, que as Cabras apreciarão compartilhar com outras pessoas nesse ano favorável.

As Cabras terão grandes expectativas em relação ao seu próprio ano. No entanto, embora entusiasmadas, elas precisarão permanecer realistas. Em vez de se apressarem ou de se comprometerem em excesso, deverão trabalhar firmemente em direção a seus objetivos e aprimorar sua posição. Esse será um período que favorecerá o esforço persistente. Além disso, elas deverão usar bem suas ideias e sua experiência. Seus pontos fortes poderão gerar alguns resultados satisfatórios e, sobretudo, ajudar a melhorar sua situação profissional. Suas relações interpessoais também poderão tornar o ano especial, e haverá muito a fazer, compartilhar e desfrutar.

DICAS PARA O ANO

Use bem o tempo e trabalhe firmemente em direção aos seus objetivos. Modere seu ritmo e evite a pressa. O que você alcançar agora poderá ter valor no longo prazo. Além disso, divirta-se compartilhando suas atividades e seus planos com as pessoas próximas e procure ampliar seu círculo social. O ano vai encorajá-lo a brilhar.

Previsões para a Cabra no ano do Macaco

Um ano razoável, embora as Cabras precisem manter-se vigilantes. Os anos do Macaco podem montar armadilhas para os incautos, e esse não será um período para as Cabras abusarem nem da sorte nem da boa vontade das pessoas. Além disso, precisarão mostrar um pouco de flexibilidade durante o ano, uma vez que poderão ocorrer mudanças nas situações e alterações de planos.

Uma área que exigirá cuidado especial é a das relações pessoais. Embora costumem ser especialistas nesse campo, durante o ano as Cabras precisarão manter a franqueza e a atenção se quiserem evitar dificuldades. Se, em momentos agitados, elas passarem a impressão de estar preocupadas ou derem pouca atenção ao que estiver acontecendo, isso poderá prejudicar o entrosamento e gerar desentendimentos. Além disso, as Cabras não deverão supor automaticamente que as pessoas estejam cientes de seus pontos de vista e de seus sentimentos. No ano do Macaco, será importante que elas se mantenham abertas e *comunicativas.* Do contrário, haverá o risco de mal-entendidos e de uma subsequente decepção. Cabras, tomem nota disso.

Na vida familiar, uma boa comunicação será especialmente importante. Com as Cabras e outros membros da família provavelmente envolvidos com mudanças de rotinas e compromissos, será necessário discutir as implicações e chegar a um acordo sobre os ajustes. Da mesma maneira, embora as Cabras possam ter esperanças específicas para o ano, incluindo modificações que estarão ansiosas por executar e compras para a casa, às vezes as exigências irão mudar ou novas opções surgirão, e isso precisará ser plenamente considerado. Nos anos do Macaco, os planos não devem ser definitivos, mas alterados na medida do necessário.

No entanto, embora certa flexibilidade possa vir a ser necessária no lar das Cabras, também haverá muitos prazeres, incluindo conquistas pessoais e interesses compartilhados. Além disso, os anos do Macaco podem trazer surpresas, e é possível que sugestões de última hora propiciem ocasiões familiares especiais, que frequentemente se tornarão ainda mais especiais por serem inesperadas.

O ano do Macaco poderá proporcionar também algumas boas oportunidades sociais. Nesse aspecto, igualmente, reuniões mais espontâneas poderão ser prazerosas. Todavia, quando estiverem na companhia das pessoas, as Cabras precisarão ser atenciosas e ter cautela com comentários irrefletidos. Um deslize ou passo em falso atípico poderá causar constrangimento. Do mesmo modo, para aquelas que estiverem envolvidas em um romance, atenção extra será aconselhável. Nos anos do Macaco, as Cabras precisarão manter a racionalidade.

No trabalho, o ano do Macaco também poderá trazer surpresas. Embora muitas Cabras estejam contentes concentrando-se em sua função, acontecimentos inesperados poderão impactá-las. É possível que haja alterações no quadro de funcionários, reorganização ou outras mudanças, e as Cabras precisarão adaptar-se conforme o necessário. Algumas delas se defrontarão com uma mudança significativa na carga de trabalho. Os anos do Macaco raramente são simples e fáceis de entender. No entanto, ainda que as Cabras não acolham de bom grado a incerteza e o estresse adicional, haverá oportunidades a buscar, e muitas Cabras realizarão um bom avanço no emprego atual.

Para as Cabras ansiosas por se mudar para outra empresa ou que estejam procurando emprego, o ano do Macaco também poderá trazer avanços importantes. Embora sua busca por uma nova posição possa parecer demorada, é possível que os eventos ocorram de maneira curiosa. Às vezes, uma vaga poderá ser descoberta por acaso; em outras situações, as Cabras poderão conquistar um cargo ainda que estimassem não ter chances tão altas assim de consegui-lo. Com determinação e disposição para se adaptar, elas descobrirão que o merecido progresso poderá ser alcançado.

Além disso, os anos do Macaco são excelentes para ampliar habilidades, e todas as Cabras deverão aproveitar cursos de treinamento e outros meios de aprofundar seu conhecimento. Isso será um investimento em si mesmas e no futuro.

Como os anos do Macaco privilegiam a originalidade e o pensamento criativo, as Cabras poderão desenvolver seus próprios interesses, e com frequência terão grande prazer com a maneira como as ideias tomarão forma e as possibilidades surgirão. Para as que tiverem inclinações criativas, esse poderá ser um momento inspirador, com talentos se desenvolvendo (e se expandindo) de modo às vezes surpreendente. Mais uma vez, será o caso de ser receptivo ao que o ano oferecerá.

A natureza agitada do ano, porém, o tornará dispendioso, e as Cabras precisarão manter os níveis de gastos sob rigorosa observação. Se assumirem novos compromissos, deverão verificar os termos com cuidado e manter a papelada, incluindo garantias, recibos e apólices, em segurança. Risco, pressa e suposições (sempre um perigo para as Cabras nos anos do Macaco) poderão prejudicá-las.

No geral, o ano do Macaco promete ser movimentado, e ao aproveitarem ao máximo seus avanços, as Cabras poderão ganhar muito. Elas precisarão, contudo, adaptar-se ao que for exigido pelas situações. Esse será também um momento para que se mantenham alerta e cuidadosas em suas relações pessoais. No entanto, com consciência e flexibilidade, as Cabras terminarão o ano com muito a seu favor, tendo alcançado uma quantidade surpreendente de realizações.

DICAS PARA O ANO

Aproveite o dinamismo do ano do Macaco, mas seja especialmente cuidadoso em suas relações pessoais. Além disso, seja receptivo e flexível, pois assim você verá suas ideias se desenvolvendo de maneira estimulante e será capaz de virar algumas surpresas do ano a seu favor.

Previsões para a Cabra no ano do Galo

Planejamento, eficiência e compromisso são características do ano do Galo que as Cabras farão bem em registrar. As Cabras não poderão se dar ao luxo de se esforçar pouco nesse ano ou de fazer menos do que o seu melhor. Os anos do Galo priorizam a ação e trazem interessantes possibilidades.

No início do ano, as Cabras deverão pensar à frente e avaliar o que gostariam que acontecesse. Com perseverança, poderão alcançar muitas conquistas. Qualquer Cabra que inicie o ano sentindo-se descontente deverá manter-se determinada a melhorar sua situação. Esse é um período que pode propiciar uma mudança positiva, mas caberá às Cabras aproveitar o momento e *agir de forma decidida*.

No trabalho, os anos do Galo podem ser rigorosos, e muitas Cabras irão deparar-se com uma carga de trabalho mais pesada e alguns objetivos desafiadores. Ainda que as Cabras venham a se preocupar com o estresse extra, se elas trabalharem com afinco e aproveitarem suas habilidades, poderão desfrutar de resultados impressionantes. Além disso, sua capacidade de comunicação e de pensar lateralmente, isto é, de solucionar problemas por meio de uma abordagem criativa e indireta (as Cabras são excelentes em pensar de maneira não convencional) será apreciada e, muitas vezes, elas desempenharão uma função mais importante em seu local de trabalho. Para aquelas que estiverem ansiosas por progredir na carreira, o ano do Galo poderá oferecer algumas possibilidades interessantes.

Muitas Cabras permanecerão em seu local de trabalho atual, mas para aquelas que estiverem esperando por uma mudança ou procurando emprego, o ano do Galo poderá ser significativo. Se pensarem em maneiras de aprimorar suas habilidades e aconselharem-se com profissionais de recrutamento, elas poderão ver interessantes possibilidades surgindo. Com persistência, novos cargos poderão ser encontrados, e ainda que os primeiros dias em uma nova função possam ser assustadores, muitas Cabras compreenderão que agora terão uma plataforma para crescimento futuro.

Outra característica importante do ano do Galo é o modo como ele incentiva o desenvolvimento pessoal. Para as Cabras criativas, seus projetos e ideias poderão ser especialmente gratificantes nesse período. A contribuição e o aconselhamento das pessoas ao seu redor também estimularão muitas Cabras.

O progresso no trabalho propiciará um aumento da renda de um grande número de Cabras, e algumas delas também poderão ser beneficiadas com um generoso presente ou com um bem-vindo bônus. No entanto, ainda que exista um elemento de boa sorte no ano, com tantos gastos e planos caros, as Cabras precisarão administrar muito bem sua situação. Muitas compras não planejadas poderão consumir os recursos, e é possível que algumas compras feitas por impulso venham a ser lamentadas. Os anos do Galo favorecem uma abordagem disciplinada.

No nível pessoal, as Cabras serão muito exigidas. Com frequência, haverá uma variada mistura de coisas para fazer e compartilhar, e muitas Cabras terão a oportunidade de ampliar seu círculo social e fazer amigos e conhecidos potencialmente importantes.

Para as Cabras que não estiverem em um relacionamento, um encontro casual poderá adicionar romance ao ano. Os assuntos românticos serão capazes de surpreender e proporcionar grande prazer às Cabras nesse período.

No entanto, ainda que as relações pessoais muitas vezes venham a correr bem, as Cabras, que são afáveis e em geral fáceis de lidar, não deverão deixar que se aproveitem de sua boa vontade. Se tiverem quaisquer reservas ou preocupações, deverão expor sua visão. Esse não será um momento para permanecerem em silêncio.

Na vida familiar, como as Cabras e outros membros da família estarão se defrontando com decisões profissionais e ponderando ideias, será importante uma boa conexão e comunicação entre todos os envolvidos. Dessa maneira, as decisões muitas vezes poderão ser facilitadas, e os planos, promovidos de modo proveitoso. Seja ajudando a resolver um problema ou organizando atividades conjuntas, as Cabras geralmente desempenharão seu papel, e sua capacidade de ouvir e demonstrar empatia será muito apreciada nesse ano cheio e satisfatório. Para algumas Cabras, uma mudança será possível, e para qualquer uma delas que esteja considerando uma transferência, esse será um ano excelente para explorar opções.

No fim do ano, as Cabras muitas vezes ficarão impressionadas com tudo o que aconteceu. Será um período para estar aberto a possibilidades e aproveitar as oportunidades. No entanto, os anos do Galo exigem esforço, e para as Cabras que se empenharem pouco ou se refrearem, poderá haver decepções. Esse será um momento para avançar e construir. No trabalho, especialmente, o que for realizado agora muitas vezes poderá ser uma plataforma para o crescimento futuro. Além disso, ao longo do ano as Cabras irão beneficiar-se do apoio de outras pessoas e será importante que sejam francas em troca. Elas terão muito a seu favor nesse ano, mas grande parte disso dependerá de sua determinação. Para que se saiam bem e colham as recompensas, elas precisarão agir.

DICAS PARA O ANO

Seja, acredite, torne-se. Esse será um ano para ter autoconfiança e se aventurar. Aproveite ao máximo suas habilidades e envolva-se no que estiver acontecendo ao seu redor. Compromisso, esforço e muita dedicação serão exigidos, mas com a abordagem positiva "eu posso", você conseguirá ir longe.

Previsões para a Cabra no ano do Cão

As Cabras são perceptivas e isso as torna conscientes das influências ao seu redor e, às vezes, suscetíveis a elas. Durante o ano do Cão, é possível que se sintam pouco à vontade com determinadas situações e com a atitude de algumas pessoas. Poderá ser vantajoso para as Cabras adotar uma postura mais firme e não tomar certas situações de maneira tão pessoal. Às vezes, os eventos estarão fora de seu controle, e elas deverão aceitar isso em vez de senti-los como desfeitas pessoais. Os anos do Cão podem ser difíceis para as Cabras, mas também têm seus aspectos positivos.

No trabalho, esse será um período para cuidado e esmero, e para que as Cabras se concentrem nas áreas em que têm mais *expertise*. Aventurar-se em algo desconhecido ou assumir obrigações sem o treinamento necessário poderá gerar problemas. Além disso, elas deverão ser atenciosas em suas relações com os colegas, registrando seus pontos de vista e comunicando-se bem. Esse não será um ano para agir de modo independente. Em partes do ano do Cão poderão ocorrer momentos complicados, e em vez de se precipitarem e correrem o risco de exacerbá-los, as Cabras deverão pensar bem em suas respostas, assim como exercitar a paciência. Os problemas e as tensões poderão cessar, mas as Cabras precisarão ter cuidado para não causarem problemas para si mesmas nem prejudicarem as boas relações profissionais que normalmente mantêm com as pessoas ao seu redor. Às vezes, adotar uma postura discreta poderá ser um caminho sábio.

No entanto, ainda que o ano traga seus desafios, as dificuldades poderão ser valiosas oportunidades de aprendizado, e as Cabras ampliarão seu conhecimento profissional, assim como obtendo maior insight em relação às suas aptidões. Esses poderão ser momentos esclarecedores, e é possível que algumas Cabras sejam alertadas sobre futuras possibilidades profissionais.

Tanto para as Cabras que decidirem sair do emprego atual quanto para as que estiverem procurando emprego, o ano do Cão também poderá ser desafiador. Às vezes, essas Cabras estarão competindo com muitas pessoas por uma vaga em especial e, outras vezes, parecerá que sua experiência e adequação serão ignoradas. Os anos do Cão podem ter suas frustrações, mas se as Cabras se mantiverem pacientes e perseverantes, muitas delas terão a chance de se restabelecer em um novo emprego. Será *preciso* trabalhar por resultados nesse período, mas o sucesso, quando chegar, será bem merecido.

Nos assuntos financeiros, as Cabras também precisarão permanecer vigilantes. Durante o ano, deverão observar atentamente os gastos e mantê-los dentro do orçamento. Sucumbir a muitas tentações ou a compras por impulso poderá levar à necessidade de economizar mais tarde. Além disso, quando lidarem com formulários e questões tributárias e burocráticas, elas deverão verificar os detalhes e ser rápidas e minuciosas em sua resposta. Repetindo: se não houver cautela, problemas poderão surgir. Cabras, tomem nota disso.

Mais positivamente, esse poderá ser um momento encorajador para os interesses pessoais, e é possível que eles sejam um bom caminho para as Cabras escaparem de alguns aborrecimentos do ano. Atividades criativas poderão ser especialmente gratificantes, e muitas Cabras serão incentivadas pelo feedback que receberem. Algumas talvez desfrutem de uma alegria especial com novos projetos também.

Com as pressões do ano, as Cabras valorizarão sua vida familiar. Nesse aspecto, as atividades compartilhadas poderão ser especialmente apreciadas. Nesse ano agitado, será importante que outras atividades (e preocupações) não interfiram muito na vida doméstica. Além disso, as Cabras deverão ser francas e discutir quaisquer problemas que possam ter. Quanto mais receptivas elas forem, mais solidariamente as pessoas poderão reagir.

Elas valorizarão também a vida social. Seus interesses pessoais poderão colocá-las em contato com outras pessoas, e algumas Cabras irão participar de grupos e/ou decidir ajudar com atividades ou ações de caridade em sua área (os anos do Cão têm um forte elemento altruísta).

No entanto, embora muitas ocasiões felizes venham a ocorrer nesse período, as Cabras precisarão ficar atentas aos sentimentos das pessoas ao seu redor. Um comentário descuidado poderá estragar uma ocasião ou prejudicar uma amizade. Cabras, tomem nota disso. Da mesma maneira, se estiverem preocupadas com uma reação ou situação em particular, deverão manter isso em perspectiva. Os anos do Cão às vezes podem ferir a sensibilidade das Cabras. Lembrem-se disso, e tentem ser mais indiferentes.

No geral, esse será um ano em que as Cabras deverão caminhar com cuidado. As condições poderão ser desafiadoras, e o progresso, difícil. No entanto, elas terão a possibilidade de aprender mais sobre suas aptidões e adquirir habilidades para o futuro. É possível que seus interesses pessoais se desenvolvam de maneira estimulante, e sua vida familiar poderá ter um valor especial nesse ano algumas vezes problemático.

DICAS PARA O ANO

Mantenha-se atento e evite agir sem pensar bem nas consequências. Lapsos, pressa e riscos — tudo isso poderá causar problemas nesse ano. "É melhor prevenir do que remediar." Seja atencioso com as pessoas ao seu redor, comunique-se bem e discuta quaisquer assuntos pertinentes. Os anos do Cão podem não ser fáceis, mas suas lições podem ter importante valor para o futuro.

Previsões para a Cabra no ano do Javali

As Cabras poderão tirar muito proveito do ano do Javali e desfrutar de conquistas notáveis. Muitas se sentirão mais motivadas do que se encontravam há pouco tempo e estarão ansiosas por buscar ideias e avançar da maneira que *elas* quiserem. Os anos do Javali são inspiradores, e as Cabras se beneficiarão.

No trabalho esse poderá ser um ano produtivo. Muitas Cabras terão a chance de progredir na carreira. Com a experiência que adquiriram, elas serão as principais candidatas quando surgirem oportunidades de promoção ou quando vagas adequadas ficarem disponíveis em outro lugar. Esse será um ano favorável para avançar. As Cabras poderão — e deverão — fazer com que seus pontos fortes contem agora.

Muitas Cabras farão importante progresso em seu local de trabalho atual, e algumas delas conquistarão cargos pelos quais vêm batalhando havia algum tempo. No entanto, se sentirem que conseguirão desenvolver melhor seus talentos em outro lugar, deverão manter-se atentas a vagas, bem como conversar com amigos e contatos. Nos anos do Javali, as conexões das Cabras poderão revelar-se muito úteis ao alertá-las sobre possíveis vagas ou sugerir meios de seguir em frente.

As perspectivas serão também encorajadoras para as Cabras que estiverem procurando emprego. Informando-se ativamente sobre vagas de seu interesse e recorrendo ao aconselhamento de pessoas capacitadas a ajudá-las, elas poderão encontrar algumas oportunidades potencialmente importantes e, às vezes, direcionar sua carreira para um caminho mais satisfatório. Os aspectos estarão tão acentuados que algumas Cabras que assumirem uma nova função no início do ano poderão receber outras atribuições antes do fim do ano.

As perspectivas financeiras também estarão sob aspectos favoráveis, e o progresso profissional geralmente propiciará um aumento da renda. Além disso, algumas Cabras poderão ser beneficiadas com um bônus, um presente ou recursos de outra fonte. No entanto, para aproveitar ao máximo qualquer mudança positiva, elas deverão administrar bem as despesas e ter calma ao considerarem compras e planos mais dispendiosos. Muita pressa poderá levar a mais gastos do que o necessário e nem sempre à melhor decisão. As Cabras também precisarão ter cautela com o risco. Caso sejam tentadas por qualquer coisa especulativa, será necessário verificar os fatos e as implicações e procurar orientação adequada. É possível que esse seja um período financeiramente favorável, mas as Cabras não deverão ser descuidadas nem negligentes, inclusive com os bens pessoais.

Seus interesses e suas atividades recreativas poderão lhes proporcionar grande prazer nesse ano. Muitas Cabras se sentirão inspiradas e apreciarão desenvolver suas ideias e usar seus talentos de maneira prazerosa. As Cabras que tiverem a aspiração de levar adiante um interesse ou habilidade deverão promover aquilo que fazem. Esse será um ano para ser proativo. Qualquer Cabra que o inicie sentindo-se insatisfeita ou descontente terá que refletir sobre o que gostaria de fazer. Adotar uma nova atividade recreativa poderá simplesmente ser o tônico de que elas precisam. Os anos do Javali podem ser inspiradores, mas para que possam se beneficiar inteiramente as Cabras precisarão aproveitar ao máximo o que for oferecido.

É possível que o ano do Javali traga também um aumento da atividade social, e com isso, muitas Cabras verão seu círculo social aumentar consideravelmente.

Para as Cabras que não estiverem em um relacionamento, haverá, igualmente, excelentes possibilidades românticas. Algumas descobrirão que alguém que elas conhecerem agora se tornará rapidamente uma parte importante de sua vida. Aquelas que já estiverem envolvidas em um romance poderão ir morar com o parceiro ao longo do ano, ficar noivas ou casar-se. No nível pessoal, esses poderão ser momentos emocionantes.

Qualquer Cabra que inicie o ano do Javali em uma maré pessoal baixa deverá criar coragem e avaliar meios de melhorar sua situação. Adotar um novo interesse, participar de um coletivo local ou simplesmente sair com mais frequência poderá marcar o começo de uma nova e estimulante fase. Para muitas Cabras, é possível que o ano do Javali seja de mudança positiva, mas elas deverão *agir* se quiserem se beneficiar.

Na vida familiar, esse poderá ser um momento não só ativo como também agradável. Nos lares de muitas Cabras haverá momentos de orgulho, como casamento, crescimento da família, um sucesso profissional ou acadêmico ou a celebração de um marco familiar. Com tantas coisas precisando ser planejadas, as Cabras frequentemente desempenharão uma função fundamental, e suas ideias, criatividade e consideração com as pessoas serão valorizadas. Contudo, ainda que estejam entusiasmadas, as Cabras precisarão ser realistas sobre o que será viável em qualquer momento e, quando possível, espaçar as atividades, assim como recorrer ao apoio de outras pessoas. Com planos emocionantes e abundância de ideias, um bom planejamento e apoio poderão fazer uma diferença significativa.

No geral, o ano do Javali poderá ser especial para as Cabras e haverá comemorações reservadas para muitas delas. No entanto, para que se beneficiem inteiramente, as Cabras precisarão aproveitar o momento e usufruir ao máximo de seus talentos. Com determinação e contando com o apoio e a boa vontade de outras pessoas, elas poderão desfrutar de conquistas notáveis.

DICAS PARA O ANO

Tome a iniciativa e aja. Boas oportunidades poderão surgir para você nesse período. Além disso, desfrute de tempo com as pessoas. Aqueles que são especiais para você também poderão ajudar a tornar esse ano especial.

PENSAMENTOS E PALAVRAS DE CABRAS

O mundo é um espelho e devolve a cada homem o reflexo do seu próprio rosto. Franza a testa na frente dele e, em troca, ele olhará de mau humor para você; ria na frente dele e com ele, e ele será uma companhia alegre e amável.
WILLIAM MAKEPEACE THACKERAY

A diligência é a mãe da boa sorte.
MIGUEL DE CERVANTES

A verdadeira viagem de descoberta não consiste em procurar novas paisagens, e sim em ver com novos olhos.
MARCEL PROUST

Faça sempre o certo; isso agradará a algumas pessoas e deixará o resto espantado.
MARK TWAIN

Mantenha distância de pessoas que tentam menosprezar suas ambições. Pessoas pequenas sempre fazem isso. Mas as realmente grandes o fazem sentir que você também pode vir a ser grande.
MARK TWAIN

Daqui a 20 anos, você estará mais frustrado pelas coisas que não fez do que pelas que fez. Então, livre-se de suas amarras. Navegue para longe do porto seguro. Pegue os ventos alísios em suas velas. Explore. Sonhe. Descubra.
MARK TWAIN

O MACACO

25 de janeiro de 1944 a 12 de fevereiro de 1945	*Macaco da Madeira*
12 de fevereiro de 1956 a 30 de janeiro de 1957	*Macaco do Fogo*
30 de janeiro de1968 a 16 de fevereiro de 1969	*Macaco da Terra*
16 de fevereiro de 1980 a 4 de fevereiro de 1981	*Macaco do Metal*
4 de fevereiro de 1992 a 22 de janeiro de 1993	*Macaco da Água*
22 de janeiro de 2004 a 8 de fevereiro de 2005	*Macaco da Madeira*
8 de fevereiro de 2016 a 27 de janeiro de 2017	*Macaco do Fogo*
26 de janeiro de 2028 a 12 de fevereiro de 2029	*Macaco da Terra*
12 de fevereiro de 2040 a 31 de janeiro de 2041	*Macaco do Metal*

A PERSONALIDADE DO MACACO

Estejam eles pulando de galho em galho, brincando de pique uns com os outros ou sentados mastigando, há algo de divertido em torno dos macacos. Vivazes e curiosos, eles podem ser fascinantes. E aqueles nascidos sob o signo do Macaco são igualmente cativantes e têm múltiplos talentos a oferecer.

Nascidos sob o signo da fantasia, os Macacos têm uma mente criativa e inventiva. São engenhosos, perspicazes e, se em algum momento se veem em uma situação complicada, têm o feliz dom de saber se safar. Eles podem ser ardilosos e, às vezes, sorrateiros. E não são avessos a driblar as regras, caso precisem fazer isso para conseguir o que querem.

Os Macacos também são observadores e bem informados. Podem ser muito cultos — na verdade, tendem a ler qualquer coisa —, e muitos podem ter aptidão para línguas estrangeiras. Apresentam, ainda, uma memória notável, que usam para se beneficiar. Na companhia das pessoas, impressionam com suas recordações rápidas. Seu bom humor e sua natureza sociável os tornam companhias divertidas e eles também são muito capacitados a oferecer aconselhamento. No entanto, por trás do charme, podem estar tramando truques, talvez persuadindo as pessoas a aceitar seu ponto de vista ou descobrindo informações úteis. Os Macacos são oportunistas.

No entanto, ainda que pareçam joviais e despreocupados, alguns Macacos nem sempre têm a confiança que projetam. Eles podem sentir-se inseguros, carecer de autoconfiança ou querer atenção. Podem ter vulnerabilidades. Mas eles as escondem bem.

Além disso, embora sejam curiosos em relação às pessoas, os Macacos podem ser sigilosos sobre si mesmos e partilhar apenas as informações que desejam. Às vezes, sua tendência a ocultar e a ser evasivos pode depor contra eles. Em alguns relacionamentos, se a outra pessoa sentir que o Macaco não está sendo suficientemente franco e honesto, uma barreira poderá se formar.

Isso também se aplicará aos assuntos românticos. Ainda que queiram amar e ser amados, os Macacos podem se angustiar em relação à sua situação, ao compromisso necessário e a deixar que alguém entre em seu mundo. Para alguns deles, esse não é um processo fácil. Mas, quando se estabelecem em uma vida em comum, os Macacos costumam ter uma grande família. Eles se relacionam especialmente bem com crianças, muitas vezes parecendo reviver as alegrias de sua própria infância. Os Macacos também irão incentivar os filhos a usar a imaginação e a ter uma mente inquisitiva.

Os Macacos são companhias estimulantes. Apreciam interesses diversificados e, por serem curiosos, estão sempre ávidos por novas experiências e prontos a experimentar algo diferente. Têm grande capacidade de aprender. Contudo, como se envolvem em muitas coisas, podem ser amadores, e não especialistas. Em alguns casos, se eles se concentrarem mais em uma atividade em particular ou aprimorarem determinada habilidade, poderão ser altamente bem-sucedidos.

Isso também valerá para os assuntos profissionais. Os Macacos são versáteis e podem ser atraídos por todos os tipos de setores. Todavia, eles precisam adquirir *expertise* e tirar um tempo para se estabelecer. Com disciplina aliada ao seu intelecto e ao seu espírito empreendedor, os Macacos certamente são capazes de ir longe na profissão escolhida. Quanto à escolha de um trabalho para o qual sejam vocacionados, eles precisam de variedade e desafio e é possível que fiquem entediados se presos a uma rotina. Marketing, vendas, ciência, política, educação, finanças e *show business*, tudo isso é capaz de atraí-los, mas os Macacos são engenhosos e podem usar seus talentos de muitas maneiras.

Do mesmo modo, eles têm habilidades para ganhar dinheiro e uma boa mente para números. Desfrutam também de seu dinheiro, sendo generosos com a família e os amigos e vivendo com estilo. Além disso, gostam de observar de perto sua situação e controlam bem o orçamento, embora possa haver momentos em que certa tentação ou desejos tomados ilusoriamente por realidade os induzam ao erro. Os Macacos gostam de abusar da sorte, porém precisam ser cautelosos para não abusar demais.

Tanto o homem quanto a mulher Macaco têm muito entusiasmo, bem como interesses diversificados. A mulher desse signo tem um jeito especialmente envolvente e um amplo círculo social. É uma sagaz avaliadora de caráteres e suas opiniões e aconselhamento são procurados com frequência. Por ser tão observadora, a aparência é particularmente importante para ela, que toma especial cuidado não só com suas roupas, mas também com o penteado. Sempre com uma boa apresentação, e muitas vezes seguindo a moda, ela é prática, habilidosa e competente de muitas maneiras.

Com sua natureza extrovertida e sua alegria em participar, os Macacos invariavelmente têm uma vida social ativa. Sempre haverá altos e baixos nessa área também, e os momentos de baixa serão causados por sua falta de empenho ou pela decisão de correr riscos desnecessários. Contudo, os Macacos aprendem rápido, além de serem otimistas, e sua energia e seu espírito empreendedor muitas vezes garantirão que eles obtenham bons resultados. Eleanor Roosevelt, que foi primeira-dama dos Estados Unidos e era do signo do Macaco, escreveu: "O futuro pertence àqueles que acreditam na beleza de seus sonhos." E o imaginativo Macaco certamente sonha — e lutará arduamente para transformar muitos de seus sonhos em realidade.

Principais dicas para os Macacos

- Você é abençoado com ótimas habilidades pessoais. Com seu jeito envolvente, facilidade com as palavras e capacidade de demonstrar empatia, você sabe como cair nas boas graças das pessoas! No entanto, ainda que seja uma companhia encantadora, você também pode ser sigiloso, e talvez isso faça os outros pensarem que tenha algo a esconder ou que está tentando manter-se distante. Abra-se mais! A comunicação precisa ser uma via de mão dupla, e menos precaução de sua parte poderá propiciar relações mais frutíferas com aqueles ao seu redor.
- Você tem uma curiosidade insaciável e gosto pela vida. Contudo, também pode pular de uma atividade para outra sem colher inteiramente os benefícios. De tempos em tempos, contenha sua agitada energia e concentre-se em adquirir experiência em determinadas áreas. Com mais foco, as recompensas e a satisfação poderão ser maiores também.
- Embora você seja certamente perspicaz e goste de ser autoconfiante, pode ser que se deixe dominar pelo entusiasmo (os Macacos nascem sob o signo da fantasia), a correr riscos ou tomar atalhos, o que nem sempre dá certo e pode lhe custar caro. Tente permanecer realista e com os pés no chão. Estabelecer objetivos e cronogramas ajudará, bem como dispor-se a procurar aconselhamento. Nem mesmo você consegue fazer tudo o tempo todo.

- Talvez você goste de ser espontâneo e de se jogar no momento presente, mas para realizar todo o seu potencial, será necessário algum planejamento de longo prazo. Pode ser adquirindo uma qualificação específica, desenvolvendo uma habilidade ou mantendo-se atento a avanços em seu setor ou esfera de interesse — se você olhar para a frente e se preparar bem, estará em uma situação melhor para se beneficiar das oportunidades (e você certamente é versado em se beneficiar delas).

OS RELACIONAMENTOS COM OS DEMAIS SIGNOS

Com o Rato

Como desfrutam de estilos de vida ativos e têm senso de diversão e aventura, esses dois signos se dão bem.

No trabalho, extremamente engenhosos e empreendedores, eles têm as ideias, as ambições e os talentos para irem longe. Desde que não tentem passar a perna um no outro e direcionem seus esforços, poderão desfrutar de considerável sucesso.

No amor, esses dois signos sociáveis e extrovertidos poderão encontrar muita felicidade juntos. O Macaco aprecia especialmente a natureza gentil e encorajadora do Rato e suas habilidades como administrador da casa. Eles combinam bem.

Com o Búfalo

Embora esses dois tenham personalidades muito diferentes, com frequência há apreço e respeito entre eles.

No trabalho, o Macaco valorizará a tenacidade e a abordagem prática do Búfalo e ganhará com elas. Com seus diferentes pontos fortes funcionando bem juntos e com respeito e concordância, eles formam uma dupla eficaz.

No amor, cada um deles apreciará as qualidades que encontrará no outro. O Macaco valorizará, sobretudo, a natureza afetuosa, confiável e firme do Búfalo. Uma combinação boa e mutuamente benéfica.

Com o Tigre

Esses dois podem ser animados e extrovertidos, mas nem sempre desfrutam de um entendimento tão forte.

No trabalho, terão ideias em abundância — mas, com cada um deles querendo prevalecer, faltará acordo. Eles vão preferir manter-se apegados aos seus próprios meios e métodos.

No amor, suas naturezas amantes da diversão poderão uni-los. Contudo, como ambos são enérgicos e, muitas vezes, inquietos, mais cedo ou mais tarde entrarão em conflito. Uma combinação desafiadora.

Com o Coelho

O Macaco tem grande respeito pelo quieto e amigável Coelho, e as relações entre eles muitas vezes são boas.

No trabalho, porém, seus estilos diferentes poderão gerar problemas. O Macaco, que lida com as situações adotando medidas práticas, se sentirá inibido pelo mais cauteloso Coelho, que, de qualquer modo, poderá não ficar à vontade com o estilo e a abordagem do Macaco.

No amor, é possível que as relações sejam consideravelmente melhores. Com apreço mútuo pelas coisas boas da vida e muitos interesses compartilhados, eles combinam bem, e o Macaco valorizará o amor, a lealdade e a serenidade do Coelho. Uma combinação boa e frequentemente duradoura.

Com o Dragão

Com sua energia, seu entusiasmo e muitos interesses compartilhados, o Macaco e o Dragão têm invariavelmente relações excelentes.

No trabalho, suas ideias, seu zelo e entusiasmo podem torná-los uma combinação eficaz, e cada um deles motivará o outro e lhe servirá de inspiração. Sua inclinação para o risco, porém, talvez necessite de observação.

No amor, eles são bons um para o outro. O Macaco valorizará o audaz, confiante e atencioso Dragão. Ambos poderão aguardar ansiosamente por um estilo de vida agitado e animado e encontrar muita felicidade juntos.

Com a Serpente

O Macaco é fascinado pelo jeito quieto e atencioso da Serpente, e as relações entre esses dois costumam ser boas.

No trabalho, diferenças de perspectivas poderão gerar problemas, com o Macaco preparado para a ação e a Serpente preferindo um tom mais cauteloso e moderado. Ambos são precavidos em sua abordagem, o que também poderá impedi-los de trabalhar bem juntos.

No amor, eles se complementam. O Macaco aprecia especialmente o jeito calmo e atencioso da Serpente. Com bom entrosamento e compreensão, eles podem formar uma boa combinação.

Com o Cavalo

Como ambos são indivíduos vigorosos e com pensamentos (e vontade) próprios, as relações poderão ser complicadas.

No trabalho, podem ser profissionais muito esforçados e engenhosos, mas cada um deles estará ansioso para que suas próprias ideias e abordagens prevaleçam, e a cautela mútua poderá impedi-los de realizar seu pleno potencial.

No amor, eles compartilham muitos interesses e são ativos e extrovertidos, porém suas diferentes perspectivas poderão causar problemas. É possível que o Macaco se sinta desconfortável com a natureza às vezes instável e inquieta do Cavalo, bem como com sua tendência à franqueza. Uma combinação desafiadora.

Com a Cabra

Esses dois se dão bem, e as relações entre eles são boas.

No trabalho, o Macaco apreciará e incentivará os talentos criativos da Cabra, e é possível que combinem bem seus pontos fortes e ideias. Como há respeito mútuo, esses dois podem formar uma dupla eficaz.

No amor, esses signos extrovertidos, sociáveis e amantes da diversão podem estabelecer um relacionamento próximo e significativo. O Macaco valorizará especialmente as habilidades domésticas da Cabra, bem como seu jeito gentil e afável. Eles são bons um para o outro.

Com outro Macaco

Com tanto a fazer e a compartilhar, que melhor parceiro para isso senão outro Macaco? As relações entre os dois podem ser excelentes.

No trabalho, a combinação de sua inventividade, astúcia e empreendedorismo certamente será capaz de produzir resultados, mas esses dois precisam permanecer concentrados e disciplinados. Do contrário, poderão tomar rumos diferentes e despender energia em excesso.

No amor, é possível que desfrutem de um relacionamento feliz e harmonioso, de muitas risadas e de múltiplos interesses e atividades. Eles se apoiarão e encorajarão mutuamente e terão o talento de tirar o melhor um do outro. Uma combinação esplêndida.

Com o Galo

Com personalidades e estilos tão diferentes, esses dois poderão ter relações ruins.

No trabalho, o Macaco estará ansioso por alcançar resultados e vai considerar inibidores a cautela e o planejamento zeloso do Galo. Haverá pouca concordância entre eles.

No amor, é possível que o Macaco admire a autoconfiança e a atenção do Galo, mas vai preferir um estilo de vida mais espontâneo e poderá considerar irritante o jeito organizado e franco do parceiro. Uma combinação difícil.

Com o Cão

Esses dois signos demoram para sentir-se à vontade com outra pessoa, porém à medida que passam a se conhecer melhor, eles podem desenvolver um vínculo positivo e mutuamente benéfico.

No trabalho, podem combinar seus pontos fortes com bom resultado, com o Macaco beneficiando-se da abordagem disciplinada e persistente do Cão. Quando unidos por um objetivo, esses dois são capazes de muitas realizações.

No amor, o Macaco depositará muita confiança no leal e confiável Cão e valorizará sua fidelidade e capacidade de avaliar. Suas personalidades diferentes complementam bem um ao outro e, juntos, eles podem encontrar a felicidade.

Com o Javali

As relações entre esses dois signos ativos e amantes da diversão podem ser excelentes.

No trabalho, há cooperação e respeito, com o Macaco valorizando a ética e o tino comercial do Javali. Como ambos são empreendedores, podem formar uma combinação altamente bem-sucedida.

No amor, esses dois se entendem bem e o Macaco apreciará as habilidades domésticas do Javali, bem como sua natureza afetuosa e solidária. Com tantos interesses compartilhados e o apreço em comum pela boa vida, eles poderão encontrar muita felicidade juntos.

HORÓSCOPOS PARA CADA UM DOS ANOS CHINESES

PREVISÕES PARA O MACACO NO ANO DO RATO

Esse será o início de um novo ciclo dos anos representados por animais, e que começo para os Macacos! Não apenas Ratos e Macacos são altamente compatíveis, como os Macacos podem atingir um novo nível de sucesso nos anos do Rato. Esse será um momento de crescimento e oportunidade, e muitos Macacos prosperarão em condições favoráveis. Especialmente em relação a qualquer sensação de que venham se estagnando nos últimos tempos, esse será um ano para tomar a iniciativa e *fazer as coisas acontecerem*.

No começo do ano, os Macacos poderão considerar útil estabelecer um plano para si mesmos. Definindo alguns objetivos e trabalhando para alcançá-los, é possível que coloquem importantes mudanças em ação. Na verdade, o acaso poderá ser um bom amigo nesse ano, com os Macacos muitas vezes tendo sorte com a ocasião oportuna e com o lugar certo e a hora certa.

No trabalho, um importante progresso poderá ser feito, e para os Macacos que estiverem seguindo uma carreira, muitas vezes haverá oportunidade de assumir maiores responsabilidades e garantir uma promoção. Os anos do Rato estimulam os talentos especiais dos Macacos, e aqueles cujo trabalho envolva um elemento de comunicação ou de criatividade poderão desfrutar de notável sucesso. Esse será um momento favorável para que os Macacos se mantenham ativos e promovam seus pontos fortes.

Para os Macacos que estiverem se sentindo insatisfeitos ou avaliarem que suas perspectivas são limitadas no local de trabalho atual, esse também será o momento de tomar a iniciativa. Mantendo-se alerta a vagas e considerando maneiras de impulsionar sua carreira, esses Macacos poderão identificar e garantir algumas oportunidades importantes. Do mesmo modo, os que estiverem procurando emprego descobrirão que, destacando suas habilidades e agindo rápido quando souberem de vagas, eles poderão receber o que talvez seja uma excelente oportunidade. Para alguns Macacos, é possível que o ano do Rato marque o início de um capítulo mais satisfatório em sua vida profissional.

Os Macacos são engenhosos por natureza, e nesse ano isso poderá beneficiá-los não só em uma área de atuação profissional como também em seus interesses pessoais. Durante o ano, eles deverão reservar tempo para tais interesses. Alguns poderão se desenvolver de modo estimulante, sobretudo se contiverem um elemento criativo. É possível que os Macacos sejam atraídos por algo novo e apreciem o desafio que isso oferecerá. Entusiásticos e inspirados, os Macacos poderão ter grande prazer com suas próprias atividades nesse período, sejam elas quais forem.

Os assuntos financeiros também terão indicação positiva, e o progresso no trabalho aumentará a renda de um grande número de Macacos. É possível que alguns deles se beneficiem da receita de recursos extras e façam um uso lucrativo de uma habilidade ou interesse. Os Macacos ativos e empreendedores poderão se sair bem nesse ano. No entanto, para que aproveitem ao máximo qualquer mudança positiva, eles deverão administrar as despesas com cuidado, avaliando e orçando compras, em vez de se apressarem para adquirir algo e, se possível, economizando para o futuro. Com cautela, muitos Macacos conseguirão melhorar sua situação geral e desfrutar dos benefícios de seu bom trabalho.

Com sua natureza extrovertida, os Macacos mais uma vez apreciarão as oportunidades sociais que aparecerão em seu caminho, e os anos do Rato podem proporcionar uma animada mistura de coisas para fazer. Amizades e conexões importantes poderão ser estabelecidas, e para os que não estiverem em um relacionamento, o ano do Rato poderá surpreender e encantar, com um encontro casual muitas vezes dando origem a um romance significativo. É possível que esses sejam momentos especiais para muitos Macacos.

Em sua vida familiar também ocorrerá grande atividade, e poderá haver algumas conquistas pessoais e familiares a registrar, incluindo, no caso de alguns, a chegada de um novo membro à família. Além disso, se houver ideias ou melhorias na casa que os Macacos venham considerando há algum tempo, esse será um bom ano para iniciá-las. Quando os planos forem colocados em prática, muito poderá ser realizado e novos confortos e aprimoramentos serão apreciados nos lares de muitos Macacos.

Ao longo do ano, os Macacos também darão valioso apoio aos entes queridos, incluindo aconselhamento e ajuda quando for preciso tomar decisões. Os membros da família muitas vezes ficarão maravilhados com a quantidade de coisas que eles parecem ser capazes de fazer, mas os Macacos gostam de ser a força motriz por trás dos eventos. Além de ativos, eles são dedicados.

O ano do Rato é um dos melhores para os Macacos, e eles poderão torná-lo um momento de muito sucesso. Se colocarem suas ideias em prática, com frequência descobrirão que avanços casuais e o apoio das pessoas ao seu redor poderão proporcionar-lhes um grande número de conquistas. Os Macacos terão muitas coisas a seu favor nesse ano e deverão usar bem o tempo.

DICAS PARA O ANO

Esse será um novo ciclo dos anos representados por animais — veja-o como um período para dar o máximo de si e avançar. Com determinação, ação e, muitas vezes, oportunidades proveitosas, você realizará muitas coisas. Além disso, valorize suas boas relações com as pessoas nesse ano auspicioso. E divirta-se.

Previsões para o Macaco no ano do Búfalo

Para os Macacos, que gostam de seguir em frente e agir, é possível que o ano do Búfalo seja frustrante. Os resultados talvez demorem a aparecer e os Macacos poderão considerar seu progresso modesto. No entanto, ainda que haja uma desaceleração da atividade durante o período, ele poderá ser valioso. Os anos do Búfalo são excelentes para se fazer um balanço das situações e reavaliá-las. São bons também para se desfrutar o presente em vez de se estar sempre com pressa ou olhando à frente.

Para os Macacos, um dos aspectos mais valiosos do ano do Búfalo será seu relacionamento com as pessoas. Passar tempo de qualidade com os entes queridos poderá propiciar ótimas situações, enquanto interesses e projetos compartilhados talvez sejam especialmente prazerosos, e também é possível que haja algumas boas oportunidades de viagem.

Assim como acontece com qualquer ano, haverá decisões a tomar e situações possivelmente preocupantes. Mas, se as questões forem discutidas, muitas coisas poderão ser abordadas de maneira satisfatória e resolvidas em comum acordo. Na verdade, decisões coletivas poderão se revelar importantes, sobretudo quando membros da família estiverem se defrontando com decisões e quando for preciso realizar algumas compras para a casa. Esse será um período favorável para que os integrantes do lar do Macaco se unam e apreciem as contribuições uns dos outros.

Os Macacos também acolherão de bom grado as oportunidades sociais do ano, incluindo a chance de se reunir com amigos. Em alguns casos, quando estiverem avaliando ideias ou cogitando possibilidades, eles poderão conhecer alguém que se revelará de particular ajuda. É possível que suas relações pessoais tenham, mais uma vez, um valor especial nesse ano.

Dados os aspectos favoráveis, qualquer Macaco que esteja sozinho ou sinta que falta brilho em sua vida fará bem se pensar em participar de atividades e de grupos sociais em sua área. Informando-se e integrando-se, muitos desses Macacos poderão incluir um elemento benéfico em seu estilo de vida. Os anos do Búfalo são excelentes para se fazer um balanço e procurar melhorar áreas que os Macacos sintam estar deficientes.

Esse poderá ser, igualmente, um ano interessante para os assuntos românticos. No entanto, os Macacos deverão deixar que os relacionamentos se desenvolvam de maneira constante e em seu próprio tempo. Se não houver pressão nos estágios iniciais, muitas vezes eles terão uma chance melhor de se tornar mais estáveis. Os anos do Búfalo não são para pressa.

É possível que os interesses pessoais também proporcionem muita satisfação. Os Macacos que estiverem envolvidos em projetos de longo prazo poderão agora vê-los concluídos com sucesso. Qualquer Macaco que tenha deixado de lado seus interesses deverá procurar corrigir isso ao longo do ano. Usar o tempo com atividades que apreciam será bom para eles.

Os Macacos também farão bem se refletirem um pouco sobre seu bem-estar e estilo de vida e, caso não se sintam muito bem, deverão procurar orientação médica. Esse não será um ano para ignorar doenças nem preocupações.

Em relação ao trabalho, o ano do Macaco também poderá ser construtivo. Tendo em vista mudanças recentes, muitos ficarão contentes em permanecer no emprego atual e aprimorar suas habilidades. Concentrando-se em seus objetivos e focalizando as áreas que conhecem, esses Macacos não apenas desfrutarão de um período mais equilibrado como também terão mais estabilidade em seu setor. Isso significa aproveitar ao máximo o momento presente, que é tão importante nos anos do Búfalo. No decorrer dos meses, porém, é possível que alguns Macacos se beneficiem de avanços que lhes permitirão concentrar-se em tarefas mais específicas.

Para os Macacos que estiverem interessados em fazer uma mudança ou procurando emprego, é possível que o ano do Búfalo seja desafiador. Não só o número de vagas talvez seja limitado como também muitos Macacos poderão sentir-se frustrados com a demora no processamento de algumas de suas propostas como candidatos. As engrenagens se movem devagar nos anos do Búfalo, e os Macacos precisarão ser pacientes e perseverar. Em vez de procurar mudar para um tipo diferente de trabalho, eles descobrirão que suas melhores chances virão de áreas nas quais já tenham experiência comprovada. O ano exigirá esforço, mas os resultados serão ainda mais merecidos quando vierem.

Nos assuntos financeiros, os anos do Búfalo podem ser dispendiosos, especialmente porque os Macacos estarão ansiosos por viajar e por comprar determinados equipamentos. Diante disso, eles deverão planejar com antecedência e ter cautela para não sucumbirem a muitas compras por impulso. Esse será um período para se fazer um bom orçamento. Do mesmo modo, os Macacos precisarão ser atenciosos quando lidarem com correspondência financeira. Pressa, conjecturas ou atrasos poderão prejudicá-los. Macacos, tomem nota disso.

Os anos do Búfalo talvez não tenham o ritmo de outros anos, mas podem ser bons para os Macacos. Embora às vezes possam sentir-se frustrados, os Macacos terão a chance de apreciar o que estiver ao seu redor e dar mais equilíbrio ao seu estilo de vida. Esse será o momento de refletir e desfrutar o presente. A vida familiar, os interesses pessoais e as viagens poderão ser especialmente prazerosas, e no trabalho haverá a chance de usar e aprimorar as habilidades. Os anos do Búfalo podem oferecer aos Macacos benefícios pessoais e de estilo de vida.

DICAS PARA O ANO

Seja realista em seus objetivos. Esse não será um ano para mudar de rumo nem para despender energia em muitas coisas. Concentre-se no presente e aproveite-o ao máximo. Além disso, agarre as chances de ampliar suas habilidades. Isso poderá render dividendos mais tarde.

Previsões para o Macaco no ano do Tigre

Os anos do Tigre têm vitalidade e energia, mas também guardam armadilhas para os incautos. E os Macacos precisarão exercitar a prudência. Problemas e pressões poderão ser uma característica do ano, e às vezes a atitude mais sábia será manter a discrição. As dificuldades poderão *e irão* passar, e as situações de incerteza se tornarão estáveis, mas enquanto isso os Macacos terão que agir com cuidado e permanecer atentos.

Logo que o ano do Tigre começar, os Macacos terão uma ideia do que estará por vir. No trabalho, novos procedimentos e práticas poderão ser introduzidos; talvez ocorram mudanças no quadro de funcionários, e é possível que atrasos aumentem a pressão e a carga de trabalho. Tanto no início quanto no decorrer do ano, haverá momentos desconfortáveis, e os Macacos terão que se adaptar ao que for necessário.

Além disso, embora tenham excelentes habilidades pessoais, os Macacos precisarão prestar especial atenção em suas relações com os colegas. Não fazer isso poderá levá-los a serem isolados, criticados e/ou prejudicados. Nesse ano rigoroso, os Macacos terão que manter a racionalidade, bem como ter cuidado para não piorar nenhuma situação complicada. Macacos, tomem nota disso e ajam com cautela.

Algumas das mudanças que ocorrerem, porém, propiciarão oportunidades e, caso se interessem por elas, os Macacos deverão se apresentar.

Aqueles que estiverem esperando por mudança ou procurando emprego também terão que permanecer ativos e alerta. As chances poderão surgir rapidamente, e se os Macacos forem céleres em mostrar interesse, seu entusiasmo e suas habilidades poderão conduzir ao sucesso. Suas melhores perspectivas, no entanto, estarão em áreas em que eles tenham experiência comprovada, e não em algo muito diferente.

Em termos profissionais, o segundo semestre do ano com frequência será mais fácil e produtivo do que o primeiro.

A necessidade de cuidado se aplicará também às questões financeiras. Ao longo dos meses, os Macacos precisarão manter a disciplina e pensar com muito cuidado nas decisões que envolvam gastos. Do contrário, todas as despesas poderão facilmente se avolumar e ultrapassar o orçamento. Além disso, os Macacos deverão ficar atentos a riscos e verificar cuidadosamente os termos e as implicações de quaisquer grandes transações. Pressa e suposições poderão gerar prejuízo. Macacos, tomem nota disso e fiquem vigilantes.

Embora os Macacos tenham estilos de vida ativos, eles também poderão considerar vantajoso pensar um pouco em seu bem-estar. Com as pressões do ano e, para alguns, com horas extras no trabalho, será importante que façam exercícios regulares e apropriados e que adotem uma alimentação balanceada. Caso tenham alguma preocupação ou decidam realizar mudanças, deverão buscar orientação.

Além disso, eles deverão tentar viajar em algum momento do ano. Uma pausa e uma mudança de cenário poderão fazer-lhes bem.

O alto nível de atividade do ano do Tigre será visto igualmente na vida familiar, e, embora os Macacos costumem ser especialistas em manter o controle de muitas atividades importantes, até mesmo eles poderão ficar perplexos com tudo o que demandará sua atenção. Por isso, deverão garantir que todos os membros da família desempenhem seu papel e ajudem nos momentos agitados, bem como discutam qualquer assunto de interesse. Além disso, os planos deverão ser flexíveis e se ajustar ao que for necessário. Nos anos do Tigre, não há avanço sem levar em conta o que é importante.

No entanto, em meio à considerável atividade haverá momentos especiais a apreciar. Para alguns, poderá ser um evento em família ou um marco a celebrar ou uma conquista pessoal a registrar. Além disso, os Macacos verão que seu talento para apresentar ideias é apreciado por aqueles que os rodeiam, com sugestões para atividades conjuntas (e comemorações) proporcionando momentos divertidos a todos.

Com as pressões do ano, os Macacos também deverão garantir que sua vida pessoal não fique de lado. O contato regular com amigos poderá ser útil e, se eles receberem convites ou ouvirem falar de eventos que sejam de seu interesse, deverão informar-se mais a respeito. Sua vida social poderá ajudar no equilíbrio geral do seu estilo de vida. No entanto, da maneira como os aspectos se apresentam, se os Macacos se virem em uma situação delicada, difícil ou provocativa, deverão ser cautelosos e discretos. Eles precisarão manter a racionalidade nos anos do Tigre e ser ponderados em suas reações.

Os Macacos deverão, igualmente, reservar tempo para os interesses pessoais, pois estes poderão não apenas ajudá-los a relaxar e descontrair como também servir de inspiração. Ao longo do ano, é possível que muitos Macacos se encantem especialmente em experimentar algo novo e prazerosamente diferente.

Os Macacos dedicam-se às suas atividades com considerável entusiasmo; porém, no ano do Tigre, é possível que alguns de seus planos e ações sejam problemáticos. Pressões, mudanças e situações infrutíferas poderão dificultar o progresso. Contudo, ainda que esse não venha a ser um momento fácil para eles, os Macacos são engenhosos e, permanecendo alerta, adaptando-se e, quando necessário, mantendo a discrição, é possível que cheguem ao fim do ano com habilidades e experiências que poderão usar para avançar no futuro. De muitas maneiras, os anos do Tigre preparam os Macacos para tempos melhores que estarão por vir.

DICAS PARA O ANO

Converse com as pessoas, comunique-se com elas, dê-lhes seu tempo, esteja ciente de seus pontos de vista. Suas relações com aqueles que o cercam necessitarão ser conduzidas com cuidado e habilidade nesse ano. Além disso, tenha cautela nos assuntos financeiros, sobretudo com o nível de gastos. No trabalho, observe com atenção os acontecimentos e procure aprimorar seu conhecimento e suas habilidades. Aproveitando ao máximo o presente, você poderá aprender importantes lições.

Previsões para o Macaco no ano do Coelho

Os anos do Coelho são favoráveis aos Macacos e os encorajam a aproveitar mais suas ideias e seus pontos fortes. Como resultado, muitos podem esperar ansiosamente por fazer um bom progresso, bem como por ver a realização de determinados planos. Para os Macacos que tiverem se sentido tolhidos ou frustrados no ano anterior, o do Tigre, esse será o momento de seguir em frente, e não de se sentir bloqueado pelo que já aconteceu.

Um dos pontos fortes dos Macacos é sua natureza engenhosa. Eles têm a mente aguçada e produzem muitas ideias, e são esses talentos, aliados à sua habilidade natural de pensar à frente, que poderá servir-lhes especialmente bem nesse ano.

No trabalho, alguns já terão detectado padrões em sua área de atuação que poderão ter potencial para o futuro, e descobrindo mais a respeito disso, eles conseguirão posicionar-se para obter benefícios. Da mesma maneira, a experiência que adquiriram no local de trabalho poderá se revelar útil quando surgirem oportunidades de promoção ou quando funcionários forem requisitados para tarefas mais especializadas. As habilidades de muitos Macacos serão reconhecidas e recompensadas nesse período.

Para os Macacos que trabalharem em um ambiente criativo, esse será um momento excelente para promover suas ideias. A contribuição e a iniciativa terão, frequentemente, uma resposta agradável. Como nos lembra o ditado: "Quem não arrisca, não petisca." Nos anos do Coelho, os Macacos deverão arriscar.

Muitos Macacos poderão realizar um progresso considerável no local de trabalho nesse período, mas para aqueles que sentirem que suas perspectivas poderão ser melhoradas com uma mudança para outro lugar, é possível que o ano do Coelho traga importantes possibilidades. Ao considerarem o tipo de cargo que gostariam de assumir, muitos desses Macacos poderão ter ideias ou receber aconselhamentos que indiquem o melhor caminho para seguir em frente. Conquistar uma posição envolverá muito esforço, porém sua abordagem, suas ideias e sua natureza sociável ajudarão. Mostrando iniciativa em suas propostas como candidatos e disposição para aceitar novos desafios, muitos deles serão recompensados com uma nova e gratificante função.

Os aspectos encorajadores se aplicarão igualmente aos interesses pessoais. Mais uma vez, as atividades criativas estarão especialmente sob condições favoráveis, e as ideias colocadas em prática agora poderão ser bem recebidas. Os anos do Coelho estimulam os pontos fortes do Macaco. Os projetos que forem iniciados também poderão, muitas vezes, ser cativantes e abrir caminho para outras possibilidades. Os anos do Coelho têm valor não só para o presente, mas também para o longo prazo.

Tanto nos interesses pessoais quanto no trabalho, os Macacos poderão beneficiar-se do apoio daqueles que os cercam. É possível que algumas pessoas influentes sejam particularmente encorajadoras. Ao longo do ano, os Macacos deverão aproveitar quaisquer chances de conhecer outras pessoas e, nas situações profissionais, de estabelecer uma rede de relacionamentos. Seus esforços para se envolver e se projetar poderão ajudá-los em muitas de suas atividades.

Do mesmo modo, eles deverão aproveitar ao máximo as oportunidades sociais do período. Os anos do Coelho podem oferecer uma agradável mistura de coisas para fazer, incluindo algumas surpreendentes e bem diferentes. Os Macacos que desejarem ter a chance de conhecer mais pessoas descobrirão que buscar seus interesses muitas vezes poderá lhes permitir conhecer gente que pensa como eles. E, para alguns, é possível que o romance torne esse ano já promissor ainda mais especial.

Frequentemente inspirados, os Macacos estarão também ansiosos por fazer mudanças na casa. Eles terão muito prazer em considerar possibilidades, discutir ideias e apreciar as melhorias. Alguns poderão até mesmo decidir se mudar. Os anos do Coelho são muito favoráveis para avançar com planos e produzir mudanças positivas.

Na vida familiar, embora o ano possa trazer períodos particularmente agitados e intensos, também haverá momentos especiais. Com frequência, os Macacos apreciarão o apoio dos entes queridos, e o ano do Coelho favorece a união.

Esse talvez seja também um ano financeiramente positivo. O progresso feito no trabalho poderá melhorar a renda de muitos Macacos. No entanto, com a possibilidade de que alguns deles se mudem e de que muitos façam gastos extras com a casa, além dos compromissos que já têm, eles precisarão agir com cuidado e tirar tempo suficiente para garantir que suas decisões estejam certas. Com relação a compras vultosas, se esperarem, alguns deles poderão beneficiar-se com oportunidades de compra favoráveis, bem como ter sorte em algumas aquisições. Na verdade, seu talento para identificar itens nos lugares mais incomuns poderá propiciar algumas compras ideais.

No geral, o ano do Coelho é favorável aos Macacos. No seu decorrer, eles poderão usar seus pontos fortes de maneira eficaz e lucrar com suas oportunidades. E também serão ajudados por suas boas relações com as pessoas. Os Macacos terão muito a seu favor e poderão obter agradáveis recompensas.

DICAS PARA O ANO

Desfrute de tempo com a família e os amigos e aproveite qualquer oportunidade de conhecer pessoas. Na vida familiar e nos assuntos românticos, esse poderá ser um ano especial e ativo. Além disso, aproveite ao máximo suas ideias e seus talentos criativos. Eles poderão se desenvolver de maneiras estimulantes.

Previsões para o Macaco no ano do Dragão

Momentos emocionantes à frente. Esse é um ano que poderá trazer mudanças, sobretudo para os Macacos que o começarem cultivando uma ambição específica ou que estejam ansiosos por verem uma melhora em sua situação. Para alguns, poderá ser um divisor de águas. Os anos do Dragão favorecem os Macacos, e a vitalidade do período e a engenhosidade dos Macacos formam uma combinação poderosa.

Isso se tornará evidente, em especial, nas situações profissionais. Em vista da experiência que muitos Macacos adquiriram, eles estarão com frequência em uma posição excelente para avançar na carreira. Para alguns, a promoção fará um aceno ou, se as vagas forem limitadas no local de trabalho atual, eles poderão se mudar com sucesso para outro ambiente. Esse não será um ano para ficar parado. Especialmente para aqueles que estiverem seguindo uma carreira ou ansiosos por progredir em determinada direção, algumas excelentes (e às vezes oportunas) chances surgirão, mas elas precisão ser aproveitadas rapidamente.

Ao longo do ano, os Macacos poderão descobrir que sua iniciativa também será capaz de proporcionar recompensas. Seja com a apresentação de ideias ou com o levantamento de possibilidades, sua abordagem proativa muitas vezes impressionará, propiciando avanços a seu favor. Nos anos do Dragão, os Macacos poderão fazer com que seus talentos e sua presença sejam muito sentidos.

Para aqueles que estiverem insatisfeitos no momento e desejarem mudanças, bem como para os que estiverem procurando emprego, haverá perspectivas interessantes. Mantendo-se atentos a vagas, esses Macacos poderão ser bem-sucedidos em garantir um cargo com potencial para desenvolvimento e crescimento. Além disso, os Macacos que assumirem novas obrigações no início do ano poderão ter a chance de ampliar sua função nos meses finais. Em relação ao trabalho, as habilidades, os esforços e a engenhosidade dos Macacos poderão obter justo reconhecimento nesse ano.

É possível que o progresso no trabalho também traga um bem-vindo aumento da renda. No entanto, qualquer aumento poderá deixar os Macacos tentados a gastar e, sem cautela, as despesas começarão a crescer. O ideal é que os Macacos planejem as compras essenciais, bem como considerem reservar recursos para necessidades futuras. Uma boa administração poderá beneficiá-los tanto agora quanto mais tarde.

Com sua mente curiosa, os Macacos apreciam interesses diversificados, e ao longo do ano esses interesses poderão lhes proporcionar considerável prazer. Novas ideias e atividades deverão arrebatar a imaginação de muitos Macacos, e eles apreciarão a chance de experimentar algo diferente. Os anos do Dragão valorizam uma abordagem entusiasmada e corajosa. Alguns Macacos poderão beneficiar-se também se procurarem se instruir sobre um assunto que desperte seu interesse. Fazendo algo claramente definido, eles poderão não apenas considerar suas atividades satisfatórias como também serem guiados por elas para outras possibilidades.

É possível que os Macacos apreciem igualmente compartilhar suas atividades. Os que forem membros de grupos ou ativos em sua comunidade poderão ver seu envolvimento crescer ao longo do ano e ter suas habilidades e seu entusiasmo valorizados. Para muitos, os anos do Dragão poderão trazer um aumento da atividade social. Esses deverão ser momentos ativos e, muitas vezes, divertidos.

Para os Macacos que não estiverem em um relacionamento, um encontro casual poderá parecer predestinado e possivelmente será o início de um longo e significativo relacionamento.

Os Macacos também poderão aguardar ansiosamente por uma vida familiar ativa. No entanto, com muitas coisas acontecendo e com mudanças de compromissos, haverá a necessidade de cooperação, bem como de flexibilidade em relação às providências a serem tomadas. Mas como os Macacos são especialistas em organização, eles atuarão como a força motriz por trás de alguns projetos que serão executados, além de sugerirem e elaborarem planos para atividades (incluindo possíveis férias) das quais todos poderão desfrutar. Muitas coisas irão girar em torno dos Macacos nesse ano, e aqueles que forem próximos a eles terão boas razões para valorizar suas habilidades de organização.

No geral, o ano do Dragão trará importantes possibilidades para os Macacos, e dando o máximo de si mesmos e aproveitando amplamente suas habilidades e chances, eles conseguirão muitos feitos. Esse será um período para tomar a iniciativa e avançar. Para os Macacos que estiverem cultivando ambições ou esperanças específicas, *agora* será o momento de agir. Esse poderá ser um dos melhores anos para os Macacos, mas exigirá dedicação de sua parte.

DICAS PARA O ANO

Aja. Uma vez que as engrenagens forem colocadas em movimento, você poderá ir longe. Além disso, aceite o novo — sejam novas tarefas, novos interesses ou novas oportunidades. Da mesma maneira, valorize o apoio das pessoas e desfrute de tempo com aqueles que lhe são próximos.

Previsões para o Macaco no ano da Serpente

Um ano razoável à frente, embora seja bom que no seu decorrer os Macacos adotem uma abordagem mais comedida. Os Macacos gostam de difundir suas energias e envolver-se em um grande número de atividades, contudo, nesse ano os melhores resultados virão do esforço direcionado e concentrado. Pular de uma atividade para outra ou realizá-las superficialmente limitará a eficácia, bem como, às vezes, prejudicará as perspectivas. Nos anos da Serpente, os Macacos precisam canalizar suas energias com sabedoria.

No trabalho, especificamente, eles deverão concentrar-se nas prioridades e evitar a atração por questões insignificantes e menos produtivas. Os anos da Serpente exigem disciplina. Do mesmo modo, os Macacos deverão trabalhar em estreita colaboração com os colegas e ser ativos em sua equipe ou unidade. Contribuindo e usando suas habilidades em seu benefício, eles não apenas realizarão mais agora, como também ajudarão suas perspectivas para o futuro. Além disso, deverão aproveitar qualquer oportunidade de treinamento, bem como manter-se informados sobre tendências dentro de sua área de atuação. Com envolvimento e participação, seus esforços serão recompensados na hora certa.

Para os Macacos que desejarem sair do local de trabalho atual ou estiverem em busca de emprego, esse poderá ser um ano importante. Embora o processo de procurar emprego venha a ser desafiador e eles talvez tenham decepções em sua busca, sua dedicação sempre prevalecerá. Isso demandará um esforço considerável; porém, mantendo-se informados e pesquisando possibilidades, eles poderão descobrir oportunidades e ser recompensados com a oferta de um novo cargo. Em diversos casos, isso virá com a necessidade de se realizar um grande aprendizado e exigirá adequação, inclusive à rotina — todavia, dará a muitos Macacos a chance de se estabelecer em uma nova função.

Nos assuntos financeiros, embora muitos Macacos venham a desfrutar de um aumento da renda, além de poderem beneficiar-se de recursos extras, eles precisarão controlar o orçamento. Fazer compras ou firmar acordos apressadamente poderá causar problemas ou arrependimento. Assim como ocorrerá em relação a muitos aspectos nesse ano, será necessário que os Macacos permaneçam vigilantes e tenham calma.

Uma importante característica dos anos da Serpente é o modo como os Macacos podem ampliar seu conhecimento e suas habilidades, não apenas em uma função profissional como também em seus interesses pessoais. Reservando tempo para as atividades que apreciam e procurando desenvolver suas ideias, é possível que tornem esse momento especial. Alguns talvez se beneficiem realizando cursos ou investindo em equipamentos que possam aprimorar sua capacidade. Além disso, como o ano da Serpente enfatiza a cultura, se os Macacos souberem de eventos ou exposições que os atraiam, deverão tentar ir. Os anos da Serpente estimulam o autodesenvolvimento e a expansão da mente.

Também proporcionam uma interessante mistura de coisas para fazer. Como sempre, os Macacos apreciarão as chances de sair. No entanto, ainda que em geral tudo corra bem, eles precisarão manter-se atentos. Um comentário inoportuno ou um descuido poderão se revelar constrangedores.

Do mesmo modo, no que diz respeito ao romance, os Macacos precisarão ser atenciosos, cuidadosos e sinceros. Esse não será um ano para lapsos pessoais nem para deixar de dar o devido valor aos sentimentos de outra pessoa. Macacos, tomem nota disso.

Essa necessidade de estar consciente também se aplicará à vida familiar. Às vezes, com as pressões do trabalho ou com a apreensão em relação a determinadas situações, os Macacos poderão ficar preocupados ou perder sua usual paciência. Nesses momentos, será importante que sejam francos sobre suas inquietações e conversem abertamente com as pessoas. Dessa maneira, não apenas as pessoas que os rodeiam poderão ter um entendimento melhor, como também eles serão capazes de prestar mais assistência com determinados afazeres domésticos e tarefas. Nesse ano, especificamente, os Macacos não deverão considerar determinadas atividades apenas como exclusividades suas, mas recorrer de imediato ao auxílio que tiverem à disposição. Além disso, como eles e seus familiares terão numerosos compromissos, reservar tempo de qualidade para compartilhar poderá ser bom para todos. Tempo e atenção serão fatores importante nesse período.

Com sua natureza perspicaz e ansiosa, os Macacos gostam de aproveitar ao máximo sua situação. No entanto, no ano da Serpente eles precisarão concentrar-se nas coisas que *poderão* fazer, e não naquelas que *gostariam* de fazer. Nas relações pessoais, terão que ser atenciosos e cuidadosos, pois esse será um ano em que deverão agir com cautela, comunicar-se, ouvir e manter-se conscientes. Talvez não seja o melhor nem o mais suave dos anos, mas com cuidado, e com a usual e perfeita habilidade dos Macacos, não será também um período necessariamente ruim. E, se tirarem o máximo proveito dele, os Macacos poderão fazer muito para se preparar para as chances que se encontram à frente.

DICAS PARA O ANO

Tenha consideração com as pessoas. Distração, preocupação ou até mesmo um incomum passo em falso poderão causar dificuldades. Seja cuidadoso e atento. Além disso, aproveite todas as chances de ampliar seu conhecimento e suas habilidades, tanto na vida profissional quanto na esfera pessoal. O que você aprender nesse momento poderá beneficiá-lo agora e no futuro.

Previsões para o Macaco no ano do Cavalo

Os Macacos são rápidos em identificar oportunidades e também são especialistas em aproveitar ao máximo sua situação. E o ano do Cavalo *terá* boas possibilidades, mas haverá um "porém". Nesse ano movimentado e célere, os Macacos precisarão ter cuidado para não fracassar por tentarem fazer mais do que conseguem ou por abusarem da sorte. Ser descuidado ou zeloso demais ou simplesmente tentar fazer muitas coisas poderá gerar dificuldade ou decepção. No decorrer do ano, os Macacos terão que ser vigilantes *e* realistas.

No trabalho, as perspectivas serão encorajadoras. Como nos anos do Cavalo costuma haver mudanças, os Macacos estarão ansiosos por se beneficiar. Seja por meio de alterações no quadro de funcionários, de novas iniciativas ou de modificações na carga de trabalho, haverá oportunidades a buscar. Parte do que surgir poderá significar uma transferência de responsabilidade e exigir treinamento, mas por serem adaptáveis e estarem dispostos, muitos Macacos possivelmente farão um avanço proveitoso.

Para os que estiverem se sentindo acomodados e insatisfeitos ou desejarem um novo desafio, é possível que o ano do Cavalo ofereça exatamente a chance de que eles precisam. Em alguns casos, as responsabilidades que os Macacos assumirem agora poderão marcar um novo momento decisivo em sua vida profissional.

Da mesma maneira, é possível que haja oportunidades interessantes para os Macacos que estiverem procurando emprego. Se não forem muito restritivos em sua busca, muitos deles poderão conseguir um novo cargo que lhes ofereça a chance de se restabelecer. Mais uma vez, poderá ser necessário um novo ajuste considerável, porém é possível que o que for obtido agora reenergize sua carreira e suas perspectivas. Os anos do Cavalo recompensam o esforço e o compromisso, e muitos Macacos deverão se sair bem.

No entanto, ainda que de modo geral as perspectivas sejam promissoras, é preciso que se faça um alerta. Embora sejam corajosos, os Macacos terão que ser realistas em relação ao que assumirem. Excesso de compromissos, negligência e pressa poderão deixá-los vulneráveis e suscetíveis a erros. Os anos do Cavalo podem ser chefes exigentes e ter expectativas altas.

As perspectivas financeiras, porém, serão boas, com alguns Macacos se beneficiando de um presente, um bônus ou do vencimento de uma apólice de seguros. Todavia, ainda que algum dinheiro extra possa fluir em sua direção, os Macacos deverão ser cuidadosos para não deixá-lo escapar. Extravagâncias poderão causar arrependimentos. Os anos do Cavalo exigem que os Macacos se mantenham vigilantes e preparados para aceitar os desafios e fazer o melhor que puderem.

Com a natureza ativa do ano do Cavalo, os Macacos acolherão de bom grado as oportunidades de viagem que surgirem em seu caminho e, planejando as férias com antecedência, poderão aguardar ansiosamente por visitas a atrações impressionantes, bem como por desfrutar de novas experiências. Ao longo do ano, é possível que ideias emocionantes tomem forma e talvez também haja a chance de que ocorram pausas curtas e, muitas vezes, inesperadas.

Os Macacos deverão, igualmente, assegurar-se de reservar tempo para seus próprios interesses, que poderão agregar um valioso equilíbrio ao seu estilo de vida, bem como proporcionar oportunidades de sair e conhecer pessoas. Macacos que tiverem estilos de vida especialmente agitados deverão dar a si mesmos a chance de relaxar e descontrair de vez em quando.

Sua vida social também poderá propiciar um equilíbrio valioso, e eles apreciarão as muitas e variadas oportunidades sociais do período. No decorrer do ano, é possível que os Macacos ampliem consideravelmente seu círculo social, bem como conheçam pessoas com estilos de vida bem diferentes dos seus. Mais uma vez, sua habilidade para conversar e se envolver poderá torná-los uma companhia popular. No entanto, ainda que tenham ótimas habilidades sociais, os Macacos às vezes são sigilosos e, em alguns casos, isso poderá gerar mal-entendidos e ressentimentos. Macacos, tomem nota disso. Ter maior abertura nesse ano não será inoportuno.

Isso se aplicará também à vida familiar. Com tantas coisas acontecendo em um ritmo muitas vezes rápido, os Macacos precisarão consultar outras pessoas regularmente e discutir seus planos e esperanças. Dessa maneira, poderão não apenas se beneficiar do aconselhamento que receberem e observar o rápido avanço de seus planos como também, e de maneira importante, evitar mal-entendidos. Esse é um momento que favorecerá abordagens compartilhadas e analisadas.

Caso surja qualquer desentendimento, muitas vezes causado pelo estresse e pelo cansaço, será importante discuti-lo e encontrar uma solução, em vez de deixar que os problemas se agravem. Ter mais cuidado e atenção poderá ser de grande ajuda nesse período.

Nos anos do Cavalo poderá haver altos níveis de atividade, e para que se saiam bem, os Macacos precisarão direcionar suas energias e seus esforços. Com dedicação, eles conseguirão obter habilidades e experiência que poderão ser importantes pontos de partida para o sucesso futuro. No entanto, para que se beneficiem, terão que agir com rapidez quando virem oportunidades e estar preparados para se adaptar. Também será necessário que prestem cuidadosa atenção em suas relações pessoais e que mantenham um estilo de vida bem equilibrado. No geral, será um ano construtivo, mas que exigirá uma abordagem disciplinada.

DICAS PARA O ANO

Priorize e concentre seus esforços. Com dedicação, você conseguirá apreciar alguns bons resultados e adquirir experiência que poderá trazer benefícios mais tarde. Além disso, desfrute de seus interesses pessoais, de viagens e do tempo compartilhado com as pessoas; porém, permaneça organizado e mantenha o equilíbrio de todas as suas atividades.

Previsões para o Macaco no ano da Cabra

Inventivos, engenhosos e ambiciosos, os Macacos são especialistas em aproveitar ao máximo as situações e poderão fazer isso novamente no ano da Cabra. Os anos da Cabra favorecem a criatividade e o pensamento não convencional, e quando os Macacos tiverem ideias ou puderem usar suas habilidades para se beneficiar, eles deverão agir. Com iniciativa e dinamismo, é possível que façam avanços úteis.

No trabalho, especialmente, as perspectivas serão encorajadoras e muitos Macacos terão a chance de fazer um uso melhor de pontos fortes específicos. Com frequência, isso ocorrerá em seu local de trabalho atual e seu conhecimento do ambiente em que se encontram será um recurso valioso. Para os que trabalharem com comunicação ou mídia e cuja função tenha um elemento de criatividade, esse poderá ser um momento gratificante.

Para os Macacos que sentirem que suas perspectivas poderão ser melhoradas com uma mudança para outro lugar, assim como para os que estiverem procurando emprego, é possível que o ano da Cabra proporcione possibilidades interessantes. Ao se candidatarem a vagas, a iniciativa e o interesse que esses Macacos demonstrarem, bem como a ênfase que derem às suas habilidades relevantes, poderão fazer com que muitos conquistem um novo cargo. Isso levará tempo e alguns deles terão que rever suas intenções profissionais iniciais, mas o que muitos assumirem agora poderá lhes dar experiência em uma nova área e uma base para que possam progredir no futuro.

Trabalhar em estreita colaboração com os colegas e usar todas as chances de estabelecer uma rede de contatos e promover sua imagem também ajudará os Macacos. Sendo ativos e contribuindo, eles permitirão que aqueles ao seu redor apreciem melhor suas habilidades e seu potencial. Todavia, haverá um "porém". Se em algum momento os Macacos perceberem um conflito de personalidades ou se encontrarem em uma situação difícil, deverão proceder com cuidado, usando suas habilidades sociais para neutralizar qualquer tensão. Parte do ano da Cabra exigirá um manejo hábil, e os Macacos precisarão estar alerta e conscientes em todo o seu decorrer.

Outra área que exigirá cautela será a financeira. Ao longo do ano, muitos Macacos poderão enfrentar despesas extras, incluindo custos com reparos e substituição de equipamentos. Com esses dispêndios, além dos compromissos que eles já têm, suas despesas serão altas e os Macacos deverão observar atentamente os gastos. Além disso, se firmarem qualquer novo contrato, terão que verificar os termos com cuidado. Esse não será um ano para riscos e suposições. Além disso, quando saírem, os Macacos deverão ficar atentos aos seus bens pessoais. Uma perda seria incômoda. Macacos, tomem nota disso.

Muitos Macacos, porém, terão a oportunidade de viajar nesse ano, e eles deverão reservar recursos para as férias. Uma mudança de cenário poderá fazer-lhes muito bem. Além disso, alguns deles vão apreciar realizar visitas a amigos e parentes que moram longe, além de terem a chance de ver atrações impressionantes.

Como a ênfase do ano será na criatividade, os Macacos também poderão considerar seus interesses pessoais satisfatórios. Novas ideias deverão ser emocionantes e alguns Macacos verão que projetos iniciados por eles ganharão maior escopo ao longo do período.

Os Macacos terão que dar, igualmente, um pouco de atenção ao seu próprio bem-estar, incluindo a qualidade de sua alimentação e seu nível de exercícios físicos. Se ambos forem deficientes, eles precisarão aconselhar-se sobre maneiras de melhorá-los. As mudanças que fizerem poderão promover uma diferença notável no modo como se sentirão. Os Macacos também deverão procurar orientação caso não se sintam muito bem em qualquer momento. No ano da Cabra, um pouco de cuidado pessoal será importante.

Com sua natureza cordial, os Macacos apreciam companhia e, mais uma vez, poderão aguardar ansiosamente por uma mistura interessante de ocasiões sociais. No entanto, ainda que muitos momentos agradáveis possam vir a serem desfrutados, os anos da Cabra demandam cautela. A atitude de outra pessoa poderá ser irritante, um comentário poderá ser mal interpretado e/ou alguém talvez decepcione os Macacos. Ao longo do ano, todos os Macacos deverão ficar atentos e ser diplomáticos em suas reações. Durante esse período, a paciência de um grande número deles será testada. Macacos, tomem nota disso e fiquem alertas aos elementos mais difíceis do ano.

A vida familiar será agitada, e também nessa área haverá questões difíceis a tratar. Em alguns casos, um problema relacionado a um ente querido poderá causar ansiedade ou talvez surja um conflito de interesses. Mais uma vez, a fortaleza de espírito e a engenhosidade de muitos Macacos serão valorizadas, e se os envolvidos discutirem as dificuldades e chegarem a um consenso, muitos assuntos poderão ser resolvidos satisfatoriamente.

No entanto, ainda que a vida familiar no ano da Cabra venha a ter seus momentos agitados e, às vezes, estressantes, com tudo parecendo acontecer ao mesmo tempo, também haverá ocasiões agradáveis pelas quais aguardar ansiosamente. Projetos e interesses compartilhados poderão ser especialmente prazerosos, assim como serão as férias ou viagens mais locais. Os anos da Cabra podem ter aspectos complicados, mas também oferecem muitas coisas interessantes para fazer.

No geral, porém, os Macacos precisarão manter a racionalidade e ser especialmente atenciosos em suas relações pessoais. Assuntos e desentendimentos insignificantes poderão ser uma preocupação e precisarão ser abordados e tratados com diplomacia. Todavia, os Macacos são habilidosos ao lidar com as pessoas, e trabalhando bem com os outros e aproveitando ao máximo as chances que surgirem em seu caminho, é possível que façam um avanço profícuo. Ideias e atividades criativas estarão particularmente sob bons aspectos, e o bem que os Macacos realizarem nesse ano pavimentará o caminho para seu próprio ano, que virá a seguir.

DICAS PARA O ANO

Mantenha-se atento e alerta a situações potencialmente difíceis. Suas habilidades e sua paciência serão testadas nesse ano, mas, ao mesmo tempo, suas qualidades serão destacadas. Além disso, promova suas ideias e estabeleça conexões.

Previsões para o Macaco no ano do Macaco

Cientes de que esse será o seu ano, os Macacos estarão ansiosos por torná-lo especial. E suas ações, apoiadas por aspectos auspiciosos, poderão fazer com que seja um período movimentado e de sucesso pessoal. No entanto, para aproveitá-lo ao máximo, eles farão bem se estabelecerem seus objetivos para os próximos 12 meses e tiverem algo definido pelo qual trabalhar. Com algumas metas em mente, serão capazes de alcançar mais. Os Macacos contarão também com o apoio e a boa vontade das pessoas ao seu redor. Mais uma vez, isso ajudará muito a avançar.

No trabalho, esse será um ano de considerável oportunidade. Os Macacos que estiverem estáveis no emprego atual terão com frequência a chance de se beneficiar de oportunidades de promoção e progredir na carreira. Os que estiverem em grandes organizações possivelmente terão também a chance de se transferir para outra área dentro da própria empresa e/ou de ir para outro lugar. Mantendo-se atentos aos acontecimentos e agindo com rapidez quando as oportunidades se apresentarem, muitos Macacos estarão bem posicionados para avançar. Esse será um ano rico em possibilidades.

Para os Macacos que estiverem insatisfeitos na situação atual ou à procura de emprego, o ano do Macaco poderá ter avanços significativos. Se considerarem maneiras diferentes de utilizar suas habilidades e caso se mantenham atentos a vagas, muitos deles conseguirão garantir o cargo no qual vêm pensando há algum tempo. Em muitos casos, talvez haja necessidade de uma adaptação considerável, mas, demonstrando compromisso, esses Macacos logo poderão se restabelecer e ser encorajados (muito rapidamente) a assumir responsabilidades adicionais. Seu entusiasmo, sua iniciativa e seu jeito sociável poderão ser uma combinação eficaz e vitoriosa.

Também haverá alguns Macacos que, em vista de sua experiência, estarão ansiosos por iniciar seu próprio negócio. Obtendo orientação profissional e apoio apropriado, muitos serão capazes de colocar seus planos e esperanças em ação.

O progresso feito no trabalho também ajudará nas finanças, e isso persuadirá muitos Macacos a prosseguir com planos e compras que já vinham sendo considerados havia algum tempo. Nesse aspecto, sua natureza sagaz lhes será altamente vantajosa, e eles possivelmente conseguirão realizar grandes compras em condições atrativas. Haverá um elemento de boa sorte no ano. Além disso, se tiverem condições, os Macacos deverão pensar em fazer uma reserva de longo prazo, incluindo a possibilidade de contratar um plano de previdência privada ou abrir uma poupança. Nos próximos anos, eles poderão ser gratos por isso.

Os anos do Macaco também oferecem muitas possibilidades, e os próprios Macacos apreciarão desenvolver seus interesses. Tanto as atividades atuais quanto as novas poderão proporcionar grande prazer e se desenvolver de maneira estimulante. Para os entusiastas dos esportes e de atividades ao ar livre, o ano poderá ter destaques emocionantes.

Além disso, como esse será seu ano, alguns Macacos considerarão um momento oportuno para realizar mudanças no estilo de vida. Alguns iniciarão uma série de exercícios físicos, enquanto outros farão melhorias na alimentação ou reservarão tempo para estudar. Colocando as ideias em prática, esses Macacos poderão colher ótimos benefícios.

As viagens, igualmente, poderão ter proeminência, e se algum destino ou evento os atrair, os Macacos deverão ver o que será possível organizar. Alguns planos interessantes poderão tomar forma.

No ano do Macaco também poderá haver muita atividade social. É possível que os interesses pessoais e os eventos locais proporcionem chances de sair, e os amigos frequentemente procurarão a companhia dos Macacos e, às vezes, compartilharão confidências. Nesse aspecto, sua capacidade de demonstrar empatia poderá ser de especial valor. No entanto, assim como os Macacos ajudarão as pessoas, eles também deverão valer-se do apoio e da *expertise* que outros poderão oferecer. Nesse ano importante, eles não deverão depender apenas de seus próprios esforços, mas se beneficiar da contribuição e do apoio das pessoas que conhecem.

Para os Macacos que não estiverem em um relacionamento, um encontro casual poderá rapidamente se tornar especial, e para aqueles que tenham tido dificuldades recentes, novas atividades e novas pessoas poderão colocar um pouco de significado (e brilho) de volta em suas vidas. Nesse aspecto, igualmente, é possível que esse seja um ano de avanços estimulantes.

A vida familiar poderá ser agitada, especialmente porque muitos Macacos estarão ansiosos por prosseguir com melhorias. No entanto, embora muito possa vir a ser realizado, os Macacos precisarão planejar e orçar os projetos cuidadosamente e discutir as opções e implicações com seus entes queridos. Esse será um ano para esforço coletivo. Haverá algumas comemorações também, incluindo o possível registro de um marco pessoal ou familiar, bem como sucessos individuais. Na vida familiar, esse poderá ser um ano movimentado e emocionante.

Há um provérbio chinês que diz: "Grande é aquele que entende seu tempo", e aproveitando ao máximo seu próprio ano, os Macacos poderão desfrutar de muitos resultados favoráveis. Esse será um momento para tomar iniciativa e colocar seus planos em ação. Os Macacos terão muito a seu favor agora. No geral, um ano para saborear.

DICAS PARA O ANO

Aja e faça as coisas acontecerem. Com determinação, o apoio das pessoas e as oportunidades que surgirão agora, você verá interessantes possibilidades se abrindo. Além disso, divirta-se desenvolvendo seus interesses e compartilhando muitas de suas atividades com os entes queridos.

Previsões para o Macaco no ano do Galo

Um ano satisfatório à frente, e mesmo que os Macacos possam sentir que às vezes a natureza estruturada do ano do Galo limita seu estilo, ainda haverá bons ganhos a alcançar. Sua vida pessoal verá muita atividade, e esse será também um momento excelente para o desenvolvimento pessoal.

No trabalho, os Macacos poderão se sair bem, mas no decorrer do ano precisarão lembrar-se de que o ano do Galo exige planejamento e obediência às regras. Esse não será o momento para atalhos ou abordagens negligentes. No entanto, embora o ano do Galo nem sempre possa dar aos Macacos a liberdade de usar os métodos e julgamentos de sua preferência, sua estrutura e disciplina poderão beneficiá-los. Concentrando-se em seus objetivos atuais, os Macacos poderão não apenas desenvolver maior *expertise* em sua área de atuação como também se tornar uma parte mais essencial de seu local de trabalho.

Muitos Macacos se desenvolverão no cargo atual ao longo do ano, porém para aqueles que estiverem em busca de mudança ou procurando emprego, o ano do Galo exigirá uma abordagem disciplinada. Quando se candidatarem a uma vaga, esses Macacos deverão informar-se mais sobre as obrigações envolvidas, de modo que possam destacar sua adequação para a função. Mostrando iniciativa e preparando-se bem para a entrevista, eles verão que o esforço extra fará diferença. Os anos do Galo favorecem a atenção aos detalhes. Além disso, ao assumirem um novo cargo, se mergulharem nas tarefas e se adaptarem como exigido, esses Macacos poderão impressionar e ser incentivados mais adiante. O que for realizado agora poderá preparar o caminho para avanços subsequentes.

Embora a renda dos Macacos possa aumentar durante o ano, os níveis de gastos precisarão ser observados. Além da atração por certas compras, os Macacos poderão enfrentar custos com reparos, bem como despesas mais altas. Como resultado, será necessário que fiquem de olho em sua situação e exerçam um sensível controle das finanças. Deverão, igualmente, ser cautelosos ao lidarem com as pessoas, pois haverá o risco de que alguns sejam vítimas de golpe, sofram as consequências de transações inescrupulosas ou acabem decepcionados por alguém. Se estiverem envolvidos em especulações ou inseguros sobre uma situação, será importante que façam uma verificação e obtenham mais orientações. Nos assuntos financeiros, esse será um ano para ser cuidadoso e meticuloso.

Se possível, no entanto, os Macacos deverão pensar em reservar recursos para viajar. As viagens estarão sob bons aspectos nesse ano, e se os Macacos planejarem férias e/ou pausas curtas com antecedência, poderão não apenas aguardar ansiosamente por elas como também lucrar com ofertas vantajosas. Os Macacos têm uma natureza aventureira, e ela poderá ser satisfeita nesse período.

Os interesses pessoais também poderão ser gratificantes, e como a ênfase do ano do Galo é no desenvolvimento pessoal, os Macacos deverão pensar em maneiras de desenvolver determinados talentos. É possível que alguns deles decidam se matricular em cursos, buscar instrução pessoal ou estabelecer metas para si mesmos. Eles poderão desfrutar de resultados prazerosos.

Para os Macacos que não estiverem em um relacionamento, o ano do Galo trará, da mesma maneira, possibilidades românticas. No entanto, em vez de se precipitar em um relacionamento, os Macacos deverão proceder de modo estável, desfrutando o presente e deixando o romance se desenvolver com o tempo.

Além disso, durante o ano, todos os Macacos terão um grande número de compromissos à sua frente, e será importante que essas obrigações não interfiram muito em sua vida familiar. Para evitar isso, os Macacos deverão reservar tempo de qualidade para desfrutar com os entes queridos e estimular atividades compartilhadas e interesses comuns. Nesse aspecto, sua consideração e contribuição poderão fazer uma importante diferença.

Os Macacos estarão frequentemente ansiosos por executar algumas melhorias na casa ao longo do ano, e embora o resultado final possa ser agradável, sua efetiva realização poderá levar tempo. Macacos, tomem nota disso e planejem, preparem e orcem cuidadosamente seus empreendimentos. Esse não será um ano favorável à pressa e já será agitado o bastante. Tenham cautela para não se sobrecarregarem com compromissos.

No geral, o ano do Galo poderá ser útil e produtivo, mas os Macacos precisarão permanecer atentos e disciplinados. Esforçando-se e aproveitando ao máximo sua situação atual, é possível que desfrutem de resultados concretos e expandam consideravelmente suas perspectivas. Os interesses pessoais e as viagens poderão proporcionar especial prazer; porém, com tantos compromissos, os Macacos terão que equilibrar tudo o que fizerem. Compartilhar tempo de qualidade com os entes queridos poderá ser particularmente importante e significativo e não deverá ser desconsiderado.

DICAS PARA O ANO

Use o tempo de maneira eficaz. Concentre-se em suas prioridades e aproveite todas as chances de ampliar seu conhecimento e suas habilidades. Além disso, lute por um estilo de vida equilibrado, incluindo conceder tempo a seus entes queridos. Atenção extra poderá fazer uma importante diferença.

Previsões para o Macaco no ano do Cão

Os Macacos dedicam-se a suas atividades com louvável energia, mas ainda que bons resultados possam vir a ser desfrutados no ano do Cão, esse será um momento em que deverão evitar o risco e a pressa. O ano do Cão poderá fazer o incauto tropeçar, e os Macacos precisarão estar atentos.

No trabalho, é possível que surjam boas oportunidades, e muitos Macacos poderão avançar em sua posição. Sobretudo para aqueles que estiverem na função atual há algum tempo, esse será um período para explorar novas possibilidades. Com frequência, os Macacos verão que sua reputação e experiência lhes serão bastante úteis, e muitos deles desfrutarão de uma bem merecida (e às vezes atrasada) promoção. Além disso, em um grande número de locais de trabalho serão lançadas novas iniciativas, e essas darão aos Macacos a chance de se envolver mais. Sua *expertise* será muitas vezes valorizada.

No entanto, ainda que as perspectivas sejam encorajadoras, os Macacos precisarão trabalhar em estreita colaboração com os outros e controlar sua tendência a serem independentes. Esse será um período para a participação. Além disso, eles deverão aproveitar qualquer oportunidade para estabelecer redes de contato e promover sua imagem. Contatos e apoio serão fatores importantes nesse ano.

O ano do Cão também conterá oportunidades para os Macacos que estiverem ansiosos por se mudar para outro lugar ou em busca de emprego. Em vez de serem muito restritivos em relação ao que estiverem considerando, esses Macacos deverão olhar para diferentes tipos de trabalho e para outras maneiras de usar suas habilidades. Mantendo-se receptivos às possibilidades, muitos conquistarão um cargo que proporcionará mudança e potencial futuro. Em relação à vida profissional, os anos do Cão estimulam os Macacos a fazer avanços expressivos e a colocar seus pontos fortes em favor de um uso maior.

A renda também aumentará, mas será necessário tomar um cuidado considerável nos assuntos financeiros nesse ano. Se firmarem qualquer contrato, os Macacos deverão verificar cuidadosamente os termos, incluindo os detalhes.

Esse não será um período para correr risco. Além disso, eles deverão precaver-se contra a especulação e ter especial cautela se fizerem empréstimos a alguém. Juízos errôneos e despesas inesperadas podem ser características indesejadas dos anos do Cão. Macacos, tomem nota disso e mantenham-se disciplinados e vigilantes quanto aos assuntos financeiros.

Por terem um estilo de vida agitado, será igualmente importante que os Macacos não deixem de lado seus interesses pessoais. Eles poderão ser uma parte valiosa do seu estilo de vida. As atividades que os Macacos já desenvolverem poderão propiciar especial prazer nesse ano, enquanto novas ideias e meios de ampliar suas habilidades deverão descortinar outras possibilidades. Embora os gastos precisem ser observados, alguns Macacos possivelmente comprarão equipamentos que ampliarão suas aptidões. Nos anos do Cão, interesses e atividades recreativas podem ser prazerosos e um bom meio para os Macacos expressarem seus talentos.

Esse será, ainda, um ano gratificante para as atividades domésticas, com os Macacos sendo ajudados (e animados) pelo apoio que receberem. Durante esse período, eles deverão ser francos sobre seus pensamentos e ouvir com cuidado os conselhos de membros da família. Ainda que alguns sejam preventivos, serão ditos com a melhor das intenções. Macacos, prestem atenção.

Com os Macacos e outros membros da família fazendo avanços no trabalho, o ano do Cão progredirá nesse sentido, e possivelmente haverá notícias e um surpreendente acontecimento familiar a serem comemorados também. Em relação às atividades práticas, no entanto, os cronogramas precisão ser flexíveis. Atrasos e interrupções poderão impedir o progresso, e será necessária certa dose de paciência.

Na vida social, é possível que o ano do Cão traga uma interessante mistura de coisas para fazer, e os Macacos que forem atraídos por eventos específicos ou receberem convites farão bem se decidirem ir. As ocasiões sociais do ano poderão adicionar valor e equilíbrio ao seu estilo de vida. Haverá momentos animados a desfrutar, e quando estiverem enfrentando mudanças e decisões, os Macacos apreciarão poder recorrer à *expertise* dos amigos.

Para os Macacos que estiverem envolvidos em um romance, é possível que esse relacionamento se torne mais significativo com o transcorrer do ano. Para aqueles que não estiverem em um relacionamento, um encontro casual poderá trazer um novo amor. Os anos do Cão têm a capacidade de surpreender.

Os Macacos podem se sair bem nos anos do Cão, mas precisam manter a racionalidade. Esse será um momento para cuidado e cautela, especialmente nas finanças. Ao longo dos meses, os Macacos deverão comunicar-se bem com as pessoas ao seu redor e controlar sua tendência a ser independentes. Eles gostam de ser seus próprios mestres — porém, obtendo apoio, consultando opiniões e ouvindo conselhos, poderão sair-se ainda melhor. Nas vidas familiar e social, haverá bons momentos e notícias a compartilhar, e no geral esse poderá ser um ano agitado e, muitas vezes, agradável. Todavia, os Macacos precisarão observar os acontecimentos e reagir positivamente a eles.

DICAS PARA O ANO

Aproveite ao máximo as situações que forem se revelando. Avanços satisfatórios poderão ser feitos tanto na vida profissional quanto em seus interesses pessoais. Além disso, seja atencioso com as pessoas e recorra ao apoio e aos conselhos daqueles que o cercam. E tome cuidado com os assuntos financeiros.

Previsões para o Macaco no ano do Javali

Os Macacos são engenhosos e perspicazes e têm talento para aproveitar ao máximo as situações. No entanto, no ano do Javali eles precisarão exercitar a paciência. Esse será um período para proceder com cautela e ser meticuloso. Pressões adicionais poderão surgir e as atividades talvez não corram tão suavemente quanto os Macacos gostariam. Os anos do Javali têm seus elementos complicados, mas mantendo-se alerta e sendo cuidadosos, os Macacos poderão fazer muito para minimizar seus efeitos.

Muitos Macacos enfrentarão uma carga de trabalho maior nesse período, pois incumbências adicionais serão acrescentadas ao que eles já fizerem. Algumas tarefas poderão ser hercúleas, e os objetivos, desafiadores. No entanto, embora esse possa ser um momento exigente, concentrando-se no que precisará ser feito, os Macacos ainda conseguirão conquistar algum sucesso notável e, no processo, adquirir o que talvez seja uma valiosa experiência. No trabalho, porém, eles precisarão ser cuidadosos para não ficarem abaixo do padrão nem driblarem as regras. Se fizerem isso, ficarão expostos à represálias e o bom trabalho que tiverem realizado será prejudicado. Macacos, tomem nota disso.

A maioria dos Macacos continuará a progredir na posição atual, mas para os que estiverem em busca de mudança ou procurando emprego, o ano do Javali poderá reservar importantes avanços. Conquistar um novo cargo não será fácil; no entanto, candidatando-se a vagas que sejam de seu interesse e destacando suas habilidades e experiência, muitos desses Macacos serão recompensados por sua persistência. Mais uma vez, porém, o que assumirem agora exigirá muito deles, sobretudo porque os Macacos precisarão adequar-se a novas rotinas e, com frequência, aprender muitas coisas. Os anos do Javali têm altas expectativas em relação aos Macacos, e cabe a eles mostrar resultados e ser meticulosos no que fazem. Contudo, mantendo-se à altura do desafio, muitos Macacos logo estarão estabelecidos.

A necessidade de cuidado trazida pelo ano se aplicará também às finanças. Com um estilo de vida agitado e tendo planos em mente, os Macacos deverão observar as despesas e elaborar um orçamento para atividades específicas. Quanto melhor for seu controle, melhores serão os resultados. Eles deverão igualmente se precaver de assumir riscos e de firmar compromissos sem verificar inteiramente os termos e detalhes. Descuidos e pressa poderão prejudicá-los. Macacos, tomem nota disso.

Com sua natureza animada, os Macacos apreciarão o aumento da atividade social proporcionada pelo ano do Javali e comparecerão a eventos variados. Para os entusiastas da música, dos esportes e do entretenimento, o ano do Javali poderá servir verdadeiras delícias. É possível que alguns interesses tenham um agradável elemento social e propiciem alguns momentos inesquecíveis — e, como sempre, os Macacos apreciarão encontrar-se com os amigos.

Do mesmo modo, o romance poderá adicionar alegria ao período, com muitos relacionamentos se desenvolvendo bem. No entanto, ainda que os anos do Javali possam trazer seus prazeres, será preciso que os Macacos se mantenham atentos às pessoas que os rodeiam e lidem cuidadosamente com qualquer situação delicada ou complicada. Lapsos poderão prejudicar sua posição.

Na vida familiar, haverá muitas coisas para mantê-los ocupados. É possível que os entes queridos tenham que enfrentar decisões nesse ano, e o apoio e o aconselhamento dados pelos Macacos serão de especial valor. Além disso, com a probabilidade de que ocorram mudanças e muitos outros fatos, sua capacidade de observar de perto (bem como de se lembrar) de tantas coisas se revelará um verdadeiro benefício. Os Macacos serão o esteio de muitos lares nesse período e apreciarão toda a atividade envolvida nisso. No ano do Javali, haverá um grande número de mudanças e melhorias domésticas.

Embora os Macacos já venham a estar ocupados, seus interesses pessoais também poderão se desenvolver de modo interessante. Alguns Macacos talvez fiquem curiosos em relação a uma nova atividade, integrem-se a uma sociedade local ou dediquem tempo a uma ideia. Seja lá o que fizerem, eles poderão apreciar a maneira como seus interesses se desenvolverão nesse ano.

É possível igualmente que sejam realizadas algumas alterações positivas no estilo de vida. Os Macacos que não estiverem se exercitando regularmente poderão se beneficiar se obtiverem orientações sobre atividades que possam ser adequadas e, depois, experimentá-las.

No geral, o ano do Javali terá suas pressões, e os Macacos precisarão investir muito esforço para garantir resultados. Não será o momento para ficar desanimado ou indiferente. Risco, pressa e descuido poderão prejudicar o bem que já possa ter sido feito. No entanto, ainda que o ano seja exigente, ele poderá ser instrutivo também, e os desafios que trouxer darão aos Macacos a chance de ampliar sua experiência. É possível que esse seja um valioso legado do ano do Javali, sobretudo porque as perspectivas melhorarão muito no próximo ano, o do Rato.

DICAS PARA O ANO

Proceda com cuidado. Evite a pressa. Pense bem em suas reações. Seja meticuloso. Verifique fatos, detalhes e implicações. Além disso, use suas habilidades. A experiência que você adquirir agora poderá beneficiá-lo muito no futuro.

PENSAMENTOS E PALAVRAS DE MACACOS

Para ser feliz, o homem precisa não apenas do prazer com isso ou aquilo, mas de esperança, espírito empreendedor e mudança.
BERTRAND RUSSELL

Qualquer coisa em que você seja bom contribui para a felicidade.
BERTRAND RUSSELL

"Onde há vontade, há um caminho" é um ditado antigo e verdadeiro. Aquele que resolve fazer algo, por essa exata resolução, muitas vezes escala as barreiras para conseguir e garante suas conquistas.
SAMUEL SMILES

Aqueles que são mais persistentes, e trabalham no verdadeiro espírito, serão invariavelmente os mais bem-sucedidos.
SAMUEL SMILES

Grandes resultados não podem ser alcançados de uma só vez, e precisamos ficar satisfeitos em avançar na vida assim como caminhamos — passo a passo.
SAMUEL SMILES

A vida será em grande parte aquilo que fizermos dela.
SAMUEL SMILES

A vida foi feita para ser vivida, e a curiosidade deve ser mantida viva. Nunca se deve, por qualquer motivo que seja, dar as costas à vida.
ELEANOR ROOSEVELT

O GALO

26 de janeiro de 1933 a 13 de fevereiro de 1934	*Galo da Água*
13 de fevereiro de 1945 a 1º de fevereiro de 1946	*Galo da Madeira*
31 de janeiro de 1957 a 17 de fevereiro de 1958	*Galo do Fogo*
17 de fevereiro de 1969 a 5 de fevereiro de 1970	*Galo da Terra*
5 de fevereiro de 1981 a 24 de janeiro de 1982	*Galo do Metal*
23 de janeiro de 1993 a 9 de fevereiro de 1994	*Galo da Água*
9 de fevereiro de 2005 a 28 de janeiro de 2006	*Galo da Madeira*
28 de janeiro de 2017 a 15 de fevereiro de 2018	*Galo do Fogo*
13 de fevereiro de 2029 a 1º de fevereiro de 2030	*Galo da Terra*

A PERSONALIDADE DO GALO

Na China, o Galo é associado às cinco virtudes. Sua crista simboliza autoridade; seu esporão representa as forças armadas; ele exibe coragem ao defender a si mesmo e benevolência ao compartilhar os grãos de que se alimenta; e seu canto bem cedo pela manhã é sinal de confiabilidade e integridade. Aqueles nascidos sob o signo do Galo são igualmente abençoados com muitas qualidades.

Nascidos sob o signo da franqueza, os Galos são pessoas diretas, sérias e práticas. Defendem sua posição e dizem o que pensam. E, ainda que seu jeito franco possa ofender, eles são bem-intencionados e dignos, e suas opiniões são respeitadas. Com o Galo, você sabe exatamente em que terreno está pisando.

Os Galos são também expressivos e cativantes. Quase sempre vestidos com estilo, eles se importam com sua imagem e comportam-se com dignidade. Para atrair a atenção, alguns podem ser exuberantes em suas maneiras ou no jeito de se vestir, e os Galos não se importam de ser o centro das atenções. Gostam de companhia, conversam com desenvoltura e apreciam uma grande variedade de atividades. Os Galos gostam de aproveitar a vida ao máximo.

Como programam um grande número de atividades para seus dias, os Galos são também muito organizados e bons em usar seu tempo. Gostam de se preparar, seja para o dia, para a semana ou para o futuro, de modo que possam utilizar da melhor maneira sua energia e suas oportunidades. São planejadores meticulosos e eficientes. No entanto, em sua ânsia por agir, eles podem às vezes ser culpados por assumir mais coisas do que perceptivelmente são capazes de fazer, e de vez em quando é possível que considerem útil ter mais discernimento em relação aos compromissos.

Os Galos são, no entanto, trabalhadores muito esforçados e conscienciosos. Importam-se com o que fazem e estabelecem altos padrões para si mesmos (e para os outros). E se sentirem que uma pessoa está sendo negligente ou que não está fazendo sua parte, vão garantir que ela saiba disso. Os Galos podem ser críticos e, às vezes, excessivamente analíticos, mas são atenciosos e de confiança.

Com seu jeito extrovertido, a confiança que projetam e sua disposição para liderar, os Galos costumam se sair bem na profissão escolhida. Eles podem desfrutar de especial sucesso em cargos que aproveitem suas habilidades gerenciais e o domínio que têm dos detalhes. São apresentadores habilidosos, e as áreas de marketing, comércio, relações públicas, política, bem como o setor financeiro, atraem muitos deles. Como apreciam as atividades ao ar livre, a agricultura pode ser outra ocupação de sua preferência, e alguns Galos serão também atraídos por profissões que requerem o uso de farda, como no caso das forças armadas e da polícia. Nessas funções, os Galos podem ter uma apresentação especialmente distinta, bem como se portar com autoridade.

Com sua natureza metódica, os Galos gostam de manter as finanças em ordem e administrar o orçamento com cuidado. Podem ser investidores perspicazes, com sua mente analítica ajudando-os a tomar decisões. Todavia, no que diz respeito ao dinheiro, existem Galos de dois tipos. Alguns são disciplinados nos gastos, enquanto outros são esbanjadores e consumistas. E quando estão circulando, sobretudo em ocasiões sociais, os Galos gostam de impressionar e tendem a gastar generosamente. Gostam também de ter um estilo de vida refinado e, se puderem, de acumular bens. Com suas muitas aptidões, isso será possível, porém dependerá de quão disciplinados forem.

Como apreciam interesses diversificados e se mantêm bem informados, os Galos são companhias estimulantes e desfrutam de um estilo de vida ativo. Alguns deles gostam de ser membros de clubes e de grupos sociais. E estarão ávidos por desempenhar seu papel.

Eles também têm um grande número de amigos e admiradores, e se encantam muito com os prazeres e as paixões do amor. Contudo, para assegurar um afeto duradouro, os Galos devem observar sua tendência a agir de maneira direta e franca (o que pode causar um pouco de inquietação). Além disso, precisam ser mais efusivos na expressão de seus sentimentos mais íntimos — algo que nem todos consideram fácil. Uma vez comprometidos, porém, os Galos são atenciosos, leais e confiáveis, como é de sua natureza. E eles também garantirão que seu lar seja organizado e eficiente e que todos sejam atendidos em suas necessidades. Os Galos são conscienciosos *e cuidadosos.*

No papel de pais, os Galos são solidários e amorosos, mas também rígidos com a disciplina. Gostam de ensinar pelo exemplo.

A mulher Galo, assim como o homem desse signo, é extrovertida e sociável. Apresenta-se bem e com considerável autoconfiança. É também perceptiva, e muitos ao seu redor valorizam seus pensamentos e conselhos. É uma amiga boa e de confiança. Tem um bom senso de diversão e é especialmente habilidosa na arte da conversação, tanto em expressar seus pensamentos quanto em ouvir. Altamente eficiente, dedica-se às tarefas e aos objetivos que estabelece para si mesma e pode desfrutar de notável sucesso na profissão escolhida, bem como em determinados interesses pessoais. Ela usa bem seus talentos.

Costuma-se dizer que os Galos nascidos entre as 5 e as 7 horas e entre as 17 e as 19 horas tendem a ser os mais extrovertidos do signo, mas todos os Galos gostam de sair e socializar, incluindo ir a festas e a grandes eventos. Com sua natureza afetuosa, eles também poderão se interessar por assuntos humanitários, pelo bem-estar das pessoas e por preocupações com o meio ambiente. Os Galos apreciam atividades ao ar livre, e alguns deles têm predileção especial pela jardinagem.

Íntegros, diligentes e alertas, os Galos têm estilo e presença. E não se retraem. São audazes, expressivos e trabalhadores dedicados. Com sua ambição e crença, e seus planos cuidadosamente traçados, os Galos, com certeza, têm a capacidade de realizar grandes conquistas. No entanto, na jornada da vida, sua natureza franca, fanfarrona e, às vezes, excessivamente fervorosa poderá causar dolorosas lições. Mas a resiliência dos Galos e suas excelentes qualidades irão invariavelmente brilhar, e eles terão uma vida rica, diversificada e, com frequência, gratificante.

Principais dicas para os Galos

- Uma de suas particularidades é a capacidade de planejar com antecedência. Contudo, às vezes as circunstâncias mudam e é necessário ter flexibilidade. "São muitos os caminhos que levam ao topo", como nos lembra o ditado. Mantendo-se receptivo ao que surgir e se adaptando ao que for necessário, você conseguirá alcançar muito mais.
- Você pode ter nascido sob o signo da franqueza, mas precisa ter considera-ção com as opiniões e sensibilidade alheias. Falar de maneira precipitada

ou ríspida às vezes pode destruir as relações. Como lembra o provérbio chinês: "Uma vez que você tenha falado, nem mesmo o mais rápido dos cavalos conseguirá trazer de volta suas palavras." Tome nota disso!

- Você mergulha em suas atividades, trabalha duro e gosta de socializar, mas será bom se fizer pausas de vez em quando para recompor seus pensamentos e ficar em harmonia consigo mesmo. Equilibre seu estilo de vida — encaixe um tempo para você em sua programação agitada.
- Embora seja bom que você seja meticuloso e goste de fazer tudo certo, às vezes você pode se embaralhar nas complexidades dos detalhes e perder tempo com o que não tem importância. Procure sempre ter em mente o quadro geral e pense em estabelecer limites de tempo para a conclusão de determinadas tarefas. Isso o ajudará a manter o foco e a seguir em frente.

OS RELACIONAMENTOS COM OS DEMAIS SIGNOS

Com o Rato

Esses dois gostam de conversar e compartilham muitos interesses, porém ambos falam o que pensam — e farão isso.

No trabalho, os Galos gostam de organizar e planejar, e não se sentirão bem com a pressa e o estilo do Rato. Uma combinação difícil.

No amor, ambos apreciam estilos de vida ativos, mas a natureza mais espontânea do Rato não se ajustará aos modos ordeiros do Galo. Como os dois são obstinados (e enérgicos), além de francos, essa combinação poderá ser complicada e instável.

Com o Búfalo

Esses dois signos se gostam e se respeitam, e as relações entre eles são boas.

No trabalho, ambos são organizados, eficientes e metódicos, e juntos aproveitarão bem seus pontos fortes. Uma dupla produtiva e eficaz.

No amor, como têm perspectivas e valores semelhantes, eles são compatíveis. O Galo vai admirar especialmente a natureza leal e muito firme do Búfalo e, como ambos têm predileção por atividades ao ar livre e muitos outros interesses em comum, poderão formar uma combinação de sucesso.

Com o Tigre

Esses dois signos podem ser sociáveis e ativos, mas como são francos e diretos, é possível que as relações entre eles sejam complicadas.

No trabalho, seus diferentes pontos fortes poderão se complementar, com o Galo se beneficiando do espírito empreendedor, das ideias e do ardor do Tigre; no entanto, como ambos são francos e ávidos por fazer sua vontade prevalecer, um entendimento duradouro poderá ser difícil. Se eles, porém, conseguirem resolver suas diferenças e forem mais flexíveis, a combinação de suas capacidades poderá levá-los longe.

No amor, cada um deles tem as qualidades de que o outro gosta, e o Galo vai admirar o jeito aberto e sincero do Tigre. Todavia, a agitação e a natureza impulsiva do Tigre não se ajustarão confortavelmente ao Galo e, como ambos têm personalidades dominantes, as relações poderão se tornar desafiadoras.

Com o Coelho

Embora cada um deles tenha qualidades que o outro admira, suas diferentes personalidades não se harmonizam.

No trabalho, o Galo tem preferência por métodos que não tem afinidade com aqueles usados pelo mais quieto, reservado e cauteloso Coelho. A tendência é que eles não trabalhem bem juntos.

No amor, o Galo pode ser atraído pela natureza amável e pelo refinamento do Coelho, mas prefere um estilo de vida mais agitado. Esses dois vivem a vida em ritmos diferentes. Uma combinação difícil.

Com o Dragão

O Galo admira o entusiasmo e o estilo do Dragão, e as relações entre eles são boas.

No trabalho, esses dois são ambiciosos e animados, e o Galo ficará empolgado com a determinação e o espírito empreendedor do Dragão. Combinando seus pontos fortes, esses dois poderão desfrutar de sucesso. Eles certamente têm talento para isso.

No amor, há grande entendimento entre ambos, e cada um deles apoiará o outro. O Galo apreciará especialmente o jeito confiante e seguro do Dragão. Como os dois gostam de estilos de vida ativos, eles são muito compatíveis. Uma boa combinação.

Com a Serpente

Galos e Serpentes têm grande consideração um pelo outro, e as relações entre eles são muito boas.

No trabalho, esses dois signos metódicos gostam de seguir planos cuidadosamente traçados, e o Galo apreciará o tino da Serpente para os negócios e sua natureza calma e determinada. Uma dupla eficaz.

No amor, eles são idealmente compatíveis e desfrutam de excelente entrosamento. O Galo valoriza a natureza calma e atenciosa da Serpente e seu intelecto perspicaz. Esses dois são bons um para o outro e podem encontrar muita felicidade juntos.

Com o Cavalo

Como ambos são ativos, sociáveis e ótimos de papo, por um tempo as relações serão boas; mas, como os dois têm vontades fortes e naturezas francas, isso poderá complicar as coisas.

No trabalho, eles são muito esforçados e ambiciosos, e o Galo vai admirar o foco e a determinação do Cavalo. Juntos, formam uma dupla eficaz; no entanto, quando o sucesso chegar, cada um deles vai querer levar o crédito sozinho!

No amor, esses dois têm estilo e presença. Ambos desfrutam de um estilo de vida ativo e terão muitos interesses a compartilhar. O Galo valorizará, sobretudo, a natureza prática e animada do Cavalo; porém, como ambos são diretos e enérgicos, haverá momentos difíceis. Uma combinação animada, mas às vezes desafiadora.

Com a Cabra

Como o Galo é mais metódico e organizado, e a Cabra, mais descontraída, as relações entre esses signos nem sempre são fáceis.

No trabalho, o Galo privilegia o método, a ordem e a disciplina e poderá se desesperar com a abordagem mais despreocupada da Cabra. Nenhum dos dois ficará à vontade com as ideias mais inovadoras do outro. Com pouca empatia, as relações profissionais serão difíceis.

No amor, esses dois operam em frequências diferentes. O Galo gosta de um estilo de vida organizado; a Cabra, mais relaxado. O Galo poderá considerar difíceis a imprevisibilidade e as oscilações de humor da Cabra. Uma combinação complicada.

Com o Macaco

O Galo nem sempre se sente à vontade com o estilo, o comportamento e, na verdade, as motivações do Macaco. As relações entre eles tendem a não ser boas.

No trabalho, o Galo gosta de método e de trabalhar com um plano, enquanto o Macaco é mais oportunista e confia na inteligência, no acaso e na malícia. Com pouca empatia, esses dois vão preferir trabalhar cada um à sua maneira.

No amor, o Galo pode considerar o Macaco uma companhia fascinante. Os dois são sociáveis, porém como ambos também têm ideias próprias e o Macaco tende a ser reservado, o caminho a seguir poderá ser complicado.

Com outro Galo

Os Galos são orgulhosos, altivos, francos e gostam de estar no comando. Dois Galos juntos certamente entrarão em conflito.

No trabalho, eles têm grande capacidade, mas ambos vão querer dominar. As relações profissionais serão repletas de problemas.

No amor, esses dois serão bem-intencionados e terão muito a dar; no entanto, suas naturezas francas serão sua ruína. E como ambos são igualmente enérgicos, uma combinação desafiadora e difícil será inevitável.

Com o Cão

O Galo e o Cão são firmes em suas convicções; todavia, como ambos têm perspectivas diferentes, as relações entre eles tendem a não ser boas.

No trabalho, suas naturezas enérgicas e seus estilos diferentes mostram que há falta de entendimento entre os dois. Eles não costumam trabalhar bem juntos.

No amor, tanto os Galos quanto os Cães são leais, afetuosos e protetores, e também muito bem-intencionados. Mas, como ambos são dominadores e diretos, as relações entre eles poderão ser desafiadoras.

Com o Javali

O Galo tem grande respeito pelo jeito cordial e afável do Javali, e suas relações são boas e mutuamente benéficas.

No trabalho, esses dois irão aproveitar suas diferentes capacidades com um bom resultado, com o Galo valorizando o espírito empreendedor do Javali e suas habilidades para os negócios. Eles podem ser altamente eficazes juntos.

No amor, como adoram a vida familiar e as atividades ao ar livre e têm muitos interesses em comum, esses dois formam uma ótima combinação. Cada um deles pode ser bom para o outro, e o Galo extrairá força da natureza positiva, empolgada e afetuosa do Javali.

HORÓSCOPOS PARA CADA UM DOS ANOS CHINESES

Previsões para o Galo no ano do Rato

Os anos do Rato são agitados e ativos, e é possível que os Galos fiquem pouco à vontade com a rapidez de alguns acontecimentos. No entanto, embora os aspectos estejam misturados, os Galos são vigilantes por natureza e poderão fazer muito para neutralizar ou minimizar os problemas que o ano do Rato possa trazer.

Uma das áreas mais complicadas do período será a financeira. Ao longo do ano, muitos Galos poderão enfrentar exigências maiores em relação a seus recursos quando surgirem custos com reparos, a necessidade de substituição de equipamentos e/ou alguns planos envolverem despesas extras. Esse poderá ser um ano dispendioso, e os Galos deverão observar os gastos e, se possível, fazer reservas para despesas conhecidas. Além disso, quando efetuarem qualquer tipo de transação, precisarão verificar os termos e as implicações e comparar as opções.

Uma boa máxima para o ano será: "Na dúvida, verifique." Os assuntos financeiros vão demandar cuidadosa atenção nesse período. Se os Galos forem displicentes, problemas e déficits poderão ocorrer. Galos, tomem nota disso.

Os Galos são bem conhecidos por sua franqueza, e muitos dos que os rodeiam admiram seu jeito de falar honesto e sem meias palavras. No entanto, no ano do Rato, eles precisarão se precaver. Em alguns casos, se forem muito rudes ou francos, haverá o risco de prejudicarem o entrosamento. Esse será um ano para ter tato e prudência, sobretudo em situações instáveis ou muito problemáticas. Em alguns casos, manter a discrição poderá ser prudente.

Para os Galos que estiverem envolvidos em um romance ou que desejarem conhecer alguém especial, esse será um ano para que permaneçam especialmente atenciosos e deixem que o relacionamento se desenvolva à sua própria maneira e no seu próprio tempo. Os Galos não deverão se apressar nesse período.

No entanto, embora os Galos devam se manter atentos e cautelosos, o ano do Rato também proporcionará seus prazeres. Em diversos casos haverá muita coisa acontecendo em sua localidade, e se eles se interessarem por qualquer um dos eventos, deverão tentar comparecer. Aproveitando ao máximo o que estiver disponível, é possível que desfrutem de alguns bons momentos.

Os interesses pessoais, possivelmente, também irão beneficiá-los. Eles poderão ser um meio prazeroso de expressar seus talentos e ideias, e alguns desses interesses terão, ainda, um agradável elemento social.

Na vida familiar, haverá muitas coisas a considerar e com as quais lidar. Um ente querido talvez seja afetado por mudanças na rotina e também é possível que ocorram inconvenientes, como quebra de equipamentos e atrasos, que afetarão os planos. No entanto, ainda que os anos do Rato possam trazer frustrações, se os Galos demonstrarem paciência, estiverem preparados para discutir as questões e se adaptarem ao que for necessário, descobrirão que será possível resolver muitos problemas e que, por fim, os benefícios virão. Esse ano demandará união e atenção. Além disso, embora os Galos e outras pessoas venham a ter muitos compromissos conflitantes, reservar tempo para as atividades e os interesses compartilhados poderá fazer uma importante diferença na vida familiar. Os anos do Rato exigem cuidado, atenção e consideração; porém, se os Galos oferecerem isso, possivelmente obterão muito do momento presente.

No trabalho, esse ano exigirá foco. Os Galos farão bem se concentrarem esforços nas áreas em que tiverem mais experiência. Por isso, muitos decidirão permanecer onde estão. Ainda que o progresso seja possível, esses Galos deverão estar cientes das complicadas tensões subjacentes do ano. A política interna da empresa ou o comportamento de outra pessoa poderão preocupá-los e é possível que a burocracia dificulte determinadas tarefas. Eles precisarão se manter concentrados, pois não será o momento de se distrair ou desviar a atenção para assuntos menos proveitosos. Em qualquer situação de instabilidade, eles deverão tomar cuidado com as palavras e agir com cautela.

Para os Galos que decidirem mudar de cargo ou estiverem em busca de emprego, o ano do Rato poderá, mais uma vez, se revelar desafiador. É possível que haja falta de vagas adequadas e a concorrência seja feroz. No entanto, é nesses momentos que a fortaleza de espírito dos Galos pode obter reconhecimento. Tomando especial cuidado ao se candidatar, destacando suas habilidades e se preparando bem para as entrevistas, muitos verão que seu esforço extra compensará. Será necessário trabalhar para alcançar o progresso nesse período, mas quando ele vier, será ainda mais merecido.

No geral, o ano do Rato será exigente, e os Galos precisarão manter-se cuidadosos e vigilantes. Nos assuntos financeiros, sobretudo, o ano demandará que se faça uma boa administração e que se evite o risco. Além disso, com as muitas pressões do ano, os Galos precisarão ter cautela para não piorar situações com respostas precipitadas ou imprudentes. No entanto, ainda que os aspectos possam ser difíceis, dedicar tempo aos interesses pessoais, compartilhar atividades com os entes queridos e desfrutar das oportunidades sociais do ano poderá fazer muito bem aos Galos, assim como proporcionar um valioso equilíbrio ao seu frequentemente agitado estilo de vida.

O ano do Rato poderá ser difícil de lidar, porém suas lições serão múltiplas e ele poderá preparar os Galos para as oportunidades que se encontram mais à frente.

DICAS PARA O ANO

Mantenha-se atento e vigilante. Tomar cuidado extra poderá fazer a diferença em seus relacionamentos, nos assuntos financeiros e na situação profissional. Além disso, tenha cautela com o risco e a pressa.

Previsões para o Galo no ano do Búfalo

Assim como os Búfalos, os Galos gostam de método e ordem e são trabalhadores muito dedicados. E eles se sairão bem nesse ano, tanto fazendo um bom progresso quanto se beneficiando de acontecimentos oportunos. "Grande é aquele que compreende seu tempo", lembra o provérbio chinês, e, para os Galos, esse será o momento de entender que eles terão muito a seu favor e que deverão *aproveitar o momento*. Com propósito, crença e autoconfiança, eles conseguirão ganhar muito.

No trabalho, as perspectivas serão especialmente estimulantes, e à luz de sua experiência recente, muitos Galos estarão em uma boa posição para progredir na carreira. Quando surgirem vagas, eles deverão ser rápidos em mostrar interesse, sejam elas em seu local de trabalho atual, sejam em outro lugar. Esse não será um ano para ficar parado. O destino também poderá desempenhar um papel, com alguns Galos sendo alertados por acaso sobre uma vaga ideal ou recebendo a oferta de um cargo melhor que tenha sido recusado por alguém. As coisas tenderão a acontecer por um motivo nesse ano, e os Galos serão beneficiados.

Para aqueles que estiverem procurando emprego, sua determinação típica os levará, muitas vezes, a assegurar um novo cargo. Ainda que isso possa ocorrer em uma área de atuação diferente e envolva adaptação, o que os Galos assumirem agora os fará, com frequência, partir por um caminho novo e bem-sucedido. Com esforço, comprometimento e iniciativa, os Galos poderão mostrar seus verdadeiros pontos fortes e colher consideráveis recompensas.

É possível que o progresso feito no trabalho gere aumento da renda, e alguns Galos também serão beneficiados com um bônus, presente ou valor proveniente de outra fonte. Financeiramente, esse poderá ser um ano muito melhor, e isso vai persuadir muitos Galos a levar adiante diversos planos e compras. No entanto, eles não deverão ser executados com pressa — o tempo empregado na comparação de opções e custos propiciará melhores decisões. Além disso, se os Galos puderem usar qualquer mudança financeira positiva para reduzir empréstimos ou aumentar a poupança, isso os beneficiará no futuro.

As viagens estarão favorecidas nesse ano, e os Galos deverão tentar reservar recursos para férias e/ou pausas. Se planejarem com antecedência, talvez eles sejam capazes de associar suas viagens a um interesse pessoal ou a um evento especial, bem como visitar atrações impressionantes em seu passeio. Os anos do Búfalo podem proporcionar possibilidades interessantes, e é possível que os Galos vejam suas ideias se desenvolverem de maneira estimulante.

Embora venham a estar ocupados nesse ano, os Galos deverão assegurar-se de que seus interesses pessoais não sejam ignorados. Essas atividades poderão não apenas proporcionar-lhes prazer e ajudá-los a relaxar como também trazer novas possibilidades. Aprimorar seu conhecimento e suas habilidades poderá reforçar a natureza positiva do período.

Esse será também um momento agradável na vida familiar, com o avanço de muitos planos e atividades. Os Galos estarão por trás de muitos deles, e sua contribuição poderá ser de especial valor. Além disso, é possível que o ano do Búfalo registre momentos inesquecíveis, com sucessos pessoais e um possível marco familiar a serem comemorados, além de possibilidades de viagens a serem desfrutadas.

Quaisquer Galos que tenham enfrentado tensão na vida familiar recentemente verão que conversar, ouvir e dedicar mais tempo às pessoas pode fazer uma expressiva diferença. Os anos do Búfalo encorajam a contribuição positiva e a interação.

Do mesmo modo, para todos os Galos que começarem o ano solitários ou sentindo que falta algo em seu estilo de vida atual, o ano do Búfalo oferecerá oportunidades de melhora. No entanto, para que se beneficiem, esses Galos precisarão estar ativos e aproveitar ao máximo o que estiver acontecendo. Participar de uma sociedade local ou comparecer a eventos que os atraiam poderá iluminar sua situação. O ano do Búfalo terá boas possibilidades sociais, e muitos Galos verão seu círculo social se ampliar à medida que o ano for avançando.

Para os Galos que não estiverem em um relacionamento, os assuntos românticos também poderão tornar o ano especial, com um encontro casual sendo potencialmente significativo. No entanto, ainda que esse seja um ano favorável, os Galos precisarão manter-se atentos às pessoas. Às vezes, sua personalidade forte os leva a dominar determinadas situações, e ter mais consideração com os pontos de vista alheios pode ser um fator importante para o sucesso de seus relacionamentos.

Em geral, porém, os Galos poderão fazer muitas coisas boas para si mesmos nesse ano. Se procurarem melhorar sua posição e aproveitarem as oportunidades, é possível que realizem um progresso significativo. Além disso, quando uma ação é posta em prática, influências providenciais muitas vezes podem ajudar ao longo do processo. Os Galos terão muito a seu favor nesse período, e suas habilidades, determinação e senso de propósito poderão formar uma combinação vitoriosa.

DICAS PARA O ANO

Aja e aproveite ao máximo seus pontos fortes e suas ideias. Além disso, desfrute de seus relacionamentos com as pessoas. Novas amizades, romance e atividades conjuntas poderão acrescentar alegria e significado ao ano.

Previsões para o Galo no ano do Tigre

Nos anos do Tigre, muitas coisas podem acontecer em um ritmo desconcertante, e os Galos precisarão manter a racionalidade. Embora gostem de planejar e de estar preparados — pois não apreciam deixar as coisas para o acaso —, determinados acontecimentos exigirão respostas rápidas. O jeito organizado dos Galos poderá ser engolido pela confusão nesse ano; contudo, apesar dos aspectos complicados, ainda haverá muitos momentos bons — e conquistas — para apreciar.

Como os eventos acontecerão em um ritmo acelerado, os Galos se beneficiarão se recorrerem ao apoio e aconselhamento que estiverem à sua disposição Conversando com as pessoas, incluindo as que têm *expertise*, eles poderão ser ajudados de diversas maneiras, bem como, muitas vezes, tranquilizados. Os Galos não deverão sentir-se sozinhos nesse ano.

Além disso, será necessário que estejam preparados para se adaptar. Se aproveitarem ao máximo das situações *da forma que elas se apresentarem*, em vez de se manterem inflexíveis, os Galos obterão ganhos que poderão beneficiá-los a longo prazo.

No trabalho, eles precisarão ser cuidadosos e permanecerem alertas. No decorrer do ano, poderão ocorrer eventos de repente que exigirão ação imediata. E, ainda que alguns eventos possam ser desconcertantes, se os Galos fizerem o que for possível, eles não apenas terão a chance de demonstrar suas habilidades como também serão capazes de ampliar sua experiência. Seja cobrindo faltas de colegas, seja adaptando-se a novas práticas de trabalho ou lidando com situações desafiadoras, eles poderão aprender muito com esses momentos tensos, porém instrutivos. Para alguns Galos, haverá a oportunidade de assumir uma função mais importante, embora nos anos do Tigre seja melhor não ter grandes expectativas.

Para os Galos que decidirem deixar o empregador atual ou estiverem procurando emprego, esses poderão ser momentos de ritmo veloz e, com frequência, surpreendentes. Esses Galos deverão manter-se alerta e também ampliar o escopo de sua busca. Estando preparados para utilizar suas habilidades de novas maneiras, muitos deles conquistarão um cargo em uma área de atuação diferente e com potencial para o futuro. Algumas novas funções poderão não ser exatamente aquilo que os Galos tinham em mente a princípio, mas elas irão beneficiá-los no longo prazo.

Apesar de a renda de um grande número de Galos aumentar nesse ano, há muitos deles que apreciam gastar e gostam de ceder aos próprios desejos. E, ainda que muitas de suas atividades e compras venham a ser prazerosas, esses Galos precisarão observar seus gastos. Sem cuidado, as despesas poderão ser maiores do que o previsto e com isso gerar, mais adiante, a necessidade de economizar (ou custos adicionais com juros). Esse será um período para ter um bom controle das finanças. Além disso, se os Galos firmarem um novo contrato, deverão verificar os termos e esclarecer as implicações, caso necessário.

Considerando todos os seus compromissos, será importante também que os Galos reservem tempo para seus próprios interesses. Atividades relaxantes poderão, muitas vezes, ser o tônico de que precisam. Ao longo do ano do Tigre, é possível que alguns Galos tenham curiosidade sobre uma atividade nova e, para eles, muito diferente. Mais uma vez, precisarão ser receptivos ao que estiver disponível.

Como os Galos estarão lutando com muitas coisas nesse ano, será igualmente necessário que sejam receptivos a outras pessoas, além de abertos e comunicativos. Sobretudo em sua vida familiar, consultas e cooperação poderão fazer grande diferença. O ideal será que todos no lar do Galo se unam, se ajudem mutuamente nos momentos agitados e discutam os acontecimentos. Desse modo, será possível lidar de maneira satisfatória com muitas questões, e nos momentos de incerteza os Galos perceberão uma grande verdade no ditado "Uma preocupação compartilhada é meia preocupação". Atividades e interesses conjuntos não apenas serão bons para o entrosamento como também propiciarão mais felicidade.

O ano do Tigre poderá registrar, igualmente, um aumento da atividade social, embora o ritmo de algumas semanas possa ser frenético, com tudo parecendo acontecer ao mesmo tempo. No entanto, em meio a toda essa atividade, haverá ocasiões que os Galos apreciarão muito e que lhes darão a chance de colocar o papo em dia com amigos que eles não veem com frequência.

Nos assuntos românticos, os relacionamentos poderão se desenvolver de maneira estimulante, embora os Galos precisem permanecer atenciosos. É possível que um comentário inconveniente ou uma gafe provoquem constrangimento. Galos, fiquem atentos e exercitem o cuidado.

Os Galos talvez não gostem do ritmo e da instabilidade dos anos do Tigre, mas esses momentos podem ser instrutivos e fazer com que eles avancem por caminhos novos e potencialmente benéficos. Em especial, evoluções no trabalho e nos interesses pessoais trarão novas possibilidades. E, com destaque, muito do que acontecer nesse ano poderá ser usado com sucesso para seu desenvolvimento no futuro.

DICAS PARA O ANO

Esteja preparado para se adaptar. Esses momentos terão um ritmo veloz — não fique para trás. Comunique-se com as pessoas que o rodeiam e recorra ao apoio delas. Além disso, divirta-se compartilhando tempo com seus entes queridos; no entanto, quando estiver acompanhado, mantenha-se atencioso e observe sua tendência de às vezes ser franco demais.

Previsões para o Galo no ano do Coelho

Os Galos vão apreciar a natureza estável do ano do Coelho e a maneira como determinados planos e esperanças poderão ser levados adiante agora. No entanto, é possível que os avanços sejam lentos, e será necessário ter paciência.

No trabalho, o ano favorecerá o crescimento estável. Para os muitos Galos que tiverem passado por uma mudança recente e forem relativamente novos no cargo atual, isso lhes dará a chance de se tornar mais familiarizados com os diversos aspectos de sua função. Nesse caso, sua habilidade de organizar, dominar os detalhes e se apresentar bem poderá se revelar de grande valia. A reputação de muitos Galos vai melhorar substancialmente durante o ano. Todos os Galos poderão contribuir mais para sua situação atual — e futuras opções — aproveitando quaisquer treinamentos que estejam disponíveis e, se for relevante, associando-se a uma organização profissional.

Para os Galos que estiverem procurando emprego, o ano do Coelho demandará paciência. Poderá demorar até que encontrem uma vaga adequada e, ainda mais, para que suas propostas como candidatos sejam processadas. Para um grande número de Galos, parte do ano será frustrante, mas se eles persistirem, bem como se considerarem outros meios de usar suas habilidades, muitos conquistarão a chance que vêm buscando. Quando o sucesso chegar, ele será ainda mais doce, tendo em vista o tempo e o esforço envolvidos.

Um dos principais benefícios do ano do Coelho será a maneira como os Galos poderão ampliar seu conhecimento. Seja em termos profissionais, seja em relação a seus interesses pessoais, eles deverão aproveitar ao máximo as chances que estiverem à sua disposição. Em alguns casos, se houver uma habilidade específica ou uma qualificação adicional que possam ser úteis, eles deverão encontrar meios de adquiri-las, incluindo as opções de fazer cursos ou estudar por conta própria. Da mesma maneira, se os Galos se sentirem atraídos por um assunto ou um novo interesse, deverão seguir em frente e agir em relação a isso. Com sua mente curiosa, eles poderão obter muita satisfação pessoal das atividades que buscarem ou começarem nesse ano.

Muitos estarão também ávidos por introduzir algumas mudanças positivas em seu estilo de vida, incluindo a melhora dos níveis de exercícios físicos e da qualidade da alimentação. Se procurarem orientação e colocarem suas ideias em prática, eles ficarão satisfeitos por terem feito algo concreto.

Na vida social, esse ano será mais calmo do que outros, com alguns Galos sendo mais seletivos em relação aos eventos a que comparecerão. No entanto, por escolhê-los cuidadosamente, eles os apreciarão ainda mais. Além disso, valorizarão especialmente o contato com os amigos, inclusive compartilhando interesses em comum e conversando sobre as situações atuais. No que diz respeito ao trabalho e aos interesses pessoais, algumas pessoas que os Galos vão conhecer durante o ano poderão se revelar conexões altamente frutíferas.

Na vida familiar, esse também poderá ser um ano satisfatório. No entanto, como o Galo e outros membros da família estarão lidando com diferentes compromissos, será necessário que se estabeleça uma boa comunicação entre eles. Nesse aspecto, a capacidade que o Galo tem de garantir o tranquilo funcionamento da vida familiar poderá ser uma qualidade muito apreciada.

Durante o ano, porém, será importante que os Galos ouçam atentamente as palavras de seus entes queridos. Eles vão falar com as melhores das intenções, e alguns dos pensamentos que serão manifestados nesse ano poderão ser potencialmente significativos. Nos anos do Coelho, os Galos precisam ser perceptivos. No entanto, eles ainda terão a chance de retribuir, talvez reforçando a confiança de um membro da família ou ajudando a resolver um problema. Apoio mútuo poderá ser um fator importante nesse ano.

Os Galos ficarão satisfeitos com o modo como determinados projetos para a casa estarão adiantados, embora os cronogramas devam permanecer flexíveis. Os anos do Coelho não favorecem a pressa, e os Galos precisarão mostrar paciência, sobretudo em relação a empreendimentos práticos. Esse será um momento para se adaptar ao ritmo do ano e para que os membros da família trabalhem juntos como uma unidade.

Uma área que exigirá atenção especial será a financeira. Não apenas muitos Galos enfrentarão despesas extras, mas também os gastos precisarão ser observados. Muitas compras não planejadas poderão se acumular, e para os Galos mais esbanjadores, é possível que os problemas se sucedam. Além disso, se forem tentados por qualquer coisa arriscada ou especulativa, todos os Galos precisarão considerar as implicações. Do mesmo modo, ainda que costumem ser meticulosos com a papelada, os Galos deverão lidar prontamente com formulários e correspondência financeira e manter documentos importantes em segurança. Galos, tomem nota disso e sejam meticulosos e cautelosos no trato das questões financeiras.

Muitas coisas no ano do Coelho ocorrerão em um ritmo estável. Esse talvez não seja o momento para sucessos impressionantes nem para um progresso arrebatador, mas devagar e gradualmente os resultados se *revelarão* e o esforço será recompensado. Trabalhar em estreita colaboração com as pessoas será benéfico, e os Galos deverão ficar atentos à sua tendência de ser independentes. Nesse ano, a união fará a força. De especial valor será o modo como os Galos poderão ampliar seu conhecimento e suas habilidades, o que poderá beneficiá-los no presente e no futuro.

DICAS PARA O ANO

Permaneça atento aos assuntos financeiros. Será recomendável manter o controle das despesas. Além disso, em vez de olhar muito à frente, concentre-se no que poderá ser feito agora, sobretudo no aperfeiçoamento de suas habilidades e na promoção de mudanças positivas em seu estilo de vida. Aproveite o tempo com as pessoas que o rodeiam e procure estabelecer conexões. Muito poderá se suceder como resultado disso.

Previsões para o Galo no ano do Dragão

Os Galos serão rápidos em detectar a energia e o potencial que existem nos anos do Dragão e estarão ávidos por aproveitar ao máximo esse momento de possibilidades emocionantes.

Assim que o ano do Dragão começar, os Galos farão bem se pensarem um pouco em seus objetivos-chave para os próximos 12 meses. Com esses objetivos em mente, eles terão maior consciência das ações que precisarão executar. Esses serão momentos significativos e não deverão ser desperdiçados.

Além disso, embora os Galos gostem de assumir o comando, eles não deverão sentir que terão que agir sozinhos. Se conversarem sobre suas esperanças e ideias, poderão ser ajudados de maneiras inesperadas. Os Galos, invariavelmente, fazem muito pelos outros, e muitas pessoas próximas a eles ficarão felizes em retribuir.

As perspectivas profissionais estarão especialmente favorecidas. Os Galos que estiverem seguindo uma carreira específica poderão ter a oportunidade de garantir uma promoção e/ou assumir responsabilidades pelas quais vêm trabalhando há algum tempo. Em muitos casos, seu conhecimento acerca do ambiente em que se encontram e sua reputação serão fatores importantes no progresso que farão, e os empregadores estarão ávidos por estimular seus, muitas vezes especiais, pontos fortes.

Para os Galos que sentirem que se acomodaram nos últimos anos, esse será o momento de tomar a iniciativa e procurar por uma mudança. Informando-se, conversando com contatos e buscando vagas, muitos serão bem-sucedidos em conquistar uma função diferente e mais satisfatória.

Do mesmo modo, muitos que estiverem em busca de emprego agora desfrutarão de boa sorte, com frequência conseguindo o que poderá ser uma função nova e ideal. Os Galos estarão praticamente no controle nesse ano, e uma vez que as ações sejam executadas, e as consultas, feitas, avanços estimulantes poderão se seguir de forma rápida (e, muitas vezes, imprevista).

Alguns Galos decidirão também tornar-se profissionais autônomos. Novamente, muitas coisas serão possíveis nesse ano, embora esses Galos devam recorrer a aconselhamentos que estejam à sua disposição. Com uma contribuição profissional, muitos planos de negócios poderão ser fortalecidos e aperfeiçoados.

O progresso no trabalho poderá, igualmente, fazer diferença em termos financeiros, e isso convencerá muitos Galos a seguir em frente com os planos que tiverem em mente, bem como com compras para si mesmos e para o lar. Se fizerem uma cuidadosa avaliação dessas compras e buscarem aconselhamento sobre a adequação de suas escolhas, muitas vezes terão grande prazer com o que irão adquirir ao longo do ano. Da mesma maneira, se possível, eles deverão reservar recursos para férias e pensar muito bem nos possíveis destinos. Quanto mais puderem planejar e quanto mais apropriados forem seus recursos financeiros, melhor. Além disso, se conseguirem usar qualquer melhora financeira para reduzir empréstimos ou aumentar a poupança, isso os beneficiará.

Os Galos estarão ocupados nesse ano; no entanto, para que fiquem em sua melhor forma, precisarão assegurar-se de ter um estilo de vida bem equilibrado e reservar tempo para relaxar e descontrair. Os interesses pessoais poderão ser especialmente benéficos, e todos os Galos deverão conceder um tempo para si mesmos ao longo desse período. Além disso, caso se sintam atraídos por algum evento relacionado a seus interesses pessoais, eles farão bem se avaliarem se poderão comparecer. No decorrer do ano, será importante que desfrutem das recompensas pelas quais trabalham com tanto afinco.

Os Galos irão valorizar, igualmente, as oportunidades sociais que surgirem e, como gostam de conversar, comparecerão a diversas ocasiões de convívio social. Muitas vezes, seus interesses também poderão ter um elemento social, e é possível que mudanças no trabalho os façam conhecer pessoas com quem se darão especialmente bem.

Os assuntos românticos também estarão sob aspectos favoráveis. Com frequência, romances existentes se tornarão mais significativos, e o casamento será possível para alguns Galos. Muitos dos que começarem o ano desacompanhados conhecerão alguém que estará destinado a se tornar especial.

Na vida familiar, também haverá grande atividade, e será preciso uma boa comunicação entre todos, além de flexibilidade em relação a planos e preparativos. No entanto, misturados com os altos níveis de atividade estarão momentos especiais e significativos. Os lares de alguns Galos verão um casamento, um nascimento em família, uma formatura ou outra conquista pessoal. Poderá haver momentos de orgulho para muitos Galos nesse ano, e se for necessário organizar uma ocasião especial, eles terão prazer em fazê-lo.

Como os Galos estarão frequentemente animados pelos acontecimentos nesse ano, muitos deles também estarão ávidos por dar início a melhorias na casa. Contudo, um aviso: isso poderá causar mais tumulto do que o previsto, com um projeto dando origem a outro.

Em geral, porém, o ano do Dragão poderá ser especialmente gratificante para os Galos, dando-lhes a oportunidade de avançar e usar seus pontos fortes em seu proveito. Para que se beneficiem inteiramente, precisarão estar preparados para seguir em frente e agir com determinação. Todavia, eles serão incentivados não apenas por acontecimentos oportunos como também pelo apoio das pessoas ao seu redor. Os Galos serão muito favorecidos nesse período, e seus talentos e qualidades poderão recompensá-los bem. E, para muitos, uma comemoração pessoal poderá tornar o ano ainda mais especial.

DICAS PARA O ANO

Tome a iniciativa e faça as coisas acontecerem. Procure progredir na função atual e, se estiver insatisfeito, busque a mudança. Além disso, valorize suas relações com as pessoas que o cercam, pois o ano poderá ter momentos especiais a compartilhar. As possibilidades do ano do Dragão serão, de fato, maravilhosas. Aproveite-as e use-as bem.

Previsões para o Galo no ano da Serpente

Um ano estimulante. No seu decorrer, os Galos poderão obter muita satisfação com a maneira como ideias e planos se desenvolverão. Os anos da Serpente incentivam os Galos, e eles irão impressionar tanto em termos pessoais quanto profissionais.

No trabalho, muitos serão capazes de ascender na profissão atual e aproveitar mais suas habilidades e especialidades. Para alguns, isso poderá incluir a chance de se concentrar mais em aspectos específicos de seu trabalho ou de assumir novos projetos que lhes permitam fazer um uso maior de seus pontos fortes. Independentemente do que aconteça, aproveitando ao máximo quaisquer ofertas e vagas, muitos Galos não apenas farão importantes avanços como também desfrutarão de níveis mais altos de satisfação. Os anos da Serpente incentivam, igualmente, a contribuição criativa, e para os Galos que estiverem em áreas em que possam usar a criatividade e a comunicação, esse poderá ser um momento inspirador e, muitas vezes, de sucesso.

Para os Galos que estiverem insatisfeitos com o cargo atual ou procurando emprego, o ano da Serpente oferecerá boas possibilidades. Ampliando o escopo de sua busca e indicando sua disposição para se adaptar e aprender, muitos conquistarão uma função que propiciará a mudança, o desafio e o incentivo de que precisam.

Durante esse período, porém, será importante que os Galos prestem atenção em suas relações com os colegas e, se tiverem acabado de ocupar um novo cargo, estabeleçam-se em seu local de trabalho. Mantendo-se ativos em qualquer equipe e usando todas as chances de aumentar sua rede de relacionamentos, eles farão com que suas qualidades sejam mais bem apreciadas. No entanto, nos momentos em que a pressão for maior, precisarão agir com cautela e controlar sua natureza franca.

Como são conscienciosos, os Galos trabalham muito, e ao longo do ano será necessário que mantenham um estilo de vida equilibrado, bem como se concedam a chance de relaxar e descontrair. Esforçar-se incessantemente poderá causar estresse e prejudicar a eficiência. Nesse aspecto, reservar tempo para os interesses pessoais será benéfico. As atividades criativas poderão ser especialmente prazerosas.

Nos assuntos financeiros, os Galos ficarão satisfeitos por serem capazes de dar prosseguimento a diversos planos e compras. No entanto, considerando os custos envolvidos, eles deverão separar recursos antecipadamente para despesas mais substanciais e fazer um orçamento adequado. Em termos financeiros, esse será um período para uma boa administração.

As viagens despertarão o interesse de muitos Galos, e fazendo reservas financeiras com esse propósito, eles poderão planejar com antecedência e aguardar ansiosamente por visitas a lugares interessantes.

Eles também irão se divertir com as muitas e variadas oportunidades sociais do ano da Serpente. Com seus interesses abrangentes e seu gosto por conversas, os Galos se divertirão conversando com muitas pessoas, bem como participando de uma animada mistura de ocasiões, algumas comemorativas. Ao longo do ano, muitos Galos prestarão valiosa ajuda a um amigo próximo no que poderá ser uma questão delicada. Nesse aspecto, sua contribuição ponderada será não apenas marcante, mas também apreciada.

Os assuntos românticos poderão, igualmente, proporcionar-lhes grande felicidade. No entanto, novos relacionamentos precisarão ser cultivados com muito cuidado e cada uma das pessoas deverá ter tempo de conhecer melhor a outra. Desse modo, muitos romances poderão ser construídos em uma base mais sólida.

Na vida familiar, os Galos voltarão a se ocupar de um grande número de atividades e, graças às suas habilidades, vão garantir que muitos aspectos fluam suavemente, incluindo as mudanças causadas por novas rotinas. No entanto, embora venham a providenciar muitas coisas, precisarão se assegurar de que haja acordo em relação a planos, atividades e compras para a casa.

Com cooperação e uma boa contribuição familiar, muito poderá acontecer nesse ano, e será possível desfrutar de alguns momentos agradáveis (incluindo viagens). Assim como ocorre com qualquer ano, porém, o ano da Serpente terá seus momentos difíceis. Sejam os problemas causados por pressões no trabalho, preocupações domésticas ou situações sociais, os Galos estarão ansiosos por resolvê-los, mas precisarão agir com cautela. Falar abertamente ou agir prematuramente poderá gerar problemas. Os anos da Serpente favorecem uma abordagem mais paciente e comedida. Galos, tomem nota disso. No ano da Serpente vale a pena esperar até que os pensamentos e as situações se esclareçam antes de lidar com elas.

Em geral, no entanto, o ano da Serpente poderá ser um momento construtivo para os Galos. É possível que surjam boas oportunidades e que suas ideias e criatividade proporcionem resultados de sucesso. Esse será um momento em que seus talentos poderão recompensá-los muito bem. Ao longo do período, eles serão estimulados também pelo apoio de outras pessoas, ainda que em qualquer situação tensa devam refletir sobre as respostas que darão e controlar sua natureza franca. Nos anos da Serpente, tato, discrição e paciência são requisitos essenciais. No geral, contudo, esse poderá ser um momento satisfatório para os Galos, com seus esforços proporcionando ótimas e merecidas recompensas.

DICAS PARA O ANO

Com tanto a fazer, mantenha um estilo de vida bem equilibrado. Divirta-se compartilhando tempo com as pessoas e procure ampliar seus interesses pessoais. Além disso, adote uma abordagem mais comedida e paciente do que a usual. Desse modo, seus resultados poderão ser ainda mais satisfatórios.

Previsões para o Galo no ano do Cavalo

Os Galos gostam de planejar e estar preparados, e no início do ano será bom que reflitam sobre o que gostariam de fazer ao longo dos próximos 12 meses. Com propósito e objetivos definidos, eles verão muitas coisas acontecerem, embora haja um "porém": nos anos do Cavalo, pode haver altos níveis de atividade, e os Galos precisarão ser realistas. Esse não será um ano para ser excessivamente ambicioso nem exagerar na quantidade de compromissos, e sim para se concentrar nas prioridades essenciais.

Para muitos Galos, os objetivos girarão em torno de sua situação profissional. Nesse aspecto, o ano do Cavalo oferecerá boas possibilidades. Os Galos que estiverem estabelecidos em uma carreira específica se sentirão, muitas vezes, internamente prontos para avançar. Por esse motivo, deverão manter-se alerta a vagas e ser rápidos em se candidatar. Em alguns casos, as novas funções que assumirem poderão envolver muita adaptação e aprendizado, mas esses Galos ficarão satisfeitos em usar ao máximo seu potencial.

Muitos Galos farão um avanço importante em seu local de trabalho atual; porém, para os que estiverem ansiosos por mudar para outro lugar ou procurando emprego, é possível que o ano do Galo propicie, mais uma vez, perspectivas encorajadoras. Será exigido esforço; porém, ao enfatizarem para potenciais empregadores sua experiência e suas qualidades e conquistas, muitos desses Galos terão sucesso em sua busca. Iniciativa e compromisso serão fatores relevantes nesse ano.

No entanto, embora as perspectivas profissionais sejam encorajadoras, ao longo do ano os Galos deverão prestar bastante atenção em suas relações com os colegas. Os Galos têm uma personalidade dominante e, se não tiverem a devida atenção e consideração com as opiniões das pessoas, isso poderá causar problemas. Galos, tomem nota disso.

Essa necessidade de manter-se atento também se aplicará às questões financeiras. Ao longo dos meses, muitos Galos poderão ser tentados a fazer compras por impulso ou assumir o que talvez sejam compromissos dispendiosos. Tudo isso precisará ser contabilizado em seu orçamento. Os Galos deverão manter as despesas sob rédeas curtas nesse ano. Não será o momento para ser negligente ou correr riscos. Será preciso verificar os termos de qualquer contrato e, se necessário, recorrer a aconselhamento profissional.

Esse ano, contudo, poderá ser inspirador para os interesses pessoais. Alguns Galos estabelecerão uma meta específica para si mesmos e apreciarão o desafio de alcançá-la. Outros poderão ser atraídos por uma nova atividade ou conduzir um talento em uma direção diferente. Os anos do Cavalo podem estimular o autodesenvolvimento.

Alguns de seus interesses também colocarão os Galos em contato com outras pessoas, e eles, mais uma vez, desfrutarão das oportunidades sociais do período. No entanto, embora muitas coisas venham a correr bem, os anos do Cavalo podem não ser inteiramente livres de problemas. Ciúme, desentendimento, choque de personalidades — tudo isso poderá vir à tona e causar ansiedade. Os Galos deverão ter cuidado ao lidar com os relacionamentos pessoais e garantir que problemas pequenos não se agravem. Do mesmo modo, será preciso cultivar os romances para que eles se desenvolvam e se fortaleçam.

Na vida familiar, haverá muitos acontecimentos, com frequência em um ritmo acelerado. Não apenas os horários de alguns membros da família poderão ser alterados como também alguns assuntos exigirão atenção imediata, incluindo falhas de equipamentos. Os Galos deverão evitar lidar sozinhos com muitas coisas e, assim, sobrecarregar-se. Nesse ano movimentado, as tarefas e as decisões domésticas precisarão ser compartilhadas por todos.

Além disso, será importante que o tempo de qualidade compartilhado pelas pessoas não seja prejudicado pelas ocupações em geral. Será necessário um bom equilíbrio na vida em família nesse ano. Do contrário, haverá o risco de que surjam tensões que, se fossem tratadas com mais tempo e consideração, poderiam ser evitadas. No ano do Cavalo, os Galos precisarão estar alerta a sinais de discórdia. Graças à sua natureza perceptiva, muitos estarão.

Em geral, o ano do Cavalo estimulará os Galos a utilizar mais seus pontos fortes e a aprimorar sua posição atual. Tanto em termos profissionais quanto pessoais, esse ano propiciará oportunidades e estimulará o desenvolvimento. No entanto, os Galos precisarão usar o tempo com eficiência e ter cuidado para não se comprometerem em excesso. Além disso, será necessário que se comuniquem bem com as pessoas ao seu redor. Os relacionamentos pessoais exigirão tato nesse período, e algumas situações poderão ser preocupantes. Contudo, permanecendo atentos e discutindo as questões, os Galos conseguirão superar com sucesso muitos dos aspectos mais difíceis do ano. Em geral, será um ano ativo e de progresso, mas que também demandará atenção e cuidado.

DICAS PARA O ANO

Mantenha um estilo de vida equilibrado e reserve tempo de qualidade para compartilhar com as pessoas. Esteja ciente das opiniões daqueles que o rodeiam. Além disso, concentre-se nas prioridades e nos planos essenciais. O ano exigirá esforço, compromisso e cuidado, mas será de possibilidades.

Previsões para o Galo no ano da Cabra

Um ano agradável à frente. Em vez de se sentir abalados por eventos ou pressões diversas, os Galos serão capazes de desfrutar de um estilo de vida mais equilibrado e ver sua vida pessoal e suas atividades realizarem um bom progresso. Os anos da Cabra podem fazer bem aos Galos, embora, para aproveitá-los ao máximo, eles precisem se permitir afrouxar um pouco as rédeas. Em lugar de se aterem rigidamente aos planos, deverão abraçar o espírito e a espontaneidade do momento.

Tendo em vista mudanças recentes no trabalho, muitos Galos apreciarão a oportunidade de se concentrar na função atual e usar suas habilidades em benefício próprio. Nesse aspecto, suas ideias, seu talento para realizar apresentações e sua capacidade de responder aos acontecimentos poderão impressionar e propiciar um sucesso notável. Trabalhar bem com as pessoas e ser ativo em qualquer equipe também contribuirá para seu prestígio e fará com que sejam envolvidos em mais coisas. Nos anos da Cabra, muitos Galos desfrutam de um bom nível de satisfação profissional.

Embora muitos Galos venham a se concentrar em sua área de trabalho atual, para aqueles que estiverem ávidos por se desenvolver de outras maneiras ou procurando emprego, o ano da Cabra poderá trazer avanços estimulantes. No entanto, para que se beneficiem, será bom que esses Galos avaliem o tipo de cargo que desejam e informem-se ativamente. Seu estilo, verve, entusiasmo e iniciativa poderão conduzir a possibilidades interessantes. Além disso, como muitos constatarão, nos anos da Cabra os eventos podem tomar um rumo surpreendente. Alguns Galos assumirão posições diferentes daquelas que ocupavam antes e terão grande satisfação com a chance de desenvolver suas habilidades de novas maneiras. Os anos da Cabra propiciam escopo e possibilidades.

Isso também se aplicará aos interesses pessoais. Os Galos se divertirão fazendo uso total de suas ideias e talentos, e as atividades criativas poderão ser especialmente satisfatórias nesse período. Muitos Galos estarão inspirados e qualquer um deles que tenha deixado de lado seus interesses pessoais em razão de compromissos recentes ou que deseje um novo desafio deverá avaliar o que desejará fazer e dar o primeiro passo. Os anos da Cabra incentivam um estilo de vida mais equilibrado.

Além disso, se os Galos não estiverem se exercitando regularmente ou se sentirem que sua alimentação não é suficientemente balanceada, a realização de algumas mudanças poderá ser útil.

Ao longo do ano, eles deverão tentar tirar férias em algum momento. Muitos poderão conciliar esse tempo fora de casa com a busca de um interesse pessoal ou com a participação em um evento ou atração especial.

Considerando a possibilidade que terão de viajar, além de outros interesses e compromissos, os Galos precisarão, contudo, permanecer disciplinados nas questões financeiras e reservar antecipadamente recursos para despesas mais significativas. Com um bom orçamento, eles serão capazes de dar prosseguimento a muitos planos, mas o ano da Cabra exigirá um controle sensível das finanças. Galos mais esbanjadores, tomem nota disso.

A vida familiar poderá proporcionar muito prazer nesse período, e ao realizarem planos e atividades com os entes queridos, os Galos vão descobrir que muito poderá ser concluído, até mesmo agradáveis melhorias na casa (e no jardim). No entanto, no decorrer do ano, eles deverão mostrar um pouco de flexibilidade. Em alguns casos, pensamentos e planos originais precisarão ser modificados quando surgirem outras considerações. Os Galos podem gostar de planejar, mas nesse ano os planos não deverão ser definitivos — sobretudo quando alternativas oferecerem certas vantagens.

Além disso, os Galos farão muito para ajudar seus entes queridos, especialmente durante momentos de mudança. Nesse aspecto, seu bom aconselhamento poderá fazer uma diferença significativa. Eles também terão muito prazer com o merecido sucesso de alguém próximo.

Os anos da Cabra proporcionam uma boa diversidade de coisas para fazer, e os Galos desfrutarão de muitas ocasiões especiais e verão seu círculo social se expandir consideravelmente. Para os que não estiverem em um relacionamento, incluindo aqueles que possam ter tido que superar dificuldades recentes, o ano poderá trazer uma boa melhora, com o florescimento de um romance e de novas amizades. Em alguns casos, um encontro casual parecerá predestinado. O ano da Cabra tem a capacidade de surpreender e encantar.

Em geral, os anos da Cabra podem ser bons para os Galos. Em vez de estar continuamente exigindo muito de si mesmos, eles terão a chance de relaxar e apreciar o presente. No trabalho, muitos encontrarão um nível maior de satisfação e terão a oportunidade de desenvolver seus pontos fortes. Os interesses pessoais também poderão proporcionar prazer, bem como contribuir para um estilo de vida equilibrado. O ano da Cabra poderá ser rico em possibilidades sociais, e as perspectivas românticas serão boas. Na vida familiar, será possível realizar muitas coisas, para o deleite de todos. Os Galos terão muito a seu favor e deverão aproveitar ao máximo as possibilidades que esse ano interessante e encorajador proporcionará.

DICAS PARA O ANO

Seja flexível e aproveite as oportunidades que surgirem em seu caminho. Os interesses pessoais, especificamente, poderão desenvolver-se de modo interessante. Além disso, divirta-se compartilhando tempo de qualidade com as pessoas ao seu redor. Os anos da Cabra podem contribuir para um estilo de vida equilibrado.

Previsões para o Galo no ano do Macaco

Os Galos gostam de planejar, mas durante o ano do Macaco eles poderão enfrentar interrupções, distrações e atrasos. Partes do ano serão frustrantes, e os Galos terão que aproveitar ao máximo as situações *como elas se apresentarem*, e não como gostariam que fossem. Contudo, eles não deverão supor necessariamente apenas o pior. É verdade que haverá problemas e decepções (como ocorre em todos os anos), mas eles serão contornáveis e, em muitos casos, deixarão os Galos mais sábios e experientes. Os anos do Macaco, apesar de seus aborrecimentos, podem ser esclarecedores, bem como destacar a capacidade de recuperação do Galo. Além disso, como o próximo ano será seu próprio ano, o que os Galos realizarem agora poderá, com frequência, pavimentar o caminho para as oportunidades que estarão à frente.

No trabalho, é possível que esse seja um período de acontecimentos acelerados. Seja em decorrência de uma reorganização, de mudanças no quadro de funcionários ou da introdução de novas práticas, poderá haver períodos de intensa atividade e instabilidade. E para os Galos, que se orgulham de sua eficiência, alguns dos acontecimentos do ano parecerão confusos. No entanto, por mais inquietantes que algumas situações possam vir a ser, os Galos deverão permanecer concentrados em sua função e se adaptar de acordo com o necessário. À parte do aparente caos, eles terão chances de aprimorar suas habilidades e se beneficiar das oportunidades. Além disso, deverão aproveitar qualquer treinamento disponível e seguir de perto toda nova possibilidade. No trabalho, os anos do Macaco serão desafiadores, mas o que acontecer agora vai preparar muitos Galos para o futuro sucesso.

Para os Galos que estiverem em busca de emprego, os anos do Macaco também podem propiciar avanços de grande alcance. Mantendo-se alerta a vagas e ampliando o escopo de sua busca, muitos irão assegurar um cargo em um tipo diferente de trabalho com potencial de crescimento. Muito do que acontece nos anos do Macaco tem valor no longo prazo.

Nos assuntos financeiros, os Galos precisarão manter a racionalidade. Quando firmarem contratos, deverão verificar os termos com cautela, e quando considerarem a realização de compras vultosas, deverão pensar bem se suas demandas serão atendidas. Esse não será um período para pressa nem para decisões precipitadas. As despesas deverão ser cuidadosamente administradas.

Na vida familiar, os Galos precisarão manter-se conscientes e atenciosos. Com as pressões do ano, sua mente estará voltada para muitas coisas, e eles deverão ter cuidado para que suas ocupações gerais não interfiram na vida familiar. Além disso, embora gostem de ter certa independência, precisarão ser francos e conversar sobre preocupações e incertezas. No ano do Macaco, uma preocupação compartilhada poderá ser em grande parte uma preocupação amenizada, e os Galos deverão recorrer ao apoio e aconselhamento que estiver à sua disposição.

Será importante também que aspectos mais prazerosos da vida familiar não sofram em razão dos altos níveis de atividade. Interesses compartilhados, ocasiões especiais e viagens poderão fazer bem a todos.

Infelizmente, porém, os anos do Macaco têm seus inconvenientes, e é possível que haja falhas de equipamentos ou atrasos nas atividades. Às vezes, os anos do Macaco podem ser exasperantes. No entanto, assim que as substituições ou os reparos forem feitos e as soluções, encontradas, muitas vezes benefícios serão obtidos. Na verdade, alguns problemas poderão ser bênçãos disfarçadas, motivando ações ou compras que, de outro modo, não se realizariam.

Nesse ano às vezes desafiador, os Galos valorizarão conversar com os amigos e buscar seu aconselhamento, e deverão ter a meta de se beneficiar das oportunidades sociais que o período trará. Para os que não estiverem em um relacionamento, os anos do Macaco poderão ter possibilidades românticas potencialmente significativas também.

Com seu estilo de vida agitado, será igualmente importante que os Galos reservem tempo para relaxar e descontrair ao longo do ano. Interesses pessoais, atividades recreativas e, para alguns, uma disciplina de condicionamento físico poderão ser benéficos, bem como contribuir para um estilo de vida equilibrado. Nesse ano ativo, os Galos não deverão ignorar seu próprio bem-estar.

Em geral, os anos do Macaco exigirão muito dos Galos, e eles, às vezes, ficarão perturbados com a rapidez dos acontecimentos e o estresse extra. Para aqueles que gostam de método e estrutura, esses poderão ser momentos exasperantes. Contudo, se estiverem preparados para se adaptar e aproveitar ao máximo a situação, os Galos poderão ampliar proveitosamente sua experiência e aguardar por melhores tempos à frente. O ano será exigente, mas instrutivo. Ter um estilo de vida bem equilibrado e compartilhar tempo com as pessoas acrescentará prazer e alegria a esse momento.

DICAS PARA O ANO

Aproveite ao máximo o presente, mas também reflita um pouco sobre o futuro. Habilidades adquiridas, atividades realizadas, conexões estabelecidas — tudo isso poderá ter valor mais adiante. Além disso, desfrute de tempo de qualidade com os entes queridos. Juntos, será possível realizar mais coisas e lidar com elas de modo mais satisfatório.

Previsões para o Galo no ano do Galo

Animados e estimulados por esse ser seu próprio ano, os Galos estarão ávidos por torná-lo especial. E ele poderá ser. Esse será um período em que seus pontos fortes e suas qualidades prevalecerão, e os Galos poderão desfrutar de sucesso. Para qualquer Galo que tenha ficado decepcionado com o progresso feito recentemente, esse será o momento de tomar a iniciativa e começar uma nova fase em sua vida. Com determinação, fé e perspectivas favoráveis, haverá muito a ganhar.

No trabalho, é possível que esse seja um ano de avanços significativos. Muitos Galos poderão agora se beneficiar de oportunidades de promoção e realizar o que talvez sejam avanços substanciais. Esse será o momento em que homenagens poderão fluir em sua direção e em que o compromisso e a lealdade serão recompensados. Para aqueles que estiverem trilhando uma carreira, é possível que esse seja um ano de crescimento e sucesso.

Para os Galos que estiverem insatisfeitos na função atual, agora será o momento de considerar outras possibilidades. Os Galos estarão no controle nesse ano, e ao agir para mudar uma situação insatisfatória, eles poderão ver sua iniciativa recompensada pela oportunidade de colocar sua carreira em uma trilha nova e positiva.

Os Galos que estiverem procurando emprego deverão também manter-se ativos no acompanhamento de possibilidades. A determinação poderá fazer com que muitos conquistem uma nova função e a chance de se restabelecer. O que alguns deles assumirem poderá ser completamente diferente do que vinham fazendo antes, mas lhes dará a oportunidade e o incentivo de que precisam. Muitos Galos sentirão que não aproveitaram ao máximo seu potencial nos últimos tempos, e seu próprio ano os estimulará a dar o melhor de si.

O progresso feito no trabalho também aumentará a renda de muitos Galos. No entanto, embora isso possa ser bem-vindo, os Galos precisarão permanecer disciplinados. Ao longo do ano, é possível que sejam tentados a fazer muitos gastos, e as despesas deverão ser monitoradas — do contrário, os níveis de gastos poderão ser mais altos do que o previsto no orçamento. Além disso, como os Galos gostam de olhar à frente, se forem capazes de iniciar uma poupança ou contratar um plano de previdência privada, poderão alegrar-se por isso no futuro.

Os Galos gostam de se manter informados sobre novos avanços, e seu próprio ano estimulará isso. Com frequência, um novo trabalho e/ou novas atribuições conduzirão a novos conhecimentos, mas se os Galos sentirem que uma qualificação ou habilidade adicional poderão contribuir para suas perspectivas, deverão avaliar o que será possível fazer. Eles estarão não apenas reforçando a natureza encorajadora do ano como também investindo em si mesmos e em seu futuro.

Isso também se aplicará aos interesses pessoais. Alguns Galos poderão escolher um novo desafio pessoal, iniciar um projeto ou assumir uma atividade que já consideravam havia certo tempo. Qualquer Galo que comece o ano sentindo-se desanimado descobrirá que novos interesses poderão renovar sua energia e lhe dar um propósito.

Seu próprio ano proporcionará aos Galos intensa atividade social. Além de compartilhar tempo e novidades com os amigos, eles poderão desfrutar de uma boa diversidade de ocasiões e de lugares para ir. Muitos Galos serão bastante solicitados nesse período e terão a chance de ampliar seu círculo social. Mais uma vez, quaisquer Galos que comecem o ano desalentados deverão tirar vantagem do que esse momento oferecerá. Se aproveitarem ao máximo as chances de sair, inclusive para participar de grupos sociais e atividades em sua área, sua situação poderá se iluminar de maneira notável.

Para os Galos disponíveis, é possível que, muitas vezes, os romances existentes ganhem significado nesse ano, enquanto novos romances deverão ser cultivados de maneira constante.

Haverá, igualmente, momentos divertidos nos lares de muitos Galos, com ocasiões especiais, sucessos e, às vezes, marcos a registrar. Possivelmente, haverá também boas notícias que encantarão a todos. Sempre que for necessário realizar preparativos, as habilidades organizacionais dos Galos serão solicitadas, e eles terão grande prazer com essas oportunidades. Ficarão também muito satisfeitos com o desenvolvimento de diversos planos e ideias, incluindo melhorias na casa e preparativos de viagem. O ano terá muitos momentos gratificantes.

No geral, os Galos terão muito a seu favor nesse ano e deverão aproveitá-lo. Esse será um momento em que seus esforços poderão recompensá-los generosamente. Na vida profissional, deverão procurar progredir na carreira, bem como explorar a melhor maneira de usar suas habilidades. Ao longo do ano, eles serão incentivados por suas boas relações com muitas pessoas ao seu redor, e tanto sua vida social quanto sua vida familiar serão ativas e prazerosas. Seu próprio ano será rico em possibilidades e suas muitas excelentes qualidades os ajudarão a aproveitá-lo ao máximo.

DICAS PARA O ANO

Aja! Agir com propósito poderá proporcionar-lhe sucesso nesse ano. Além disso, aproveite ao máximo seus pontos fortes e procure aprimorar seu conhecimento. Investindo em si mesmo, você poderá se beneficiar não apenas agora, mas também no futuro.

Previsões para o Galo no ano do Cão

Os Galos poderão progredir constantemente durante o ano do Cão, mas precisarão ser cuidadosos. Os anos do Cão podem gerar problemas próprios, que talvez causem atrasos e reconsiderações. Nesse período, os Galos não deverão esperar fazer as coisas do seu jeito, mas adaptar-se ao que for necessário.

No trabalho, tendo em vista as mudanças pelas quais muitos Galos terão passado recentemente, esse será um ano para que se concentrem no cargo que estiverem ocupando. Se mergulharem em sua função e trabalharem bem com os colegas, seu envolvimento crescerá ao longo do ano. No entanto, embora costumem ser bastante meticulosos, os Galos não deverão deixar o padrão cair. Galos, tomem nota disso e mantenham-se atentos e criteriosos. Os anos do Cão podem ser rigorosos, mas os ajudarão a aperfeiçoar e fortalecer suas habilidades.

Embora muitos Galos venham a permanecer no local de trabalho atual nesse ano, para aqueles que desejarem fazer uma mudança ou estiverem procurando emprego, a busca não será fácil. No entanto, se eles conversarem com especialistas e contatos — além de se manter alerta a vagas e ampliar o leque de cargos que estarão considerando assumir —, poderão ser avisados sobre outras possibilidades. Nesse período, os Galos não deverão agir muito por conta própria, e sim recorrer à orientação e ao apoio disponível. Igualmente importante: os cargos que muitos assumirem agora oferecerão potencial de crescimento, mas exigirão compromisso e disposição para adaptar-se e aprender.

Nos assuntos financeiros, os Galos precisarão ser vigilantes. Ao realizar compras de grande porte ou firmar contratos, eles deverão verificar os termos com cautela. Também será necessário reservar tempo para avaliar se o que estão considerando fazer será adequado. Em alguns casos, estando preparados para esperar, os Galos não apenas poderão se beneficiar de oportunidades de compra mais favoráveis como também farão escolhas mais apropriadas. Do mesmo modo, eles deverão ser meticulosos ao lidar com a papelada. Lapsos e atrasos poderão prejudicá-los. É possível que questões burocráticas sejam problemáticas nesse ano. Galos, tomem nota disso.

Contudo, poderá haver boas oportunidades de viagem, e os Galos deverão tentar reservar recursos para férias, assim como informar-se mais sobre os eventos e lugares que despertarem seu interesse. Planos emocionantes poderão tomar forma. É possível que algumas possibilidades de viagem surjam em cima da hora nesse ano.

Os interesses pessoais também poderão ser agradáveis e revelar-se uma boa maneira que os Galos terão para relaxar. Se estiverem ávidos por desenvolver ideias ou tornar-se mais competentes em determinada habilidade, eles deverão conversar com outros entusiastas e buscar orientação. Alguns deles poderão se matricular em cursos. Ao longo do ano, é possível que os Galos vejam seus interesses se desenvolverem de maneiras estimulantes.

Considerando suas muitas atividades, os Galos terão também boas oportunidades sociais nesse ano. Algumas delas poderão surgir de repente, e os Galos terão, possivelmente, que dar um jeito de conciliar vários compromissos para que possam desfrutá-las. Será possível se divertir, porém eles ainda precisarão se precaver. Um comentário inapropriado ou uma gafe incomum poderão causar problemas. Da mesma forma, eles não deverão agir de um modo que os leve a ser abertamente criticados. O ano do Cão poderá ser rigoroso com lapsos e erros pessoais. No entanto, desde que os Galos se mantenham atentos, é possível que, em termos sociais, esse seja um período movimentado e agradável.

Na vida familiar, eles também considerarão esse ano agitado. Os Galos não apenas terão seus próprios compromissos, como seus entes queridos talvez precisem tomar decisões fundamentais. Nesse aspecto, a empatia dos Galos e a capacidade que eles têm de considerar o contexto geral poderão ser de especial valor. Por sua vez, se estiverem preocupados com um assunto em particular, deverão ser francos e discuti-lo com as pessoas ao seu redor. A comunicação beneficiará a todos.

Além disso, embora os Galos gostem de planejar e organizar, será necessário que demonstrem flexibilidade em relação a determinados preparativos nesse ano. Atrasos, evoluções inesperadas e mudanças de circunstâncias, todos esses elementos podem ser característicos do ano do Cão e exigirão que os Galos se adaptem ao que for necessário. Além disso, como o ano já será movimentado o suficiente, os Galos deverão se certificar de não assumir compromissos em excesso. O ideal é que reservem tempo para relaxar e se divertir em vez de se manter continuamente ocupados. Eles vão merecer isso.

No geral, o ano do Cão estabelecerá um grande número de exigências para os Galos. No trabalho, muito será esperado deles, e será necessário lidar com pressões crescentes. No entanto, é possível que muitos Galos terminem o ano com a reputação enaltecida. Ao longo do ano, porém, eles precisarão permanecer vigilantes. Lapsos poderão derrubar os imprudentes, pois no ano do Cão os padrões são altos. Pressa e risco também deverão ser evitados. Embora não seja o mais fácil dos anos, o ano do Cão não deixará de ter seus pontos altos, incluindo os prazeres que as atividades compartilhadas proporcionam e o modo como algumas ideias se desenvolvem.

DICAS PARA O ANO

Comunique-se com as pessoas que o cercam e esteja atento aos seus pontos de vista. Com apoio, você poderá realizar muito mais. Do mesmo modo, adapte-se às mudanças de situação. Os anos do Cão exigem flexibilidade, consciência e esforço. Além disso, desfrute de tempo de qualidade com seus entes queridos. Você poderá se beneficiar de seu apoio nesse ano.

Previsões para o Galo no ano do Javali

Um ano satisfatório, com os Galos se beneficiando de alguns avanços interessantes e, às vezes, surpreendentes. Esse será um período para progresso, com muito para fazer e desfrutar.

Os anos do Javali estimulam a atividade e o avanço, e para os Galos que sentirem que têm estado acomodados nos últimos tempos, estiverem insatisfeitos com o cargo atual e/ou queriam um novo desafio, esse poderá ser um momento significativo. Será pleno de possibilidades, mas para que se beneficiem, os Galos precisarão ser proativos e fazer as coisas acontecerem.

As perspectivas profissionais serão encorajadoras, e os Galos que estiverem estabelecidos no cargo atual poderão se beneficiar de alguns acontecimentos inesperados. É possível que mudanças repentinas no quadro de funcionários ou novas iniciativas gerem oportunidades de promoção, ou os Galos talvez fiquem sabendo de uma vaga em outro lugar que lhes ofereça a chance de progredir na carreira ou de se desenvolverem de novas maneiras. Possibilidades tentadoras poderão surgir de repente nesse ano.

Para os Galos que estiverem querendo sair de sua função atual ou em busca de emprego, o ano do Javali também proporcionará avanços estimulantes. Mantendo-se alerta e informando-se, é possível que esses Galos descubram boas oportunidades. Os anos do Javali podem transcorrer de maneira curiosa, e alguns Galos talvez sejam avisados por acaso de um cargo ideal ou conquistem um cargo como resultado de uma decepção. Os anos do Javali são de possibilidades.

Com o progresso alcançado no trabalho, muitos Galos serão beneficiados com um aumento da renda. Isso frequentemente os convencerá a prosseguir com compras e planos que vinham sendo considerados havia algum tempo. No entanto, quando gastos mais substanciais estiverem envolvidos, eles agirão bem se reservarem recursos com antecedência, bem como se verificarem os termos e as obrigações de qualquer contrato que venham a firmar. Esse não será um ano para ser negligente ou fazer suposições. Além disso, como terão um estilo de vida movimentado, será necessário que observem os gastos e sejam cautelosos para não realizar muitas compras por impulso. Os níveis de gastos poderão se avolumar facilmente, e os recursos precisarão ser bem administrados.

Os acontecimentos do ano também darão aos Galos uma boa chance de aprimorar suas habilidades, e isso não precisará se restringir ao trabalho. Os anos do Javali têm um elemento de diversão, e os Galos deverão se certificar de que seus interesses pessoais não sejam deixados de lado. Esse será um momento excelente para desfrutar de passatempos favoritos ou estabelecer novos desafios pessoais. Haverá muitas possibilidades nesse período, e os Galos deverão tirar uma folga de tempos em tempos e desfrutar das recompensas por seus esforços.

A vida familiar também poderá ser fonte de grande prazer. Possivelmente, haverá não apenas ocasiões familiares a celebrar, mas também conquistas individuais. O ano do Javali deverá proporcionar momentos inesquecíveis e de orgulho. Além disso, atividades e interesses compartilhados poderão dar origem a momentos animados, bem como beneficiar os relacionamentos e o entrosamento. Os anos do Javali favorecem a união.

Durante o ano, muitos Galos estarão também ávidos por prosseguir com algumas mudanças em casa, incluindo a alteração de rotinas e a atualização de equipamentos. Haverá ganhos consideráveis, embora os Galos precisem discutir seus planos com as pessoas que os cercam e manter-se atentos aos seus pontos de vista. Mais uma vez, no entanto, a boa discussão e o esforço cooperativo poderão conduzir a muitos avanços.

Haverá também algumas boas oportunidades de viagem, incluindo chances de viajar que poderão surgir espontaneamente. Sempre que possível, os Galos deverão aproveitá-las. Férias e pausas breves poderão fazer-lhes bem.

Um aumento da atividade social também será provável, e os Galos talvez se interessem por uma série de eventos locais. Durante o ano, eles conhecerão muitas pessoas novas e, para os que não estiverem em um relacionamento, o ano do Javali trará possibilidades românticas emocionantes. Os aspectos sociais estarão tão acentuados que alguns Galos ficarão noivos, se casarão ou irão morar com o parceiro. Os anos do Javali são frequentemente animados *e* significativos em termos pessoais.

Em geral, os anos do Javali fazem bem aos Galos, sobretudo porque os incentivam a adotar um estilo de vida mais equilibrado. Unindo-se aos outros, dedicando tempo a seus interesses pessoais e colocando em prática ideias e oportunidades, os Galos poderão fazer com que esse momento seja gratificante. O ano poderá proporcionar algumas ocasiões especiais, tanto em sua vida familiar quanto em sua vida social, enquanto no trabalho muitos serão capazes de realizar um bom avanço, além de terem a chance de aprimorar seu conhecimento e suas habilidades. Os anos do Javali são estimulantes, e ao responderem aos avanços e aproveitarem as oportunidades, os Galos se sairão bem.

DICAS PARA O ANO

Valorize seus relacionamentos e dedique tempo às pessoas. Além disso, em vez de se sentir continuamente empenhado em melhorias, conceda-se tempo para desfrutar das recompensas por seus esforços. E seja flexível, de modo que possa se beneficiar daquilo que esse ano favorável tornar possível.

PENSAMENTOS E PALAVRAS DE GALOS

Talvez o resultado mais valioso de toda educação seja a capacidade de fazer
com que você faça o que tem que fazer, quando for necessário fazer,
quer você goste ou não. Essa é a primeira lição a ser aprendida.
THOMAS H. HUXLEY

Quando os planos são traçados com antecedência, é surpreendente
como muitas vezes as circunstâncias se encaixam neles.
SIR WILLIAM OSLER

Não desperdice tempo, pois é dele que a vida é feita.
BENJAMIN FRANKLIN

Nunca adie para amanhã o que você pode fazer hoje.
BENJAMIN FRANKLIN

Se eu fosse desejar algo, não desejaria riqueza e poder, mas o apaixonado sentido
do potencial, o olho que, sempre jovem e ardente, vê o que é possível...
Que vinho é tão espumante, tão fragrante, tão inebriante
quanto as possibilidades!
SØREN KIERKEGAARD

Corra riscos calculados. Isso é diferente de ser imprudente.
GEORGE PATTON

Um homem sábio cria mais oportunidades do que as encontra.
FRANCIS BACON

Se você cria um ato, você cria um hábito. Se cria um hábito, cria um caráter.
Se cria um caráter, cria um destino.
ANDRÉ MAUROIS

O CÃO

14 de fevereiro de 1934 a 3 de fevereiro de 1935	*Cão da Madeira*
2 de fevereiro de 1946 a 21 de janeiro de 1947	*Cão do Fogo*
18 de fevereiro de 1958 a 7 de fevereiro de 1959	*Cão da Terra*
6 de fevereiro de 1970 a 26 de janeiro de 1971	*Cão do Metal*
25 de janeiro de 1982 a 12 de fevereiro de 1983	*Cão da Água*
10 de fevereiro de 1994 a 30 de janeiro de 1995	*Cão da Madeira*
29 de janeiro de 2006 a 17 de fevereiro de 2007	*Cão do Fogo*
16 de fevereiro de 2018 a 4 de fevereiro de 2019	*Cão da Terra*
2 de fevereiro de 2030 a 22 de janeiro de 2031	*Cão do Metal*

A PERSONALIDADE DO CÃO

Costuma-se dizer que o Cão é o melhor amigo do homem. Os Cães são leais, fiéis e protetores, e essas são apenas algumas das qualidades que também são encontradas em muitas pessoas nascidas sob o signo do Cão.

Os Cães são íntegros e dignos de confiança. Levam suas obrigações a sério, e sua palavra é sua garantia. São também abnegados e dispostos a colocar outras pessoas ou causas à sua frente. De todos os signos chineses, o Cão é o mais altruísta.

Os Cães abominam a injustiça e estão prontos para falar abertamente contra más ações. Muitos defendem causas humanitárias, além de prestarem apoio a pessoas carentes. Se algo os irrita, eles certamente se expressam com clareza. São defensores, combativos e muito íntegros.

Com suas fortes crenças e seu desejo de fazer o que é certo, os Cães também se preocupam muito. Essencialmente, não querem decepcionar os outros. Por isso, pensam, repensam e às vezes podem ficar ansiosos e tender ao pessimismo. Nesses momentos, eles teriam a ganhar se conversassem mais prontamente com as pessoas que os rodeiam. Às vezes, o simples processo de falar pode fazer muito para ajudar a aliviar o ansioso Cão.

Os Cães são também cautelosos. Não gostam de se arriscar e são conservadores em suas perspectivas. Preferem ater-se ao que já foi testado e aprovado. Além disso, gostam de estar seguros de si mesmos, o que se vê em sua abordagem. Em vez de muitos grandes interesses, eles preferem ter algumas poucas preferências e se concentrar nas áreas em que podem acumular experiência. Não são do tipo que ficam mudando continuamente de ideias, opiniões e planos. Do mesmo modo, no trabalho, uma vez que tenham escolhido sua profissão, eles se manterão nela, desenvolvendo habilidades e progredindo de maneira constante. E os sucessos de que desfrutarem — e talvez sejam muitos — poderão ser atribuídos à sua dedicação e ao seu compromisso.

No trabalho, os Cães gostam de sentir que o que fazem tem valor e propósito. Quando inspirados, são capazes de chegar às alturas. Têm desejo, paixão e grande integridade. Eles são não apenas uma inspiração para os outros como têm consideráveis qualidades de liderança. Além disso, têm o desejo de servir, e seja na política, no direito, na medicina, na educação, na religião ou nas profissões relacionadas a cuidados e assistência, sua capacidade e competência os tornam figuras fascinantes. Mas, se em algum momento eles se virem em uma função não gratificante, existe a tendência de que percam o rumo, e o lado mais pessimista de sua natureza pode vir à tona. Os Cães precisam acreditar que o que estão fazendo vale a pena.

Embora tenham capacidade de prosperar, os Cães não são especialmente interessados em dinheiro. Desde que tenham suas necessidades atendidas e que o sustento de seus entes queridos esteja garantido, eles ficarão contentes. Na verdade, alguns deles têm mais prazer em gastar com os entes queridos do que consigo mesmos. Os bens materiais não são excessivamente importantes para eles.

Os Cães também não tendem a ser os melhores quando se trata de socialização, e podem sentir-se desconfortáveis com grandes reuniões ou eventos. Preferem compartilhar tempo com amigos de confiança e de longa data.

Isso se aplica também ao amor e ao namoro. Em vez de se precipitar em um relacionamento, os Cães gostam de ir com calma e se certificar, tanto no coração quanto na mente, de que estão tomando a decisão certa. Quando se comprometem, porém, são parceiros e amigos amorosos e muito leais. Assim como fazem em várias outras situações, os Cães levam o compromisso a sério.

Do mesmo modo, como pais eles são atentos e gostam de dar o exemplo, mas também tendem a se preocupar com as inquietações ou problemas que seus filhos possam ter. Os Cães são abnegados e se importam profundamente.

A mulher Cão, assim como o homem de seu signo, é direta e disposta a falar o que pensa, bem como a defender as pessoas e os princípios que tanto preza. De fato, algumas mulheres desse signo conseguem, inegavelmente, realizar muitas tarefas ao mesmo tempo, conciliando compromissos domésticos e profissionais com excelência. A mulher Cão também pode ser ambiciosa e, com certeza, tem capacidade para ir longe. Ela se apresenta bem. Muitas mulheres desse signo são famosas pela beleza natural.

Muitos Cães se cuidam e lutam para ter um estilo de vida equilibrado. E, como gostam de espaços abertos, um grande número deles aprecia acompanhar ou praticar esportes ou outras atividades ao ar livre.

Os Cães são obstinados e podem ser teimosos. Mas são íntegros e dispostos a se devotar aos entes queridos e às causas em que acreditam. De fato, são figuras formidáveis — cuidadosos, atenciosos e nascidos sob o signo da lealdade. Tendem a se preocupar e a pensar o pior, mas realmente deveriam ter mais fé em si mesmos, nas habilidades que adquiriram e em seu sentido de propósito. Com dedicação, eles são, sem dúvida, capazes de alcançar grandes feitos. Como Robert Louis Stevenson, nascido sob o signo do Cão, escreveu: "Ser o que somos e nos tornar o que somos capazes de ser — essa é a única finalidade da vida." E os Cães, com sua grande capacidade de dar e servir, muitas vezes podem fazer a diferença e, no processo, conquistar a admiração e a gratidão de muitas pessoas.

Principais dicas para os Cães

- Você é consciencioso e atencioso — e, muitas vezes, preocupado. Compartilhe suas aflições com as pessoas. Com frequência, isso ajudará a dissipá-las, poderá colocá-las em perspectiva ou trará uma solução para a situação. Dedicar tempo a interesses pessoais agradáveis também poderá ser como um tônico para você. Como diz um provérbio chinês: "Uma alegria dispersa mil tristezas."
- Você pode preferir a tradição e não gostar de mudanças, mas lembre-se de que avanços estão sempre sendo feitos, e mantendo-se disposto a aceitá-los, você terá mais capacidade de se beneficiar deles.
- Com sua natureza prática e *expertise*, você é capaz de ter algumas ótimas ideias; no entanto, nem sempre tem a confiança de sugeri-las. Em vez de deixar que elas se percam, apresente-as quando for apropriado e veja o que o acontece. Você poderá ser agradavelmente surpreendido.
- Você gosta de se especializar, de dominar o que faz e de estar em uma área que conhece, mas seria interessante ampliar seus horizontes de tempos em tempos. Fazendo algo diferente, você estará acrescentando um elemento novo e potencialmente benéfico ao seu estilo de vida. Ter novos desafios e atividades de vez em quando poderá fazer-lhe muito bem.

Com o Rato

O Cão vai admirar o jeito extrovertido e agradável do Rato, e esses dois gostarão da companhia um do outro.

No trabalho, porém, suas perspectivas e abordagens tendem a diferir, pois o Cão não tem a visão comercial do Rato. Não será a melhor das combinações.

No amor, as relações serão muito melhores e, com frequência, mutuamente benéficas. O Cão valorizará, sobretudo, a natureza confiante, solidária e entusiasmada do Rato. Como a vida familiar é importante para ambos, eles poderão encontrar muita felicidade.

Com o Búfalo

Esses dois signos são leais e cumpridores de seus deveres, mas são também muito firmes e teimosos. As relações poderão ser complicadas.

No trabalho, é possível que ambos tenham comportamentos arraigados e nenhum dos dois estará disposto a mudar. É verdade que trabalharão com afinco, mas, idealmente, vão preferir fazer isso sozinhos.

No amor, os dois são cautelosos e constroem seus relacionamentos com calma. Embora o Cão reconheça o jeito atencioso e confiável do Búfalo, a natureza teimosa e a tendência de ambos a falar o que pensam poderão causar dificuldades. Para que seu relacionamento dê certo, será necessário que eles tenham paciência e considerável compreensão.

Com o Tigre

Suas naturezas diferentes podem ajudar a extrair o que cada um deles têm de melhor, e suas relações são boas.

No trabalho, haverá um bom nível de confiança e respeito, e o Cão vai se inspirar no colega Tigre e será incentivado por ele. Uma combinação eficaz e bem-sucedida.

No amor, seus valores em comum (ambos são leais, confiáveis e dignos) ajudarão a uni-los, e suas qualidades diferentes serão complementares. O Cão valorizará especialmente a disposição otimista e os talentos diversificados do Tigre. Uma combinação próxima, amorosa e mutuamente benéfica.

Com o Coelho

Leais, carinhosos e com muitos interesses em comum, esses dois signos valorizam a companhia um do outro.

No trabalho, a combinação de suas habilidades contribui para uma parceria recompensadora, embora, diante do surgimento de problemas, ambos tendam a ficar ansiosos. Eles precisam de bons momentos para florescer. E, então, nada poderá detê-los!

No amor, eles valorizam a segurança e a estabilidade, e o Cão será estimulado por ter um companheiro tão confiável, solidário e bondoso. Uma combinação de sucesso.

Com o Dragão

O Cão não se sente à vontade com a energia e o jeito extravagante do Dragão, e haverá pouco entendimento entre eles.

No trabalho, seus estilos diferentes causarão dificuldades, com o cauteloso Cão temendo pelas visões mais impulsivas e arriscadas do Dragão.

No amor, eles vivem em ritmos diferentes; encontrar um ponto em comum será difícil. O Cão poderá considerar o Dragão uma companhia animada, mas em geral é possível que seu relacionamento se revele desafiador.

Com a Serpente

Esses dois signos levam tempo para formar amizades, mas enquanto vão pouco a pouco se conhecendo, muitas vezes podem estabelecer um bom vínculo.

No trabalho, ambos se respeitam, porém o modo como cada um deles trabalha e os fatores que os motivam podem, com frequência, ser muito diferentes. Embora o Cão venha a reconhecer a *expertise* da Serpente, nenhum dos dois tenderá a extrair o que o outro tem de melhor.

No amor, o Cão valorizará em especial o jeito calmo, quieto e atencioso da Serpente, e embora possa haver diferenças a conciliar, com cuidado e compreensão esses dois poderão formar uma combinação amorosa e significativa.

Com o Cavalo

Suas personalidades são diferentes, mas esses dois se gostam e se entendem.

No trabalho, o Cão considera o Cavalo um colega entusiasmado e inspirador. Haverá um bom nível de confiança entre eles. Muitas vezes, esses dois poderão unir seus talentos com sucesso.

No amor, formam uma boa combinação. O Cão valorizará a empolgação e a energia do Cavalo e vai considerar edificante estar com ele. Uma união altamente compatível e mutuamente benéfica.

Com a Cabra

Cães e Cabras têm muitas qualidades, mas suas diferentes personalidades e perspectivas não favorecem um bom relacionamento entre eles.

No trabalho, a tendência é que não haja entendimento. Nenhum dos dois tem uma visão especialmente comercial, e o Cão vai considerar o jeito muitas vezes despreocupado da Cabra e sua abordagem criativa incompatíveis com as suas próprias maneiras.

No amor, o Cão possivelmente reconhecerá o jeito cordial e bondoso da Cabra, mas seu temperamento imprevisível poderá exasperá-lo. Ambos podem também ser propensos a se preocupar. Uma combinação desafiadora.

Com o Macaco

Aparentemente, há muitas diferenças de personalidade entre esses dois; no entanto, quando passam a se conhecer melhor, eles valorizam as qualidades um do outro.

No trabalho, seus diferentes pontos fortes poderão se harmonizar, e é possível que o Cão se entusiasme com o espírito empreendedor e o empenho do Macaco. Quando se concentram em uma meta específica, eles conseguem alcançar muitas conquistas.

No amor, ambos são solidários e encorajadores. O Cão se sente tranquilizado pelo jeito animado e, com frequência, otimista do Macaco. Uma combinação significativa e mutuamente benéfica.

Com o Galo

Tanto o Cão quanto o Galo têm opiniões fortes e falam o que pensam. As relações entre eles não serão tranquilas.

No trabalho, o Cão poderá se irritar com o jeito rigoroso, organizado e controlador do Galo. As relações serão repletas de problemas.

No amor, seus diferentes estilos e perspectivas, bem como a natureza franca de ambos, não facilitarão as relações. Além disso, o Cão poderá considerar inibidora a rotina estruturada do Galo. Uma combinação desafiadora.

Com outro Cão

Há uma grande camaradagem entre dois Cães. Eles se entendem muito bem e as relações entre eles são boas.

No trabalho, haverá confiança e respeito, mas o Cão não tende a ser o signo de maior visão comercial, e dois Cães possivelmente não formarão a combinação mais eficaz.

No amor, esses dois serão solidários e amorosos. Com valores similares e apreço pela vida familiar, poderão desfrutar de um relacionamento forte e duradouro. Uma combinação de sucesso.

Com o Javali

O Cão admira o cordial e bondoso Javali, e há um bom entendimento entre eles.

No trabalho, ambos são muito esforçados, bem como francos e honrados em suas transações comerciais. Eles podem desfrutar de um relacionamento positivo e proveitoso.

No amor, esses dois compartilham muitos interesses, incluindo atividades ao ar livre e suas inclinações humanitárias. O Cão apreciará a natureza otimista e leve do Javali. Juntos, podem encontrar muita felicidade e ser bons um para o outro.

HORÓSCOPOS PARA CADA UM DOS ANOS CHINESES

PREVISÕES PARA O CÃO NO ANO DO RATO

O ano do Rato tende a fervilhar de atividades, e os Cães muitas vezes desconfiam dos rápidos avanços que ele traz. Contudo, apesar dessas apreensões, o ano do Rato tem considerável potencial. Esse não será o momento para se conter ou resistir a mudanças. Se as aceitarem e seguirem com o fluxo, os Cães poderão se sair bem.

Durante o ano, haverá mudanças em muitos locais de trabalho — e um grande número de Cães estará em uma boa posição para se beneficiar. Para aqueles que estiverem com o atual empregador há algum tempo, sua lealdade, seu compromisso e sua experiência no ambiente em que se encontram serão recursos valiosos e haverá boas oportunidades de avançar. No decorrer do ano, muitos Cães conquistarão uma bem merecida promoção, e sua função e suas responsabilidades se tornarão mais abrangentes.

Outro fator a seu favor serão as boas relações profissionais que eles mantêm com aqueles que os cercam. Ao longo do ano, os Cães deverão também tentar conhecer outras pessoas na área em que atuam. Aumentado sua rede de contatos e promovendo sua imagem, eles favorecerão tanto sua situação atual quanto suas perspectivas futuras.

Para os Cães que sentirem que sua situação poderá melhorar com uma mudança para outro lugar, bem como para aqueles que estiverem procurando emprego, o ano do Rato também propiciará boas oportunidades. Se pensarem com cuidado no tipo de cargo que gostariam de conquistar e se explorarem as possibilidades (inclusive conversando com especialistas), sua iniciativa poderá surtir efeito. É possível que isso leve tempo e que haja algumas decepções ao longo do caminho, mas os Cães são perseverantes e determinados e poderão vencer durante o ano. Muitos terão grande prazer com a chance de reenergizar sua carreira e suas perspectivas.

O progresso realizado no trabalho também poderá ajudar financeiramente, e muitos Cães verão sua renda aumentar no decorrer do ano. No entanto, eles precisarão administrar bem sua situação. Com seu estilo de vida ativo e, muitas vezes, um número crescente de compromissos, é possível que seus gastos aumentem significativamente. Isso precisará ser observado. Além disso, eles poderão considerar útil reservar recursos para planos futuros e outras despesas. Com um bom controle do orçamento, serão capazes não apenas de realizar mais como também de melhorar sua situação geral.

Como o período dará ênfase ao avanço, eles deverão, igualmente, desenvolver seus interesses pessoais e atividades recreativas. Assumir algo novo também poderá ser um desafio pessoal prazeroso. Em alguns casos, é possível que o que fizerem tenha um bom elemento social ou lhes permita usar seus talentos de novas maneiras. Os anos do Rato incentivam os Cães a aprimorarem a si mesmos.

Nesse ano poderá haver também um aumento da atividade social, com os Cães compartilhando tempo com amigos ou participando de eventos locais. Os anos do Rato são vibrantes, e se os Cães aceitarem os convites e aproveitarem ao máximo suas chances de sair, poderão desfrutar de bons momentos. Com sua natureza sincera e cordial, eles serão uma companhia popular e é possível que estabeleçam novas e importantes amizades.

Para os Cães que não estiverem em um relacionamento, o ano do Rato trará boas possibilidades românticas também. Para alguns deles, um encontro poderá acontecer por acaso, quase como se o destino estivesse desempenhando um papel especial. Os anos do Rato podem surpreender e encantar.

Na vida familiar, o ano do Rato promoverá, igualmente, uma atividade considerável, sobretudo porque para muitos Cães e seus entes queridos haverá mudanças na rotina e nos compromissos. Como resultado, será necessário que exista cooperação, bem como flexibilidade, em relação aos arranjos. Do mesmo modo, quando surgirem problemas (assim como ocorre em qualquer ano), frequentemente como resultado de pressões ou cansaço, eles deverão ser discutidos. Franqueza e comunicação serão muito importantes ao longo do ano.

Com sua natureza prática, muitos Cães se dedicarão seriamente a projetos de melhoria da casa nesse período. No entanto, ainda que estejam empolgados, eles precisarão planejá-los com toda a cautela e estabelecer um prazo longo para sua realização, assim como cuidar para que não haja muitas coisas acontecendo ao mesmo tempo. Os anos do Rato já são movimentados o bastante sem que se tente abarrotá-los de mais atividades. Cães, tomem nota disso e procurem distribuir os projetos ao longo dos meses, além de recorrer imediatamente à ajuda daqueles que os cercam.

Em geral, os Cães verão muitas coisas acontecerem nesse ano, e a velocidade de alguns desses eventos será perturbadora. Contudo, se procurarem desenvolver suas habilidades e ideias, eles poderão ganhar muito. Esse será um ano para avançar com os momentos, e não para resistir a eles. Além disso, os anos do Rato têm seus elementos divertidos. Os Cães vão considerar sua vida familiar e sua vida social ativas e gratificantes, e para os que não estiverem em um relacionamento, as perspectivas românticas serão boas. Os Cães poderão estar ocupados no ano do Rato, mas é possível que suas conquistas sejam muitas e de longo alcance.

DICAS PARA O ANO

Aproveite as oportunidades. Esse será um ano para avançar. Com tantas coisas acontecendo, use bem o tempo e comunique-se com as pessoas ao seu redor. A boa comunicação será muito importante nesses momentos agitados e, com frequência, especiais.

Previsões para o Cão no ano do Búfalo

Apesar de seus esforços e de suas nobres intenções, talvez os Cães considerem os anos do Búfalo desafiadores. É possível que o progresso seja difícil e que atrasos e obstáculos atrapalhem os planos. Esse será um período para exercitar o cuidado e não ter grandes expectativas. No entanto, ainda que os aspectos sejam desafiadores, os anos do Búfalo podem ser instrutivos e os Cães poderão aprender muito sobre si mesmos e sua capacidade, bem como estabelecer as bases para seu crescimento futuro.

Uma das características do ano do Búfalo é favorecer a tradição, e para aqueles que tendem a falar abertamente e/ou a ter imenso prazer com a defesa de causas, as dificuldades poderão estar adiante. Conceitos mais idealistas podem receber pouquíssima atenção nos anos do Búfalo, e esses serão momentos em que os Cães deverão agir com cautela. Em alguns casos, será prudente que adotem uma postura discreta em vez de correrem o risco de despertar inimizades.

No trabalho, tendo em vista mudanças recentes, muitos Cães decidirão permanecer na função atual e se concentrar nas áreas que conhecem melhor. Contudo, no decorrer do ano, para muitos deles a carga de trabalho aumentará e suas tarefas serão dificultadas pela burocracia ou por fatores que estarão fora de seu controle. Além disso, a política interna da empresa e mudanças no quadro de funcionários poderão ser motivos de preocupação. Os Cães precisarão agir com cautela e fazer o melhor possível em condições nem sempre fáceis.

No entanto, ainda que parte do ano possa ser complicada, assumir responsabilidades extras e lidar com problemas proporcionará uma boa experiência, e os Cães poderão usá-la para progredir no futuro. Além disso, se lhes oferecerem outros treinamentos ou se eles conseguirem variar sua função de algum modo, mais uma vez se beneficiarão disso mais tarde. E, considerando as ambições que alguns Cães terão, se eles sentirem que outras habilidades ou qualificações poderão ajudar em suas perspectivas, deverão informar-se mais a respeito delas.

Para os Cães que decidirem sair de onde estão ou estiverem procurando emprego, o ano do Búfalo também poderá ser desafiador. Apesar de sua experiência e do esforço que poderão fazer ao se candidatarem a vagas, a conquista de um novo cargo levará tempo e haverá decepções ao longo do caminho. No entanto, os Cães são tenazes, e muitos deles terão, por fim, sucesso em sua busca. *Será necessário* trabalhar pelos resultados, mas eles serão ainda mais bem-vindos (e merecidos) quando chegarem.

Além disso, os Cães deverão dedicar tempo a seus interesses pessoais nesse período. Essas atividades poderão não apenas lhes proporcionar prazer como também ser um valioso alívio contra algumas pressões do ano. No decorrer dos meses, é possível que alguns Cães se interessem por uma nova atividade ou estabeleçam um projeto para si mesmos. Isso poderá, igualmente, abrir interessantes possibilidades para o futuro.

Nos assuntos financeiros, no entanto, os Cães precisarão ser cuidadosos. Ao longo do ano, talvez considerem útil reservar recursos para planos mais dispendiosos. Sua disciplina tornará possível que muito mais coisas avancem. Também será necessário que eles lidem de forma imediata e meticulosa com formulários e papeladas financeiras. Demorar, fazer suposições ou correr riscos poderá prejudicá-los. Cães, tomem nota disso.

Diante das pressões do ano, os Cães poderão, muitas vezes, considerar sua casa um santuário privado, e terão imenso prazer com os acontecimentos e as atividades familiares. Sendo francos e compartilhando seus pensamentos, além de todo tipo de preocupação, com aqueles que os cercam, os Cães ajudarão os outros a compreendê-los e auxiliá-los. E eles também farão muito para ajudar os entes queridos, inclusive oferecer conselhos sobre o que poderão ser questões especiais e pessoais. Nesse aspecto, é possível que seu entendimento e sua contribuição sejam marcantes. Além disso, ao contribuir para a vida familiar, os Cães apreciarão ainda mais as atividades que ocorrerem. Nesse ano misto, as relações com os entes queridos deverão ser valiosas e, com frequência, especiais.

Sua vida social também poderá ser proveitosa. Saindo, eles não apenas desfrutarão de bons momentos como também conquistarão um estilo de vida mais equilibrado. E, ainda que determinados Cães prefiram eventos pequenos, algumas das ocasiões maiores a que comparecerem se revelarão, muitas vezes, melhores do que eles imaginavam. O ano do Búfalo poderá ter alguns pontos altos inesperados.

Em geral, porém, será um ano exigente. Os Cães terão dificuldade para avançar, mas se trilharem cautelosamente um caminho e permanecerem atenciosos com aqueles que os rodeiam, é possível que aprendam muito com esse período. A experiência adquirida agora poderá ter um valor especial, uma vez que as perspectivas melhorarão expressivamente no próximo ano, o do Tigre. Compartilhar tempo com as pessoas também ajudará a colocar em perspectiva alguns aborrecimentos. Os Cães não precisarão se sentir sozinhos nesse ano. E, ainda que as situações possam não ser fáceis, a experiência e os insights obtidos poderão ser, com frequência, de considerável valor para o futuro.

DICAS PARA O ANO

Seja meticuloso nos assuntos financeiros e cauteloso com os riscos. Além disso, aja cuidadosamente no trabalho, observando os acontecimentos e adaptando-se ao que for necessário. E divirta-se dedicando tempo aos seus interesses pessoais e às pessoas que lhe são próximas, pois ambos poderão beneficiá-lo nesse ano às vezes irritante.

Previsões para o Cão no ano do Tigre

Os Cães são muito observadores e também suscetíveis às condições que os cercam. E quando sentem que é o momento certo, eles realizam seu potencial. Esse será um ano assim. Com chances em abundância e um bom apoio, muitos Cães serão capazes de avançar com facilidade e desfrutarão de triunfos pessoais. Para os Cães que iniciarem o ano insatisfeitos ou desejando mudanças, esse será um momento para que se concentrem no *agora*, e não para que se sintam bloqueados pelo que aconteceu antes. Agindo, eles poderão ajudar a promover a melhora que desejam.

Ao longo do ano, os Cães serão ajudados pelo apoio daqueles ao seu redor, incluindo pessoas que tenham influência ou que possam auxiliá-los de maneira marcante. No entanto, para que se beneficiem inteiramente, eles precisarão ser francos e discutir seus planos e ideias. Esse não será um ano para manter seus pensamentos para si mesmos.

Essa necessidade de franqueza também se aplicará a situações sociais. Quando são apresentados às pessoas, os Cães às vezes podem dar a impressão de serem reservados. Nem sempre eles mostram sua personalidade do modo mais proveitoso. No vibrante ano do Tigre, valerá realmente a pena que se esforcem para superar isso e permitir que as pessoas apreciem sua verdadeira natureza.

Durante o ano, a atividade social de muitos Cães aumentará e haverá diversas ocasiões interessantes a que eles poderão comparecer. Como resultado, seu círculo de conhecidos crescerá e eles possivelmente farão alguns amigos preciosos. No caso dos Cães que estiverem se sentindo solitários ou com a sensação de que sua vida social perdeu o brilho nos últimos tempos, valerá a pena participar de uma atividade em grupo em sua área nesse período.

Haverá também boas possibilidades românticas e alguns Cães estarão destinados a conhecer sua alma gêmea. De muitas maneiras, os anos do Tigre podem ser significativos e, às vezes, transformadores.

Do mesmo modo, os Cães poderão esperar por momentos especiais na vida familiar. Como sempre, eles dedicarão muito tempo aos entes queridos e se orgulharão de suas conquistas. Seus familiares estarão ansiosos por retribuir e, possivelmente, ajudarão muito com as decisões que serão tomadas nesse ano, sobretudo porque poderão levantar considerações adicionais. Com todos se ajudando mutuamente e desfrutando do registro de marcos e sucessos, a vida familiar deverá ser especialmente prazerosa.

Os anos do Tigre também podem propiciar possibilidades interessantes, incluindo algumas relacionadas a interesses pessoais. Alguns Cães talvez decidam melhorar seus níveis de condicionamento físico e busquem orientação quanto à atividade ou modalidade que irão adotar; outros, no entanto, poderão ser atraídos por atividades recreativas, hobbies ou interesses diversos. Os anos do Tigre são momentos para manter-se receptivo ao que estiver disponível, e começar algo novo poderá ser exatamente o tônico de que alguns Cães precisam.

O ano do Tigre apresenta, igualmente, considerável potencial em relação ao trabalho. Especialmente para os Cães que estiverem infelizes no cargo atual ou sentindo que têm estado acomodados nos últimos tempos, esse será um período para tomar a iniciativa e procurar fazer mudanças. Informando-se, conversando com contatos e mantendo-se atentos a vagas, muitos Cães conquistarão uma posição que lhes dará uma nova chance. Cães, tomem nota disso. Esse não será um ano para ficar parado.

Isso também se aplicará aos Cães que estiverem em busca de emprego. Embora alguns possam estar se sentindo desiludidos, esse será um ano para que tenham autoconfiança e sigam em frente. Se forem rápidos em se apresentar para vagas e enfatizarem sua experiência, muitos receberão a chance pela qual vêm esperando. No caso de alguns Cães, o período poderá conduzir sua carreira para uma trilha nova, mas potencialmente significativa.

Para os Cães que estiverem estabelecidos em uma carreira específica, os aspectos também serão encorajadores. Possivelmente, haverá chance de promoção no local de trabalho atual, e para os que estiverem em grandes organizações, um trabalho temporário ou a transferência para outro setor ou função dentro da própria empresa poderão ser tentadores. Muitos Cães vão ascender na carreira no ano do Tigre.

O progresso realizado no trabalho proporcionará um aumento da renda, e alguns Cães também serão beneficiados com um presente ou bônus. No entanto, para que tirem o máximo proveito, os Cães precisarão permanecer disciplinados

— do contrário, qualquer valor extra poderá ser rapidamente gasto. Além disso, se firmarem um novo contrato, eles deverão verificar cuidadosamente os termos e as obrigações. Embora esse venha a ser um ano bom, não será o momento para ser negligente, sobretudo em questões com implicações de longo prazo.

Em geral, no entanto, é possível que os Cães se saiam bem nesse ano e façam um bom progresso. No trabalho, seu potencial poderá ser reconhecido e incentivado, e talvez surjam oportunidades para avançar. Do mesmo modo, os interesses pessoais poderão se desenvolver satisfatoriamente, enquanto na vida familiar e na vida social haverá momentos especiais a desfrutar. As perspectivas românticas serão igualmente boas. Um ano gratificante e, muitas vezes, especial!

DICAS PARA O ANO

Recorra ao apoio das pessoas ao seu redor. Com contribuição adicional, muito mais poderá se tornar possível para você. Além disso, aja. Grandes serão as possibilidades no ano do Tigre. Aja bem para se sair bem.

Previsões para o Cão no ano do Coelho

Quando os Cães avaliarem o ano do Coelho, eles poderão muito bem ficar surpresos com a quantidade de feitos que terão conseguido realizar. Esses prometem ser 12 meses muito agitados, tanto em termos pessoais quanto profissionais.

Sua vida pessoal poderá proporcionar -lhes uma alegria especial. Os Cães que estiverem envolvidos em um romance verão, muitas vezes, o relacionamento ganhar um significado maior, e muitos deles irão morar com o parceiro ou se casar. Para os que não estiverem em um relacionamento, alguém que conhecerem poderá rapidamente se tornar especial e, embora os Cães gostem de construir os relacionamentos com calma, alguns deles poderão ser arrebatados nesse ano pelas maravilhas e emoções do novo amor.

Os Cães deverão também aproveitar ao máximo as oportunidades sociais. Eles não apenas desfrutarão de muitos momentos de convívio com os outros como também descobrirão que algumas das pessoas que vierem a conhecer serão capazes de ajudar em objetivos ou interesses atuais. Costuma-se dizer que quanto mais gente conhecemos, mais oportunidades se descortinam para nós, e isso será verdade para os Cães nesse período. Seu número crescente de conhecidos poderá ajudá-los e incentivá-los de muitas maneiras. Nesse ano, os Cães deverão fazer tudo o que puderem para projetar sua imagem, envolver-se com as pessoas e aproveitar o que acontecer.

Os aspectos auspiciosos também se estenderão à vida familiar. Haverá comemorações nos lares de muitos Cães nesse ano — talvez um casamento, a chegada de alguém novo à família ou um sucesso ou marco individual. E para os Cães que estiverem pensando em se mudar, esse será um tempo para colocar os planos em ação. Muito poderá ser realizado.

No entanto, ainda que os Cães venham a instigar muitos dos planos e atividades que serão realizadas nesse ano, os membros da família precisarão se unir e somar energia, talentos e recursos. Quanto maior for o esforço coletivo, mais extensos serão os ganhos e as melhorias.

As perspectivas profissionais também estarão sob aspectos favoráveis, e esse será um ano para os Cães agirem. Aqueles que estiverem pensando em trabalhar como autônomos ou em estabelecer um negócio deverão explorar essa possibilidade mais plenamente e buscar orientação adequada. Muitos planos poderão ser colocados em prática agora.

Os Cães que estiverem seguindo uma carreira específica também poderão fazer um progresso substancial. Muitas vezes, estarão em uma boa posição para se beneficiar de uma oportunidade repentina, seja pela saída de um colega, seja pela necessidade de se ter um funcionário em uma função mais especializada. As mudanças que ocorrerem nesse período talvez não sejam as que os Cães imaginassem; porém, elas farão com que muitos deles avancem em sua posição e desfrutem de grande sucesso e reconhecimento.

Para os Cães que estiverem em busca de um novo desafio em outro lugar ou procurando emprego, o ano do Coelho poderá, igualmente, proporcionar possibilidades emocionantes. Se pensarem em maneiras que lhes permitam adaptar suas habilidades e explorar vagas, é possível que sejam recompensados com uma função muito diferente da que vinham desempenhando, mas que lhes dará a oportunidade e o incentivo de que precisam. Parte do que acontecer poderá assinalar uma mudança considerável na vida profissional desses Cães, inclusive em relação a local, área de atuação e habilidades — porém, mantendo-se receptivos e dispostos, eles poderão realizar um avanço importante.

O progresso realizado no trabalho ajudará financeiramente, e alguns Cães poderão também lucrar com um interesse pessoal ou uma ideia empreendedora. No entanto, considerando alguns dos planos e compras que terão em mente, eles deverão observar cuidadosamente seu orçamento. Sobretudo no caso daqueles que se mudarem, custos e obrigações precisarão ser monitorados com rigor. Com um bom controle, muitos planos poderão prosseguir com sucesso, mas esse será um período para disciplina, bom planejamento e boa administração.

Se possível, todavia, os Cães deverão reservar recursos para férias. Uma pausa e uma mudança de cenário poderão ser benéficas, e muitos deles ficarão encantados com os lugares que vierem a visitar.

Todos os Cães poderão obter grande satisfação com seus interesses pessoais, e esse será um ano excelente para desfrutar de seus talentos. Seja preferindo atividades práticas, atividades ao ar livre ou outras atividades mais criativas, o fato de dedicarem tempo a elas e usarem suas habilidades fará com que se sintam muito satisfeitos como o modo como elas se desenvolverão.

Em geral, os Cães deverão ficar atentos às oportunidades no ano do Coelho. Embora algumas delas possam vir a surpreender, as coisas muitas vezes acontecem por um motivo, e nesse ano será em benefício deles. Esse será o momento de colocar planos em ação, e os Cães deverão explorar as possibilidades, especialmente se desejarem mudar de casa. Eles podem alcançar muitas realizações nos anos do Coelho. Do mesmo modo, sua vida pessoal deverá ser especial e, no caso de alguns deles, noivado, casamento e um novo membro na família poderão acenar. É possível que os Cães vejam muita coisa acontecer nesse ano e concretizem algumas de suas estimadas esperanças.

DICAS PARA O ANO

Prossiga com seus planos. Recorra ao apoio daqueles que o cercam e esteja receptivo ao que surgir para você, pois acontecimentos úteis (e às vezes surpreendentes) poderão, com frequência, contribuir para o processo. Além disso, desfrute de suas relações pessoais, sobretudo porque possivelmente haverá avanços significativos a compartilhar.

Previsões para o Cão no ano do Dragão

Os anos do Dragão são dinâmicos, e os Cães poderão se sentir pouco à vontade com alguns de seus acontecimentos de ritmo veloz. Eles não são do tipo que age por impulso ou aceita mudanças repentinas, mas esse será o estilo do ano do Dragão. Possivelmente, será um momento desafiador, mas os Cães poderão agregar tanto experiência quanto novos insights às suas habilidades e aptidões.

Uma característica-chave dos Cães é sua natureza conscienciosa. Eles se importam e levam suas responsabilidades a sério. É por esse motivo que se preocupam tanto — e o ano do Dragão certamente poderá trazer inquietações. No entanto, se compartilharem suas aflições com as pessoas que os cercam, os Cães serão não apenas ajudados como também tranquilizados. Às vezes, o simples processo de conversar é capaz de colocar as questões em perspectiva ou produzir soluções. Os

Cães não deverão sentir que estão por sua própria conta. Eles fazem muito pelas pessoas, e nesse ano precisarão deixar que elas retribuam.

Na vida profissional, esse poderá ser um momento exigente. Mudanças deverão ocorrer de repente, incluindo deslocamentos de funcionários e alterações nas práticas de trabalho, e é possível que os Cães se defrontem com pressões crescentes. Parte do ano será complicada; porém, concentrando-se no que precisará ser feito e evitando distrações, eles conseguirão aproveitar ao máximo a situação, e sua firmeza e confiabilidade serão notadas e muito apreciadas.

Além disso, ainda que os Cães possam ter receios sobre as mudanças em andamento, é possível que elas deem origem a oportunidades. Novos cargos poderão ser criados ou funcionários poderão ser requisitados para trabalhar em outras áreas. Se os Cães se sentirem atraídos por uma possibilidade específica, deverão buscá-la. Esse não será um ano para resistir a mudanças, mas para aproveitá-las ao máximo.

Para os Cães que decidirem sair de onde estão, assim como para os que estiverem procurando emprego, o ano do Dragão também poderá ser desafiador. Possivelmente, as vagas serão limitadas, e a concorrência, feroz. No entanto, os Cães são tenazes, e se fizerem um esforço extra ao se candidatarem e destacarem sua experiência e adequação, muitos, por fim, serão bem-sucedidos. Alguns talvez consigam fortuitamente um cargo que poderá reposicionar sua carreira em uma nova e interessante trajetória. Os anos do Dragão podem ser desafiadores, mas não são destituídos de oportunidades potencialmente significativas.

Nos assuntos financeiros, porém, será necessário que os Cães sejam cautelosos. Se estiverem considerando realizar uma compra de grande porte, precisarão verificar se suas exigências serão atendidas e estar cientes de todos os custos e implicações. Deverão também ficar de olho nas despesas e dar imediata e meticulosa atenção à papelada financeira. Atrasos e descuidos poderão prejudicá-los. Esse será um período em que a realização de uma administração financeira cuidadosa terá grande importância.

Diante das pressões do ano, os Cães não deverão se esquecer de reservar tempo para si mesmos. Os interesses pessoais poderão ser de especial valor, e nesse ano muitos Cães terão a chance de ampliar o que fazem ou experimentar algo diferente.

Um prazer adicional poderá vir das viagens e, se possível, os Cães deverão tentar tirar férias, bem como aproveitar algumas breves e inesperadas oportunidades de passar um tempo fora de casa. Uma pausa e a chance de visitar atrações famosas poderão ser benéficas e extremamente prazerosas.

Além disso, para manterem-se em forma, os Cães farão bem se refletirem um pouco sobre seu bem-estar. Se não estiverem se exercitando regularmente ou se sentirem que mudanças na alimentação poderão ser benéficas, deverão buscar orientação médica quanto às iniciativas a tomar.

Ao longo do ano, os Cães valorizarão a companhia e o apoio de seu habitualmente próximo grupo de amigos, e mais uma vez deverão se valer da ajuda e do apoio que essas pessoas lhes oferecerem, bem como aceitar outras oportunidades sociais. Esse não será um ano para recolher-se em si mesmo nem para perder as coisas que estiverem acontecendo.

Nos assuntos românticos, no entanto, os Cães precisarão agir atentamente. Novos relacionamentos deverão ser cultivados e ter seu próprio tempo para se desenvolver.

Na vida familiar, esse promete ser um período movimentado, com os Cães ajudando os entes queridos e incumbindo-se de muitas coisas relevantes. Mais uma vez, será importante que eles não se encarreguem de tudo sozinhos, mas que consultem os outros e partilhem a responsabilidade. Além disso, embora gostem de planejar, os Cães precisarão ter flexibilidade em relação às providências que forem tomar, pois é possível que as circunstâncias mudem. Em meio a toda a atividade, no entanto, haverá momentos em família e realizações individuais a saborear.

Os anos do Dragão têm grande energia e transcorrem em um ritmo emocionante. E para os Cães, que preferem ordem e regularidade, esses poderão ser momentos desafiadores. No entanto, estando preparados para se adaptar e aproveitar ao máximo as situações, é possível que os Cães aprendam muito, desenvolvam habilidades e descubram pontos fortes e oportunidades que poderão aprimorar. E deverão, também, participar plenamente das atividades que esse ano empolgante apresentar.

DICAS PARA O ANO

Não se sinta sozinho. Haverá apoio e aconselhamento disponíveis para você. Além disso, reserve tempo para si mesmo e para o lazer. Interesses pessoais, viagens e tempo de qualidade com os entes queridos poderão ser de especial valor nesse ano movimentado e de ritmo veloz.

Previsões para o Cão no ano da Serpente

Um ano agradável e produtivo. Em vez de se sentirem abalados pelos eventos ou terem que lidar com pressões diversas, os Cães serão capazes de se reafirmar e colocar seus próprios planos em ação. Esse será um período muito mais satisfatório para eles, que não apenas poderão fazer um bom avanço como também terão um pouco de sorte.

Assim como as Serpentes, os Cães gostam de planejar, e no início do ano deverão pensar um pouco em seus planos para esse período. Ter alguns objetivos em mente não apenas os ajudará a direcionar suas energias de modo mais eficaz como também os deixará cientes das ações que precisarão executar. E aqueles que começarem o ano da Serpente se recuperando de mágoas ou sentindo que não têm aproveitado ao máximo seu potencial deverão criar coragem. Esse será um ano com possibilidades de proporcionar as mudanças positivas de que eles precisam.

Os aspectos profissionais serão encorajadores e haverá boas oportunidades de assumir responsabilidades maiores e, muitas vezes, mais gratificantes. Ao longo do ano, muitos Cães colherão as recompensas de um bom trabalho realizado havia pouco tempo.

Para os que sentirem que não há oportunidade na empresa atual e para os que estiverem em busca de emprego, o ano da Serpente também poderá trazer boas possibilidades. Permanecendo ativos no processo de procurar emprego, sendo rápidos em aproveitar oportunidades e não restringindo o tipo de cargo que buscam, é possível que muitos desses Cães assumam uma nova posição com potencial para se desenvolver e progredir. Em um grande número de casos, isso envolverá um considerável aprendizado, mas lhes dará o incentivo de que precisam.

Todos os Cães se beneficiarão do modo como seu trabalho os colocará em contato com outras pessoas. Eles poderão impressionar nesse período, e aumentando sua rede de contatos e projetando sua imagem, sua dedicação e capacidade irão, mais uma vez, ajudar em suas perspectivas.

O progresso realizado no trabalho ajudará financeiramente, e muitos Cães desfrutarão de um aumento da renda ao longo do ano. Alguns deles também poderão ser beneficiados com um bônus ou presente ou descobrir um interesse lucrativo. No entanto, embora os Cães possam considerar esse ano melhor em termos financeiros, eles precisarão manter-se disciplinados. Será necessário controlar cuidadosamente os gastos e reservar recursos para despesas mais altas. Esse é um ano que recompensará a boa gestão financeira.

Os interesses pessoais poderão ser prazerosos, além de um bom meio de conhecer pessoas. Os anos da Serpente favorecem especialmente o esforço criativo, e qualquer Cão que deseje um novo desafio ou tenha curiosidade sobre determinado interesse deverá seguir em frente, agir em relação a isso e manter-se aberto às possibilidades.

Embora os Cães sejam seletivos em sua socialização, seu trabalho, assim como seus interesses e contatos, poderá levá-los a conhecer pessoas nesse ano e a ganhar novos amigos. Os Cães que sentirem que sua vida social tem perdido o brilho nos últimos tempos descobrirão que se envolvendo em atividades locais eles poderão ter a melhora que desejam.

Para os que não estiverem em um relacionamento, o ano da Serpente também trará possibilidades românticas, e um encontro casual será capaz de tornar-se mais significativo.

O ano da Serpente poderá, igualmente, proporcionar algumas ocasiões familiares especiais. Os Cães verão seus entes queridos ansiosos por compartilhar seus progressos. Além disso, é possível que haja uma ocasião especial ou um marco familiar a registrar. Seja comemorando um nascimento, um casamento, uma formatura ou outra realização, muitos Cães desfrutarão de momentos gratificantes.

Ao longo do ano, os Cães também darão apoio e conselhos excelentes aos entes queridos, bem como estimularão a realização de melhorias ambiciosas no lar. No entanto, as atividades práticas não deverão ser empreendidas de maneira precipitada, e sim no momento apropriado. Além disso, quaisquer projetos e outras melhorias precisarão ser cuidadosamente orçados, pois alguns desses planos poderão se revelar mais caros do que o imaginado. Cães, tomem nota disso.

Em geral, o ano da Serpente será encorajador para os Cães. No trabalho, esse será, muitas vezes, um momento mais gratificante, e eles poderão esperar por fazer um bom avanço e desfrutar de resultados impressionantes. No decorrer do ano, os Cães serão incentivados pelo apoio das pessoas que os rodeiam e haverá bons momentos e sucessos a compartilhar. Eles terão muito a seu favor nesse período e, se agirem com determinação, poderão realizar um progresso bem merecido.

DICAS PARA O ANO

Henry Ford declarou: "Se você pensa que pode ou se pensa que não pode, de qualquer modo você está certo." Nesse ano, pense que você pode! Tenha alguns objetivos em mente e trabalhe para alcançá-los. Além disso, valorize suas relações com as pessoas. Colegas de trabalho, amigos, entes queridos e novos contatos, todos eles poderão ajudá-lo a aproveitar esse ano ao máximo.

Previsões para o Cão no ano do Cavalo

Um ano construtivo, que permitirá aos Cães ascenderem no cargo atual e desfrutarem de muitos avanços positivos. Esse será um momento agitado e eles precisarão usar suas energias de maneira eficaz e se concentrar em seus objetivos-chave. Para quaisquer Cães que estejam cultivando uma ambição específica, porém, esse será um momento excelente para levá-la adiante. Com determinação, autoconfiança e apoio, eles poderão ver possibilidades se revelando.

No trabalho, a experiência e a reputação que muitos Cães construíram os colocará em uma boa posição para que avancem na carreira. Os que estiverem em uma trilha profissional específica poderão realizar um bom progresso nesse período.

Qualquer Cão que tenha se sentido contido nos últimos tempos (talvez pela falta de oportunidade) ou deseje novos desafios deverá manter-se alerta a vagas e apresentar-se. Candidatando-se e indicando seu desejo de se aprimorar, muitos conquistarão agora a chance de que precisam. Esse não será um ano para ficar parado.

Os Cães que estiverem procurando emprego poderão ser ajudados por amigos e contatos que os alertarão sobre vagas. Se ampliarem o escopo de sua busca, é possível que muitos deles consigam um cargo em que possam progredir. No entanto, é necessário observar que o Cavalo é um chefe muito rigoroso, e com o progresso virão novos desafios. Esse será um ano propício para que os Cães mostrem para o que vieram — e muitos farão isso com sucesso.

O progresso no trabalho poderá gerar um aumento da renda também, e muitos Cães estarão ávidos por seguir em frente com compras mais substanciais. Se pensarem cuidadosamente sobre elas, esses Cães serão capazes de tomar boas decisões, e muitas vezes garanti-las em condições favoráveis. É igualmente possível que considerem útil revisar sua situação financeira em algum momento do ano. Em determinados casos, modificações poderão proporcionar economia e melhoras. Reservar recursos para suas necessidades futuras e para o longo prazo também será vantajoso. A boa gestão financeira poderá fazer uma importante diferença nesse período.

Além disso, os Cães não deverão ser negligentes com a segurança pessoal nem com o cuidado de objetos de valor. Um prejuízo poderá ser perturbador.

Muitos Cães apreciarão o modo como poderão ampliar seu conhecimento no ano do Cavalo, e isso não precisará se restringir aos assuntos profissionais. Ao longo do ano, eles deverão pensar um pouco em maneiras de incrementar seus interesses pessoais. Se tiverem determinado talento, a prática extra, o estudo e a instrução possivelmente os ajudarão a ter imenso prazer com o que fazem. Para os que gostarem de atividades criativas, é possível que esse seja um momento especialmente gratificante e produtivo.

Outro prazer do ano serão as viagens. Se possível, os Cães deverão reservar recursos para férias, e se determinados eventos ou atrações forem tentadores, eles deverão analisar o que poderá ser feito. Às vezes, o trabalho ou os interesses pessoais propiciarão oportunidades de viagem também. Muitos Cães viajarão mais do que o habitual nesse ano.

Do mesmo modo, eles poderão esperar por um aumento da atividade social, e com frequência haverá uma interessante mistura de coisas para fazer. Para os Cães que estiverem solitários ou tiveram que superar uma mágoa recente, o ano do Cavalo possivelmente proporcionará uma melhora em sua situação. Tanto amigos atuais quanto novos serão solidários, e atividades e interesses compartilhados ajudarão a restaurar um pouco do brilho em sua vida.

Para os Cães que não estiverem em um relacionamento, é possível que o ano do Cavalo traga uma rajada de atividades românticas. A flecha do Cupido estará apontada na direção de muitos Cães, e para um grande número deles esse poderá ser um ano divertido, animado e emocionante.

Na vida familiar, eles também poderão esperar grande atividade. Ao longo do ano, é possível que muitos planos essenciais sejam realizados, talvez em relação a interesses pessoais, viagens, projetos ou conquistas individuais. Haverá algumas surpresas também. No entanto, por serem tão afetuosos, os Cães poderão se preocupar com a situação de outra pessoa. Em tais momentos, eles deverão colocar as coisas em perspectiva, estimular a comunicação e, se adequado, buscar aconselhamento. Todos os anos têm seus problemas, e esse não será uma exceção; no entanto, em sua maior parte, a vida familiar transcorrerá bem.

Os anos do Cavalo são movimentados e produtivos, e os Cães poderão realizar um bom progresso e beneficiar-se de algumas oportunidades que chegarão na hora certa se agirem com determinação. Esse será um momento para seguir em frente, e os Cães ficarão satisfeitos com o modo como muitos de seus planos avançarão e também com a maneira como suas habilidades se desenvolverão. Tanto a vida social quanto a vida familiar dos Cães serão ativas; haverá oportunidades de viagem e, para os que estiverem disponíveis, o ano trará possibilidades emocionantes. No geral, um ano agradável e gratificante.

DICAS PARA O ANO

Aja. Tenha confiança em si mesmo e aproveite ao máximo as oportunidades. Desfrute de viagens e de seus interesses pessoais, mas tome cuidado com os bens pessoais. Valorize suas relações com as pessoas que o rodeiam e divirta-se compartilhando tempo com elas.

Previsões para o Cão no ano da Cabra

Um ano misto. Os Cães gostam de estrutura e são tão metódicos quanto conscienciosos. A imprevisibilidade do ano da Cabra poderá preocupá-los. O progresso será mais difícil, e partes do ano serão penosas. Todavia, para compensar, o ano da Cabra poderá proporcionar alguns momentos especiais no nível pessoal.

Diante dos aspectos predominantes, os Cães precisarão mostrar flexibilidade nesse período. Não será um momento para ficar preso a uma única abordagem ou considerar os planos como definitivos. Novos avanços poderão ocorrer a qualquer instante, e oportunidades também. Para que se beneficiem, os Cães deverão se adaptar ao que for necessário.

Esse será especialmente o caso na vida profissional. Ao longo do ano, uma torrente de ideias, esquemas e práticas de trabalho será sugerida, e os Cães, que apreciam a tradição, com frequência ficarão muito apreensivos. No entanto, em vez de agir ou falar o que pensam apressadamente, eles deverão mostrar paciência, observar os acontecimentos e aguardar até que as situações se resolvam. Esse não será o momento de colocar sua posição em risco por parecerem muito rígidos em suas maneiras. Eles poderão não se sentir felizes com a situação, mas, em tempos de mudanças, manter a discrição e concentrar-se no que precisa ser feito poderá ser a melhor opção.

Para os Cães que estiverem ansiosos por sair de onde estão ou à procura de emprego, o ano da Cabra poderá ser complicado, mas significativo. Para aumentar suas chances, esses Cães não deverão ser muito restritivos quanto ao tipo de cargo que estiverem buscando. Ampliando o escopo de sua procura e considerando outras maneiras de utilizar suas habilidades, eles poderão conquistar um cargo interessante (e às vezes diferente). Mais uma vez, a flexibilidade será essencial — os Cães que estiverem preparados para se adaptar serão aqueles que se beneficiarão de oportunidades inesperadas.

No caso de alguns Cães, os anos da Cabra também poderão ser considerados momentos de reavaliação, e para os que desejarem uma mudança na carreira, essa será possivelmente a hora de explorar as opções.

Todos os Cães poderão contribuir também para a situação em que se encontram se trabalharem bem com os outros. Se tomarem parte no que estiver acontecendo, em vez de se isolarem e se afastarem, eles não apenas se manterão mais bem informados como também serão capazes de se adaptar ao que for necessário. No ano da Cabra, os Cães precisam manter a racionalidade.

Muitos Cães desfrutarão de um aumento da renda ao longo do ano, e alguns deles serão beneficiados também com um bônus ou presente. Mais uma vez, o ano da Cabra, apesar de seus aborrecimentos, terá a capacidade de surpreender. No entanto, ainda que qualquer valor extra seja bem-vindo, esse será um ano dispendioso, sobretudo porque alguns Cães irão se mudar ou enfrentarão custos com reparos. Todos os Cães precisarão administrar cuidadosamente as finanças e verificar detalhes, papelada e obrigações de quaisquer grandes transações. Esse não será um período para ser negligente ou fazer suposições. Atrasos e empecilhos ocultos também poderão retardar certas transações, por isso paciência e cuidado serão exigidos.

A vida familiar, no entanto, será especialmente movimentada e verá mudanças consideráveis. Alguns Cães decidirão se mudar, e esse processo consumirá muito de seu tempo e energia. Outros poderão embarcar em ambiciosas melhorias para a casa, bem como ter que lidar com o transtorno causado por quebras de equipamentos. Na vida familiar, muitas situações exigirão atenção nesse ano; porém, quando os planos tiverem sido realizados, os problemas, resolvidos, e as compras, feitas, os benefícios serão muitos e de longo alcance.

Além de toda a atividade prática, o ano da Cabra trará alguns pontos altos na vida familiar. Seja comemorando a chegada de um novo membro à família, uma conquista acadêmica, um sucesso pessoal ou a inauguração de uma casa, os Cães poderão desfrutar de algumas ocasiões prazerosas. Ainda que tenham seus aspectos problemáticos, os anos da Cabra podem ser gratificantes para a vida familiar.

Eles podem, igualmente, propiciar boas oportunidades sociais. A despeito das pressões do ano, os Cães não deverão negar a si mesmos a chance de sair, sobretudo se forem atraídos por determinados eventos e atividades. É possível que algumas das pessoas que vierem a conhecer nesse ano se tornem amigos permanentes.

Para os Cães que estiverem envolvidos em um romance, o relacionamento poderá se desenvolver de modo significativo nesse período. No caso daqueles que iniciarem o ano disponíveis ou que tenham tido um transtorno recente, uma pessoa especial poderá entrar em sua vida agora.

Com a natureza movimentada do ano, será importante também que os Cães reservem tempo para descansar e relaxar. Trabalhar incessantemente poderá ter seu preço. Nesse aspecto, é possível que os interesses pessoais acrescentem um equilíbrio valioso ao seu estilo de vida. Atividades criativas, especificamente, poderão se ampliar de maneira interessante nesse momento.

Em geral, o ano da Cabra será exigente, e os Cães ficarão preocupados com suas incertezas e pressões. No entanto, em tempos de mudança, eles poderão não apenas adquirir uma proveitosa experiência como também ter a chance de mostrar sua capacidade de novas maneiras. Questões relativas à família e à moradia poderão ser destaques do período, assim como muitos planos poderão ser realizados agora. Ao longo do ano, os Cães serão incentivados pelo apoio e pela boa vontade de seus entes queridos, e o ano proporcionará alguns momentos pessoais e familiares especiais.

DICAS PARA O ANO

Costuma-se dizer que os problemas são oportunidades disfarçadas — portanto, veja as mudanças do ano como chances de aprender, ampliar sua experiência e (às vezes) experimentar o novo. Esteja disposto a se adaptar e a recorrer ao apoio das pessoas. E desfrute de suas relações com aqueles que são especiais para você.

Previsões para o Cão no ano do Macaco

O ano do Macaco poderá ser ótimo para os Cães, com muito a fazer e aproveitar. No entanto, para obter o máximo dele, os Cães precisarão agir com propósito. Tendo determinação e persistência, é possível que vejam muito mais acontecer.

Além disso, os Cães confiam bastante nos instintos, e quando o ano do Macaco começar, muitos deles sentirão uma melhora em suas perspectivas e se dedicarão às suas atividades com grande resolução. Isso, por si só, dará ímpeto e direção ao ano, além de colocar importantes engrenagens em ação.

As perspectivas profissionais serão encorajadoras, e muitos Cães se sentirão internamente prontos para progredir. Como resultado, eles não apenas se manterão atentos a vagas em seu local de trabalho atual como também começarão a procurá-las em outros lugares. E é possível que em bem pouco tempo surjam possibilidades interessantes. O ano do Macaco poderá proporcionar aos Cães algumas boas oportunidades, estejam eles ascendendo no cargo atual ou mudando-se para outro lugar. Sua reputação e comprometimento serão fatores importantes em sua busca, e funcionários (ou contatos) mais antigos e experientes também serão solidários.

Para os Cães que estiverem trilhando uma carreira específica, uma promoção poderá acenar, e eles desfrutarão da chance de ascender na profissão. Os Cães que assumirem uma nova função no início do ano terão a oportunidade de progredir antes que o período acabe.

Para os que estiverem insatisfeitos na função atual, esse será o momento para buscar uma mudança. Aconselhando-se com especialistas em recrutamento e também considerando o que gostariam de fazer, muitos Cães conquistarão a melhora pela qual vêm ansiando. Do mesmo modo, os que estiverem procurando emprego deverão ampliar sua busca. Muitos desses Cães também terão a chance de assumir uma nova função ao longo do ano. Certamente, qualquer novo cargo poderá, a princípio, ser assustador e é possível que haja muito a aprender, mas esses Cães ficarão felizes em ter uma nova base que poderão usar para progredir.

O progresso realizado no trabalho ajudará financeiramente, porém os anos do Macaco são ativos e dispendiosos. Haverá indicação de muitos gastos com a casa, e para aqueles que tiverem pensado em se mudar, isso será possível. Além disso, muitos Cães decidirão atualizar equipamentos e instalar novas comodidades. O lar de um grande número de Cães será beneficiado com melhorias nesse ano. No entanto, como é provável que haja despesas altas, será preciso monitorar custos e adaptar o orçamento ao que for necessário.

Além disso, as perspectivas para as viagens serão boas, e os Cães agirão bem se reservarem recursos para possíveis férias e/ou uma breve pausa.

Com a atividade e as exigências do período, será igualmente importante que os Cães se cuidem. Se forem negligentes com o próprio bem-estar ou se exigirem muito de si mesmos sem o devido repouso e sem a alimentação e os exercícios adequados, estarão suscetíveis a resfriados e a outras doenças de menor gravidade. O cuidado extra consigo mesmos será útil nesse ano, e caso eles tenham quaisquer preocupações, deverão verificá-las.

Na vida social, os Cães serão muito solicitados, e o ano do Macaco poderá proporcionar uma variada mistura de coisas para fazer. Ao longo do ano, os Cães se divertirão compartilhado tempo com amigos, bem como renovando algumas relações anteriores. Além disso, diante de determinadas esperanças e decisões, eles poderão vir a conhecer alguém com o conhecimento apropriado para ajudar. No caso dos Cães que se sentirem solitários ou tenham tido alguma dificuldade pessoal nos últimos tempos, uma pessoa que conhecerem agora poderá recolocar um pouco de brilho em sua vida. Em termos sociais, é possível que esses sejam momentos agradáveis e gratificantes.

A vida familiar poderá ser igualmente especial nesse período, com conquistas pessoais e a realização de planos frequentemente sendo comemoradas com estilo. Os Cães apreciarão as muitas atividades compartilhadas do ano. No entanto, para evitar pressão excessiva, será recomendável distribuir as atividades e os projetos ao longo dos meses em vez de realizar tudo ao mesmo tempo.

O ano do Macaco reservará boas perspectivas para os Cães; no entanto, para aproveitá-las ao máximo, eles precisarão ser os condutores da mudança. Procurando avançar e colocando seus planos em ação, os Cães alcançarão muitas conquistas. No trabalho, terão a oportunidade de fazer um uso maior de seus pontos fortes, enquanto na vida familiar desfrutarão de imenso prazer com a realização de alguns objetivos essenciais. E, ao longo do ano, será necessário que deem um pouco de atenção ao seu bem-estar. No geral, porém, será um período agradável e gratificante.

DICAS PARA O ANO

Procure avançar nesse ano de grandes possibilidades. Aja! Além disso, busque projetar sua imagem. Engajando-se no que estiver ocorrendo ao seu redor e conhecendo pessoas, você se beneficiará de muitas maneiras. E nesse ano movimentado, equilibre seu estilo de vida o máximo que puder.

Previsões para o Cão no ano do Galo

O ano do Galo poderá ser rigoroso. Os Cães verão que muito será pedido — e exigido —deles. Além disso, a estrutura dos anos do Galo estabelece que os Cães precisam submeter-se e seguir com a corrente. Esse não será o momento de resistir com teimosia nem de agir com muita independência. No entanto, ainda que venham a ser testados, eles poderão obter muito valor desse período. O que acontecer agora irá, muitas vezes, prepará-los para as oportunidades que os aguardarão em seu próprio ano, que virá a seguir.

Na vida profissional, muitos Cães enfrentarão um aumento da carga de trabalho, além de terem algumas tarefas dificultadas pela burocracia, quedas de sistemas e atrasos. Como são conscienciosos, eles estarão dispostos a não decepcionar ninguém e vão considerar algumas partes do ano frustrantes. No entanto, geralmente são as situações mais desafiadoras que tornam possível aperfeiçoar habilidades, adquirir experiência e descobrir qualidades. E assim será para muitos Cães nesse período. Os anos do Galo podem não apenas destacar os pontos fortes dos Cães como também trazer alguns deles à tona, enaltecendo sua reputação durante o processo e plantando importantes sementes para o futuro.

Muitos Cães permanecerão com o empregador atual nesse ano e aprimorarão sua experiência. Contudo, para os que se decidirem por uma mudança ou estiverem procurando emprego, o ano do Galo poderá propiciar avanços significativos. Obter um novo cargo exigirá tempo e esforço, e os Cães não deverão ser muito restritivos em relação ao que estiverem considerando. Esse será um período para que aproveitem ao máximo as situações *como elas são,* e não como gostariam que fossem. No entanto, os cargos que muitos Cães conquistarem lhes darão, com frequência, a chance de adquirir experiência em outra área de atuação, além de contribuírem para suas habilidades e empregabilidade e abrirem possibilidades para o futuro. Os anos do Galo, apesar de suas pressões, podem ter valor de longo alcance.

Os Cães, porém, deverão prestar cuidadosa atenção nas finanças nesse ano. Com seu estilo de vida movimentado e muitos compromissos, as despesas poderão ser maiores do que o previsto. Esse será um momento para disciplina e bom controle financeiro. Além disso, se estiverem envolvidos em uma grande transação, eles verão que, se reservarem tempo para comparar preços, termos e implicações, poderão tomar decisões mais adequadas.

Considerando a natureza movimentada do ano, será importante que os Cães não permitam que suas atividades recreativas e seus interesses pessoais sejam deixados de lado. Isso poderá não apenas ajudá-los a relaxar e descontrair, mas também propiciará muitos momentos prazerosos. Pensando à frente, se os Cães sentirem que há habilidades que possam vir a ser úteis ou se algum assunto despertar seu interesse, eles deverão informar-se mais a respeito. A atitude positiva poderá favorecê-los tanto no presente quanto no futuro.

Em suas relações com os outros, será recomendável ter cuidado. Um problema com uma pessoa poderá ser preocupante ou talvez alguém lhes cause um desapontamento. Essas situações irão decepcionar o fiel Cão e, às vezes, magoá-lo. O ano do Galo poderá trazer lições duras, mas elas passarão. E, ainda que uma amizade passe por dificuldades, outra poderá rapidamente tomar seu lugar. Os Cães se relacionam bem com as pessoas e, apesar de alguns momentos complicados (que ocorrem em todos os anos), eles desfrutarão das oportunidades sociais que surgirão nesse período.

A vida familiar também os manterá ocupados, e talvez ela nem sempre transcorra em equilíbrio. É possível que, além de ter que lidar com falhas de equipamentos, os Cães vejam atividades práticas causando mais transtornos do que o previsto. Os anos do Galo podem ter suas frustrações, mas recorrendo ao apoio daqueles que os rodeiam, os Cães serão capazes de superá-las, e dos problemas poderão surgir melhorias apreciadas por todos.

No decorrer do ano, no entanto, os Cães precisarão ser francos e discutir com seus entes queridos tudo o que os afligir ou deixar ansiosos. Do contrário, suas preocupações poderão gerar momentos complicados. Cães, tomem nota disso e mantenham-se abertos e comunicativos. Todavia, embora o ano do Galo traga pressões, ainda haverá sucessos familiares que proporcionarão imenso prazer a todos os envolvidos, e o mesmo ocorrerá com ocasiões compartilhadas, algumas das quais serão ainda mais apreciadas por sua espontaneidade.

No geral, o ano do Galo será exigente, e os Cães precisarão exercitar o cuidado e aproveitar as situações ao máximo. Alguns planos e atividades serão problemáticos. Além disso, embora desfrutem de boas relações com muitos dos que os cercam, os Cães precisarão estar a par de quaisquer tensões subjacentes complicadas. Contudo, ainda que algumas situações venham a testá-los, elas também destacarão suas qualidades e lhes darão mais experiência. E, como seu próprio ano, o do Cão, virá a seguir, é possível que as lições do ano do Galo sejam de longo alcance. Os Cães poderão confortar-se sabendo que o bem que fizerem agora poderá ser o catalisador de melhores tempos à frente.

DICAS PARA O ANO

Use todas as chances de ampliar sua experiência e suas habilidades. Além disso, junte-se ao outros e compartilhe planos e atividades, porém mantenha-se alerta e diplomático em situações complicadas ou de pressão.

Previsões para o Cão no ano do Cão

Assim como se diz que "Todo mundo tem seu dia de sorte", também podemos dizer que todo Cão tem seu ano de sorte. E o ano será esse. Ele oferecerá grandes perspectivas para os Cães. No entanto, também exigirá esforço. Os Cães precisarão adotar uma ação determinada. Uma vez que façam isso, influências úteis — e um pouco de sorte — muitas vezes entrarão em cena. Os Cães que iniciarem esse período insatisfeitos ou decepcionados com acontecimentos recentes deverão concentrar sua atenção no *agora*, e não no que já passou. Para alguns, esse ano poderá ser o início de uma fase muito mais brilhante.

No trabalho, a reputação e a ambição de muitos Cães poderão propiciar a realização de um bom avanço. Como haverá mudanças acontecendo com frequência nesse período, eles possivelmente estarão em uma boa posição para se beneficiar. Em alguns casos, o treinamento que tiveram recentemente, aliado às suas responsabilidades atuais, terá os preparado muito bem para as oportunidades que agora se tornarão disponíveis.

Para os Cães que sentirem que as perspectivas são limitadas no lugar onde estão, assim como para os que estiverem procurando emprego, o ano do Cão também poderá propiciar excelentes oportunidades. Mantendo-se informados sobre acontecimentos em sua área e pesquisando, muitos desses Cães serão recompensados por sua iniciativa com um cargo com boas perspectivas de crescimento. Parte do que ocorrer poderá se dar de maneira curiosa nesse ano. Além disso, os Cães que estiverem pensando em mudar de profissão ou em busca de emprego há algum tempo deverão aproveitar qualquer treinamento de reciclagem que esteja disponível. Com ajuda e orientação, novas possibilidades poderão surgir.

Ao longo do ano, os Cães deverão aproveitar ao máximo os seus, muitas vezes, excepcionais pontos fortes. No trabalho, sua contribuição poderá propiciar conquistas notáveis. Contudo, também em relação a seus interesses pessoais, é possível que seus talentos e ideias se desenvolvam de maneira estimulante. Não importa se os Cães vão preferir atividades criativas, práticas ou ao ar livre, eles deverão desfrutá-las nesse ano e, se adequado, promover o que fazem. O feedback que receberem poderá incentivá-los, bem como conduzi-los a outras possibilidades.

Além disso, se um novo interesse ou habilidade os atrair, ou se os Cães sentirem que outra qualificação poderá ser útil, eles deverão seguir em frente e agir com relação a isso. Investir em si mesmos poderá ter valor tanto para o presente quanto para o futuro.

O progresso realizado no trabalho também poderá ajudar nas finanças, e muitos Cães desfrutarão de um aumento de renda ao longo do período. Alguns, possivelmente, também serão capazes de complementar seus recursos por meio de uma ideia empreendedora ou de trabalho extra. A capacidade de ganho de muitos Cães estará em alta. Como resultado, é possível que decidam seguir em frente com ideias e compras que vêm considerando havia muito tempo. Alguns deles também usarão uma mudança positiva para reduzir empréstimos ou poupar para o futuro. Com uma boa gestão, os Cães ficarão satisfeitos com as decisões que tomarem.

Se possível, eles também deverão reservar recursos para férias com os entes queridos. Isso poderá figurar entre os muitos destaques do ano.

Do mesmo modo, é possível que fiquem satisfeitos com as melhorias que realizarão em casa, incluindo a renovação da decoração e a organização de determinados cômodos. Ao longo do ano, os lares de muitos Cães desfrutarão de uma remodelação.

Com seus sucessos e as conquistas de seus entes queridos, poderá haver comemorações nos lares de muitos Cães, e eles vão gostar de se envolver nelas. A vida familiar significa muito para os Cães.

Eles também apreciarão as oportunidades sociais que surgirão em seu caminho. Seu trabalho, seus interesses pessoais e seus amigos poderão levá-los a conhecer novas pessoas nesse ano, e é possível que façam conexões interessantes. Qualquer Cão que esteja se sentindo solitário ou tenha tido problemas recentes a superar deverá aproveitar eventos e atividades em sua área. A ação positiva poderá iluminar sua situação. E para os que não estiverem em um relacionamento, um romance sério poderá surgir.

No geral, o ano do Cão terá um potencial considerável para os próprios Cães, e no seu decorrer eles farão bem se lembrarem do ditado "Quem não arrisca, não petisca". No trabalho, será possível realizar um progresso considerável, e seus pontos fortes e sua iniciativa contribuirão para o sucesso. Os planos e interesses pessoais também poderão se desenvolver de modo estimulante, enquanto no nível pessoal eles se divertirão compartilhando atividades com as pessoas e sendo incentivados pelo apoio e pelo amor que lhes serão demonstrados. Um ano ótimo, e para ser muito bem aproveitado.

> **DICAS PARA O ANO**
>
> Procure avançar. Com determinação e autoconfiança, você conseguirá realizar muito em seu próprio ano. Além disso, aprecie o apoio daqueles que o cercam. E aproveite seu bem merecido sucesso!

Previsões para o Cão no ano do Javali

Diferentemente do que ocorre em alguns anos, quando os Cães se sentem abalados pelos eventos, o ritmo geral e a natureza do ano do Javali serão de seu agrado. Como resultado, muitos deles serão capazes de realizar um bom avanço, bem como desfrutar de alguns progressos pessoais satisfatórios.

Em muitas de suas atividades, os Cães receberão apoio daqueles que os cercam. No entanto, para que se beneficiem ao máximo, eles precisarão ser francos e estar dispostos a compartilhar seus pensamentos e esperanças. Apoio e contribuição poderão fazer uma diferença significativa e propiciar mais avanços. Além disso, os Cães conhecerão muitas pessoas durante o ano do Javali e deverão aproveitar todas as oportunidades de estabelecer conexões e ampliar seu círculo social. Fazendo isso, impressionarão muita gente.

É possível que o ano do Javali proporcione também um aumento do número de oportunidades sociais. Haverá uma boa mistura de coisas para fazer, e para qualquer Cão que estiver se sentindo solitário ou queira acrescentar algo novo ao seu estilo de vida, valerá a pena considerar sua participação em um coletivo local.

Aqueles que tiverem se apaixonado há pouco tempo ou que tenham encontrado o amor nesse ano — e os aspectos serão encorajadores — verão o relacionamento se desenvolver de maneira significativa. Muitos Cães irão morar com o parceiro ou se casarão nesse ano. No nível pessoal, o ano do Javali poderá ser especial.

Os Cães terão, igualmente, muito contentamento com sua vida familiar. Também nesse aspecto, se eles se abrirem e se comunicarem bem com as pessoas ao seu redor, receberão um bom apoio e os planos poderão avançar. Durante o ano, haverá, ainda, sucessos familiares que serão especialmente agradáveis, e os Cães se sentirão, com toda razão, orgulhosos de seus entes queridos.

No entanto, ainda que muitas coisas venham a correr bem, é possível que surjam problemas. Quando isso acontecer, os Cães deverão lidar com a situação. Sua empatia e seu apoio poderão ser de especial valor.

Os anos do Javali proporcionam variedade, e se os Cães se sentirem atraídos por um novo interesse nesse período ou se estiverem ávidos por desenvolver um que já exista de uma nova maneira, deverão seguir em frente com suas ideias. Esses serão momentos para escopo e possibilidade, e os Cães precisarão ser receptivos ao que se apresentar para eles.

Se possível, eles também deverão tentar encaixar algumas viagens nesse ano. Uma pausa e uma mudança de cenário poderão fazer-lhes muito bem. No entanto, será necessário que verifiquem suas conexões e se certifiquem de que sua documentação está em ordem. Uma falha ou um erro poderão ser inconvenientes. Os preparativos de viagem necessitarão de estreita atenção nesse período.

No trabalho, os anos do Javali são encorajadores e dão a muitos Cães uma chance maior de se concentrar em sua área de especialização. Como resultado, é possível que esse seja um momento gratificante e, sentindo-se inspirados, os Cães poderão esperar alcançar resultados impressionantes. Possivelmente, alguns deles desempenharão uma função mais importante com o passar do ano, enquanto outros receberão a chance de assumir tarefas mais específicas.

Embora muitos Cães venham a realizar um bom avanço com seu empregador atual, para aqueles que sentirem que suas perspectivas poderão ser melhoradas com uma mudança para outro lugar ou estiverem procurando emprego, é possível que o ano do Javali transcorra de maneira estimulante. Mantendo-se alerta, conversando com contatos (que poderão se revelar especialmente proveitosos) e considerando outras maneiras de utilizar seus pontos fortes, esses Cães possivelmente descobrirão possibilidades interessantes. Para alguns deles, o que surgir agora poderá assinalar uma mudança considerável em sua vida profissional, mas lhes dará a chance de provar sua capacidade em outra área de atuação. Os anos do Javali têm grande potencial e farão com que muitos Cães desfrutem de um novo nível de realização em seu ambiente de trabalho.

As perspectivas financeiras serão igualmente encorajadoras, e a renda de muitos Cães aumentará ao longo do ano. No entanto, para que aproveitem ao máximo qualquer mudança positiva, eles deverão administrar as finanças com cuidado e reservar recursos para compras de maior porte, em vez de prosseguir agindo de improviso. Disciplina e cuidadoso planejamento permitirão mais avanços. Além disso, se for possível, reservar recursos para o futuro poderá ser algo pelo qual eles serão gratos nos anos que estarão por vir. Nesse ano favorável, é possível que uma boa administração financeira ajude na situação geral de muitos Cães.

Em geral, o ano do Javali poderá ser agradável, e os Cães serão capazes de usar seus pontos fortes em seu benefício. Especialmente no trabalho, é possível que desfrutem de alguns sucessos notáveis. Ideias e interesses pessoais também poderão se desenvolver bem, embora os Cães precisem manter-se receptivos às possibilidades do período e reagir positivamente ao que acontecer. Eles serão, no entanto, encorajados pelo apoio e pela boa vontade das pessoas. No ano do Javali, os Cães têm muito a seu favor e também muito a ganhar e a aproveitar.

DICAS PARA O ANO

Adote a ação determinada. Coloque suas ideias em prática. Aproveite as chances. Muito poderá ser conquistado nesse ano. Além disso, divirta-se compartilhando bons momentos com as pessoas que são especiais para você.

PENSAMENTOS E PALAVRAS DE CÃES

Tudo o que vale a pena ser feito vale a pena ser bem feito.
O CONDE DE CHESTERFIELD

Todo jogador deve aceitar as cartas que a vida lhe dá. Mas, uma vez que as tenha nas mãos, somente ele deverá decidir como usá-las para vencer o jogo.
VOLTAIRE

Toda experiência é um arco sobre o qual se basear.
HENRY BROOK ADAMS

Há uma coisa que dá brilho a tudo: é a ideia de haver algo ali na esquina.
G. K. CHESTERTON

Você nunca é velho demais para estabelecer outro objetivo ou sonhar outro sonho.
C. S. LEWIS

Eu não sou a pessoa mais inteligente ou talentosa do mundo,
mas tive sucesso porque continuei indo, indo e indo.
SYLVESTER STALLONE

Não tenha medo de dar um grande passo se isso for indicado.
Você não pode atravessar um abismo com dois pequenos saltos.
DAVID LLOYD GEORGE

O preço da grandeza é a responsabilidade.
SIR WINSTON CHURCHILL

Ganhamos a vida com o que recebemos, construímos uma vida com o que damos.
SIR WINSTON CHURCHILL

Não adianta dizer "Estamos fazendo o melhor possível".
Temos que conseguir fazer o que é necessário.
SIR WINSTON CHURCHILL

Acima de tudo, nunca pense que você não é bom o suficiente.
Um homem jamais deve pensar isso. Creio que na vida as pessoas irão julgá-lo muito em razão da avaliação que você faz de si mesmo.
ANTHONY TROLLOPE

Se você pensar que pode ganhar, você pode ganhar. A fé é necessária para a vitória.
WILLIAM HAZLITT

O JAVALI

4 de fevereiro de 1935 a 23 de janeiro de 1936	*Javali da Madeira*
22 de janeiro de 1947 a 9 de fevereiro de 1948	*Javali do Fogo*
8 de fevereiro de 1959 a 27 de janeiro de 1960	*Javali da Terra*
27 de janeiro de 1971 a 14 de fevereiro de 1972	*Javali do Metal*
13 de fevereiro de 1983 a 1º de fevereiro de 1984	*Javali da Água*
31 de janeiro de 1995 a 18 de fevereiro de 1996	*Javali da Madeira*
18 de fevereiro de 2007 a 6 de fevereiro de 2008	*Javali do Fogo*
5 de fevereiro de 2019 a 24 de janeiro de 2020	*Javali da Terra*
23 de janeiro de 2031 a 10 de fevereiro de 2032	*Javali do Metal*

A PERSONALIDADE DO JAVALI

Segundo a lenda em que Buda convida todos os animais do reino para uma festa, o Javali foi o último a aparecer e, por isso, foi o último a ter um ano nomeado em sua homenagem. E, na China, nascer sob o signo do Javali é tanto um elogio quanto uma honra.

Os Javalis nascem sob o signo da honestidade. São bondosos e amantes da diversão. Trabalham com afinco, mas também folgam bastante e levam vidas movimentadas e, muitas vezes, felizes e satisfatórias.

Os Javalis são também muito sociáveis e gostam de conhecer pessoas. E se relacionam bem. Ouvem, percebem e criam empatia. Graças à sua natureza amável, são igualmente atenciosos, e se alguém tiver sofrido adversidades ou tristezas, eles sabem como se portar. Além disso, como detestam desavenças e confrontos (muitas vezes se perguntam por que as pessoas simplesmente não podem se dar bem), fazem o melhor possível para neutralizar quaisquer situações complicadas e estabelecer a calma. São diplomatas habilidosos e árbitros de disputas. Se pensarem que isso facilitará a vida, às vezes farão vista grossa ou até irão ignorar determinados fatores para preservar a paz.

Os Javalis têm confiança e escrúpulos em suas transações. Infelizmente, porém, há momentos em que confiam de maneira equivocada e se tornam vítimas de pessoas menos íntegras. Às vezes, podem ser ingênuos e, em algumas situações, aprender da maneira mais difícil.

Embora tenham um temperamento calmo e despreocupado, eles pensam muito. E quando se decidem sobre algo, não são de mudar de ideia. Às vezes, podem ser teimosos e obstinados. Do mesmo modo, levam suas obrigações a sério e cumprem seus compromissos. Os Javalis não gostam de negócios inacabados. Na verdade, não abandonam seus empreendimentos nem desistem deles no meio do caminho, pois são grandes finalizadores e gostam da satisfação de ver um trabalho bem realizado.

Em parte, é por isso que os Javalis são tão bem-sucedidos nos negócios. Eles não apenas trabalham com afinco e se aplicam à tarefa que têm nas mãos como são confiáveis e persistentes. Têm também um bom tino comercial e, certamente, são empreendedores. Outra vantagem é sua habilidade de estabelecer boas relações profissionais com muitas pessoas. Sua natureza competente, porém sociável, os ajuda a ter os outros a seu lado e a obter um apoio valioso. Na escolha de uma profissão, os Javalis costumam se sair bem quando seu trabalho os coloca em contato com pessoas, seja no comércio, na educação, em aconselhamento, na assistência social ou em qualquer outra área de atuação. Eles podem alcançar sucesso nas artes cênicas e (com seu amor pela comida) nas artes culinárias. Os Javalis dão ótimos *chefs* e fornecedores de serviços alimentícios. E, independentemente do que decidam fazer, suas habilidades e confiabilidade assegurarão que muitos cheguem longe.

Os Javalis são também especialistas em assuntos financeiros e gostam de viver bem. Podem ser consumistas e ter gostos caros e um olhar para a qualidade. Da mesma maneira, podem ser generosos, e alguns apoiam causas beneficentes. Para os Javalis, o dinheiro é para ser gasto, e bem gasto. No entanto, ainda que sejam grandes gastadores, são também sagazes e astutos com as finanças. Podem ser investidores perspicazes, e sua natureza empreendedora é capaz de recompensá-los bem. Se em algum momento sofrerem um infortúnio, aprenderão muito bem a lição. Na verdade, alguns Javalis passam a desfrutar de grande sucesso após um revés inicial. Mais tarde, na vida, muitos podem ter segurança financeira.

Os Javalis valorizam muito suas relações com as pessoas e, com sua capacidade de dar e seu bom humor, fazem amigos com facilidade. Eles gostam de socializar, ir a festas e estar com os outros.

Também apreciam muito os prazeres do amor. Sensuais, apaixonados e companheiros, os Javalis são realmente capazes de conquistar corações e mentes. Por serem despreocupados, leais e devotados à harmonia, os Javalis, dentre todos os signos chineses, são os que tendem a encontrar a felicidade familiar com mais frequência. E com seu apreço pelo conforto e pela boa vida, também garantem que tanto eles quanto seus entes queridos vivam com estilo.

Muitos Javalis se deleitam, igualmente, com a paternidade, e como pais serão carinhosos e atenciosos com os filhos, além de orientá-los e inspirá-los.

A mulher Javali tem uma natureza calorosa e sociável. É muito voltada à família e devota bastante tempo e atenção aos entes queridos. Também é altamente prática e capaz de direcionar suas habilidades para uma série de usos diferentes. É igualmente perceptiva e pode confiar em sua intuição. Apreciando interesses abrangentes, é competente e versátil. Embora possa não ser tão direcionada para a carreira quanto algumas mulheres de outros signos, seu empenho no trabalho, seu espírito de equipe e sua integridade lhe garantem o sucesso em qualquer coisa que faça. Quanto à aparência, tem bom senso para se vestir e se apresenta bem.

Ativos, geniais e trabalhadores, os Javalis geralmente desfrutam de grande sucesso. Podem ter suas fraquezas — afinal, são teimosos e, às vezes, ingênuos —, mas sua capacidade de agir, dar e persistir lhes assegura frequentemente resultados de sucesso. Podem dar a impressão de serem calmos e despreocupados, e de fato gostam de seus prazeres e de ceder aos desejos, porém têm uma mente boa e sábia. E isso, combinado com suas habilidades, seu entusiasmo e sua personalidade, garante uma vida movimentada e, muitas vezes, gratificante.

Principais dicas para os Javalis

- Muitas vezes, realizar um pouquinho mais do que o necessário faz uma enorme diferença — prepare-se para tentar isso de vez em quando. Você pode dar a impressão de ser despreocupado e deve ter cuidado para não falhar em conquistar ou receber determinado ganho por causa disso. Apresentando-se bem e fazendo aquele pouquinho a mais, desfrutará dessas recompensas extras.
- Embora goste de aproveitar ao máximo o momento, você poderá se beneficiar se pensar no longo prazo. Especificamente, se estiver trilhando determinada carreira ou quiser obter mais proveito de uma habilidade ou interesse pessoal, poderá capacitar-se melhor para avançar, caso desenvolva habilidades e se beneficie de treinamentos e orientação.
- Você é competente nas finanças, mas às vezes ter mais disciplina será útil e apreciado. Em vez de ceder a caprichos ou a compras por impulso, considere economizar para adquirir itens específicos (ou, na verdade, para umas boas férias), bem como para o longo prazo. Isso poderá beneficiá-lo.
- Com um estilo de vida movimentado e, muitas vezes, exigente, você fará bem se pensar um pouco em seu bem-estar. Se ficar sedentário por longos

períodos, poderá ser útil considerar tipos de exercícios que possam ajudar. Além disso, procure manter uma alimentação saudável e balanceada. Para se sair bem, você precisará manter-se em forma e prestar atenção em si mesmo.

OS RELACIONAMENTOS COM OS DEMAIS SIGNOS

Com o Rato

Com interesses em comum e um apreço pelas coisas boas da vida, esses dois se dão bem.

No trabalho, ambos têm perspicácia para os negócios e juntos têm talentos para ir longe. O Javali, em particular, valorizará a engenhosidade do Rato e sua capacidade de identificar oportunidades.

No amor, com uma forte atração física e muitos valores e interesses em comum, incluindo o amor pelo lar, esses dois são bem compatíveis. O Javali terá imenso prazer com a companhia e o apoio do atencioso Rato. Uma combinação de sucesso.

Com o Búfalo

Embora suas personalidades sejam diferentes em muitos aspectos, esses dois têm grande respeito um pelo outro, e suas relações são boas.

No trabalho, ambos são persistentes e diligentes e podem aproveitar os pontos fortes um do outro. O Javali valorizará, em especial, o jeito metódico e sensato do Búfalo. Uma combinação eficaz.

No amor, haverá um elo forte baseado em confiança, bem como muitos interesses e valores em comum. O Javali valorizará, sobretudo, o jeito cuidadoso e confiável do Búfalo, e como ambos levam suas responsabilidades a sério, eles formam uma boa combinação.

Com o Tigre

Ativos, sociáveis e vivazes, esses dois apreciam a companhia um do outro e se dão bem.

No trabalho, podem se respeitar, mas possivelmente não serão a melhor combinação. Embora o Javali possa reconhecer o entusiasmo e o traço inventivo do Tigre, eles precisarão manter a disciplina e canalizar seus esforços para objetivos específicos.

No amor, haverá não apenas forte atração sexual como também uma empatia especial. Ambos valorizarão as qualidades que encontrarem no outro, e o Javali considerará o Tigre estimulante e inspirador. Uma combinação próxima e feliz.

Com o Coelho

Cordiais, amantes da paz e sociáveis, esses dois se dão bem.

No trabalho, há respeito e bom entendimento entre eles, com o Javali se beneficiando do jeito eficiente e organizado do Coelho. Eles trabalham bem juntos.

No amor, ambos gostam de seus confortos e lutam por uma existência ordeira e harmoniosa. O Javali terá imenso prazer com o afeto do Coelho e seu jeito bondoso. Uma combinação de sucesso.

Com o Dragão

Animados, sociáveis e com muitos interesses em comum, esses dois se gostam e se respeitam.

No trabalho, sua energia combinada e seus diferentes pontos fortes se harmonizam, com o Javali valorizando especialmente o dinamismo, o espírito empreendedor e o tino comercial do Dragão.

No amor, suas naturezas apaixonadas e sensuais e seu intenso amor pela vida contribuem para uma combinação forte e duradoura. O Javali ficará encantado com o jeito confiante e atencioso do Dragão.

Com a Serpente

Como o Javali é aberto e sincero, e a Serpente, reservada, as relações poderão revelar-se difíceis.

No trabalho, a Serpente gosta de planejar e pensar, enquanto o Javali lida com situações e problemas adotando medidas práticas e, por isso, poderá considerá-la uma influência inibidora. Suas perspectivas diferentes poderão se revelar complicadas.

No amor, é possível que, por um tempo, suas diferentes personalidades despertem a curiosidade um do outro, mas o Javali aprecia um estilo de vida mais ativo e lutará para entender o jeito mais reservado e sigiloso da Serpente. Os presságios não são bons.

Com o Cavalo

Sociáveis, animados e desfrutando de estilos de vida ativos, esses dois compartilham um ótimo entrosamento.

No trabalho, ambos são esforçados e competentes, e o Javali valorizará o entusiasmo e a ética profissional do Cavalo. Quando comprometidos com um objetivo e, com cada um deles tendo clareza sobre as responsabilidades um do outro, eles trabalham eficientemente juntos.

No amor, sua energia, paixão e forte compreensão contribuem para uma combinação próxima e amorosa. Cada um deles será inspirado e apoiado pelo outro, e o Javali apreciará especialmente a animação, o estilo e a visão positiva do Cavalo.

Com a Cabra

Cordiais, despreocupados e bondosos, esses dois signos gostam um do outro e se dão bem.

No trabalho, cada um deles apreciará os pontos fortes do outro, com o Javali reconhecendo o talento criativo e inovador da Cabra. Uma boa dupla.

No amor, o Javali valorizará o jeito amável e amoroso da Cabra e também suas habilidades domésticas. Como ambos buscam uma existência harmoniosa e (idealmente) livre de estresse, eles podem formar uma combinação muitas vezes excelente.

Com o Macaco

Extrovertidos, ativos e amantes da diversão, esses dois compartilham um ótimo entendimento.

No trabalho, suas energias, habilidades e perspicácia se harmonizam, e o Javali extrairá força da energia e da inventividade do Macaco.

No amor, pode haver grande atração entre eles, bem como muito amor e bom humor. O Javali valorizará a animação, o entusiasmo e o estímulo geral do Macaco. Uma combinação mutuamente benéfica.

Com o Galo

O Javali pode, a princípio, ter cautela com o jeito prático e direto do Galo. No entanto, uma vez que esses dois passam a se conhecer, suas relações em geral podem ser boas.

No trabalho, o Javali valorizará a boa ética profissional do Galo, mas poderá considerar que sua natureza rigorosa é inibidora. Contudo, haverá respeito entre eles.

No amor, seu relacionamento pode ser mutuamente benéfico. Talvez o Javali se torne mais eficiente e organizado com um parceiro Galo e, possivelmente, mais bem-sucedido também. Uma ótima e significativa combinação.

Com o Cão

O Javali tem grande admiração pelo leal e confiável Cão, e as relações entre eles são boas.

No trabalho, o respeito mútuo contribui para um bom relacionamento profissional. Suas habilidades são, muitas vezes, complementares, e o Javali terá grande consideração pelo julgamento do Cão.

No amor, esses dois podem formar uma combinação próxima e feliz. Com interesses e perspectivas quase sempre similares, eles desfrutam de bom entrosamento, e o Javali valoriza o jeito atencioso e confiável do Cão.

Com outro Javali

Com bom entrosamento e gostos e perspectivas similares, dois Javalis se dão muito bem juntos.

No trabalho, formam uma combinação eficaz. Ambos são trabalhadores esforçados e empreendedores e têm uma boa mente para os negócios. Juntos, podem alcançar grande sucesso.

No amor, dois Javalis certamente sabem como apreciar um ao outro. Amantes da diversão, amantes do lar e amando um ao outro — o que mais poderiam querer? Uma combinação excelente.

HORÓSCOPOS PARA CADA UM DOS ANOS CHINESES

PREVISÕES PARA O JAVALI NO ANO DO RATO

Um ano variável. Embora o ano do Rato não deixe de proporcionar possibilidades, os Javalis poderão sentir-se desconfortáveis com algumas de suas mudanças e instabilidades. Eles precisarão manter a racionalidade e se adaptar ao que as situações exigirem. No entanto, ainda que alguns acontecimentos do ano não sejam da escolha dos Javalis, é possível que tenham importantes consequências no longo prazo.

No trabalho, esse poderá ser um ano movimentado e exigente. Embora muitos Javalis venham a preferir simplesmente seguir adiante com suas atribuições, é possível que sua carga de trabalho seja afetada pelas lentas engrenagens da burocracia e por questões fora de seu controle. Além disso, talvez fiquem apreensivos em relação às mudanças que acontecerão e com a pressão extra que elas trarão. Algumas situações poderão ser particularmente frustrantes. No entanto, os Javalis são empreendedores e ainda conseguirão usar seus pontos fortes para se beneficiar e ampliar seu conhecimento profissional. Esse não será um ano para fecharem a mente para os acontecimentos, mas para que observem, mostrem paciência e estejam preparados para aprender. Como têm uma natureza amigável, se aumentarem sua rede de relacionamentos e usarem suas chances de conhecer pessoas, eles poderão também estabelecer conexões proveitosas e se tornar uma parte essencial do local de trabalho. Esse poderá não ser um ano fácil, mas dará frutos mais à frente.

No caso dos Javalis que decidirem buscar uma mudança ou estiverem procurando emprego, o ano do Rato poderá proporcionar avanços significativos. Conquistar um novo cargo exigirá tempo e um esforço considerável, e esses Javalis não deverão ser muito restritivos em sua busca, mas lançar sua rede de maneira abrangente. Desse modo, muitos deles conseguirão assegurar uma função que lhes dará a oportunidade de desenvolver suas habilidades de novas formas. Isso será importante, tendo em vista os aspectos encorajadores que virão com o próximo ano, o do Búfalo.

No ano do Rato, os Javalis precisarão exercitar a cautela nos assuntos financeiros. As despesas, com frequência, serão altas, e os Javalis terão que observar os níveis de gastos. Esse não será um período para ser negligente ou correr riscos. A papelada financeira necessitará, igualmente, de meticulosa e imediata atenção. As questões burocráticas poderão ser problemáticas nesse ano. Será recomendado cuidado extra.

Uma área mais positiva diz respeito aos interesses pessoais. Os javalis muitas vezes terão grande prazer com o modo como suas ideias se desenvolverão, trazendo novas possibilidades na sequência. Estejam eles inspirados por um projeto que estabeleceram para si mesmos ou por novos equipamentos ou atividades em sua área, os Javalis irão se divertir e apreciar momentos agradáveis. Além disso, é possível que descubram talentos que poderão aprofundar. Eles deverão manter-se receptivos ao que se apresentar em seu caminho nesse ano.

Com um estilo de vida movimentado, também deverão dar um pouco de atenção ao seu próprio bem-estar e avaliar sua dieta e seu nível de exercícios. Se sentirem que um desses aspectos ou ambos estão deficientes, precisarão se aconselhar sobre a melhor maneira de corrigi-los.

No ano do Rato poderá haver muita atividade social, com os Javalis aproveitando as chances de se encontrar com os amigos. Seus interesses pessoais também poderão ter um bom elemento social, e muitos Javalis estabelecerão algumas conexões proveitosas ao longo do período.

Quanto aos assuntos românticos, os Javalis que estiverem envolvidos em um romance verão seu relacionamento ir se tornando cada vez mais significativo com o transcorrer do ano. No caso dos Javalis que estiverem disponíveis, alguém que conhecerem por acaso poderá se tornar rapidamente importante. Apesar de seus aborrecimentos, os anos do Rato podem ser especiais em termos de vida pessoal.

Do mesmo modo, o ano do Rato trará tanto prazeres quanto exigências na vida doméstica. Como os Javalis e os membros da família muitas vezes estarão vivenciando mudanças em seus padrões de trabalho, será necessário um pouco de adaptação e de cooperação entre todos. Além disso, quaisquer problemas e pressões deverão ser explicados. Discussões construtivas e tempo de qualidade compartilhado serão benéficos. Ainda que partes do ano venham a ser agitadas, projetos e interesses em comum também serão muito apreciados, assim como serão as viagens e outras ocasiões mais espontâneas que simplesmente parecerão acontecer. Os anos do Rato são movimentados, variados e, às vezes, surpreendentes.

Ainda que os Javalis não gostem das pressões e da instabilidade do ano (sobretudo no local de trabalho), se estiverem preparados para se adaptar e aproveitarem ao máximo o que surgir, eles ainda poderão ganhar muito desse período. A experiência adquirida agora, especialmente, poderá ser usada como base para o desenvolvimento futuro. Contatos, amizades e, para alguns, um novo amor também poderão ser potencialmente significativos. Do mesmo modo, é possível que os Javalis se beneficiem de seus interesses pessoais e da atenção que derem ao seu bem-estar. Esse talvez não venha a ser o melhor ano para eles, mas os Javalis poderão acumular uma quantidade surpreendente de coisas nesses 12 meses e preparar o caminho para o progresso futuro.

DICAS PARA O ANO

Seja flexível e aproveite ao máximo as situações. Esse não será um ano para resistir a mudanças, mas para adquirir uma valiosa experiência. Além disso, aproveite todas as chances de conhecer pessoas, bem como desfrute do que esse ano oferecer. Será possível ter bons momentos e estabelecer importantes conexões.

Previsões para o Javali no ano do Búfalo

Um ano construtivo à frente. Os anos do Búfalo recompensam o esforço e o compromisso, e os Javalis são naturalmente tenazes. Eles também poderão se beneficiar de um pouco de sorte e de alguns acontecimentos oportunos. No entanto, para que possam aproveitar ao máximo o ano, precisarão se concentrar nas prioridades. Se usarem bem o tempo e suas habilidades, será possível alcançar muitas conquistas.

As perspectivas profissionais serão encorajadoras e, diante da experiência que muitos Javalis adquiriram recentemente, eles terão a chance de progredir na carreira. Em alguns casos, mudanças no quadro de funcionários ou novas iniciativas criarão vagas e eles estarão em boas condições de se beneficiar. Para os que estiverem seguindo uma carreira específica, esse será um período altamente favorável.

Muitos Javalis farão um importante progresso em seu local de trabalho atual; no entanto, para aqueles que sentirem que faltam oportunidades onde estão e quiserem ir para outro lugar, assim como para os que estiverem procurando emprego, o ano do Búfalo poderá proporcionar avanços estimulantes. Se pensarem cuidadosamente no tipo de cargo que gostariam de assumir e receberem orientação, seus esforços e seu compromisso serão notados, fazendo com que muitos conquistem o que poderá ser uma função nova e ideal.

Outra característica especial do ano será o modo como muitos Javalis terão a chance de desenvolver suas habilidades de novas maneiras. Os Javalis são empreendedores e, adaptando-se e dispondo-se a aprender, eles não apenas terão a oportunidade de realizar mais como também favorecerão sua situação atual e suas perspectivas futuras. A sólida ética profissional do ano do Búfalo combina com a psique do Javali.

O avanço realizado no trabalho aumentará a renda de muitos Javalis ao longo do ano, e alguns deles poderão complementar os ganhos por meio de um interesse pessoal ou de uma ideia empreendedora. Todavia, para que aproveitem ao máximo qualquer mudança positiva, os Javalis precisarão manter-se disciplinados. Em vez de gastarem imediatamente ou cederem em demasia a seus desejos, será melhor que façam um bom planejamento para as compras de maior porte. Com um controle cuidadoso, eles muitas vezes terão grande prazer com o que adquirirem, incluindo itens para o lar, e com o modo como serão capazes de realizar seus planos. Além disso, se conseguirem abrir uma poupança ou contratar um plano de previdência privada, no futuro poderão agradecer por terem tomado essas iniciativas agora.

Como as perspectivas para as viagens serão boas, os Javalis deverão pensar em reservar recursos para as férias. Considerando cuidadosamente os lugares que gostariam de visitar, eles poderão ver planos emocionantes tomarem forma e realizar sonhos havia muito tempo acalentados. E no verdadeiro estilo dos Javalis, apreciarão muito o tempo que passarem fora de casa.

Os Javalis apreciam interesses abrangentes e, mais uma vez, deverão aproveitar ao máximo suas ideias nesse ano. Seja definindo novos desafios para si mesmos, seja iniciando projetos ou apenas desfrutando de suas atividades favoritas, eles poderão beneficiar-se pessoalmente, bem como reforçar a natureza construtiva do período. Algumas atividades terão um bom elemento social também.

Ao longo do ano, os Javalis terão um bom motivo para valorizar seu círculo de amigos íntimos. Além de se beneficiarem do incentivo e da boa vontade que lhes serão demonstrados, sempre que tiverem que tomar decisões ou estiverem ponderando uma ideia, com frequência poderão apelar para alguém com *expertise* para ajudar.

No que se refere aos assuntos românticos, no entanto, os Javalis precisarão realmente ficar tentos e deixar que qualquer novo relacionamento se desenvolva de forma estável. Precipitar-se em um compromisso poderá causar decepção. No ano do Búfalo, será melhor permitir que os relacionamentos evoluam em seu próprio tempo e à sua própria maneira.

Na vida familiar, esse poderá ser um ano agitado e cheio de acontecimentos. Muitos Javalis verão sua família crescer, seja por meio de um nascimento, seja por meio de um casamento, e é possível que haja outros marcos ou notícias a comemorar. Alguns Javalis decidirão se mudar e ficarão entusiasmados com as possibilidades que isso propiciará. Haverá muitos acontecimentos, e todos no lar dos Javalis deverão se unir. Será o esforço coletivo que viabilizará a maior parte dos avanços nesse período.

No geral, o ano do Búfalo será estimulante, mas os Javalis precisarão tomar a iniciativa e agir. Esse não será um período para ficar indiferente ou deixar que as chances escapem. Os anos do Búfalo exigem compromisso e esforço genuíno. Contudo, os Javalis são habilidosos e muito firmes, e com objetivos (e benefícios) em mente, eles poderão aproveitar ao máximo o momento, realizando progressos em seu trabalho, aprofundando seus interesses pessoais e desfrutando de algumas conquistas familiares especiais. E as recompensas (e os prazeres) do ano serão substanciais.

DICAS PARA O ANO

Ralph Waldo Emerson, nascido sob o signo do Javali, declarou: "Seja alguém que abre portas." Aja e abra algumas portas! Tenha objetivos em mente e esforce-se para alcançá-los. Além disso, procure desenvolver suas habilidades e seus interesses. Eles poderão ajudar tanto em sua situação atual quanto futura.

Previsões para o Javali no ano do Tigre

Mudança e instabilidade são características do ano do Tigre, e os Javalis frequentemente ficarão preocupados com a celeridade dos acontecimentos e sentirão que estão se esforçando muito e obtendo pouco em troca. Os anos do Tigre podem ser frustrantes, mas, pelo lado positivo, também podem ser instrutivos e propiciar mudanças com as quais os Javalis lucrarão logo em seguida. De muitas maneiras, os anos do Tigre podem preparar os Javalis para o sucesso futuro.

Uma área que exigirá atenção especial será a financeira. Os anos do Tigre podem ser dispendiosos. Além de ajudar membros da família, os Javalis possivelmente se defrontarão com custos referentes a reparos e à manutenção da casa. Seus recursos serão muito solicitados, e eles deverão observar atentamente as despesas e, às vezes, pensar em frear determinados gastos. Deverão também ter cautela com empreendimentos arriscados e exercitar a cautela se fizerem empréstimos. Será necessário que verifiquem com cuidado os termos de qualquer novo contrato e lidem prontamente com a correspondência financeira, além de recorrem a aconselhamento, se necessário.

É possível que os aborrecimentos do ano Tigre também se estendam aos assuntos profissionais. Alguns Javalis poderão considerar que suas atribuições e sua carga de trabalho estão sendo afetadas pela burocracia ou por mudanças em andamento. Além disso, embora os Javalis desfrutem de boas relações de trabalho com muitos dos que os cercam, a atitude de um colega poderá preocupá-los. Diante disso, eles deverão agir com cuidado e evitar distrações. Em determinados momentos, talvez sintam também que seus esforços não estão sendo notados ou que eles não estão fazendo o devido avanço. Contudo, precisarão ter coragem. Todos os anos trazem seus desafios, mas eles *passam*, e a instabilidade do ano do Tigre, por fim, cessará. Ter paciência ajudará, e o ano dará aos Javalis a chance de ampliar sua experiência e aprimorar sua capacidade com insights importantes.

Para os Javalis que estiverem ávidos por mudar de cargo ou procurando emprego, é possível que o ano do Tigre seja desafiador. Não só haverá poucas vagas disponíveis para o tipo de trabalho que eles realizam, mas também a concorrência poderá ser furiosa. Nesses casos, os Javalis deverão ampliar o escopo daquilo que estiverem preparados para considerar, bem como pensar em outras maneiras de usar suas habilidades. Com determinação, tempo e esforço, é possível que sejam recompensados com um cargo que terá potencial futuro. Por todas as suas dificuldades, o ano do Tigre deverá ser construtivo e importante no longo prazo.

Com seu jeito cordial, os Javalis desfrutam de boas relações com muitas das pessoas que os cercam, mas nos anos do Tigre eles precisam se precaver. Um lapso, uma gafe ou um comentário inconveniente poderão causar dificuldades. Além disso, os Javalis deverão lembrar-se do ditado "As paredes têm ouvidos" e tomar cuidado para não falarem muito livremente nem fazerem confidências. Alguém poderá decepcioná-los ou tirar vantagem de sua natureza crédula. Javalis, tomem nota disso.

No entanto, embora seja preciso ter cuidado, o ano do Tigre propiciará muitas coisas para fazer e, se algum dos eventos relacionados aos seus interesses pessoais os atrair, incluindo concertos, competições esportivas ou outras reuniões, os Javalis deverão aproveitá-los. Os anos do Tigre favorecem a atividade, e será possível desfrutar de algumas ocasiões sociais animadas.

Na vida familiar, esses também poderão ser momentos agitados para os Javalis. Eles terão que tratar não apenas de seus próprios compromissos como também de questões da família. Seu tempo e sua atenção serão muito solicitados, seja para que ajudem os entes queridos, seja para que lidem com equipamentos quebrados. No entanto, ainda que o ano do Tigre traga suas exigências, muitas dificuldades poderão ser superadas com cooperação e esforço coletivo. Em alguns casos, é possível que os problemas sejam até mesmo bênçãos disfarçadas, com equipamentos sendo substituídos por algo melhor ou com a execução final de tarefas que vinham sendo adiadas.

Haverá também certa espontaneidade em alguns acontecimentos. Seja desfrutando de uma viagem, de uma comemoração ou da chance inesperada de passar um tempo fora de casa, os Javalis descobrirão que o ano do Tigre tem a capacidade de surpreender.

Mais uma vez, será necessário que os Javalis mantenham-se conscientes e atentos. Com tantas coisas em mente, haverá o risco de que fiquem preocupados ou irritadiços. Será preciso observar isso.

Será igualmente importante que, com as pressões do ano, os Javalis reservem tempo para atividades recreativas e se deem a chance de descansar e descontrair. Como haverá muito a fazer nesse ano, eles terão que prestar atenção no equilíbrio de seu estilo de vida.

No geral, os anos do Tigre são desafiadores e os Javalis precisam ser cuidadosos e cautelosos. Nos assuntos financeiros, especialmente, será o momento de permanecer vigilante e meticuloso. Nas situações de trabalho, os Javalis também enfrentarão pressões, mas adaptando-se e fazendo o melhor possível, poderão demonstrar suas habilidades e ampliar sua experiência. Nas relações com as pessoas, deverão permanecer atentos e conscientes, pois lapsos, preocupações ou um possível desentendimento poderão causar dificuldades. No entanto, mantendo-se cientes dos aspectos mais complicados do período, os Javalis conseguirão, muitas vezes, contornar os problemas e terminar o ano mais sábios, mais experientes e com habilidades e ideias para aprimorar, sobretudo no promissor ano do Coelho, que virá a seguir.

DICAS PARA O ANO

Mantenha-se consciente e cauteloso. Esse não será um ano para correr riscos ou cometer lapsos pessoais. Além disso, tenha paciência e espere as situações se acalmarem e se esclarecerem. E reserve algum tempo para seus próprios interesses e para compartilhar com os entes queridos

Previsões para o Javali no ano do Coelho

Ótimas perspectivas à frente. Com condições mais propícias, os Javalis terão maior capacidade de se concentrar em seus objetivos e progredir na direção que *eles* desejam. Esse será um período para avançar e desfrutar de resultados prazerosos. Os anos do Coelho são estimulantes, e os Javalis conseguirão dar o melhor de si.

No início do ano do Coelho, os Javalis poderão considerar útil pensar um pouco no que gostariam de alcançar nos próximos 12 meses. Com alguns planos em mente, eles serão capazes não apenas de canalizar suas energias com mais eficiência como também de se manter mais atentos às melhores oportunidades a buscar. Na verdade, haverá um elemento de boa sorte no período, e os Javalis se sairão bem. Todos os Javalis que começarem o ano sentindo-se insatisfeitos ou descontentes deverão concentrar-se bastante no presente e trabalhar para conseguir a melhora desejada. Com propósito, eles poderão fazer muitas coisas acontecerem.

No trabalho, as habilidades e a *expertise* que muitos Javalis desenvolveram poderão fazer com que oportunidades significativas surjam em seu caminho. Seja em seu local de trabalho atual, seja em outro lugar, haverá a chance de que assumam uma função mais importante e mais especializada. Com sua natureza muitas vezes ambiciosa, os Javalis irão saborear as recompensas por esforços recentes e ascender na carreira. No entanto, sempre que uma oportunidade se apresentar, eles precisarão agir rapidamente. A velocidade será a essência do ano, e os avanços poderão ocorrer com celeridade.

Para os Javalis que estiverem se sentindo insatisfeitos e desejarem um novo desafio, bem como para os que estiverem procurando emprego, o ano do Coelho poderá propiciar avanços estimulantes. Mais uma vez, será necessário agir com rapidez quando as chances surgirem, mas informando-se, considerando possibilidades diversas e tirando proveito de orientações que estiverem à sua disposição, muitos desses Javalis serão recompensados com um cargo que proporcionará a mudança (e a chance) de que precisam. Em alguns casos, uma grande adaptação poderá ser necessária; porém, entusiasmados e motivados, muitos desses Javalis irão se estabelecer e reenergizar a carreira.

O progresso feito no trabalho aumentará o nível da renda, e financeiramente esse poderá ser um ano melhor. No entanto, com a grande quantidade de ideias e planos que terão em mente, os Javalis precisarão permanecer disciplinados nos gastos e considerar compras e dispêndios de maior porte com mais calma. A pressa poderá levar a escolhas menos satisfatórias e, em alguns casos, fazê-los incorrer em despesas adicionais. Os Javalis também poderão considerar vantajoso reavaliar sua situação atual. Se conseguirem reduzir empréstimos, beneficiar-se de incentivos fiscais para economizar ou complementar um plano de previdência privada, deverão fazer isso. Com uma boa administração, será possível favorecer tanto sua situação presente quanto futura. Todavia, ainda que possam se sair bem, se eles se virem em uma situação complexa ou tiverem dúvidas sobre uma questão financeira, valerá a pena buscar aconselhamento profissional. Como implicações importantes às vezes estarão envolvidas, a orientação especializada poderá garantir que as melhores decisões sejam tomadas.

Os Javalis adoram promover eventos sociais, e esse ano promete, certamente, ser ativo e prazeroso nesse sentido. Os anos do Coelho proporcionam diversão, variedade e muitas coisas para fazer. Os interesses pessoais e as mudanças no trabalho também poderão fazer com que os Javalis conheçam pessoas e estabeleçam algumas boas amizades. Para qualquer Javali que inicie o ano sentindo-se desanimado, o ano do Coelho poderá iluminar sua situação. Novos interesses, atividades e amizades possivelmente levarão uma nova alegria à sua vida. Esse será um período para participação e para aproveitar ao máximo as oportunidades. No caso de alguns Javalis, é possível que um encontro casual venha a florescer como um glorioso romance. Os anos do Coelho são favoráveis para os Javalis.

Na vida familiar, o ano também poderá ser marcado por momentos especiais, incluindo, para alguns, a chegada de alguém novo à família ou um casamento. Os Javalis estarão no centro da maior parte das atividades, e sua ponderação e capacidade de levar os planos adiante produzirá muitos resultados de sucesso. No entanto, ainda que sejam entusiasmados, os Javalis precisarão ser realistas em relação ao que poderá ser realizado de cada vez e distribuir seus compromissos e atividades ao longo do ano.

Além disso, se possível, eles deverão tentar tirar férias com os membros da família, uma vez que todos se beneficiarão do descanso e da chance de ver novos lugares.

No geral, o ano do Coelho será estimulante para os Javalis, e eles poderão realizar um bom progresso. No trabalho, muitos assumirão uma função mais importante e usarão seus pontos fortes de modo bastante proveitoso. Poderá haver melhora nas finanças, embora assuntos importantes venham a exigir atenção, e é possível que as relações com os outros proporcionem muita alegria nesse ano ativo e pessoalmente gratificante.

DICAS PARA O ANO

Aja e aproveite as oportunidades. Esse não será um ano para demorar, prevaricar ou deixar as chances escaparem. Divirta-se passando tempo com as pessoas, sobretudo em atividades compartilhadas. No entanto, se algum problema complexo o preocupar, sobretudo nas finanças, procure orientação.

Previsões para o Javali no ano do Dragão

Enquanto alguns anos são de progresso e sucesso, e outros, mais desafiadores, o ano do Dragão se situa entre essas duas posições. Para os Javalis, ele poderá ser razoável. Embora talvez não gostem do alvoroço que tende a caracterizar os anos do Dragão, os Javalis, com frequência, conseguem se divertir e fazer um progresso constante.

Um aspecto particularmente agradável do período é que os Javalis poderão esperar ansiosamente por muitas e ótimas ocasiões de convívio social. Seja compartilhando interesses, encontrando-se com amigos ou comparecendo a eventos — e no animado ano do Dragão haverá muitos deles —, os Javalis serão muito solicitados e terão uma boa mistura de coisas para fazer nesse momento. Os Javalis têm grande capacidade de se divertir, e os anos do Dragão não irão decepcioná-los.

Como resultado de toda essa atividade, seu círculo social crescerá consideravelmente. Com sua natureza cordial, os Javalis deverão aproveitar ao máximo as oportunidades de estabelecer conexões, ampliar sua rede de relacionamentos e projetar sua imagem. Algumas das pessoas que eles conhecerem nesse ano não apenas serão altamente atraídas por suas qualidades, como também terão conhecimento, *expertise* ou influência que poderão favorecê-los no futuro.

Para os Javalis que estiverem disponíveis, é possível que as atividades do ano os levem a conhecer alguém que estará destinado a se tornar especial, enquanto para aqueles que estiverem envolvidos em um romance, o relacionamento, muitas vezes, se aprofundará de maneira mais significativa com o passar do ano.

É possível que a vida familiar também proporcione muita satisfação, com os Javalis frequentemente considerando seu lar um refúgio acolhedor contra algumas das pressões do período. Como resultado, eles muitas vezes ficarão felizes em despender tempo realizando melhorias na casa, como a renovação da decoração e o acréscimo de enfeites. Os Javalis que tiverem jardins poderão desfrutar de muito prazer passando tempo ao ar livre.

No entanto, como os Javalis e outros membros da família estarão envolvidos em decisões e mudanças ao longo do ano, será importante que todos estejam preparados para se abrir e discutir implicações e escolhas e, em momentos de pressão, colaborar. A vida familiar significará muito para os Javalis nesse ano e haverá avanços especiais a compartilhar.

Como esse será um período ativo, os Javalis também deverão assegurar-se de que seus interesses pessoais não sejam deixados de lado. Essas atividades poderão proporcionar-lhes prazer, mas precisarão ser programadas!

Os Javalis deverão, igualmente, pensar um pouco em seu bem-estar, pois esse não será um ano para que negligenciem a si mesmos. Sem cuidado suficiente (e uma alimentação nutritiva), alguns Javalis ficarão suscetíveis a resfriados e doenças de menor gravidade. Se tiverem qualquer motivo para preocupação, deverão verificá-lo.

Na vida profissional, os anos do Dragão promovem muita atividade, quase sempre com mudanças que afetam a carga de trabalho dos Javalis. E, ainda que olhem com indiferença para alguns avanços (e, no seu modo de ver, mudanças desnecessárias), os Javalis precisarão adaptar-se ao que for exigido. Esse não será um período para fechar a mente aos acontecimentos, mas para aproveitar ao máximo as situações como elas são. Parte do que acontecer também poderá proporcionar treinamento ou a chance de adquirir experiência em uma área de atuação diferente, e os anos do Dragão estimulam os Javalis a usarem e desenvolverem tanto suas habilidades quanto seu conhecimento.

Muitos Javalis farão um progresso constante no local de trabalho atual, mas para os que se decidirem por uma mudança ou estiverem procurando emprego, poderá haver possibilidades interessantes. Os anos do Dragão têm a capacidade de surpreender, e é possível que vagas sejam descobertas por acaso ou que os Javalis se candidatem a uma função para a qual quase não tenham chances e, inesperadamente, a conquistem. No ano do Dragão, um pouco de audácia poderá compensar.

Do mesmo modo, os Javalis se sairão bem financeiramente. Muitos desfrutarão de um aumento da renda e alguns também se beneficiarão de um bônus ou de uma ideia lucrativa. Para os de espírito mais empreendedor, esse poderá ser um momento de sucesso. No entanto, ainda que o dinheiro possa fluir para suas contas, com um estilo de vida movimentado e compras para si mesmos e para a casa, as despesas poderão se avolumar. Será necessário observar os níveis de gastos. Além disso, os Javalis deverão ter cautela para não realizar muitas compras por impulso. Mais tempo e disciplina poderão resultar em decisões melhores.

Os anos do Dragão são ativos e de ritmo acelerado, e os Javalis precisarão trabalhar duro e se adaptar para acompanhá-los. Haverá desafios e pressões em seu trabalho, e seu tempo poderá ser muito requisitado. No entanto, de toda essa atividade fluirão avanços (alguns surpreendentes) que eles poderão reverter em seu próprio benefício. Sua natureza sociável lhes será bastante útil, propiciando uma vida social movimentada e uma série de chances de ampliar sua rede de amigos e conhecidos. Possivelmente, nem sempre os Javalis apreciarão o ritmo e as pressões do ano do Dragão, mas haverá bons momentos a desfrutar.

DICAS PARA O ANO

Observe atentamente os acontecimentos e adapte-se ao que for necessário. Mantenha o controle dos gastos e reserve tempo para si mesmo e para seus interesses. Além disso, aproveite ao máximo suas oportunidades sociais e as chances de aumentar sua rede de relacionamentos.

Previsões para o Javali no Ano da Serpente

Como signos chineses, os Javalis consideram as Serpentes criaturas misteriosas. Enquanto eles próprios são abertos e francos, as Serpentes são reservadas e inclinadas à discrição. E nos anos da Serpente, os Javalis poderão sentir-se confusos com as reviravoltas que ocorrerão. Eles precisarão manter a racionalidade.

Um dos aspectos mais complicados diz respeito às suas relações com as pessoas. Embora os Javalis se orgulhem de sua habilidade de se entender bem com muita gente, o ano da Serpente poderá trazer problemas. Às vezes, os Javalis poderão discordar dos outros ou se preocupar com a mesquinharia ou o ciúme de alguém. Há o risco de que pequenas diferenças tomem uma proporção maior e causem ansiedade, e os Javalis precisarão exercitar o cuidado, especialmente se perceberem alguma dificuldade ou discórdia iminente. No que diz respeito aos assuntos românticos, lapsos na conduta pessoal ou diferenças de perspectivas também poderão gerar problemas e, às vezes, mágoas. Nos anos da Serpente, os Javalis precisarão manter sua honradez, bem como ter cautela com intrigas e o possível comportamento malicioso de outras pessoas. Felizmente, eles têm um excelente entendimento da natureza humana e poderão, muitas vezes, contornar com sucesso as complexidades do ano; no entanto, quanto mais atenção e tato tiverem, melhor.

No nível social, os Javalis apreciarão as chances de sair, especialmente para eventos locais. Bons momentos poderão ser desfrutados, porém, mais uma vez, quando acompanhados, os Javalis precisarão estar atentos aos pontos de vista e sensibilidades dos outros.

Na vida familiar, será importante que passem tempo de qualidade com seus entes queridos, bem como estimulem atividades compartilhadas. Além de ser bom para o entrosamento, isso poderá proporcionar o avanço de planos e algumas ocasiões agradáveis. Quando surgirem diferenças de opinião (assim como acontece em qualquer ano), os Javalis precisarão lidar com elas, em vez de deixar que perdurem ou aumentem. Esse será um período para se ter atenção redobrada. O esforço e a contribuição extras poderão fazer uma diferença marcante.

Os anos da Serpente também poderão trazer seus obstáculos, e quando os Javalis estiverem lidando com atividades práticas, precisarão reservar bastante tempo para elas. Em alguns casos, é possível que ocorram atrasos, que outros problemas interrompam os procedimentos ou que alguns empreendimentos se tornem mais abrangentes do que o previsto. Com paciência e esforço compartilhado, porém, muito poderá ser realizado.

O ano da Serpente poderá, igualmente, proporcionar boas oportunidades de viagem, e os Javalis deverão tentar tirar férias com os entes queridos. Uma pausa na rotina fará bem a todos. Além disso, poderão surgir breves e inesperadas oportunidades de passar um tempo fora de casa. Se possível, os Javalis e seus entes queridos deverão aproveitá-las.

Os Javalis também têm uma natureza curiosa e apreciam interesses abrangentes. Ao longo do ano, eles poderão entusiasmar-se por uma nova atividade ou decidir pesquisar uma área de interesse. Colocando as ideias em prática, os Javalis frequentemente ficarão satisfeitos com o que elas trarão. Os anos da Serpente estimulam o aprendizado e o crescimento pessoal.

No trabalho, esse poderá ser um momento agitado, com os Javalis se defrontando com uma carga de trabalho crescente e tendo que cumprir objetivos desafiadores. Os anos da Serpente podem ser rigorosos nesse sentido, mas empenhando-se a fundo e concentrando-se no que é exigido, os Javalis demonstrarão não apenas suas habilidades, mas também sua competência e integridade. É nos momentos difíceis que as reputações podem ser construídas.

Muitos Javalis irão se aprimorar no cargo atual nesse ano, mas para aqueles que se decidirem por uma mudança ou estiverem procurando emprego, o ano da Serpente poderá ter importantes avanços reservados. Nesse aspecto, é possível que a versatilidade dos Javalis seja usada com bom proveito. Se considerarem outras maneiras de usar suas habilidades, eles possivelmente serão capazes de se estabelecer em uma área de atuação diferente. O ano da Serpente estimula o desenvolvimento pessoal, e no caso de um grande número de Javalis, as sementes de seu futuro sucesso poderão ser plantadas agora.

Nos assuntos financeiros, porém, os Javalis precisarão exercitar a cautela. Pressa, riscos e suposições sobre questões importantes poderão gerar problemas. Além disso, provavelmente, com muitas despesas e grandes desembolsos, os Javalis deverão observar seus níveis de gastos e reservar recursos para despesas futuras. Esse será um período para vigilância e boa administração.

Os anos da Serpente podem trazer seus momentos difíceis, e os Javalis precisarão se precaver. É possível que lapsos e riscos gerem problemas que, se não forem tratados apropriadamente, aumentarão. Mas os anos da Serpente também estimularão os Javalis a desenvolver seu conhecimento e sua *expertise* tanto no trabalho quanto nos interesses pessoais, e o que for aprendido agora muitas vezes será usado com sucesso como base para o crescimento no futuro. Ao longo do ano, as qualidades dos Javalis e sua habilidade em lidar com alguns assuntos (e com a carga de trabalho) vão impressionar as pessoas, e a experiência que eles adquirirem agora ajudará em suas perspectivas. No geral, um ano desafiador, mas não sem benefícios *e* valor para o futuro.

DICAS PARA O ANO

Mantenha-se atento e cauteloso e administre as questões quando elas surgirem. Embora você possa querer que os problemas e as pressões simplesmente desapareçam, será preciso lidar com eles em vez de deixar que perdurem ou aumentem. Concentre-se no que precisará ser feito. Além disso, comunique-se bem com as pessoas.

Previsões para o Javali no ano do Cavalo

As perspectivas para os Javalis estarão em alta. Após as pressões e tribulações do ano da Serpente, eles poderão esperar ansiosamente por alguns momentos melhores, bem como colher recompensas atrasadas por esforços anteriores.

Para ajudar a fazer com que o ano tenha um início positivo, os Javalis deverão pensar um pouco em seus objetivos e metas para os próximos 12 meses. Ter algo pelo qual trabalhar não apenas ajudará a dar direção ao período como também destacará sua natureza construtiva. Esse será o momento de avançar. Quaisquer Javalis que tenham se sentido refreados nos últimos tempos ou comecem o ano desanimados deverão agir para produzir a melhora que desejam. Com suas habilidades e qualidades agradáveis, os Javalis têm muito a oferecer e seus esforços darão frutos nesse ano.

Esse poderá ser especialmente o caso nos assuntos profissionais. Com as qualidades que adquiriram e a reputação que construíram, os Javalis, muitas vezes, estarão em uma boa situação para avançar na carreira. Seja no local de trabalho atual, seja em outro lugar, eles deverão manter-se atentos a vagas e agir com rapidez em relação a qualquer oportunidade que seja de seu interesse. Se mostrarem iniciativa e destacarem sua adequação, poderão receber a chance de assumir responsabilidades maiores ao longo do ano. Sobretudo para aqueles que estiverem seguindo uma carreira específica, esse será um período para ascender ao próximo nível. E colegas mais antigos e experientes frequentemente incentivarão seu progresso.

Para os Javalis que estiverem se sentindo insatisfeitos no cargo atual, esse será um ano para mudança. Mantendo-se alerta a vagas e conversando com especialistas e sua rede de contatos, muitos poderão ser recompensados com um cargo diferente e capaz de reenergizar sua carreira.

Do mesmo modo, para aqueles que estiverem procurando emprego, sua determinação, autoconfiança e persistência poderão abrir portas nesse ano e lhes dar chances de se desenvolver.

No entanto, ainda que os aspectos possam ser favoráveis, os Javalis precisarão empenhar-se e fazer o melhor possível. Ser relapso ou não se esforçar poderá negar-lhes o avanço que será possível nesse ano. Javalis, tomem nota disso e empenhem-se. As recompensas serão substanciais.

O progresso realizado no trabalho poderá proporcionar um aumento da renda, mas os Javalis precisarão manter-se disciplinados. Embora qualquer valor extra venha a ser apreciado, é possível que seja gasto rapidamente, e nem sempre da melhor maneira. Para ajudar, os Javalis deverão planejar — e economizar para — compras essenciais e resistir a realizar muitas compras por impulso. Igualmente, precisarão ter cautela com riscos e ao firmar contratos informais. Sem cuidado, é possível que se vejam em uma situação desvantajosa ou lamentando o que poderão ter sido ações precipitadas ou mal avaliadas. Esse será um ano para o controle cuidadoso e a boa administração dos recursos.

Ainda que estejam ocupados com o trabalho e outras atividades, será igualmente importante que os Javalis reservem tempo para desfrutar das recompensas de seus esforços. Os interesses pessoais poderão não só lhes fazer bem como, ainda, possibilitar que relaxem e se descontraiam. Especialmente para os entusiastas dos esportes e da música, haverá uma série de ocasiões a desfrutar ao longo do ano. Os Javalis precisarão se certificar de manter um estilo de vida equilibrado.

Além disso, com uma agenda muitas vezes exigente, eles deverão pensar um pouco em seu bem-estar, inclusive na qualidade de sua alimentação. Ignorar isso ou, talvez, ceder demais aos próprios desejos os deixará suscetíveis a doenças de menor gravidade. Javalis, tomem nota disso.

Os anos do Cavalo podem proporcionar uma boa mistura de ocasiões sociais, e os Javalis, mais uma vez, serão companhias populares. As atividades e mudanças do ano também poderão levá-los a conhecer pessoas e estabelecer algumas boas amizades.

Para os Javalis disponíveis, as perspectivas românticas serão boas. No caso de alguns deles, é possível que um encontro casual se torne rapidamente especial, enquanto para aqueles que sentirem que determinado relacionamento não estava destinado a ir em frente, os avanços poderão acontecer depressa e alguém novo possivelmente entrará em sua vida. Os anos do Cavalo podem ser bem agitados em relação aos assuntos românticos, e muitos Javalis disponíveis terão imenso prazer com as oportunidades que surgirão em seu caminho.

Na vida familiar também haverá grande atividade, especialmente porque os Javalis e outros membros da família terão que se ocupar do trabalho e de mudanças na rotina, além de muitas outras coisas. Para ajudar, será importante que todos trabalhem em conjunto, inclusive partilhando tarefas e atividades domésticas. Além disso, planos, sobretudo os que envolverem atividades práticas, precisarão ser distribuídos ao longo do ano e encaixados quando for oportuno. No entanto, por mais que o período seja movimentado, haverá sucessos a desfrutar e ótimas ocasiões em família pelas quais esperar ansiosamente, algumas das quais serão instigadas pelos próprios Javalis.

No geral, o ano do Cavalo poderá ser ótimo para os Javalis, especificamente quanto a estimulá-los a aproveitar ao máximo suas habilidades e seu potencial. Embora venha a ser um ano movimentado no trabalho, haverá oportunidades de avançar. As relações pessoais poderão ser especiais, e os Javalis, mais uma vez, serão ajudados pelo apoio e pela boa vontade daqueles que os cercam. Para os que não estiverem em um relacionamento, as perspectivas românticas também serão boas. Nesse ano agitado, será importante que os Javalis mantenham um estilo de vida equilibrado e desfrutem das recompensas de seus esforços.

DICAS PARA O ANO

Aja com determinação e aproveite ao máximo as oportunidades. Esforce-se e trabalhe duro. Além disso, agarre todas as chances de conhecer pessoas e projete sua imagem. O esforço extra poderá compensar.

Previsões para o Javali no ano da Cabra

Um ano agradável e, muitas vezes, especial à frente. Não apenas os Javalis ficarão satisfeitos com o modo como muitos de seus planos e atividades poderão avançar como também sua vida pessoal estará sob bons aspectos.

Uma das grandes habilidades dos Javalis é seu talento para se relacionar com as pessoas. Eles têm empatia e conversam bem, mas também ouvem de verdade, e é isso que muitos apreciam. Os Javalis têm bons amigos, e nesse ano eles serão muito solicitados.

Sua vida social poderá se tornar mais ativa ao longo do ano — festas, comemorações e tempo compartilhado com amigos proporcionarão muitas ocasiões agradáveis. Os Javalis estarão em uma forma impressionante e seu círculo de amizades crescerá. Especialmente para aqueles que estiverem ávidos por conhecer pessoas, talvez após terem se mudado para um novo lugar ou vivido uma modificação recente em sua situação, esse será um momento para sair e se envolver no que estiver acontecendo. Valerá a pena considerar a participação em grupos locais, sobretudo pelas oportunidades sociais que eles oferecem.

Para os que não estiverem em um relacionamento, é possível que o ano da Cabra traga boas oportunidades românticas. Muitos Javalis desfrutarão de um amor recém-descoberto, e aqueles que estiverem nos estágios iniciais de um relacionamento poderão vê-lo fortalecer-se no transcorrer do ano. Alguns Javalis irão morar com o parceiro ou casar-se. Em se tratando de relacionamentos pessoais, o ano da Cabra poderá ser muito especial.

Os Javalis também contarão com muito contentamento na vida doméstica, com sucessos, notícias familiares e possíveis marcos a comemorar. Possivelmente, haverá reuniões divertidas e ocasiões especiais nos lares de muitos Javalis, e seu significado os deixará orgulhosos e felizes.

Em meio a essa atividade, eles prestarão excelente ajuda às pessoas que os cercam, e seu discernimento e empatia serão recursos valorizados. Além disso, ficarão satisfeitos com o modo como determinados projetos se desenvolverão e com os benefícios e confortos extras que trarão. Alguns planos que vêm sendo considerados havia algum tempo poderão agora ser realizados com sucesso.

Os Javalis também se divertirão com atividades compartilhadas e, se determinados eventos ou atividades na vizinhança despertarem seu interesse (os anos da Cabra são fortes nas artes e na cultura), eles e sua família deverão tentar comparecer. Esses momentos poderão não apenas ser divertidos como também favorecer o entrosamento e o fortalecimento dos laços.

Os anos da Cabra têm um forte elemento criativo, e os Javalis muitas vezes ficarão entusiasmados com ideias relacionadas a seus interesses pessoais. Reservando tempo para essas atividades e aproveitando seus talentos, poderão extrair muito prazer deles.

Na vida profissional, esse será um período mais voltado para a consolidação do que para um grande avanço. Os Javalis podem ter vivenciado uma mudança recente e deverão tentar estabelecer-se melhor onde estiverem nesse ano e aprender os diferentes aspectos de seu trabalho. Além disso, quando os problemas e as pressões inevitáveis surgirem, eles terão a chance de estar mais envolvidos, e suas ideias e engenhosidade impressionarão muitas pessoas. Deverão beneficiar-se de qualquer treinamento que estiver disponível para eles, bem como aproveitar ao máximo todas as oportunidades de aumentar sua rede de relacionamentos. Com esforço e compromisso, tornarão esse momento construtivo.

Enquanto muitos Javalis estarão concentrados em sua função atual, para aqueles que estiverem ávidos por fazer uma mudança ou procurando emprego, o ano da Cabra poderá reservar possibilidades interessantes. Mantendo-se atentos a avanços em sua área de atuação, é possível que esses Javalis descubram chances de desenvolver suas habilidades de novas maneiras. Os anos da Cabra são estimulantes, e ainda que, pelo menos a princípio, o progresso não seja necessariamente substancial, o que surgir agora poderá aprimorar as habilidades de muitos Javalis.

Financeiramente, ainda que os Javalis possam desfrutar de um modesto aumento da renda, seus compromissos e seu estilo de vida ativo frequentemente farão com que seus níveis de gastos se mantenham elevados. E, embora venham a se divertir (os Javalis têm grande talento para o prazer), eles precisarão ter cuidado para não realizar muitas compras por impulso nem ser negligentes com os gastos. As despesas poderão se avolumar rapidamente durante o ano e gerar a necessidade de economizar mais tarde. Javalis, tomem nota disso e permaneçam disciplinados.

No geral, o ano da Cabra poderá ser bom para os Javalis, sobretudo no nível pessoal. Haverá momentos de diversão, muito a fazer e compartilhar e, para os que não estiverem em um relacionamento, as perspectivas românticas serão excelentes. Todos os Javalis terão imenso prazer com as boas relações que mantêm com muitos daqueles ao seu redor, com o desenvolvimento de seus pontos fortes e por poderem usá-los mais. Esse será um ano para um progresso constante e recompensador, e os Javalis o apreciarão.

DICAS PARA O ANO

Amplie suas habilidades e desenvolva seus talentos e ideias. Além disso, valorize o tempo que passar com as pessoas e mantenha-se ativo e engajado.

Previsões para o Javali no ano do Macaco

Um ano razoável. Embora seja possível progredir, isso exigirá um considerável esforço. Ao longo do ano, os Javalis poderão se deparar com obstáculos e atrasos. Além disso, nos anos do Macaco há muitas influências em ação. Os Javalis descobrirão que a atitude de outras pessoas, suas obrigações atuais e fatores fora de seu controle afetarão o que eles terão a chance de fazer. Em parte, os anos do Macaco são frustrantes. No entanto, se ficarem atentos e estiverem preparados para se adaptar, os Javalis contornarão com sucesso os aspectos mais complicados e terminarão o período com ganhos importantes a seu favor.

Esse será especialmente o caso em seu trabalho. Embora os Javalis prefiram se concentrar em suas atribuições, ao longo do ano poderão surgir complicações, e será necessário lidar com elas. Às vezes, as relações com um colega poderão ser difíceis ou talvez ocorram alterações em rotinas e práticas já muito tempo estabelecidas. É possível que alguns Javalis se sintam afetados por equipamentos problemáticos ou pelas lentas engrenagens da burocracia. Isso será frustrante; no entanto, fazendo o melhor possível e adaptando-se ao que for necessário, os Javalis alcançarão resultados impressionantes graças à sua tenacidade. Alguns dos problemas e pressões do ano se revelarão oportunidades disfarçadas. O período, certamente, destacará os pontos fortes e o espírito empreendedor de muitos Javalis.

Para os Javalis que estiverem procurando emprego ou decidirem deixar o empregador atual, o ano, mais uma vez, poderá conter interessantes possibilidades. Contudo, como as vagas frequentemente atrairão muitos candidatos, se quiserem ter sucesso, eles precisarão mostrar iniciativa. Informar-se melhor sobre as atribuições envolvidas e destacar sua experiência e adequação contribuirá muito para que fortaleçam suas chances. Além disso, organizações profissionais e especialistas poderão sugerir meios possíveis de seguir em frente. Esforçando-se, os Javalis farão um proveitoso avanço.

Eles, porém, precisarão ser cuidadosos quanto aos assuntos financeiros. Além dos compromissos existentes, muitos poderão enfrentar gastos com reparos ou com a substituição de equipamentos quebrados. É possível que o ano do Macaco traga inconvenientes e custos adicionais. Do mesmo modo, os Javalis terão que ser criteriosos quando se envolverem com compras de grande porte. Os termos e as obrigações de qualquer contrato deverão ser verificados, e os riscos, evitados. Ao longo do ano, os Javalis precisarão estar vigilantes e definir um orçamento com cuidado.

De maneira mais positiva, é possível que os interesses pessoais sejam fonte de grande prazer, e novos projetos e ideias, particularmente inspiradores. Os Javalis criativos se sentirão especialmente satisfeitos com o que fazem. Todos os Javalis descobrirão que, explorando mais inteiramente seus talentos e ideias, conseguirão desfrutar de alguns momentos *e* resultados agradáveis.

Eles também terão imenso prazer com as oportunidades sociais do ano. Às vezes, seus interesses pessoais poderão apresentar um aspecto social agradável, e eles irão gostar de conhecer (e fazer amizade com) outros entusiastas. Além disso, os Javalis apreciarão a mistura de outras atividades que serão realizadas. O ano do Macaco poderá proporcionar alguns momentos animados.

Para os Javalis disponíveis, as perspectivas românticas serão boas. Os relacionamentos existentes geralmente se desenvolverão bem, embora, para alguns, um novo amor possa vir a ser descoberto por acaso. E quando se está apaixonado, a vida pode ser maravilhosamente diferente!

Na vida familiar, o ano do Macaco poderá promover muita atividade, e é possível que seja necessário lidar com inconvenientes, como reparos, reelaboração de planos e outros problemas de menor importância. Com cooperação, todavia, as dificuldades serão superadas, e as soluções (incluindo novos equipamentos), encontradas. No entanto, os Javalis e outros membros da família estarão se defrontando com um grande número de compromissos, e será importante que isso não cause um impacto negativo na vida familiar. Estar preocupado ou muito envolvido com outros assuntos poderá causar momentos difíceis. Com tantos acontecimentos, será importante que haja comunicação. Nesse aspecto, a consideração e a natureza inclusiva do Javali serão vantajosas.

No geral, o ano do Macaco terá seus desafios. Uma série de influências diferentes estará em ação, e muitos aspectos precisarão ser considerados. Planos e situações nem sempre serão simples e fáceis de entender, mas os Javalis são muito firmes e, se procederem com cautela, é possível que desfrutem de alguns sucessos bem merecidos. Em particular, suas ideias e habilidades criativas e seu caráter empreendedor poderão ser usados com resultados notáveis. As perspectivas românticas e as relações com as pessoas deverão ser boas, porém os Javalis precisarão assegurar-se de que o tempo de qualidade com a família não seja prejudicado em razão de distúrbios e outras pressões. Será um ano às vezes complicado, mas poderá ser razoável.

DICAS PARA O ANO

Use e aproveite seus talentos criativos. No entanto, registre as situações que estiverem se desenvolvendo e as atitudes daqueles que o cercam. Esse será um ano para estar atento e adaptar-se ao que for necessário. Além disso, certifique-se de que o tempo de qualidade com seus entes queridos não seja prejudicado pela natureza movimentada do período. Unam forças quando estiverem lidando com problemas, pressões e situações de mudança.

Previsões para o Javali no ano do Galo

Nesse ano, os Javalis terão muito a seu favor e, se agirem com determinação, poderão ver a realização de muitos de seus planos.

Com sua natureza curiosa e criativa, os Javalis dão muita importância ao autodesenvolvimento e deverão procurar ampliar seu conhecimento e suas habilidades nesse período. Se sentirem que ajudará em suas perspectivas, matricular-se em um curso, reservar tempo para estudar ou trabalhar para obter outra qualificação poderá reforçar a natureza positiva do ano. Esse será o momento para os Javalis investirem em si mesmos.

As perspectivas no trabalho serão particularmente encorajadoras, e muitos Javalis terão a chance de assumir cargos de maior responsabilidade. Nesse caso, sua reputação e o conhecimento do ambiente em que se encontram poderá, com frequência, contribuir para seu progresso. Muitos também se beneficiarão do apoio de colegas influentes. Tendo se provado tanto nos últimos tempos, eles agora poderão colher as recompensas.

Para os Javalis que sentirem que as perspectivas serão limitadas onde estão e para os que estiverem procurando emprego, o ano do Galo poderá, igualmente, propiciar avanços significativos. Além de se manter atentos a vagas, esses Javalis deverão pensar em como eles próprios desejarão se desenvolver. Explorando as possibilidades, possivelmente serão capazes de usar suas habilidades de uma nova maneira, e isso lhes dará o desafio e o novo incentivo de que precisam.

No entanto, embora os aspectos sejam encorajadores, os anos do Galo são rigorosos, e não apenas muito esforço e altos padrões serão esperados, como os Javalis deverão ter cuidado com distrações. Às vezes, a política interna da empresa ou a mesquinharia de alguém poderão causar preocupações. Esse será um período para que os Javalis permaneçam concentrados nas tarefas que estiverem em suas mãos. Mantendo uma atitude profissional, demonstrarão sua competência e destacarão sua reputação.

O progresso realizado no trabalho aumentará a renda de muitos Javalis. No entanto, mais uma vez, a disciplina será exigida. Um estilo de vida movimentado levará a muitas despesas, e os Javalis, com frequência, serão tentados a realizar compras de grande porte para si mesmos e para a casa. Ao longo do ano, eles terão que observar os gastos e, idealmente, respeitar o orçamento. Deverão também ser cautelosos com riscos e, caso se sintam tentados por qualquer especulação, precisarão estar atentos às implicações. Será possível ganhar dinheiro nesse ano, mas também será possível ficar sem ele com facilidade. Javalis, tomem nota disso e monitorem as despesas.

Os Javalis terão, igualmente, imenso prazer com a vida familiar nesse ano. Além de suas próprias conquistas, outras boas notícias poderão ser compartilhadas por membros da família, e isso deverá proporcionar alguns momentos agradáveis e de orgulho. Interesses em comum, projetos domésticos e viagens também poderão ser motivo de diversão, além de favorecerem os relacionamentos e o entrosamento. Esse será um ano para a união.

No entanto, ainda que muitas coisas venham a correr bem, quando os problemas e as pressões surgirem (assim como acontece em qualquer ano), será necessário discuti-los e neutralizá-los. Em alguns casos, a flexibilidade e uma abordagem mais tolerante ajudarão. Do mesmo modo, quando alguém estiver sob estresse ou cansado, o apoio adicional e a compreensão farão uma diferença importante. A vida familiar significa muito para os Javalis e, ao longo do ano, sua empatia e disposição para ajudar serão, muitas vezes, recursos valiosos.

O ano do Galo trará também oportunidades sociais. Atividades culturais estarão em destaque, mas haverá um grande número de acontecimentos, e os Javalis serão muito solicitados. Ao longo do ano, é possível que seu círculo social aumente de maneira considerável.

Para os Javalis que não estiverem em um relacionamento, um interesse pessoal poderá levá-los a conhecer alguém, enquanto outros Javalis que estiverem envolvidos em um romance talvez decidam morar com o parceiro ou casar-se no decorrer do ano. No nível pessoal, é possível que esses sejam momentos emocionantes.

No geral, o ano do Galo será estimulante para os Javalis. Como nos lembra um provérbio chinês: "Você tem que investir um pouco para ganhar muito", e no ano do Galo os Javalis investirão em si mesmos e estarão aptos a ganhar muito. Socialmente, eles desfrutarão da natureza ativa do ano, e por sua natureza cordial poderão se tornar companhias populares. No entanto, ainda que em geral esse seja um ano favorável, os Javalis precisarão permanecer disciplinados nos assuntos financeiros e procurar lidar com as dificuldades e neutralizá-las em vez de ignorá-las. Se mantiverem isso em mente e adotarem uma ação positiva, terminarão o ano com merecidos ganhos a seu favor.

DICAS PARA O ANO

Concentre-se em seus pontos fortes e desenvolva suas habilidades e seu conhecimento. Com compromisso, você verá muitas coisas acontecendo como resultado daquilo que tiver feito. Além disso, aproveite as oportunidades sociais do ano, bem como a chance de desenvolver seus interesses. Se permanecer ativo e engajado, obterá muitos benefícios.

Previsões para o Javali no ano do Cão

Um dos mais conhecidos ditados chineses é "Uma viagem de centenas de quilômetros começa com um único passo". No ano do Cão, os Javalis darão alguns passos especialmente importantes em sua jornada. O próximo ano será o seu próprio ano, e o que eles fizerem agora irá prepará-los para o sucesso que estarão perto de desfrutar. Os anos do Cão são construtivos para eles e têm um importante valor no longo prazo.

Uma das características mais encorajadoras do ano será o modo como os Javalis ampliarão suas habilidades. No trabalho, o treinamento que lhes poderá ser oferecido ou as responsabilidades adicionais poderão vir a assumir não apenas lhes darão a chance de fazer mais agora como também propiciarão possibilidades para o futuro. Em alguns casos, é possível que tenham a chance de cobrir a ausência de um colega ou de se envolver em novas iniciativas. Mantendo-se ativos e contribuindo para seu local de trabalho, muitos Javalis irão aprimorar consideravelmente sua reputação nesse período e ajudar tanto sua situação presente quanto futura.

Muitos Javalis apreciarão uma considerável ampliação de suas atribuições no local de trabalho atual, mas para aqueles que sentirem que já realizaram tudo o que podiam onde estão ou estiverem procurando emprego, o ano do Cão reservará avanços importantes. Esses Javalis deverão não apenas buscar ativamente quaisquer vagas que os atraiam como também fazer contato com organizações profissionais e especialistas em recrutamento. Com orientação adicional, é possível que novas portas se abram e algumas oportunidades interessantes lhes sejam oferecidas. Tanto faz se esses Javalis vão decidir permanecer no segmento de mercado e no setor em que atuam ou se farão uma mudança, o progresso realizado agora — os passos dados durante a jornada — terá grande relevância mais tarde. Além disso, como muitos descobrirão, as coisas tendem a acontecer por um motivo, e, ainda que algumas de suas candidaturas a vagas não obtenham sucesso, por fim a chance que for a certa para eles lhes será dada.

Do mesmo modo, os Javalis desfrutam de boas relações com muitas pessoas, e ao longo do ano todos eles deverão conseguir se tornar ainda mais conhecidos, uma vez que sua natureza cordial e entusiasmada frequentemente impressionará.

Além disso, o ano do Cão trará ótimas oportunidades sociais. Os Javalis desfrutarão do contato regular com os amigos, e seus interesses pessoais também poderão colocá-los em contato com outras pessoas. Quaisquer Javalis que estiverem se sentindo solitários ou queiram acrescentar algo ao seu estilo de vida poderão achar que vale a pena considerar sua participação em um grupo de atividades vizinho. Além disso, há um grande sentido de altruísmo nos anos do Cão, e alguns Javalis dedicarão tempo a causas nas quais acreditam, ajudarão pessoas ou contribuirão para sua comunidade de alguma maneira. Os Javalis têm um espírito generoso e sua amabilidade será apreciada.

Para os que não estiverem em um relacionamento, é possível que o ano do Cão também proporcione momentos emocionantes, e novos romances terão o potencial de se desenvolver de maneira significativa.

Os Javalis poderão, igualmente, obter muito prazer de seus interesses pessoais. Aqueles que estiverem ansiosos por tirar mais proveito de um talento especial deverão procurar aprimorá-lo ao longo do ano. Estudo, instrução ou um novo objetivo, tudo isso poderá inspirá-los e destacar a natureza construtiva do momento presente.

Na vida familiar dos Javalis haverá altos níveis de atividade, sobretudo quando rotinas e compromissos mudarem. Às vezes surgirão também pressões adicionais com as quais eles terão que lidar, e os Javalis irão considerar de especial valor sua habilidade de manter muitas coisas sob controle (e permanecer calmos). Seu aconselhamento e orientação serão igualmente apreciados — mais do que muitos deles perceberão. No entanto, embora os Javalis façam muito pelas pessoas, eles precisarão deixar que aqueles ao seu redor retribuam, e quando estiverem considerando possibilidades ou tendo preocupações, deverão falar com franqueza. Dessa maneira, poderão beneficiar-se dos insights e das sugestões daqueles que os conhecem bem.

Financeiramente, os Javalis poderão se sair bem nesse ano. Além de um aumento da renda, é possível que alguns deles recebam recursos adicionais de outra fonte. Essa mudança para melhor persuadirá muitos a prosseguirem com planos que vêm considerando há algum tempo. As viagens poderão proporcionar momentos inesquecíveis nesse período; no entanto, no que diz respeito a projetos para a casa, a tendência será de que eles aumentem rapidamente e se tornem mais abrangentes e caros do que o imaginado. Ainda assim, se administrarem bem os gastos, os Javalis ficarão satisfeitos com o que serão capazes de realizar.

No geral, o ano do Cão será agradável e construtivo para os Javalis. Embora o progresso possa vir a ser mais modesto do que substancial, o que for colocado em prática agora poderá gerar frutos significativos. Será um momento excelente para desenvolver capacidades, bem como para pensar um pouco no futuro. Planos realizados, ideias cultivadas, habilidades adquiridas — tudo isso terá influência sobre o que acontecerá tanto agora quanto no futuro próximo, com momentos emocionantes à espera no próprio ano do Javali, que virá a seguir.

DICAS PARA O ANO

Esse será um ano para investir em si mesmo. Aproveite todas as chances de desenvolver suas habilidades e ampliar sua experiência. Isso não apenas tornará o presente mais interessante e frutífero como também propiciará novas possibilidades mais adiante. Do mesmo modo, comunique-se com as pessoas ao seu redor. Além de haver muito a desfrutar nesse ano, novos contatos e amizades poderão ter valor no futuro.

Previsões para o Javali no ano do Javali

Os Javalis se divertem e trabalham muito, e nesse ano eles farão as duas coisas. Será um período esplêndido para eles, com a realização de algumas esperanças havia muito tempo acalentadas. Para aproveitá-lo ao máximo, os Javalis precisarão agir com determinação. No entanto, as perspectivas estarão firmemente a seu favor.

Quaisquer Javalis que começarem o ano sentindo-se desanimados deverão ver seu próprio ano como o início de uma fase mais iluminada. Concentrando-se no agora e procurando avançar, poderão ajudar a iniciar a mudança que desejam. Os Javalis estarão no controle nesse ano e deverão agir com determinação.

Na vida pessoal, poderão aguardar ansiosamente por momentos emocionantes. Tanto para os que não estiverem em um relacionamento quanto para os que estiverem envolvidos em um romance, os anos do Javali serão muito especiais, com alguns deles encontrando sua alma gêmea, enquanto outros irão viver com o parceiro, casar e/ou iniciar uma família. Os anos do Javali costumam ser particularmente significativos para os próprios Javalis.

O ano do Javali também poderá fervilhar de atividade social. No entanto, ainda que desfrutem de momentos divertidos, os Javalis precisarão ser cuidadosos para não ceder excessivamente aos próprios desejos. Sem cuidado, a medida de sua cintura poderá aumentar e uma sucessão de dias movimentados e noites com poucas horas de sono possivelmente não os deixará em sua melhor forma. No seu próprio ano, eles deverão lutar por alcançar um equilíbrio sensato em seu estilo de vida.

Na vida familiar também haverá grande atividade, bem como comemorações. Alguns Javalis poderão ver a chegada de um novo membro à família, registrar um aniversário especial e/ou se mudar. Muitas esperanças poderão se concretizar nesse ano. No entanto, os Javalis precisarão ser realistas sobre o que será possível fazer de cada vez. Entusiasmados e alegres, alguns poderão se sobrecarregar com compromissos. Eles deverão procurar distribuir as atividades ao longo dos meses. Além disso, precisarão se comunicar bem com os entes queridos, recorrer a ofertas de apoio e ouvir sugestões. Se trabalharem com as pessoas, conseguirão alcançar muito mais e, com frequência, em um ritmo mais comedido também.

Os Javalis poderão obter um prazer considerável com seus interesses pessoais nesse período e, se apropriado, deverão promover quaisquer habilidades especiais que tenham ou qualquer trabalho que produzam. Eles poderão receber uma resposta encorajadora. Para qualquer Javali que tenha deixado seus interesses de lado, esse será um ano excelente para iniciar algo novo. Seus próprios anos proporcionam um grande número de possibilidades.

Nos últimos anos, os Javalis terão visto muita coisa acontecer em sua vida profissional. Terão ampliado suas habilidades e se adequado a mudanças no local de trabalho. Agora, no ano do Javali, sua experiência poderá compensar e levá-los a realizar avanços substanciais. Seja se beneficiando de oportunidades de promoção onde estiverem, seja conquistando um cargo diferente (e uma remuneração mais alta) em outro lugar, muitos Javalis irão saborear a chance de ascender na carreira. Eles têm muitas habilidades a oferecer e seu entusiasmo e *expertise* são fatores importantes para seu progresso.

Embora muitos Javalis venham a desfrutar de sucesso em sua área de trabalho atual, para aqueles que desejarem uma mudança ou estiverem procurando emprego, seu próprio ano oferecerá chances importantes. Se buscarem ativamente todas as oportunidades que os atraírem, sua determinação e seus talentos poderão ser recompensados com a chance que vêm procurando. É possível que isso envolva ajustes consideráveis e um grande aprendizado, mas o que surgir agora poderá reenergizar a carreira e as perspectivas de muitos Javalis. Nesse ano, suas habilidades e ambições possivelmente proporcionarão algumas recompensas emocionantes (e, em alguns casos, atrasadas).

O progresso realizado no trabalho também permitirá um bem-vindo aumento da renda. No entanto, para que se beneficiem, os Javalis precisarão administrar seu dinheiro com cuidado e elaborar orçamentos para gastos de maior porte, incluindo despesas com acomodação. Além disso, embora estejam ávidos por prosseguir com seus planos, terão que reservar tempo para pensar muito bem neles. O excesso de pressa poderá gerar avaliações errôneas ou gastos desnecessários. Ter paciência será útil e resultará em decisões melhores.

Esse ano do Javali marcará o fim de um ciclo de 12 anos representados por signos animais, e para os Javalis poderá ser um ano significativo, proporcionando tanto o sucesso pessoal quanto o profissional. Se eles olharem para onde estavam 12 anos atrás, ficarão espantados (e orgulhosos) com tudo o que conquistaram. Mas seu próprio ano também lhes oferecerá a chance de olhar para a frente e pensar um pouco no que gostariam de realizar no futuro. Os sucessos desse ano estarão lá para serem usados como base para o desenvolvimento, e o ano do Javali será um trampolim para emocionantes possibilidades à frente.

DICAS PARA O ANO

Aja com determinação. Esse será um ano para fazer com que seus pontos fortes e seus talentos contem. Além disso, aproveite-o. Você fez por merecer as recompensas, os bons momentos e as comemorações pessoais que agora estarão vindo em seu caminho. Aproveite ao máximo aquilo que seu ano oferecer.

PENSAMENTOS E PALAVRAS DE JAVALIS

A vida é uma série de experiências, cada uma das quais nos faz crescer,
ainda que às vezes seja difícil entendermos isso.
HENRY FORD

Se existe algum grande segredo para o sucesso na vida, ele está na capacidade de se colocar no lugar da outra pessoa e ver as coisas do seu ponto de vista — bem como do seu próprio.
HENRY FORD

O importante é que cada um se esforce para alcançar um objetivo.
RONALD REAGAN

Semeie um pensamento e colherá uma ação;
Semeie uma ação e colherá um hábito;
Semeie um hábito e colherá um caráter;
Semeie um caráter e colherá um destino.
RALPH WALDO EMERSON

Para os resolutos e determinados, há tempo e oportunidade.
RALPH WALDO EMERSON

Toda a vida é um experimento. Quanto mais experimentos você fizer, melhor.
RALPH WALDO EMERSON

O mundo abre caminho para aquele que sabe aonde está indo.
RALPH WALDO EMERSON

APÊNDICES

Além dos traços característicos de cada um dos signos representados por animais, existem muitos outros fatores que influenciam a composição e a natureza do signo. Eles incluem o elemento (o regente do ano de nascimento) e o ascendente (baseado na hora do nascimento). Levando-os em consideração, você pode obter outros insights em relação ao seu próprio signo e ao seu ser.

OS ELEMENTOS

Os cinco elementos, de acordo com a crença chinesa, regem os ciclos do universo. A madeira queima, produzindo fogo. O fogo cria a terra, e da terra se extrai o metal. E o metal se derrete, como a água, que alimenta a madeira em crescimento. A partir desse ponto, o ciclo se reinicia.

Madeira

Assim como uma árvore cresce e projeta seus galhos, aqueles nascidos sob o elemento madeira são igualmente expansivos. Cooperativos e de princípios elevados, são bons membros de equipe. São também criativos e têm ótima imaginação. Confiáveis, determinados e seguros de si, são bons em organizar e gostam de ver projetos e compromissos cumpridos. Muitos acreditam em sua própria capacidade, e com um bom motivo.

Fogo

Assim como as chamas são intensas, aqueles nascidos sob o elemento fogo têm grande energia. Dinâmicos, determinados e apaixonados, são obstinados e apresentam notáveis qualidades de liderança. São também bons em tomar decisões e, por serem entusiasmados e ativos, gostam de aproveitar ao máximo o momento. Arriscam-se e estão sempre caminhando em direção a novos desafios e objetivos.

Terra

Muito provém da terra, e aqueles nascidos sob esse elemento são conhecidos por sua estabilidade e qualidades práticas. São confiáveis, prestam apoio e se distinguem pelo bom senso. Bons organizadores, são também pacientes e trabalham de modo constante para alcançar seus objetivos. Pensam e planejam bem, e sua natureza cuidadosa e metódica, proporciona muitos resultados de sucesso.

Metal

O metal é forte, e aqueles nascidos sob esse elemento são obstinados e muito firmes. Têm grande determinação e se concentram em metas e objetivos. Podem ser teimosos e ter ideias próprias, e confiam demais em sua própria capacidade, mas são apaixonados e firmes em suas convicções. Contundentes, determinados e, às vezes, rudes, dedicam-se às suas atividades com poder e fé notáveis.

Água

Assim como a água flui e adapta seu curso, aqueles nascidos sob seu elemento são igualmente adaptáveis e rápidos em reagir da maneira apropriada às situações. Criativos, observadores e atentos, harmonizam-se com as situações e pessoas ao seu redor. São intuitivos, têm uma mente questionadora e, em geral, uma natureza discreta e sossegada. Têm empatia, são persuasivos e habilidosos comunicadores. Assim como a água corrente encontra um caminho e desgasta os obstáculos, também eles, ao tomarem o próprio caminho, seguem devagar, pacientemente, mas, ah, de modo muito eficaz.

OS ASCENDENTES

O ascendente tem forte influência sobre sua personalidade e o ajudará a adquirir um conhecimento ainda maior sobre sua verdadeira personalidade de acordo com o horóscopo chinês.

As horas do dia recebem o nome dos 12 animais dos signos, e o signo que governa a hora em que você nasceu é seu ascendente. Para descobrir seu ascendente, veja a hora de seu nascimento na tabela abaixo, levando em conta as diferenças de horário no local onde você nasceu.

Período de... Horas do(a)...
23 às1h Rato
1h às 3h Búfalo
3h às 5h Tigre
5h às 7h Coelho
7h às 9h Dragão
9h às 11h Serpente
11h às 13h Cavalo
13h às 15h Cabra
15h às 17h Macaco

17h às 19h Galo
19h às 21h Cão
21h às 23h Javali

Rato
A influência do Rato como ascendente é tornar o signo mais expansivo, sociável e também mais cauteloso em questões financeiras. Ele exerce influência especialmente benéfica sobre os nascidos sob os signos do Coelho, do Cavalo, do Macaco e do Javali.

Búfalo
O Búfalo como ascendente exerce influência de controle, cautela e calma, o que pode beneficiar muitos signos. Esse ascendente aumenta a autoconfiança e a força de vontade, e é especialmente favorável aos nascidos sob os signos do Tigre, do Coelho e da Cabra.

Tigre
Esse ascendente exerce influência dinâmica e estimulante, o que torna o signo mais expansivo, ativo e impulsivo. É um ascendente especialmente favorável para o Búfalo, o Tigre, a Serpente e o Cavalo.

Coelho
Como ascendente, o Coelho exerce influência moderadora, tornando o signo mais reflexivo, sereno e discreto. Essa influência é especialmente benéfica para o Rato, o Dragão, o Macaco e o Galo.

Dragão
O Dragão atribui, como ascendente, maior força, determinação e ambição ao signo. Ele exerce influência favorável sobre os nascidos sob os signos do Coelho, da Cabra, do Macaco e do Cão.

Serpente
Como ascendente, a Serpente pode tornar o signo mais reflexivo, intuitivo e autoconfiante. Ela exerce ótima influência sobre o Tigre, a Cabra e o Javali.

Cavalo
A influência do Cavalo tornará o signo mais corajoso, ousado e, em algumas situações, mais inconstante. De modo geral, ele exerce influência benéfica sobre o Coelho, a Serpente, o Cão e o Javali.

Cabra

Esse ascendente tornará o signo mais tolerante, complacente e receptivo. A Cabra também pode conferir ao signo algumas qualidades criativas e artísticas. Ela é uma influência especialmente benéfica para o Búfalo, o Dragão, a Serpente e o Galo.

Macaco

O Macaco irá, provavelmente, conferir, como ascendente, um ótimo senso de humor e espirituosidade ao signo. Ele irá torná-lo mais empreendedor e expansivo — uma influência especialmente benéfica para o Rato, o Búfalo, a Serpente e a Cabra.

Galo

Como ascendente, o Galo ajuda a atribuir ao signo uma natureza ativa, expansiva e muito metódica. Sua influência aumentará a eficiência e será bastante benéfica para o Búfalo, o Tigre, o Coelho e o Cavalo.

Cão

Esse ascendente torna o signo mais sensato e imparcial e confere a ele um senso bem maior de lealdade. O Cão é ótimo ascendente para o Tigre, o Dragão e a Cabra.

Javali

A influência do Javali pode levar o signo a ser mais sociável e disposto a apreciar mais as coisas boas da vida. Esse ascendente também pode fazer com que o signo seja mais atencioso e prestativo. Ele é bom para o Dragão e para o Macaco.

UMA PALAVRA FINAL

Espero que, ao ler sobre seu signo e as previsões, você seja alertado a respeito das muitas possibilidades que estarão disponíveis para você, qualquer que seja o ano.

Esteja você aproveitando ao máximo suas qualidades e habilidades ou beneficiando-se das chances que estarão à sua espera nos diversos anos, à medida que for se aventurando, acredite no poder e no potencial que existem em seu interior.

Você é realmente especial e tem um papel valioso a desempenhar no mundo.

Boa sorte e sucesso em seus resultados!

Neil Somerville

SOBRE O AUTOR

Neil Somerville é um dos principais escritores ocidentais sobre astrologia chinesa. Além de ter sido pesquisador na rede de televisão BBC, colaborador de revistas mensais, e autor do popular Seu horóscopo chinês, publicou diversos livros, como *Os signos chineses do amor, O que podemos aprender com os gatos, Chinese Success Signs* e *The Answers*. Grande apreciador das artes orientais, tem como hobby a escrita de haicais e puzzles japoneses. Ele mora com a esposa e os gatos em Berkshire, Inglaterra.

Este livro foi composto na tipografia Arno Pro, em corpo 11/14, e impresso em papel off-white no Sistema Cameron da Divisão Gráfica da Distribuidora Record.